"十二五"高职高专院校规划教材（食品类）

Fa Jiao Shi Pin Gong Yi Xue

发酵食品工艺学

席会平　石明生　主编

U0251319

中国质检出版社
中国标准出版社
北　京

图书在版编目（CIP）数据

发酵食品工艺学/席会平,石明生主编.—北京:中国质检出版社,2013(2020.1 重印)
"十二五"高职高专院校规划教材(食品类)
ISBN 978 - 7 - 5026 - 3560 - 2

I.①发…　II.①席…　②石…　III.①发酵食品－生产工艺－高等职业教育－教材　IV.①TS26

中国版本图书馆 CIP 数据核字(2011)第 282990 号

内 容 提 要

本书是根据高等职业教育的特点，教学内容做到"理论够用，技能强化"，按照理论与生产实践相结合的模式来进行编写的。本书共分七篇：第一篇食品发酵基础知识，包括食品发酵的认知、发酵食品常用微生物、生产菌种的扩大培养、发酵过程及条件控制等食品发酵的共性内容；第二篇发酵酒类生产工艺，包括葡萄酒、啤酒、黄酒、白酒生产工艺；第三篇调味品生产工艺，包括食醋、酱油、复合调味品生产工艺；第四篇发酵豆制品生产工艺，包括豆腐乳、豆酱、豆豉等生产工艺；第五篇发酵乳制品生产工艺，包括酸乳、干酪等生产工艺；第六篇发酵果蔬制品生产工艺，包括酸菜、泡菜等生产工艺；第七篇新型发酵食品生产工艺，包括食品添加剂、功能性食品的生产。

本书可作为高职高专院校食品检测、食品加工、农产品加工、微生物技术及应用等相关专业的教材，同时可供中职学校、技校等相关专业的师生使用，也可作为企业工程技术人员的技术参考书和企业员工技术培训教材。

中国质检出版社
中国标准出版社 出版发行

北京市朝阳区和平里西街甲 2 号 （100029）
北京市西城区三里河北街 16 号 （100045）
网址：www. spc. net. cn
总编室：(010) 68533533　发行中心：(010) 51780238
读者服务部：(010) 68523946
中国标准出版社秦皇岛印刷厂印刷
各地新华书店经销

*

开本 787 × 1092　1/16　印张 23　字数 551 千字
2013 年 10 月第一版　2020 年 1 月第四次印刷

*

定价：46.00 元

审 定 委 员 会

贡汉坤 (江苏食品职业技术学院)

朱维军 (河南农业职业学院)

夏　红 (苏州农业职业技术学院)

冯玉珠 (河北师范大学)

贾　君 (江苏农林职业技术学院)

杨昌鹏 (广西农业职业技术学院)

刘　靖 (江苏畜牧兽医职业技术学院)

钱志伟 (河南农业职业学院)

黄卫萍 (广西农业职业技术学院)

彭亚锋 (上海市质量监督检验技术研究院)

曹德玉 (河南周口职业技术学院)

本 书 编 委 会

主　　编　　席会平　(河南质量工程职业学院)

　　　　　　石明生　(河南农业职业学院)

副 主 编　　李　锋　(南通农业职业技术学院)

　　　　　　董彩军　(南通农业职业技术学院)

　　　　　　王振丽　(河南质量工程职业学院)

参编人员　　杜冰冰　(潍坊职业学院)

　　　　　　樊镇棣　(山东商务职业学院)

　　　　　　彭　玲　(宜春学院)

　　　　　　徐　挺　(河南质量工程职业学院)

　　　　　　张虽栓　(河南质量工程职业学院)

序 言

伴随着经济的空前发展和人民生活水平的不断提高,人们对食品安全的关注度日益增强,食品行业已成为支撑国民经济的重要产业和社会的敏感领域。近年来,食品安全问题层出不穷,对整个社会的发展造成了一定的不利影响。为了保障食品安全,规范食品产业的有序发展,近期国家对食品安全的监管和整治力度不断加强。经过各相关主管部门的不懈努力,我国已基本形成并明确了卫生与农业部门实施食品原材料监管、质监部门承担食品生产环节监管、工商部门从事食品流通环节监管的制度完善的食品安全监管体系。

在整个食品行业快速发展的同时,行业自身的结构性调整也在不断深化,这种调整使其对本行业的技术水平、知识结构和人才特点提出了更高的要求,而与此相关的职业教育正是在食品科学与工程各项理论的实际应用层面培养专业人才的重要渠道,因此,近年来教育部对食品类各专业的职业教育发展日益重视,并连年加大投入以提高教育质量,以期向社会提供更加适应经济发展的应用型技术人才。为此,教育部对高职高专院校食品类各专业的具体设置和教材目录也多次进行了相应的调整,使高职高专教育逐步从普通本科的教育模式中脱离出来,使其真正成为为国家培养生产一线的高级技术应用型人才的职业教育,"十二五"期间,这种转化将加速推进并最终得以完善。为适应这一特点,编写高职高专院校食品类各专业所需的教材势在必行。

针对以上变化与调整,由中国质检出版社牵头组织了"十二五"高职高专院校规划教材(食品类)的编写与出版工作,该套教材主要适用于高职高专院校的食品类各相关专业。由于该领域各专业的技术应用性强、知识结构更新快,因此,我们有针对性地组织了江苏食品职业技术学院、河南农业职业学院、苏州农业职业技术学院、江苏农林职业技术学院、江苏畜牧兽医职业技术学院、吉林农业科技学院、广东环境保护工程职业学院、广西农业职业技术学院、河北师范大学以及上海农林职业技术学院等 40 多所相关高校、职业院校、科研院所以及企业中兼具丰富工程实践和教学经验的专家学者担当各教材的主编与主审，从而为我们成功推出该套框架好、内容新、适应面广的高质量教材提供了必要的保障，以此来满足食品类各专业普通高等教育和职业教育的不断发展和当前全社会对建立食品安全体系的迫切需要；这也对培养素质全面、适应性强、有创新能力的应用型技术人才，进一步提高食品类各专业高等教育和职业教育教材的编写水平起到了积极的推动作用。

针对应用型人才培养院校食品类各专业的实际教学需要，本系列教材的编写尤其注重了理论与实践的深度融合，不仅将食品科学与工程领域科技发展的新理论合理融入教材中，使读者通过对教材的学习，可以深入把握食品行业发展的全貌，而且也将食品行业的新知识、新技术、新工艺、新材料编入教材中，使读者掌握最先进的知识和技能，这对我国新世纪应用型人才的培养大有裨益。相信该套教材的成功推出，必将会推动我国食品类高等教育和职业教育教材体系建设的逐步完善和不断发展，从而对国家的新世纪人才培养战略起到积极的促进作用。

教材审定委员会

2013 年 9 月

前　言
• FOREWORD •

本教材是为配合高职高专院校食品专业"十二五"国家级规划教材的建设和高等职业教育的特点而编写的。在内容安排上，以对应职业岗位的知识和技能要求为目标，以"够用"、"实用"为重点。

食品发酵工艺是指人们利用微生物的发酵作用，运用一些技术手段控制发酵过程，生产发酵食品的一种技术。几千年前，人类就利用微生物制造酱油、食醋、酒、面包及其他传统发酵食品。随着科学和技术的发展，尤其是现代生物技术在食品发酵行业的应用，给人们带来了一些以前不曾存在的新型发酵产品，如各类新型酱油、新型发酵奶、真菌多糖、发酵饮料、生物活性物质、单细胞蛋白等。目前，发酵食品行业的企业急需大量的专业人才，本书正是基于这一市场需求而编写的。

本书对食品发酵工艺作了详细的阐述，广泛吸纳了同行的建议，结合生产实际，将食品发酵专业必需的基础理论知识与必要的工程技术知识进行了有机结合，并积极反映近年来食品发酵行业的新技术、新成果。

本书共分七篇：第一篇食品发酵基础知识，包括食品发酵的认知、发酵食品常用微生物、生产菌种的扩大培养、发酵过程及条件控制等食品发酵的共性内容；第二篇发酵酒类生产工艺，包括葡萄酒、啤酒、黄酒、白酒生产工艺；第三篇调味品生产工艺，包括食醋、酱油、复合调味品生产工艺；第四篇发酵豆制品生产工艺，包括豆腐乳、豆酱、豆豉等生产工艺；第五篇发酵乳制品生产工艺，包括酸乳、干酪等生产工艺；第六篇发酵果蔬制品生产工艺，包括酸菜、泡菜等生产工艺；第七篇新型发酵食品生产工艺，包括食品添加剂、功能性食品的生产。

本书由全国六所高职院校从事发酵食品工艺学教学与科研工作的教师合力编写，由席会平、石明生主编。本书的编写分工如下：第一篇第一章由石明生编写、第二章由王振丽编写，第二篇第一章由王振丽编写、第二章和第四章由徐挺编写、第三章由樊镇棣编写，第三篇第一章由席会平编写，第二章由杜冰冰和张虽栓编写、第三章由樊镇棣编写，第四篇第一章由石明生编写、第二章和第三章由李锋编写、第四章由杜冰冰编写，第五篇第一章由席会平编写、第二章和第三章由董彩军编写，第六篇由彭玲和张虽栓编写，第七篇第一章由董彩军编写、第二章由李锋编写。全书由席会平、张虽栓统稿。

本教材适用于高职高专院校食品营养与检测、食品加工技术、食品生物技术、农产品质量检测等专业的教师与学生，也可作为从事食品营养与卫生加工企业的生产技术人员、管理人员的参考用书。

本教材在编写过程中得到了各位编者所在学院的大力支持，在此表示感谢！

限于编著者的学识和水平，书中难免存在着不妥和疏漏之处，恳切希望读者批评指正，以便加以完善。

编　者

2013 年 9 月

目　录
• CONTENTS •

第五篇　发酵乳制品生产工艺

第六篇 发酵果蔬制品生产工艺

第一篇　基础知识

第一章　绪　论

【知识目标】

1. 了解食品发酵的历史与现状。
2. 掌握食品发酵工艺的有关概念和食品发酵的特点及研究对象。
3. 熟悉食品发酵的发展趋势。

第一节　食品发酵的历史与现状

人类利用微生物进行食品发酵与酿造已有数千年的历史,然而对发酵本质的认识和发酵工业的建立却只是近百年的事。据记载,距今 8000 年以前,人类就不自觉地开始了发酵食品生产。公元前 5000 至公元 3000 年,我国人民就已经利用微生物进行"曲蘖"造酒。埃及人在公元前 3000 年就食用牛奶和乳酪并熟悉了酒和醋的酿造方法。由此可见,人类的酿造历史源远流长。但是作为发酵工业却是 19 世纪中叶以后才发展起来的。它的发展大致经历了如下几个阶段或关键点:

一、天然发酵阶段

19 世纪中叶以前,在微生物的性质尚未被人们所认识时,人类就已经利用自然接种的方法进行发酵食品的生产。主要产品有酒、酒精、食醋、干酪、酸乳和酵母等。这仅仅是家庭作坊式的手工生产,还谈不上发酵工业。多数产品为厌气发酵,非纯种培养,产品质量不稳定,技术进步缓慢,完全是经验式的,并不知道其中的原理。

二、纯培养技术的建立

19 世纪 60 年代,法国人巴斯德与德国人科赫通过多年的试验证明酒、醋等酿造过程是由微生物引起的发酵,而且是由不同种类的微生物引起的。由于他们卓越的工作,不仅解决了许多实际问题,大大促进了人们从微观角度上对微生物活动的了解,并建立了微生物分离纯化和纯培养技术,人类才开始了人为控制微生物的发酵过程,从而使发酵生产技术得到巨大的改良,提高了产品的稳定性,这对发酵工业起了巨大的推动作用。由于采用纯种培养与无菌操作技术,包括灭菌和使用密闭式发酵罐,使发酵过程避免了杂菌污染,使生产规模扩大了,产品质量也大大提高。因此可以认为纯培养技术的建立是发酵技术发展的第一个转折点。

三、通气搅拌发酵技术的建立

20 世纪 40 年代,借助于抗生素工业的兴起,建立了通风搅拌培养技术,成功建立起深层通气培养法和一整套培养工艺,包括向发酵罐中通入大量无菌空气、通过搅拌使空气均匀分布、培养基的灭菌和无菌接种等,使微生物在培养过程中的温度、pH、通气量、培养物的供给都受到严格的控制。这些技术极大地促进了发酵与酿造工业的发展,各种有机酸、酶制剂、维生素、激素都可以借助于好气性发酵进行大规模生产。因而,好气性发酵工程技术成为发酵与酿造技术发展的第二个转折点。

四、代谢控制发酵技术的建立

随着生物化学、微生物生理学以及遗传学的深入发展,对微生物代谢途径和氨基酸生物合成的研究和了解的加深,人类开始利用调控代谢的手段进行微生物菌种选育和控制发酵条件。人们以动态生物学和微生物遗传学为基础,将微生物进行人工诱变,得到适合于生产某种产品的突变株,再在人工控制的条件下培养,有选择地大量生产人们所需要的物质。1956 年日本首先成功地利用自然界野生的生物素缺陷型菌株进行谷氨酸发酵生产。此后,赖氨酸、苏氨酸、核苷酸、抗生素、有机酸等一系列产品都采用代谢调控发酵技术进行生产。可以说,人工诱变育种和代谢控制发酵工程技术是发酵与酿造技术发展的第三个转折点。

五、开拓发酵原料时期

传统的发酵原料主要是粮食、农副产品等糖质原料,随着作为饲料酵母及其他单细胞蛋白的需要日益增多,急需开拓和寻找新的糖质原料。因此石油化工副产物石蜡、醋酸、甲醇及甲烷等碳氢化合物被用来作为发酵原料,开始了所谓石油发酵时代。由于利用碳氢化合物大规模生产单细胞蛋白,使发酵罐的容量发展到前所未有的规模($3000m^3$),同时以碳氢化合物为原料在发酵时耗氧量大,这就给发酵设备提出了新的要求,发展了循环式、喷射式等多种发酵罐,并用计算机控制进行灭菌,控制发酵 pH 和应用氧电极等措施,使发酵生产朝自动控制迈了一大步。目前,用醋酸生产谷氨酸,用甲烷、甲醇以及正构石蜡生产单细胞蛋白、柠檬酸等已达到工业化水平。

六、基因工程阶段

从 20 世纪 70 年代开始,随着基因工程、细胞工程、酶工程和生化工程的发展,传统的发酵与酿造工业已经被赋予崭新内容,现代发酵与酿造已开辟了一片崭新领域,这就是以基因工程为中心的生物工程时代。基因工程技术,可以在体外重组生物细胞的基因,并克隆到微生物细胞中去构建工程菌,利用工程菌生产原来微生物不能生产的产物,如胰岛素、干扰素等,使微生物发酵产品大大增加。极大地丰富了发酵工业的范围,使发酵工业发生了革命性变化。可以说,发酵和酿造技术已经不再是单纯的微生物发酵,已扩展到植物和动物细胞领域,包括天然微生物、人工重组工程菌、动植物细胞等生物细胞的培养。

50 多年来,我国发酵工业经历了由传统的食品酿造到近代规模化、自动化发酵工程的发展过程。目前,我国一些发酵产品产量和生产技术在世界上占有重要地位,但总体技术水平与世界先进国家比较尚有一定差距。

第二节　发酵与发酵工艺概述

一、食品发酵工艺的有关概念

(一)发酵

发酵的英文"fermentation"是从拉丁语"ferver"即"发泡"、"翻涌"派生而来的。传统意义上,最初发酵是用来描述酵母菌作用于果汁或麦芽汁产生气泡的现象,或者是指酒的生产过程。因为酵母菌作用于果汁或麦芽汁,使其中的糖分解产生酒精和CO_2,CO_2逸出时,便产生气泡。在生物化学或生理学上发酵是指微生物在无氧条件下,分解各种有机物质产生能量的一种方式。更严格些讲,发酵是以有机物作为电子受体的氧化还原产能反应。如葡萄糖在无氧条件下被微生物利用产生酒精并释放CO_2,同时获得能量。工业上的"发酵"一词泛指利用微生物生产某些产品的过程,它包括厌氧培养的生产过程,如酒精、乳酸等,以及有氧培养的生产过程,如抗生素、氨基酸、酶制剂等。实际上,发酵也是呼吸作用的一种,只不过呼吸作用最终生成CO_2和H_2O,而发酵最终是获得各种不同的代谢产物。因而,现代对发酵的定义应该是:通过对微生物(或动植物细胞)的生长培养和生物化学变化,大量产生和积累专门代谢产物的反应过程。

(二)发酵工业和发酵工程

发酵工业是利用微生物的生长和代谢活动来制造各种产品的一门现代工业,而发酵工程则是指直接将微生物(或动植物细胞)应用于工业生产的一种技术体系,是在化学工程中结合了微生物特点的一门学科。因而发酵工程有时也称为微生物工程。它是在最适发酵条件下,大量培养细胞和生产代谢产物的一种工艺技术。

食品发酵过程实际上就是微生物及其酶类对农副产品原料进行分解作用并产生风味物质的过程。要想获得理想的发酵产品,必须具备以下几个条件:

1. 适宜的微生物菌种或菌群。
2. 保证或控制微生物的各种代谢条件(酿造原料、温度和 pH 等)。
3. 具备合适的微生物发酵设备。
4. 具备代谢产品精制的方法和设备,如产品的提取、过滤、消毒和包装等。

(三)发酵食品

发酵食品是指人们利用有益微生物加工制造的一类食品,具有独特的风味,如酸奶、干酪、泡菜、酱油、食醋、豆豉、酒类等。

现在发酵食品已经成为食品工业中的重要分支。就广义而言,凡是利用微生物作用制取的食品都可称为发酵食品。功能性发酵食品主要是以高新生物技术(包括发酵法、酶法)制取的具有某种生理活性的物质,能调节机体生理功能的食品。我们现在常吃的发酵食品主要有谷物发酵制品、豆类发酵制品和乳类发酵制品。

二、食品发酵的特点

(一)发酵与酿造的特点

发酵与酿造是同义词,其实质是原料中的有效成分(如淀粉、糖、脂肪、蛋白质等)经过微生物酶的催化作用,转变为酒类、酒精、酱油、食醋、豆腐乳、有机酸、氨基酸、核苷酸、酶制剂、抗生素、单细胞蛋白等。但有些国家将生产规模较大、机械化程度较高、成分单一、风味要求不高的产品,如酒精、柠檬酸、谷氨酸、单细胞蛋白等的生产称为发酵;而通常将成分复杂、风味要求较高,如黄酒、白酒、啤酒、葡萄酒等酒类以及酱油、酱、食醋、豆腐乳、豆豉等副食佐餐调味品的生产称为酿造。

发酵与其他化学工业最大区别在于它是生物体内进行的生物化学反应,主要特点如下:

1. 安全简单

发酵与酿造过程绝大多数是在常温常压下进行,反应安全,所需的生产条件比较简单。

2. 原料广泛

发酵与酿造通常以淀粉、糖蜜或其他农副产品为主要原料,添加少量营养因子,就可以进行反应了。目前,发酵与酿造的原料范围已大大扩展,矿产资源和石油产品,甚至生产中的废水、废料都可以作为发酵与酿造的原料。

3. 反应专一

食品发酵与酿造过程是通过生物体的自动调节方式来完成的,反应专一性强。因而,可以得到较为单一的代谢产物,避免不利或有害副产物混杂其中。

4. 代谢多样

由于生物体代谢方式、代谢过程的多样化,以及生物体化学反应的高度选择性,即使是极其复杂的高分子化合物,也能在自然界找到所需的代谢产物。因而,发酵与酿造适应的范围非常广。

5. 易受污染

由于发酵培养基营养丰富,各种来源的微生物都很容易生长,因此,发酵与酿造过程要严格控制杂菌污染,有许多产品必须在密闭条件下进行发酵,在接种前设备和培养基必须灭菌,反应过程中所需空气或补加的营养物必须保持无菌状态。发酵过程避免杂菌污染是发酵成功的关键。

6. 菌种选育

菌种是发酵与酿造最重要的因素,通过各种菌种选育手段得到高产的优良菌种,是能否创造显著经济效益的关键。另外,生产过程中菌种会不断地变异,因此,自始至终都要进行菌种的选育和优化工作,以保持菌种的基本特征和优良性状。

此外,发酵工业与其他工业相比,还具有投资少、见效快等特点,并可以取得显著的经济效益。

(二)发酵与酿造和现代生物技术的关系

在自然科学高度发展的今天,各门学科已是相互渗透和相互促进,发酵与酿造科学更是如此。现代生物技术是应用生物体(微生物、动植物细胞)或其组成部分(细胞器、酶),在最适合条件下,生产有价值的产物,或进行有益过程的技术。它是一门涉及分子生物学、细胞生物学、遗传学、微生物学、化学、物理学、工程学的多学科、综合性的科学技术。生物技术是靠基因工程、细胞工程、发酵工程、酶工程和生化工程这五大技术体系支撑起来的。这五大技术体系的关系见图1-1-1。

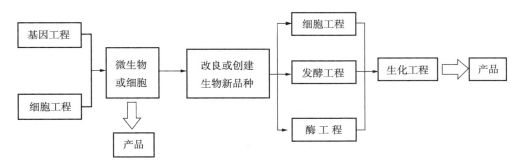

图1-1-1 生物技术五大技术体系关系图

若采用的生物催化剂是酶、休止细胞、死细胞或固定化细胞,则反应系统比较简单,只需考虑温度、pH等容易控制的条件。若采用的是生物活细胞,则要为该细胞提供最优生长、最优形成产物的可控系统和环境,使温度、pH、通气、搅拌、罐压、溶解氧等物理化学条件得到有效的维持和控制,从而使其呈现出最佳性能,生成和积累大量产物。由此可以看出,生化工程是发酵工程转化为生产力必不可少的重要环节。

三、食品发酵的研究对象

(一)按产业部门来分

1. 酿酒工业:黄酒、啤酒、白酒、葡萄酒等。
2. 传统酿造工业:酱类、酱油、食醋、豆腐乳、豆豉、酸乳等。
3. 有机酸发酵工业:乳酸、醋酸、柠檬酸、苹果酸、葡萄糖酸等。
4. 酶制剂发酵工业:淀粉酶、蛋白酶、脂肪酶、纤维素酶等。
5. 氨基酸发酵工业:谷氨酸、赖氨酸等。
6. 功能性食品生产工业:低聚糖、真菌多糖、红曲等。
7. 食品添加剂生产工业:黄原胶、海藻糖等。
8. 菌体制造工业:单细胞蛋白、酵母等。
9. 维生素发酵工业:维生素 C、维生素 B_2、维生素 B_{12} 等。
10. 核苷酸发酵工业:ATP、IMP、GMP 等。

(二)按产品性质来分

1. 以微生物代谢产物为产品的发酵工业

生物细胞将外界物质吸收到体内,一面进行分解代谢,一面又利用分解代谢中间产物及能量去合成体内所需成分,这一过程称为新陈代谢。在代谢过程中,生物体进行着复杂的生物合成,获得了许多重要的代谢产物。以生物体代谢产物为产品的发酵与酿造工业是该工业中数量很多、产量最大、也是最重要的部分,产品包括初级代谢产物、中间代谢产物和次级代谢产物。

2. 以微生物酶为产品的发酵工业

利用发酵法制备和生产并提取微生物产生的各种酶,已是当今发酵工业的重要组成部分。众所周知,几乎所有的生物细胞中都含有酶,但微生物酶是最好的酶源。原因是微生物酶与动植物酶相比,不仅可以大规模快速生产,而且便于改善工艺和提高产量。目前工业化生产的微生物酶制剂已在百种以上,如淀粉酶、纤维素酶、蛋白酶、果胶酶、脂肪酶、凝乳酶等。它们广泛应用于食品加工、纤维脱浆、葡萄糖生产以及皮革加工、饲料加工、医疗等领域。现在已有很多酶制剂被加工成固定化酶,使酶制剂行业前进一大步。

3. 以微生物的生物转化为主的发酵工业

生物转化是指利用生物细胞中的一种或多种酶,作用于一些化合物的特定部位(基团),使它转变成结构相类似但具有更大经济价值化合物的生化反应。可进行的转化反应包括脱氢、氧化、脱水、缩合、脱羧、羟化、异构化等。如食醋的生产,就是利用微生物细胞将乙醇氧化形成醋酸的过程。

4. 以微生物的菌体为产物的发酵工业

微生物菌体的应用价值可追溯到很久以前,是以获得具有特定用途的生物细胞为目的产品的一种发酵,包括单细胞蛋白(SCP)、藻类、食用菌和人畜防治疾病用的疫苗、生物杀虫剂等的生产。用微生物(尤其是酵母)同化石油中的烷烃,以及由天然气(甲烷)、甲醇、乙酸等来制造微生物菌体蛋白的研究,已引起较大的重视。

第三节　食品发酵的发展趋势

一、利用基因工程技术,人工选育和改良菌种

基因工程是在分子水平上对基因进行操作的复杂技术,是将外源基因通过体外重组后导入受体细胞内,使这个基因能在受体细胞内复制、转录、翻译表达的操作。此种带有目的基因的受体细胞,具有我们所希望的新的遗传性能和生产性能,能按照人类的需要合成某种产品,这是常规育种方法无法做到的。

二、结合细胞工程技术,用发酵技术进行动植物细胞培养

动植物细胞能产生很多微生物细胞所不具备的特有的代谢产物,如动物细胞可生产生长激素、疫苗、免疫球蛋白等;植物细胞可生产生物碱、色素、类黄酮、花色苷、固醇类、萜烯类、植物生长激素类、香料等。

原生质体融合指通过人为的方法,使遗传性状不同的两个细胞的原生质体进行融合,借以获得兼有双亲遗传性状的稳定重组分子的过程。细胞原生质体融合技术使动植物细胞人工培养技术进入了一个新的阶段。借助于微生物细胞培养的先进技术,大量培养动植物细胞的技术日臻完善,有很多已经进行大规模生产。

三、应用酶工程技术,将固定化酶或细胞广泛应用于发酵与酿造工业

将酶固定在不溶性膜状或颗粒状聚合物上,以聚合物作为载体的固定化酶在连续催化反

应过程中不再流失,从而可以回收并反复利用,实现了反应的经济性;酶也不会混杂在反应产物中,可大大简化提取纯化工艺。固定后酶的稳定性也得以提高。固定化细胞则是将具有一定生理功能的生物体(如微生物、植物细胞、动物组织或细胞、细胞器)用一定方法固定,作为生物催化剂使用。

四、重视生化工程在发酵与酿造业的应用

生化工程指的是生化反应器、生物传感器和生化产品的分离提取纯化等下游工程。生化反应器是生物化学反应得以进行的场所,其开发涉及流体力学、传质、传热和生物化学反应动力学等学科。生物传感器是发酵与酿造过程控制的关键所在,要实现反应器的自动化、连续化,生物传感器是必不可少的。生物代谢产品的分离提取纯化工作是生物技术产品产业化必不可少的环节,是该项目能否取得较高经济效益的关键。

五、发酵法生产单细胞蛋白

食物、能源和环境是当今世界所面临的三大问题。开发单细胞蛋白(SCP)是解决人类食物问题的重要途径。由于微生物的代谢方式各种各样,各种资源都可以利用,而且微生物繁殖速度惊人,比动物要快上百倍,因此,发展单细胞蛋白不失为一种解决废水废料、保护环境、节约粮食资源的好方法。

六、加强代谢研究,进一步搞好代谢控制,开发更多代谢产品

由于生物代谢的多样性,至今研究透彻的只是代谢途径中的一小部分,弄清更多的代谢途径及其代谢调节的机制,将会开发出更多有价值的生物代谢产品。

总之,发展食品发酵与酿造工业在我国已有相当的产业基础、较好的技术力量及广阔的市场和需求,只要给予足够的投资,保证基本的研究条件,加大力量培养相关人才,食品发酵与酿造工业一定能取得辉煌的成就。

 本章小结

人类的酿造历史源远流长,但是作为发酵工业却是 19 世纪中叶以后才发展起来的。它的发展大致经历了天然发酵阶段、纯培养技术的建立、通气搅拌发酵技术的建立、代谢控制发酵技术的建立、开拓发酵原料时期和基因工程阶段等几个阶段或关键点。50 多年来,我国发酵工业经历了由传统的食品酿造过渡到近代规模化、自动化发酵工程的发展过程,但技术水平与世界先进国家比较尚有一定差距。

食品发酵过程实际上就是微生物及其酶类对农副产品原料进行分解作用并产生风味物质的过程。要想获得理想的发酵产品,首先要有优良的微生物菌种或菌群,还要保证或控制微生物进行代谢的各种条件和进行微生物发酵的设备及精制成产品的方法和设备。

发酵食品是指人们利用有益微生物加工制造的一类食品,种类繁多,我们现在常吃的发酵食品主要有谷物发酵制品、豆类发酵制品和乳类发酵制品。它们营养丰富,风味独特,富含维生素和一些生物活性因子,能调节机体代谢,提高人体免疫力,预防某些疾病的发生。

发酵是在生物体内进行的生物化学反应,具有其他化学工业不可比拟的许多优点。如反应条件温和、反应专一、安全高效、原料来源广泛等。现代食品发酵工业包括酿酒、传统酿造食品、有机酸、酶制剂、食品添加剂、微生物菌体制造等多个部门,它的发展是和生物技术的发展密不可分的。

食品发酵的发展趋势是:①利用基因工程技术,人工选育和改良菌种;②结合细胞工程技术,用发酵技术进行动植物细胞培养;③应用酶工程技术,将固定化酶或细胞广泛应用于发酵与酿造工业;④重视生化工程在发酵与酿造业的应用;⑤发酵法生产单细胞蛋白;⑥加强代谢研究,进一步搞好代谢控制,开发更多代谢产品。

思 考 题

1. 简述食品发酵与酿造技术的发展历史。
2. 什么是发酵? 食品发酵有哪些特点?
3. 简述食品发酵的研究对象和发展趋势。

阅读小知识

发酵食品好处多

发酵食品是人类巧妙地利用有益微生物加工制造的一类食品,具有独特的风味,丰富了我们的饮食生活,如酸奶、干酪、酒酿、泡菜、酱油、食醋、豆豉、豆乳腐、各种酒类等,这些都是颇具魅力而长期为人们喜爱的食品。

近年来,科研人员经对发酵食品的长期研究及实验得知,它的真正魅力在于其有与药品相媲美的奇特功效。发酵生产时,加入的微生物就像一台台小小的加工机,对食物进行处理,增加一些有营养的物质,去除一些非营养的物质,顺便改变味道和质地。

植物细胞有细胞壁,细胞内的一些成分人体往往难以消化利用,发酵时微生物分泌的酶能裂解细胞壁,就提高了营养素的利用程度。肉和奶等动物性食品,在发酵过程中可将原有的蛋白质进行分解,易于消化吸收。

微生物还能合成一些B族维生素,特别是维生素B_{12},动物和植物自身都无法合成这一维生素,只有微生物能"生产",所以发酵食品中维生素B_{12}较为丰富,维生素B_{12}能预防老年痴呆症。

发酵食品一般脂肪含量较低,发酵过程中要消耗碳水化合物的能量,因此,发酵食品的能量值比较低,这对欲控制热量摄入而减肥的人是首选的低热能食品。

在发酵过程中,微生物保留了原来食物中的一些活性成分,如多糖、膳食纤维、生物类黄酮等对机体有保健作用的物质,还能分解某些对人体不利的因子,如豆类中的低聚糖、胀气因子等。微生物代谢时产生的不少代谢产物,多数有调节机体生物功能的作用,能抑制体内有害物的产生,最新的研究表明,不少发酵食品对预防肿瘤的发生有奇特的作用。

未经加热即食用的发酵食品,其含有的微生物被称为益生菌,能保持肠道内各种微生物之间的菌群平衡,改善胃肠道功能,不少微生态制剂的保健食品就是利用这一特点制造的。

毫不起眼的微生物为人类贡献了各种风味的发酵食品,既使我们享受了饮食的乐趣,又能保健养生。

第二章　发酵食品原理

【知识目标】

1. 了解各种发酵食品及相关的微生物。
2. 掌握生产菌种的扩大培养过程。
3. 掌握发酵食品生产过程中的发酵条件及过程控制。

第一节　发酵食品与微生物

发酵食品是食品原料经微生物(细菌、酵母菌、霉菌等)作用所产生的一系列特定的酶催化,所进行的生物、化学变化及物理变化而制成的食品。在自然界中,微生物的种类很多,在发酵工业中常用和常见的微生物种类主要有三类:细菌、酵母菌和霉菌。

从发酵工业的角度,我们通常把微生物分为有用微生物和有害微生物。有用微生物是发酵工业的基础、核心及动力,有害微生物我们习惯上称为"杂菌",是指影响正常发酵过程、降低产品质量的菌类。在发酵工业中,我们要充分发挥有益菌的作用,抑制"杂菌"的不良影响,因此,我们只有熟悉和掌握了微生物学的知识,才能在生产中更好地对其加以利用和改造,才能进一步提高发酵工业的水平。

一、发酵工业中常用的几种细菌

(一)乳酸菌

乳酸菌是指能够利用发酵性糖类产生大量乳酸的一类微生物的统称。乳酸菌的种类很多,将近200种,在食品工业中主要用来生产酸味剂乳酸和发酵乳、干酪、乳酸饮料等乳酸发酵食品。常用的菌种如下:

1. 乳杆菌属

(1)保加利亚乳杆菌　该菌是从保加利亚的酸乳中分离出来,常作为发酵酸奶的生产菌。最适生长温度 37~45℃,温度高于 50℃ 或低于 20℃ 不生长。该菌在牛乳中有很强的产酸能力,能分解牛乳蛋白质生成氨基酸。该菌常与嗜热链球菌配伍作为发酵乳发酵剂而应用较多。

(2)嗜酸乳杆菌　嗜酸乳杆菌是认识较早的肠道乳杆菌之一,能够在人体肠道中繁殖生长,其代谢产物有机酸和抗菌物质——乳杆菌素可抑制病原菌和腐败菌的生长。细胞形态比保加利亚乳杆菌小,呈细长杆状,最适生长温度 37℃,20℃ 以下不生长,耐热性差。最适生长pH5.5~6.0,耐酸性强,能在其他乳酸菌不能生长的酸性环境中生长繁殖。

2. 链球菌属

(1)嗜热链球菌　细胞形态呈链球状,是发酵乳制品生产中应用较广泛的菌株。能利用葡萄糖、果糖、乳糖和蔗糖进行同型乳酸发酵产生 L 型乳酸(适口性好)。蛋白质分解力较弱,在发酵乳中可产生香味物质双乙酰。该菌主要特征是能在高温条件下产酸,最适生长温度 40 ~ 45℃,温度低于 20℃不产酸。耐热性强,能耐 65 ~ 68℃的高温。常作为发酵酸乳、瑞士干酪的生产菌。

（2）乳酸链球菌　细胞形态呈双球、短链或长链状。产酸能力弱,最大乳酸生物量 0.9% ~ 1.0%。对温度适应范围广泛,10 ~ 40℃均产酸,最适生长温度 30℃。而对热抵抗力弱,60℃ 30min 全部死亡。常作为干酪、酸制奶油及乳酒和酸泡菜发酵剂菌种。

3. 明串珠菌属

菌种呈圆形或卵圆形,菌体排列成链状。可在 5 ~ 30℃ 范围生长,最适生长温度为 20 ~ 30℃。肠膜明串珠菌葡聚糖亚种能产生葡聚糖,但在牛乳中产酸能力较弱,产香性能也不很理想。常用于干酪和发酵奶油的生产。在自然发酵的酸乳中能分离到该菌,但生鲜牛乳中不常见。

4. 双歧杆菌

双歧杆菌是人体肠道有益菌群,它可定殖在宿主的肠黏膜上形成生物学屏障,具有拮抗致病菌、改善微生态平衡、合成多种微生素、提供营养、抗肿瘤、降低内毒素、提高免疫力、保护造血器官、降低胆固醇水平等重要生理功能,其促进人体健康的有益作用,远远超过其他乳酸菌。其最适生长温度为 37 ~ 41℃,起始生长最适 pH 为 6.5 ~ 7.0。

（二）醋酸菌

醋酸菌是一类能氧化酒精成为醋酸的细菌,工业中依靠醋酸菌的这一特点来生产食醋,但是对酒类及饮料生产是有害的。绝大多数醋酸菌是好氧菌,没有氧气它们就不能进行代谢和生长繁殖。

醋酸菌能氧化酒精（乙醇）生成醋酸,同时也能氧化醋酸生产二氧化碳和水,所以,在食醋酿造过程中要避免醋酸菌的过氧化现象。醋酸菌不耐盐,当食盐的浓度大于 1% 时,醋酸菌的生长受到抑制,在食醋酿造中可以利用醋酸菌的此特点在醋醅中添加适量的食盐来终止醋酸菌的作用,结束醋酸的发酵,防止物料中醋酸的损失。

食醋生产中常用的菌种有以下几类。

1. 许氏醋杆菌（Acetobacter schutzenbachii）

它是法国著名的速酿食醋菌种,也是目前酿醋工业重要的菌种之一。最高产醋酸量达 11.5%,对醋酸没有进一步的氧化作用。固体培养的最适生产温度为 28 ~ 30℃,最高生长温度 37℃。

2. 醋酸杆菌 AS 1.41

它是我国酿醋工业常用菌种之一。产醋酸量 6% ~ 8%,可将醋酸进一步氧化为二氧化碳和水。最适生长温度 28 ~ 30℃,最适 pH 为 3.5 ~ 6.0,耐酒精浓度为 8%。

3. 沪酿 1.01

它是我国食醋生产常用菌种之一,是上海市酿造科学研究所和上海醋厂从丹东速酿醋中分离到的优良菌种,它的特点是产酸量可以达到 10%。

4. 胶膜醋酸杆菌

此菌是食醋酿造的有害菌,能再分解醋酸,除此之外它还可在酒类的溶液中繁殖,可引起酒液酸败、变黏。

(三)芽孢杆菌

芽孢杆菌是一类好氧生长的能产生芽孢的杆状细菌,在自然界分布很广,在土壤及空气中尤为常见。这类细菌是发酵工业中的一大害,容易污染生产设备及产品,而且其抵抗力极强,很难应付。但芽孢杆菌的一些种类经过筛选后也能为我们所利用,在发酵工业中常见的几种芽孢杆菌如下。

1. 枯草杆菌

其最适生长温度为 30~37℃,最适 pH 为 6.7~7.2,是制种曲和大曲的主要污染菌。但它是著名的分解蛋白质和淀粉的菌种,AS1.398 号枯草杆菌用来生产蛋白酶,BF-7658 号枯草杆菌用来生产淀粉酶。

2. 纳豆杆菌

最适生长温度为 40~42℃,低于 10℃ 不能生长,50℃ 生长不好,主要存在于稻草中,在日本用来制作纳豆,在纳豆生产过程中,其相对湿度要在 85% 以上,否则纳豆菌的生长受到抑制。

3. 蜡状芽孢杆菌

这种菌是酿造调味品行业中的杂菌之一,尤其在淀粉质原料中大量存在,因此成为甜面酱、米酱中的主要杂菌。蜡状芽孢杆菌虽然不是致病菌,但是在食品中含量大时会造成肠胃疾病,引起腹泻、恶心及呕吐。

二、发酵工业中常用的几种酵母菌

酵母广泛分布于自然界中,是生产中较为重要的一类微生物,主要用于酿酒、面包发酵中。在酱油、腐乳等产品的生产过程中,有些酵母和乳酸菌协同作用,使产品产生特有的香味。在发酵食品生产中常用的酵母菌主要有以下几种。

(一)酿酒酵母

酿酒酵母是工业上应用最广泛的酵母菌。用来生产啤酒、葡萄酒、酒精及其他酒类。在酿造中也是利用它们的这种特点在食醋的酿造中使糖类原料转化成酒精,为醋酸菌提供生产醋酸的前提物质。

(二)面包酵母

面包酵母又称活性干酵母、压榨酵母,是做面包时发酵用的酵母。面包酵母包括鲜酵母和活性酵母两类。面包酵母的生产是采用糖蜜为原料,将酵母菌通风发酵培养后,经过分离、洗涤、压榨而制得的含水分71%~73%的产品为鲜酵母,俗称压榨酵母;鲜酵母经过低温脱水后制得水分7%~8.5%酵母为活性干酵母。面包酵母的主要特性是利用发酵糖类产生的大量二氧化碳和少量酒精、醛类及有机酸,来提高面包风味。

(三)卡尔酵母

卡尔酵母是啤酒酿造中典型的下面酵母,又称卡尔斯伯酵母。常用于啤酒酿造,能发酵葡萄糖、半乳糖、蔗糖、麦芽糖及全部棉子糖。最适生长温度 25℃,啤酒发酵最适温度 5~10℃。最适发酵 pH 为 4.5~6.5。

（四）易变球拟酵母和埃切球拟酵母

这两种球拟酵母属于耐高浓度食盐的酵母菌,也是在酱油和酱的发酵中产生香气的重要菌种,鲁氏酵母在酱油发酵前期起作用,而球拟酵母在发酵后期起作用。

（五）毕赤酵母

是酿造的有害菌,经常在酱醪或醋醅表面形成黏稠皮膜并产生不愉快的气味,影响发酵的正常进行,还能在酱油表面形成白花,消耗酱油中的糖分、氨基酸等,形成难闻的气味,破坏酱油的品质。

三、发酵工业中常用的几种霉菌

霉菌是对丝状微生物的统称,其群体形态成绒毛状、蛛网状或絮状,并有白、绿、黄、黑、灰、红等颜色。

霉菌的分布很广,遍及地球的各个角落。霉菌是人类利用最多的微生物类群。在医药中用来制取青霉素、头孢霉素等重要药物;在食品工业中利用霉菌生产酱油、食醋、腐乳等发酵食品,生产柠檬酸、红曲色素等食品添加剂,生产淀粉酶、蛋白酶、果胶酶、纤维素酶等酶制剂。另一方面霉菌引起粮食、水果、蔬菜腐败变质,引起衣物、家具的蚀变,引起人和动植物的病害,给人类带来极大的危害。在发酵食品中经常使用的有以下几种。

（一）毛霉属

毛霉在自然界分布很广,在阴暗潮湿低温处常见,也是制曲时常见的一种杂菌。

毛霉具有分解蛋白质的功能,因此多利用它制造豆腐乳及豆豉。某些菌种具有较强的糖化力,能糖化淀粉并产生少量酒精,可以用于酒精和有机酸工业原料的糖化和发酵。现简单介绍鲁氏毛霉和总状毛霉。

1. 总状毛霉

总状毛霉是毛霉中分布最广的一种。菌丝灰白色,菌丝直立而稍短,孢子囊柄总状分枝,孢子囊球形,浅黄色至黄褐色。在豆腐坯和熟大豆上生长迅速,我国四川的豆豉即用此菌制成。

2. 鲁氏毛霉

此菌种最初是从我国小曲中分离出来的,菌落在马铃薯培养基上呈黄色,在米饭上略带红色,孢子囊柄呈假轴状分枝,厚垣孢子数量很多,大小不一,黄色至褐色。鲁氏毛霉能产生蛋白酶,有分解大豆的能力,我国多用它来做豆腐乳。

（二）曲霉属

曲霉在自然界中广泛分布。一般在较潮湿冷凉的基质上易分离到它。许多是常见的有害菌,破坏皮革、布匹以及引起谷物、水果、食品等变质。不仅导致食品和原材料的霉腐变质,而且有些种可产生毒素,引起人、畜中毒;也有些是重要的生产菌,工业上采用曲霉生产酒类、酱油、酱类、酶制剂等。在发酵工业中常见的有:

1. 米曲霉

它与黄曲霉十分近似,所以同属黄曲霉群,一般情况下不产生黄曲霉毒素。菌落初为白

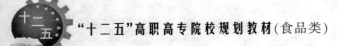

色、黄色,继而变为黄褐色至淡绿色,但不是真正的绿色,反面无色。米曲霉有较强的蛋白质分解能力,同时又具有糖化能力,所以,自古以来,早已利用空气中存在的米曲霉生产酱油和酱类。

2. 黄曲霉

菌落早期为黄色,然后变为黄绿色,老熟后呈褐绿色。能分解产生蛋白酶、淀粉酶。黄曲霉的某些菌系可产生黄曲霉毒素,特别是在发霉变质的花生或花生饼粕上易于形成,能引起家禽家畜严重中毒以至死亡,还能够使人患肝癌,对此已引起极大重视。为了防止其污染食品,在生产上必须特别注意,严格要求不使用霉变的原料,制曲时应用纯种,以杜绝污染产生毒素的霉菌。

3. 黑曲霉

黑曲霉(Aspergillus niger)是接近高温性的霉菌,生长最适温度35~37℃,最高可达50℃;是自然界中常见的霉腐菌。菌丝密集,初为白色,培养时间延长,菌丝变为褐色,分生孢子形成后由中央变黑,逐步向四周扩散,背面无色或黄褐色。该菌具有多种活性强大的酶系,可用于工业生产。目前固体制醋生产的曲子已大多使用UV-11菌种作糖化剂。由于黑曲霉也产生酸性、蛋白酶和纤维素酶,酿造调味品酱油和食醋的生产也常选用黑曲霉作为多菌种发酵的菌种之一。

4. 红曲霉

红曲霉在培养基上生长时,菌丝体初为白色,以后变成淡粉色、紫红色或黑灰色等,通常都能形成红色素,这也是我们使用红曲霉的一个主要原因,可作为食品加工中天然红色色素的来源。如在红腐乳、饮料、肉类加工中用的红曲米,就是用红曲霉制作的。

(三)根霉属

根霉在自然界分布很广,它们常生长在淀粉质的食品上,如馒头、面包等。根霉能产生大量的淀粉酶,故用作酿酒、制醋业的糖化菌。与发酵有关的种主要是米根霉和黑根霉。

1. 米根霉

这个种在我国酒药和酒曲中常看到,在土壤、空气,以及其他各种物质中亦常见。菌落初期为白色,后期为灰褐色至黑褐色。此菌有糖化淀粉、转化蔗糖的能力。

2. 黑根霉

菌落生长初期为白色,后期为灰褐色至黑褐色。此菌能产生果胶酶,常引起水果的腐烂和甘薯的软腐。其最适生长温度为30℃,37℃时不能生长。

第二节 生产菌种的扩大培养

目前发酵工业所使用的发酵罐容积越来越大,已达到几十立方米或几百立方米。如按百分之十左右的种子量计算,就要投入几立方米或几十立方米的种子,因此菌种的扩大培养就显得愈加重要。菌种的扩大培养就是要为工业发酵提供数量巨大、代谢旺盛的微生物种子,具体是指将保存在砂土管或冷冻干燥管中处于休眠状态的生产菌种接入试管斜面活化后,再经过摇瓶及种子罐逐级扩大培养,从而获得一定数量和质量的纯菌种。这些纯种培养物就称为种子。

发酵工业生产过程中的种子必须满足以下条件：

（1）菌种细胞的生长活力强，移种至发酵罐后能迅速生长，缩短迟缓期。

（2）生理状态稳定，以便获得稳定的菌体生长过程。

（3）菌体总量及浓度适宜，可以保证在大发酵罐中有适当的接种量。

（4）无杂菌污染，以保证整个发酵过程正常进行。

（5）保持稳定的生产能力，使最终产物的生物合成量持续稳定高产。

种子扩大培养的一般工艺流程见图1－2－1，其过程大致可分为实验室制备阶段和生产车间种子制备阶段。步骤1～6为实验室制备阶段，包括琼脂斜面、固体培养基扩大培养或摇瓶液体培养；步骤7～9为生产车间种子制备阶段，其主要的任务是种子罐扩大培养。

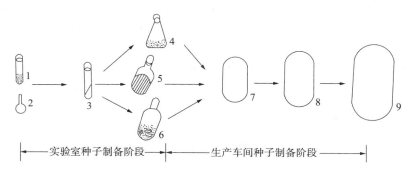

图1－2－1　种子扩大培养流程图

1—砂土孢子；2—冷冻干燥孢子；3—斜面孢子；4—摇瓶液体培养（菌丝体）；
5—茄子瓶斜面培养；6—固体培养基培养；7、8—种子罐培养；9—发酵罐

一、实验室种子的培养

（一）斜面菌种的培养

细菌培养大多采用肉汤琼脂培养基，培养温度多为37℃，1～3d；放线菌类的孢子培养多采用人工合成琼脂培养基，培养基中含有一些适合产孢子的营养成分，如麸皮、蛋白胨和一些无机盐等，碳氮比以氮少一些为好，避免菌体的大量形成，以利于产生大量孢子。培养温度一般为28℃。培养时间为5～14d。

霉菌孢子的培养一般以大米、小米、玉米、麸皮等天然农产品为培养基。其操作过程为：首先将保存于砂土管或冷冻管中的菌体孢子接种在斜面上恒温培养，待孢子成熟后制成孢子悬浮液，然后接种到含大米、麸皮等成分的培养基上，培养温度一般为25～28℃。培养时间一般为4～14d。

斜面菌种培养好后可放在4℃冰箱内保存备用，存放时间不宜过长。

（二）摇瓶种子的培养

一级种子的培养通常用三角瓶进行液体恒温振荡培养，也称摇瓶。摇瓶相当于大大缩小了的种子罐，其培养基配方和培养条件与二级种子罐相似，摇瓶培养的温度、时间等依不同菌种而定，三角瓶中的菌种由斜面培养的种子接入。制备摇瓶种子的目的是使孢子发芽长成健

壮的菌体,同时对斜面菌的质量和无菌情况进行考察。

有些企业在某些发酵产品的生产中,一级种子培养不用三角瓶摇瓶,而是培养大型斜面(茄子瓶斜面)作为一级种子使用。一次制备一批大型斜面种子,储存于冰箱中,可以使用一周左右。

二、生产车间种子培养

实验室制备的孢子或液体种子移种至种子罐扩大培养,种子罐的培养基虽因不同菌种而异,但其配制原则为采用易被菌利用的成分如葡萄糖、玉米浆、磷酸盐等,如果是需氧菌,同时还需供给足够的无菌空气,并不断搅拌,使菌(丝)体在培养液中均匀分布,获得相同的培养条件。

(一)种子罐的作用

主要是使孢子发芽,生长繁殖成大量菌(丝)体,接入发酵罐能迅速生长,达到一定的菌体量,以利于产物的合成。

(二)种子罐级数的确定

种子罐级数:是指制备种子需逐级扩大培养的次数,取决于:①菌种生长特性、孢子发芽及菌体繁殖速度;②所采用发酵罐的容积。

如:细菌,生长快,种子用量比较少,故种子罐相应也少,采用一级种子罐扩大培养,也称二级发酵。茄子瓶→种子罐→发酵罐。

霉菌:生长较慢,如青霉菌,一般采用二级种子罐扩大培养,即三级发酵。孢子悬浮液→一级种子罐(27℃,40h孢子发芽,产生菌丝)→二级种子罐(27℃,10~24h,菌体迅速繁殖,粗壮菌丝体)→发酵罐。

放线菌:生长更慢,采用四级发酵。

(三)确定种子罐级数需注意的问题

1. 种子罐级数越少越好,可简化工艺和控制,减少染菌机会。
2. 种子级数太少,接种量小,发酵时间延长,降低发酵罐的生产率。
3. 虽然种子罐级数随产物的品种及生产规模而定。但也与所选用工艺条件有关。如改变种子罐的培养条件,加速孢子发芽及菌体的繁殖,也可相应地减少种子罐的级数。

(四)接种龄

接种龄是指种子罐中培养的菌丝体开始移入下一级种子罐或发酵罐时的培养时间。通常接种龄以菌丝处于生命极为旺盛的对数生长期,而且培养液中菌体尚未达到最高峰时较为合适。过于年轻的种子接入发酵罐后,往往会出现前期生长缓慢,使整个发酵周期延长,产物开始形成的时间推迟。而过老的种子会造成生产能力下降,菌体过早自溶。不同菌种或同一品种工艺不同,其种龄也不一样,具体时间一般要经过多次试验来确定。

(五)接种量

接种量是指移入的种子液体积和接种后培养液体积的比例。接种量的大小取决于生产菌种在发酵罐中的生长繁殖速度。采用较大的接种量,可以缩短发酵罐中菌体繁殖到达高峰的时间,使产物的形成提前到来。但是,如果接种量过多,往往使菌丝生长过快,培养液黏度增加,造成溶解氧供应不足而影响产物合成。而接种量过少,除了延长发酵周期外,往往还会引起其他不正常情况。在丝状菌发酵生产中,最适接种量多为 7%~15%,而细菌发酵中接种量相对较小,一般为 1%~2%。总之,对每一个生产菌种,要进行多次试验后才能确定其最适接种量。

第三节　发酵过程及条件控制

一次成功的发酵除了取决于生产菌种本身的性能外,还受到发酵条件、发酵过程的影响。在选育得到优良微生物菌种的前提下,发酵过程的控制对发酵产品高产、稳产起着至关重要的作用。同一菌种,在不同厂家,由于设备、原材料来源等的差别,菌种的生产能力也不尽相同。因此,弄清生产菌种对环境条件的要求,掌握菌种在发酵过程中的变化规律,才能有效控制其发酵条件及参数,才能使生产菌种始终处于生长和产物合成的优化环境中,从而最大限度地发挥生产菌种合成产物的能力,获得满意的发酵结果。目前生产中较常见的参数主要包括温度、pH、溶解氧、二氧化碳、基质浓度、泡沫等。

一、温度对发酵的影响及控制

(一)发酵热

发酵过程中,随着菌体的生长繁殖,代谢产物的合成,以及机械搅拌的作用,将会产生一定的热量;同时,由于发酵罐的散热、水分的蒸发等会带走部分热量。习惯上将发酵过程中释放出来的净热量称为发酵热。发酵热包括生物热、搅拌热、蒸发热和辐射热。

$$Q_{发酵} = Q_{生物} + Q_{搅拌} - Q_{蒸发} - Q_{辐射}$$

1. 生物热

微生物细胞在生长繁殖过程中本身产生的大量热称为生物热。在发酵过程中,由于菌体的生长繁殖和形成代谢产物,不断地利用营养物质,主要是培养基中的碳源、氮源和脂肪等,它们被微生物细胞利用后在生成一些物质的同时会释放出大量的能量,其中一部分能量用于合成细胞内的高能化合物,供微生物细胞合成和代谢活动的需要,其余以热的形式散发出来,这就是生物热。

由于使用的微生物种类及所用的培养基不同,发酵过程中释放的生物热也是不一样的。菌种活力强,培养基丰富,菌体代谢旺盛,产生热量多。

在发酵过程中生物热产生的大小有明显的阶段性,在发酵初期,微生物处在适应期,细胞数量较少,呼吸作用缓慢,产生热量少;当微生物处在对数生长期,菌体繁殖快,代谢旺盛,且细胞数量也较多,因此所产生的热量也多,培养液的温度升高较快;特别是从对数生长期转入平衡期时,产生热量最多;发酵后期,微生物基本上停止繁殖,逐步衰老,产生的热量不多,温度变化不大,且逐渐减弱。

2. 生物热

机械搅拌通气发酵罐,由于机械搅拌带动液体做机械运动,造成液体之间、液体与设备之

间发生摩擦,会产生较多的热量,即搅拌热。搅拌热的计算:

$$Q_{搅拌} = 3600(P/V)$$

式中:3600——热功当量,kJ/(kW·h);

　　　P/V——通气条件下单位体积发酵液所消耗的功率,kW/m³。

3. 蒸发热

通气时,进入发酵罐的空气与发酵液接触,部分氧被微生物利用,大部分气体仍旧从发酵罐逸出,排至大气中,热量被空气或蒸发的水分带走,导致热量的散发,这部分热量称为蒸发热。

4. 辐射热

因发酵罐温度与罐外环境温度不同,发酵液中有部分热量通过罐体向外辐射,这些热量称为辐射热。辐射热大小,取决于罐内外温度差的大小,冬天大些,夏天小些。

(二)发酵过程中温度的影响

在发酵过程中,温度对发酵的影响是多方面的,可影响微生物细胞的生长、产物的生成、代谢产物的合成方向等,因此,在发酵过程中必须保证稳定而合适的温度环境。

1. 温度对微生物的影响

通常在生物学范围内温度每升高10℃,微生物的生长速度就加快一倍,所以,温度与微生物的生命活动有密切关系。各种微生物都有自己最适的生长温度范围,在此范围内,微生物的生长最快。高温会使微生物细胞内的蛋白质发生变性或凝固,同时还破坏了微生物细胞内酶的活性,从而杀死微生物,温度越高,微生物的死亡就越快。而低温又能抑制微生物的生长。

2. 温度对酶的影响

微生物的生长和代谢产物的合成都是在各种酶的催化下进行的,而温度是保证酶活性的重要条件。温度越高,酶反应的速度就越大,微生物细胞的生长代谢加快,产物提前生成,但温度升高,酶的失活也越快,表现为微生物细胞容易衰老,使发酵周期缩短,从而影响发酵过程的最终产物产量。

3. 温度对代谢产物合成方向的影响

同一种微生物在发酵过程中温度不同,其代谢产物往往也不同。例如:在四环素的发酵过程中,生产菌株金色链霉菌同时也能产生金霉素。当温度低于30℃时,生产菌株金色链霉菌合成金霉素的能力较强;随着温度的升高,合成四环素的能力逐渐增强,当温度提高到30℃时,生产菌株金色链霉菌则只合成四环素,而金霉素的合成几乎处于停止状态。

4. 温度对微生物生产和生长的控制

对于同一菌株,细胞生长和代谢产物合成的最适温度往往是不同的。例如:青霉素产生菌的生长最适温度为30℃,而产生青霉素的最适温度为25℃;黑曲霉的最适生长温度为37℃,而产生糖化酶和柠檬酸的最适温度都是32~34℃。

严格控制菌种生长繁殖和生物合成所需要的最适温度,对稳定发酵过程,缩短发酵周期,提高发酵单位和产量,具有十分重要的意义。

(三)发酵过程中温度的控制及最适温度的选择

最适生长温度是指微生物生长最适宜的温度。最适发酵温度是指在该温度下最适于微生物的生长或发酵产物的生成。不同的微生物有不同的最适温度。同一种微生物菌体生长的最适温度和形成代谢产物的最适温度可能相同,也可能有所不同。由于温度对微生物的生长、繁殖有重要的影响作用,因此为了使微生物的生长速度最快和代谢产物的产率最高,在发酵过程中必须根据微生物菌种的特性,选择和控制最适温度。

一般来说,接种后可适当提高培养温度,以利于孢子的萌发或加快微生物的生长、繁殖,而此时发酵的温度大多数是下降的;待发酵液的温度表现为上升时,发酵液的温度应控制在微生物的最适生长温度;到发酵旺盛阶段,温度的控制可比最适生长温度低些,即控制在微生物代谢产物合成的最适温度;到发酵后期,温度出现下降的趋势,直至发酵成熟即可放罐。

生产上为了使发酵温度维持在一定的范围,常在发酵设备上装有热交换器,例如采用蛇管、夹套等进行降温,冬季发酵时空气还需要进行加热处理,以便维持发酵的正常温度。

发酵温度的选择还要参考其他的发酵条件,灵活掌握。对各种微生物的培养过程,各个发酵阶段最适温度的选择要从各个方面进行综合考虑,通过大量的生产实践才能确切掌握发酵的规律。近年来利用计算机模拟最佳的发酵条件,使发酵的温度能处于一个相对合适的范围成为现实。通过发酵温度的控制可以提高发酵产物的产量,进一步挖掘和发挥微生物的潜力。

二、pH 对发酵的影响及控制

pH 对微生物的生长繁殖和代谢产物的合成都有很大的影响。不同种类的微生物对 pH 的要求不同。每种微生物都有自己最适的生长 pH。大多数细菌的最适生长 pH 为 6.5 ~ 7.5,霉菌的最适 pH 一般为 4.0 ~ 6.0,酵母菌的最适 pH 为 3.8 ~ 6.0。

(一)pH 对发酵过程的影响

最适生长 pH 是指微生物生长最适宜的 pH,在这个 pH 时,微生物生长最快。最适发酵 pH 则是指在该 pH 下最适于微生物生长或发酵产物的生成。同一种微生物,由于 pH 不同,形成的发酵产物也会不同。例如,黑曲霉在 pH2 ~ 3 时,发酵产物是柠檬酸,而在 pH 接近中性时,生成草酸。另外,微生物生长的最适 pH 和形成代谢产物的最适 pH 可能相同也可能不同。例如链霉素产生菌生长的最适 pH 值为 6.3 ~ 6.9,而链霉素合成的最适 pH 为 6.7 ~ 7.3。因此,充分了解微生物生长和产物形成的最适 pH,并根据不同微生物的特性,在发酵过程中有效地控制合适的 pH 非常重要。

(二)发酵过程中 pH 的控制

在发酵过程中发酵液的 pH 处于不断变化中,为了使微生物能在最适的 pH 范围内生长、繁殖和发酵,必须随时检测 pH 的变化情况,然后根据发酵过程中的 pH 要求,选用适当的方法对 pH 进行调节和控制。

在实际生产中,调节和控制发酵液 pH 的方法应根据具体情况加以选择。pH 调节和控制的方法主要有:

1. 调节培养基的原始 pH,或加入缓冲物质,如磷酸盐、碳酸钙等,制成缓冲能力强、pH 变化不大的培养基。

2. 在发酵过程中加入弱酸或弱碱进行 pH 的调节,进而合理地控制发酵条件。

3. 如果利用弱酸或弱碱仍不能改善发酵 pH 时,可采用补料的办法,它既调节了培养液的

pH,又补充了营养,进一步提高发酵产物的产率。通过补料调节 pH 来提高发酵产率的方法已在工业发酵过程中取得了明显的效果。

4.选用不同代谢速度的碳源和氮源种类及恰当比例。

5.在发酵过程中根据 pH 变化可用流加氨水的方法来调节,同时又可把氨水作为氮源供给。由于氨水作用快,对发酵液的 pH 影响波动大,应采用少量多次的流加方法,以免造成 pH 过高或 pH 过低的现象。国内少数工厂使用。

6.采用生理酸性铵盐作为氮源时,由于 NH_4^+ 被微生物细胞利用后,剩下的酸根会引起发酵液 pH 的下降,在培养液中可加入碳酸钙来调节 pH。但是需注意碳酸钙的加入量一般都很大,在操作上很容易引起染菌。因此,此方法在发酵过程中应用不是太广。

目前在工艺控制上已经完全有可能做到 pH 连续在线测定,并可反馈自动添加酸或碱来调节 pH 并控制在最小的波动范围内。

三、溶解氧浓度对发酵的影响及控制

工业发酵使用的菌种多属好氧菌,发酵过程中必须提供大量的氧,以满足菌体生长繁殖和代谢产物的生成,氧的不足会造成代谢异常,发酵产量下降。液体发酵过程中微生物所利用的只能是溶解氧,但因氧气属于难溶性气体,故它常常是发酵生产的限制因素。培养液内溶解氧的浓度往往受许多因素的影响,主要是通气及搅拌功率。

(一)溶解氧对发酵过程的影响

好氧微生物发酵时,主要是利用溶解于水中的氧,不影响微生物呼吸时的最低溶解氧浓度称为临界溶解氧浓度。在临界溶解氧浓度以下时,溶解氧是菌体生长的限制因素,菌体生长速率随着溶解氧的增加而显著增加,愈接近临界值,菌体生长速率愈快。达到临界值时,溶解氧已不是菌体生长的限制因素。过低的溶解氧,首先是影响微生物的呼吸,进而造成代谢异常;但过高的溶解氧对代谢产物的合成未必有利,因为溶解氧不仅为生长提供氧,同时也为代谢提供氧,并造成一定的微生物生理环境,它可以影响培养基的氧化还原电位。

(二)发酵过程中溶解氧的变化

一般来说,发酵初期,菌体大量增殖,氧气消耗大,此时需氧量大于供氧量,溶氧浓度明显下降;发酵中后期,由于菌体已繁殖到一定程度,呼吸强度变化不大。到了发酵后期,由于菌体衰亡,呼吸强度减弱,溶氧浓度也会逐步上升,一旦菌体开始自溶,溶氧浓度上升更为明显。

(三)发酵过程中溶解氧的控制

发酵液中的溶氧浓度,需从供氧和需氧两方面来考虑。发酵中控制氧的手段主要有:

1.改变通气速率(增大通风量):在低通气量的情况下,增大通气量对提高溶氧浓度有十分显著的效果。在空气流速十分大的情况下,再增加通气速率,作用不是很明显,反而会产生某些副作用,比如泡沫的形成及增加染菌几率等。

2.改变搅拌速率:一般来说,改变搅拌速度的效果要比改变通气速率大。

3.采用富集氧的方法:通入纯氧来改变空气中氧的含量,但是纯氧成本较高,对于某些发酵,如溶氧低于临界值时,短时间内加入纯氧是有效而可行的。

4.采用机械消泡或化学消泡剂,及时消除发酵过程中产生的泡沫,可降低氧在发酵液中的传质阻力。

5.在可能的情况下,尽量降低发酵液的浓度和黏度。

四、基质浓度对发酵的影响及控制

基质既是供微生物生长及生物合成产物的原料,也是培养基的组分。基质种类和浓度与发酵有着密切的关系。如培养基浓度过高,可能对微生物生长不利,另外,发酵液浓度过高,黏度增大,通气搅拌困难,溶解氧浓度难以提高,发酵难以进行。所以,发酵工业必须选择适当的基质和适当的浓度,以提高产物的合成量。在此主要讨论碳源、氮源对发酵过程的影响及控制。

(一)碳源

发酵过程中往往采用混合碳源,因为碳源有快速利用的碳源和慢速利用的碳源。前者能迅速参与菌体生长代谢和产生能量,适于长菌;后者菌体利用缓慢,有利于延长代谢产物的合成。例如使用糖质原料时,可选用不同种原料混合使用,既可用部分廉价原料,又能提高产量。

碳源的浓度也有明显影响。如碳源不足,菌体生长和产物合成会停止;碳源过于丰富,易引起菌体异常增殖,对菌体代谢、产物的合成有明显的抑制。因此,控制适量的碳源浓度,对发酵工业很重要。

(二)氮源

氮源有无机氮源和有机氮源两类。菌种发酵期间,除了培养基中的氮源外,还需中途补加氮源来控制浓度。一般生产上采用的方法有:①补充无机氮源。在发酵过程中添加某些无机氮源如氨水等,除了补充氮源外,还可起到调节 pH 的作用;②补充有机氮源。在某些发酵过程中补充酵母粉、玉米浆等有机氮源。

五、发酵过程的中间补料控制

补料是指发酵过程中补充某些维持微生物生长和代谢产物积累所需要的营养物质。补料的作用在于利用中间补料调节发酵过程,让生物合成阶段有足够而又不过多的养料供给其合成和维持正常代谢的需要。现代发酵工业多数采用分批补料发酵工艺。分批补料发酵又称半连续发酵或流加分批发酵,是指在分批发酵过程中,间歇或连续地补加新鲜培养基的发酵方式。

补料主要是补充碳源、氮源、无机盐、微量元素和前体。

为了避免中间补料对菌体发酵造成抑制和阻遏,每次补料的量应适量,以少量多次为好。可采用在线检测,计算机控制补料,可以达到最佳的补料效果。

六、泡沫的影响及控制

(一)发酵过程中泡沫对发酵的影响

在微生物的好氧发酵过程中,由于通气、搅拌及产生大量二氧化碳,会形成泡沫。对通气发酵过程来说,产生一定数量的泡沫是正常现象,但是过多的泡沫会给发酵过程造成困难,带来很多不利的影响,主要表现在:①使发酵罐的装填系数(料液体积/发酵罐容积)减少;②造成大量发酵液逸出,导致产物的损失;③泡沫顶罐,有可能使培养基从搅拌轴处渗出,增加染菌的机会;④影响通气搅拌的正常进行,妨碍微生物的呼吸,造成发酵异常,导致终产物产量下降;⑤使微生物菌体提早自溶,这一过程的发展又会促使更多的泡沫形成;⑥为了将泡沫控制在一定范围内,就需加入消泡剂,将会对发酵工艺和产物的提取带来困难。因此,控制发酵过程中产生的泡沫,是使发酵过程顺利进行、实现高产、高效的重要因素之一。

（二）发酵过程中泡沫的消除与控制

为了将泡沫控制在一定范围内,就需要采取消泡措施,发酵过程中常用的消泡方法有化学消泡、机械消泡和物理消泡三种。

1. 化学消泡

化学消泡是目前应用最广的消泡方法。它是一种使用化学消泡剂进行消泡的方法。其优点是消泡效果好,作用迅速,用量少,不耗能,也不需要改造现有的生产设备;缺点是可能增加发酵液感染杂菌的机会。

发酵工业上常用的化学消泡剂有天然油脂、高级醇类、脂肪酸和酯类、聚醚类等。

（1）天然油脂类。发酵中常用的天然油脂类化学消泡剂主要有玉米油、米糠油、豆油、菜油、棉籽油和鱼油、猪油等。

（2）高级醇类。生产上常用的高级醇类有聚二醇、十八醇、三丁基磷酸酯等。

（3）聚醚类。生产上应用较多的有聚氧丙烯甘油、聚氧乙烯氧丙烯甘油、聚环氧丙烷、环氧乙烷甘油醚等。

2. 机械消泡

机械消泡就是靠机械力打碎泡沫或改变压力,促使气泡破裂。机械消泡的优点是不需要在发酵液中加入其他物质,从而减少了染菌机会和对下游工艺的影响。但是机械消泡的效果不如化学消泡迅速、可靠,不能从根本上消除引起泡沫稳定的因素,消泡效果也较化学法差,同时它还需要一定的设备和消耗一定的动力。

3. 物理消泡法

主要是利用改变温度和培养剂的成分等方法,使泡沫黏度或弹性降低,从而使泡沫破裂,这种方法在发酵工业上应用较少。

七、发酵终点判断

发酵终点的判断,对提高产量和经济效益都是很重要的。发酵时间长短对后续工艺和产品质量有很大影响。如果发酵时间太短,势必会有过多的剩余营养物,如各种糖类、蛋白质、脂肪等残留在发酵液中,这些物质对于发酵产物的提取纯化都会造成不利影响。如果发酵时间太长,则由于菌体自溶,释放出菌体蛋白和各种酶类,改变发酵液的性质或破坏产物,这些影响都会造成产品收率下降,因此必须把握合适的发酵周期。

一般的,接近放罐时会出现菌体趋向衰老或自溶,培养液中碳源几乎耗尽,发酵产物的积累已基本不再上升,温度不再增高等现象,这都是发酵结束的表现,为了正确掌握放罐时间还要对残糖、pH、产物产量等指标进行测定。

对于成熟的发酵工艺,放罐时间一般根据计划,但是在发酵异常的情况下,则需根据具体情况,确定放罐时间。例如当发现发酵染菌时,则放罐时间就需当机立断,以免倒罐,造成更大损失。

总之,正确的判断发酵终点,首先要熟悉菌种的生理生化特点,掌握发酵过程中各项指标的变化规律。在充分研究的基础上,做出正确的判断,果断而及时地停止发酵,进行放罐,使产物积累达到最高数量。

 ## 本章小结

本章主要介绍了在食品发酵工业中常用的微生物种类,生产菌种的扩大培养过程,同时,还详细介绍了温度、pH、溶解氧浓度、二氧化碳、基质浓度、补料的控制以及泡沫等因素对发酵过程的影响及控制,并简单介绍了发酵过程的检查及发酵终点的判断。

在发酵食品生产中,与发酵食品有关的细菌有乳酸菌、醋酸菌和芽孢杆菌;与发酵食品有关的酵母菌有酿酒酵母、面包酵母、卡尔酵母、易变球拟酵母和埃切球拟酵母、毕赤酵母等;与发酵食品有关的霉菌有总状毛霉、鲁氏毛霉、米曲霉、黄曲霉、黑曲霉、红曲霉、米根霉、黑根霉等。在这些微生物种类中,有些是发酵工业中的有益菌,有些是发酵食品工业中的有害菌,在发酵生产中要充分发挥有益菌的作用,同时,抑制有害菌的生长。

目前发酵工业所使用的发酵罐容积越来越大,因此菌种的扩大培养就显得愈加重要。菌种的扩大培养主要分为实验室制备阶段和生产车间种子制备阶段。一次成功的发酵除了取决于生产菌种本身的性能外,还受到发酵条件、发酵过程的影响。发酵过程的控制对发酵产品高产、稳产起着至关重要的作用。因此,弄清生产菌种对环境条件的要求,掌握菌种在发酵过程中的变化规律,才能有效控制其发酵条件及参数,从而最大限度地发挥生产菌种合成产物的能力,获得满意的发酵结果。

 ## 思考题

1. 发酵工业中常用的微生物种类有哪些?
2. 试述菌种扩大培养的过程。
3. 试述发酵食品在生产过程中主要的发酵条件及过程的控制。

 ## 阅读小知识

发酵食品有助人体健康

发酵食品,顾名思义就是通过有益生物发酵而制成的食品,食品中原有的营养成分也通过发酵而改变,增加一些有用的营养,去除没用的物质,在发酵过程中,微生物分泌的酶破解了细

第一篇 基础知识

23

胞壁,使得食品中的营养素利用率提高,比如像我们熟悉的乳制品,发酵中可将蛋白质分解,有助于消化,而且还能合成 B 族维生素,特别是维生素 B$_{12}$。我们的生活离不开发酵食品,像甜面酱、米醋等食品,它们当中富含苏氨酸等成分,它可以防止记忆力减退。另外,醋的主要成分是多种氨基酸及矿物质,它们也能达到降低血压、血糖及胆固醇之效果。豆腐乳、豆酱等豆类发酵食品也深受很多人的喜爱,能起到降低血压的功效。而且豆类发酵后还能结合维生素 K,起到了防骨质疏松的作用。

说到乳酸菌,很多人应该就会说酸奶,目前这类食品已经进入很多家庭,乳酸菌抑制了肠道腐败菌的生长,抑制体内合成胆固醇还原酶的活性物质,能刺激机体免疫系统,调动机体的积极因素,有效地预防癌症。微生物在发酵过程中会保留食物中原来的一些活性成分,像多糖、膳食纤维等,还会分解如豆类中的低聚糖、胀气因子等对人体不利的因子,因此平时多吃发酵食品,对人体的健康非常有好处。

第二篇　发酵酒类生产工艺

第一章　葡萄酒生产工艺

【知识目标】

1. 掌握葡萄酒的分类。
2. 了解葡萄酒生产常用的葡萄品种,并掌握葡萄酒酵母的扩大培养。
3. 了解葡萄酒发酵前的准备工作,并掌握葡萄酒的生产工艺。
4. 掌握葡萄酒感官检验的步骤。

第一节　绪　　论

葡萄酒是以新鲜的葡萄或葡萄汁为原料,经发酵酿制而成的酒精含量为 11% 的低酒精度饮料酒,是世界上最古老的酒精饮料之一。

一、葡萄酒的发展

我国 2000 年以前就有了葡萄与葡萄酒。汉代张骞出使西域带回葡萄,引进葡萄酒酿酒技术,开始酿制葡萄酒。13 世纪,元朝统治期间,葡萄酒已是一种重要商品。明朝李时珍在《本草纲目》中较详细地介绍了葡萄酒,但由于条件的限制,生产水平始终停留在作坊式,产量也不高。

近代葡萄酒产业化生产始于 1892 年,华侨实业家张弼士在山东烟台创建了张裕酿酒公司,并从国外引进葡萄品种,这是我国第一个近代的新型葡萄酒酿造厂。新中国成立后,中国的葡萄酒工业实现了跨越式、全方位的快速发展,形成了有中国特色的十大葡萄酒产区和上百家葡萄酒生产企业。同时,引用国外优良葡萄品种和酿酒先进设备,使中国葡萄酒工业的整体素质有了很大提高。

葡萄酒是一种国际性饮料酒,产量在世界饮料酒中排列第 2 位。由于其酒精含量低,营养价值高,所以是饮料酒中主要的发展品种。世界上许多国家如意大利、法国、西班牙等国的葡萄酒产量居世界前列。我国葡萄酒的发展也非常迅速,1980 年,我国葡萄酒产量为 7.80 万吨,1990 年产量为 25.43 万吨,2006 年已经达到 49.50 万吨。随着我国人民生活水平的提高,我国的葡萄酒工业将有新的发展与提高。

二、葡萄酒的分类

葡萄酒品种繁多,因葡萄的品种不同,加工工艺不同,产品风格各不相同,一般按酒的颜色深浅、含糖量的多少、酒精含量的高低、是否含二氧化碳及采用的酿造方法等来分类。

(一)按酒的颜色分类

1. 红葡萄酒

用皮红肉白或皮肉皆红的葡萄经葡萄皮和汁混合发酵而成。酒的颜色呈深红、鲜红、紫红或宝石红。

2. 白葡萄酒

用白葡萄或皮红肉白的葡萄的果汁发酵而成。酒的色泽从无色到金黄,近似无色、微黄带绿、浅黄、金黄色等。

3. 桃红葡萄酒

用红葡萄或红、白葡萄混合,短时间浸提或分离发酵制成,颜色介于红、白葡萄酒之间,主要有桃红、浅红、浅玫瑰红,颜色过深或过浅均不符合桃红葡萄酒的要求。

(二)按含糖量的多少分类

1. 干葡萄酒

含糖量(以葡萄糖计)≤4.0g/L 的葡萄酒。

2. 半干葡萄酒

含糖量(以葡萄糖计)4.1～12g/L 的葡萄酒。

3. 半甜葡萄酒

含糖量(以葡萄糖计)12.1～45g/L 的葡萄酒。

4. 甜葡萄酒

含糖量(以葡萄糖计)≥45.1g/L 的葡萄酒。

天然的半干、半甜葡萄酒是采用含糖量较高的葡萄为原料,在主发酵尚未结束时即停止发酵,使糖分保留下来。

(三)按酿造方法分类

1. 天然葡萄酒

葡萄原料在发酵过程中不添加糖或酒精,即完全用葡萄汁发酵酿成的葡萄酒称为天然葡萄酒。

2. 加强葡萄酒

在发酵过程中或发酵后添加其他高浓度的酒(白兰地或脱臭酒精),以提高酒精含量的葡萄酒称为加强干葡萄酒;除了提高酒精含量外,同时提高含糖量的葡萄酒称为加甜葡萄酒。

3. 加香葡萄酒

在葡萄酒中加入各种植物性芳香物料经浸渍或调制而成的,具有特殊香气。

(四)按是否含二氧化碳分类

1. 平静葡萄酒

不含二氧化碳的葡萄酒称为静酒,即静止葡萄酒。

2. 起泡葡萄酒

酒中所含二氧化碳是葡萄酒发酵过程中产生或人工压入,酒中二氧化碳压力在20℃时大于或等于 0.35MPa。

第二节　葡萄酒生产的原料

一、葡萄

（一）主要酿酒用葡萄品种

不同类型的葡萄酒对葡萄的特性要求不同,目前全世界现有的葡萄品种约有五千多个,现介绍我国葡萄酒生产所用主要品种。

1. 酿造红葡萄酒的优良品种

酿造红葡萄酒一般采用红色葡萄品种。我国酿造红葡萄酒的优良品种有法国蓝、赤霞珠、蛇龙珠、佳利酿、品丽珠、黑品乐等。

（1）法国蓝　原产奥地利。1892 年引入我国山东烟台,1954 年再次从匈牙利引入北京。目前烟台、青岛、北京等地均有栽培。浆果含糖 160～200g/L,含酸 7～8.5g/L,出汁率75%～80%。它所酿酒具有宝石红色,味醇香浓。

（2）赤霞珠　又名解百纳,原产于法国。1892 年引入我国山东烟台,目前山东、河北、河南、北京等地有栽培。果皮厚,紫黑色,汁多味甜。浆果含糖 160～200g/L,含酸 6～7.5g/L,出汁率 75%～80%。它所酿酒具有宝石红色,味醇和协调,酒体丰满。该品种耐旱抗寒,是酿制干红葡萄酒的优良品种。

（3）蛇龙珠　原产法国。我国 1892 年引入,目前烟台、河北昌黎、青岛等地栽培较多。它的生长期 5 个月左右。浆果含糖 160～195g/L,含酸 5.5～7.0g/L,出汁率 75%～78%。它所酿酒具有宝石红色,酒质细腻爽口。该品种适应性强,结果期较晚,产量高。与赤霞珠、品丽珠共称为酿造红葡萄酒的三株,是世界上酿造高级红葡萄酒的品种。

（4）佳利酿　又名法国红,原产于西班牙。1892 年引入我国,目前烟台、济南、青岛和黄河故道及北京栽培较多。浆果含糖 150～190g/L,含酸 9～11g/L,出汁率 75%～80%。它所酿酒为深宝石红色,味纯正,酒体丰满。该品种适应性强,耐盐碱,是酿制红葡萄酒的良种之一,亦可酿制白葡萄酒。

（5）品丽珠　原产法国。我国 1892 年引入,目前烟台、河南、北京等地都有栽培。果皮有浓厚果粉,多汁。浆果含糖 180～210g/L,含酸 7～8g/L,出汁率约 70%。是酿造优质红葡萄酒的品种。

（6）黑品乐　又名黑比诺、黑美酿,原产法国。浆果含糖 170～195g/L,含酸 8～9g/L,出汁率 75%,所酿制的红葡萄酒呈宝石红色,果香浓郁,柔和爽口。果粒紫黑色,果皮薄。该品种适应性强,是法国古老品种,除酿造高级红葡萄酒外,还可酿造优质白葡萄酒和香槟酒。

2. 酿造白葡萄酒的优良品种

酿造白葡萄酒的优良品种主要有龙眼、雷司令、贵人香、白羽、霞多丽及李将军等。

（1）龙眼　又称紫葡萄,原产中国,在我国具有悠久的栽培历史。我国河北昌黎、山东平度、山西徐清等地均有栽培。浆果含糖 160～180g/L,含酸 8～9.8g/L,出汁率 75%～80%。该品种葡萄果皮中等厚,紫红色,是酿制高级白葡萄酒的主要原料之一,除此之外也是酿制优质香槟酒的主要品种之一。它所酿出的酒淡黄色,酒香纯正,具果香,酒体细致,柔软爽口。

（2）雷司令　原产德国。我国 1892 年从西欧引入,在山东烟台和胶东地区栽培较多。浆果含糖 170～210g/L,含酸 5～7g/L,出汁率 68%～71%。该葡萄品种果粒长,着生紧密,黄绿色,果皮薄,略透明。该品种适应性强,较易栽培,但抗病性较差,是酿制优质干白葡萄酒的优良品种。

（3）贵人香　又名斯林,原产法国南部。1892 年引入我国山东烟台,目前在山东半岛和黄河故道地区栽培较多。浆果含糖 170～200g/L,含酸 6～8g/L,出汁率 80%。该品种葡萄果皮薄,黄绿色。它所酿出的酒浅黄色,果香浓郁,味醇爽口,回味绵长。该品种适应性强,是酿制优质白葡萄酒的主要品种之一,是世界古老的酿酒品种。

（4）白羽　又名白翼,原产格鲁吉亚。1956 年引入我国,目前山东、河南、陕西等地有大量栽培。浆果含糖 120～190g/L,含酸 8～10g/L,出汁率 80%。该品种葡萄果皮薄,黄绿色,易于果肉分离,果肉柔软多汁。它所酿出的酒浅黄色,果香协调,酒体完整。该品种栽培性好,适应性强,是目前我国酿造白葡萄酒主要品种之一,同时还可酿造白兰地和香槟酒。

（5）霞多丽　又名查当尼,原产法国勃艮第。霞多丽果粒小,近圆形,黄绿色,果皮薄,果肉多汁,味清香,是酿制高档干白葡萄酒和香槟酒的世界名种。

（6）李将军　又名灰品乐,原产法国。1892 年引入我国,目前在烟台地区有栽培。所酿酒浅黄色,清香爽口,回味绵延。该品种为黑品乐的变种,适宜酿造干白葡萄酒和香槟酒。

适于酿制白葡萄酒的品种还有：米勒,原产德国；巴娜蒂,原产匈牙利；长相思,原产法国；红玫瑰,原产保加利亚；白诗南,原产法国；赛美容,原产法国。

（二）葡萄的构造及成分

葡萄包括果梗与果粒两部分,其重量百分比是果梗占 4%～6%,果粒占 94%～96%。每颗果粒又由果皮、果核及果肉三部分组成。

1. 果梗

果梗是果实的支持体,起运输营养物质到果实的作用。果梗含大量水分、木质素、单宁、树脂、无机盐,只含少量的糖和有机酸。因此,发酵前必须除梗,否则,其中的单宁和苦味树脂会使葡萄酒产生严重的苦涩味,影响产品的质量。

2. 果皮

果皮占果粒质量的 8% 左右,包围在果肉及果核的外边。果皮含有单宁、色素及芳香等成分,它们对酿制红葡萄酒很重要。大多数葡萄,色素只存在于果皮中,往往因品种不同,而形成各种颜色。白葡萄有青、黄、淡黄、金黄或接近无色；红葡萄有淡红、鲜红、深红、宝石红等；紫葡萄有淡紫、紫红、紫黑等色泽。芳香成分赋予葡萄特有的果香味,不同品种,香味不一样。

3. 果核

果核占果粒总质量的 3% 左右。果核中含有多种有害葡萄酒风味的物质,如脂肪、树脂、挥发酸等,这些物质不能带入发酵醪液中,否则会严重影响葡萄酒质量。因此,在葡萄破碎时,尽量避免将果核压破。

4. 果肉

果肉占果粒总质量的 83%～92%。果肉经破碎后产出葡萄汁。果肉和果汁的主要化学成分是水(65%～80%)、糖(15%～30%)、有机酸、矿物质、含氮物等。

二、其他原材料

（一）蔗糖

配酒和葡萄汁改良时要用到白砂糖。所使用白砂糖应符合国标 GB 317—2006 优级或一级质量标准。

（二）酒石酸、柠檬酸

葡萄汁增酸改良时要用到酒石酸或柠檬酸。

（三）澄清剂

葡萄酒澄清时使用澄清剂，常用的有明胶、鱼胶、蛋清、酪蛋白、皂土、单宁、果胶酶等。

（四）二氧化硫

二氧化硫在葡萄酒酿造中起着非常重要的作用。

1. 杀菌作用　二氧化硫能抑制各种微生物的活动，微生物抵抗二氧化硫的能力不一样，细菌最为敏感，其次是尖端酵母，葡萄酒酵母抵抗二氧化硫的能力较强。发酵时添加适量的二氧化硫能保证正常发酵及葡萄酒酵母健康发育。

2. 澄清作用　添加适量的二氧化硫有利于葡萄汁中悬浮物的沉降，使葡萄汁很快获得澄清。

3. 抗氧化作用　二氧化硫能防止酒的氧化，阻止氧化混浊，颜色退化，并能防止葡萄汁过早褐变。

4. 溶解作用　将二氧化硫添加到葡萄汁中，与水化合会立刻生成亚硫酸，有利于果皮中色素、酒石、无机盐等成分的溶解，可增加浸出物的含量和酒的色度。

5. 增酸作用　添加二氧化硫一般有以下几种方式：①直接燃烧硫磺生成二氧化硫，这是一种最古老的方法，一般仅用在发酵桶的消毒，使用时需在专门燃烧器具内进行；②使用市售亚硫酸试剂，使用浓度为 5% ~6%，使用方便而准确；③使用偏重亚硫酸钾固体，加入酒中产生二氧化硫。目前在国内葡萄酒厂普遍使用，使用时将固体溶于水，配成 10% 溶液。

三、葡萄酒发酵中的微生物

葡萄酒是新鲜葡萄或葡萄汁在野生酵母或人工酵母菌作用下制成的，因此在葡萄酒生产中酵母占有很重要的地位。

葡萄成熟时，在葡萄果皮、果梗上存在大量的野生酵母菌，在利用自然发酵酿制葡萄酒时，这部分附着在葡萄上的酵母在酿酒中起着重要作用。葡萄破碎后，野生酵母就会很快繁殖，开始发酵。但天然酵母附着其他杂菌，会影响葡萄酒的质量。

在现代葡萄酒的生产过程中，为了保证发酵的顺利进行，获得质量优等的葡萄酒，往往利用纯粹培养的优良酵母菌代替野生酵母。优良的葡萄酒酵母应满足以下几个条件：①生长、繁殖速度快，不易变异；②具有很强的发酵能力，耐酒精性好；③发酵度高，能满足干葡萄酒生产的要求；④抗二氧化硫能力强；⑤不产生或很少产生有害葡萄酒质量的副产物。

(一)葡萄酒酵母的扩大培养

1. 天然酵母的扩大培养

摘取熟透的、含糖量高的健全葡萄,破碎、榨汁并添加亚硫酸(含量100mg/L),混合均匀,在适宜温度条件下自然发酵,待进入发酵高潮期后,酿酒酵母占压倒优势时,即可作为每年酿酒季节的第一罐发酵的酒母使用。另外,正常的第一罐发酵醪也可作为酒母使用。

在利用野生酵母菌酿酒时,每年酿酒时的第一罐一般需要较长的时间才开始发酵,第二罐醪液的发酵速度就快得多。

2. 纯种酵母的扩大培养

从斜面试管菌种到生产使用的酒母,需要经过数次扩大培养,其工艺流程如下:

斜面试管菌种→麦芽汁斜面试管培养→液体试管培养→三角瓶培养→卡式罐培养→酒母罐培养→酒母

(1)斜面试管培养 将保存的斜面试管菌种转接于麦芽汁培养基上,25℃培养4~5d。

(2)液体试管培养 选择质量上乘的葡萄,制得新鲜的葡萄汁,分装于经干热灭菌的试管中,装入量为试管的1/4,在0.1MPa的蒸汽压力下灭菌20min,冷却至28℃时,在无菌条件下接入斜面试管活化后的酵母,25℃培养1~2d,发酵旺盛时转入三角瓶培养。

(3)三角瓶培养 往500mL经干热灭菌的三角瓶注入新鲜澄清的葡萄汁250mL,在0.1MPa的蒸汽压力下灭菌20min,冷却后接入液体试管培养的葡萄酒酵母,25℃培养1~2d,发酵旺盛时转入卡式罐培养。

(4)卡式罐培养 往洗净灭菌的10L卡式罐中注入新鲜澄清的葡萄汁6L,灭菌冷却后,接入5%~7%发酵旺盛的三角瓶培养的酵母,摇匀后,在20~25℃培养2~3d,至发酵旺盛时接入酒母培养罐。

(5)酒母罐培养 一些小厂可用两只200~300L带盖的不锈钢罐培养酒母。不锈钢罐经灭菌后,往一个罐中加入新鲜成熟的葡萄汁至80%的容量,加入100~150mg/L的亚硫酸,搅匀,静置过夜。吸取上层清液至另一不锈钢罐中,随即接入10%左右的卡式罐培养的酵母,25℃培养,每天搅动1~2次,使葡萄汁接触空气,加速酵母生长繁殖,经2~3d至发酵旺盛时即可使用。每次取培养量的2/3,留下1/3,然后再放入处理好的澄清葡萄汁继续培养。

(6)酒母使用 培养好的酒母在葡萄醪加二氧化硫后4~8h接入发酵罐内,酒母用量一般为1%~10%,视情况而定。

(二)葡萄酒活性干酵母的应用

利用现代生物技术培养出大量葡萄酒酵母,然后在保护剂作用下,低温真空脱水干燥,制成具有活性的干酵母,包装成商品出售。此种酵母具有潜在的活性,故称活性干酵母。它解决了葡萄酒厂扩大培养酵母的麻烦,为葡萄酒厂提供了很大的方便。

葡萄酒活性干酵母含水分低于5%~8%,保存期长,20℃常温下保存1年失活率约为20%,4℃低温保存1年失活率仅为5%~10%。它的保质期可达24个月,但最好一次用完。

活性干酵母不能直接投入葡萄汁中进行发酵,需复水活化或活化后扩大培养制成酒母使用。

1. 复水活化后直接使用

在35~42℃的温水中加入10%的活性干酵母,混匀,静置使之复水、活化,每隔10min轻轻搅拌一次,经 20~30min,酵母活化好,可直接添加到加过二氧化硫的葡萄汁中进行发酵。

2. 活化后扩大培养制成酒母使用

为了提高活性干酵母的使用效果,进一步适应使用环境,恢复全部的潜在能力,可在复水活化后再进行扩大培养,制成酒母使用。

将复水活化的酵母投入澄清的含 80~100mg/L 二氧化硫的葡萄汁中培养,扩大比为 5~10 倍。当培养至酵母的对数生长期后,再扩大 5~10 倍培养。培养条件与一般的葡萄酒母相同。

第三节 葡萄酒发酵前的准备工作

一、葡萄的采摘与运输

确定葡萄的最适采摘时间,对酿酒有重要的意义。在实际生产中,可以通过观察葡萄的外观(葡萄颜色、果梗颜色、颗粒大小及香味等),并对葡萄汁的含糖量和含酸量进行分析,确定最佳的采摘时间。

采摘后的葡萄易在清早或夜间装箱,因为白天采摘的葡萄需要在阴凉的场所摊晾,否则葡萄温度高,在贮运过程中会发生不良的变化。葡萄装箱时不宜过满,以防挤压,但也不宜过松,以防运输中颠破。葡萄不宜长途运输,有条件的可设立原酒发酵站,再运回酒厂进行陈化与澄清。

二、葡萄的破碎与除梗

(一)分选

分选就是把不同品种、不同质量的葡萄分别存放,同时,剔除霉烂变质的葡萄。

(二)破碎与除梗

不论酿制何种葡萄酒,都须先将葡萄梗除去,否则会影响葡萄酒的质量。新式葡萄破碎机都附有除梗装置,有先破碎后除梗,或先除梗后破碎两种形式。

破碎的目的是使葡萄果破裂而释放出果汁,一般葡萄的破碎要求要达到 100%。破碎的要求是:①每颗葡萄都要破碎;②籽实不能压破,梗不能压碎;③破碎过程中,葡萄及汁不能与铁、铜等金属材料接触。

三、葡萄汁的压榨与分离

(一)压榨

压榨的目的是将葡萄浆中的葡萄汁充分制取出来。压榨的工艺要求是:①压榨率高,能使葡萄浆中的葡萄汁充分压榨出来;②压榨要有适当的压力,尽可能压出浆果中的果汁而不压出果梗或其他组织部分的汁;③操作简单、省力、压榨均匀。

(二)果汁分离

白葡萄酒的生产中,葡萄破碎后要立即与皮渣分离,缩短葡萄汁与皮渣接触时间,降低氧

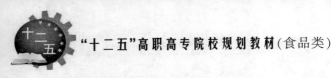

化程度,葡萄皮中色素、单宁等物质溶出量少。

四、葡萄汁的改良

优良的葡萄品种,如在栽培季节里一切条件合适,常常可以得到满意的葡萄汁。但由于气候条件、栽培管理等因素,压榨出的葡萄汁有时不能满足酿造工艺的要求,需要对葡萄汁的成分进行改良,然后再发酵。葡萄酒的改良常指糖度、酸度的调整。

(一)糖度的调整

若葡萄汁中含糖量低于应生成的酒精含量时,需提高其糖度,发酵后才能达到所需的酒精含量,对于这类原料的改良主要有两个方面:一是添加白砂糖;二是添加浓缩葡萄汁。

1. 添加白砂糖

用于提高潜在酒精含量的糖其纯度要达到98% ~ 99.5%。加糖时需注意的问题:①加糖时,先将糖用小部分葡萄汁溶解制成糖浆,然后加入发酵罐中;②加糖后要充分搅拌,使其完全溶解;③加糖的时间最好是在酒精发酵刚开始的时候添加,并且一次加完,这样酵母菌能很快将糖转化为酒精。

2. 添加浓缩葡萄汁

浓缩葡萄汁是采用真空浓缩法制得,使果汁保持原来的风味,有利于提高葡萄酒的质量。采用浓缩葡萄汁来提高糖度时,浓缩葡萄汁一般都在主发酵后期添加,添加时注意浓缩汁的酸度,因为葡萄汁浓缩后酸度也同时提高。如加入量不影响葡萄汁酸度时,可不作任何处理;若酸度太高,需降酸后使用。

(二)酸度的调整

若葡萄的含糖量很高,而有机酸含量很低时,常常需要提高酸度。常用到的方法有两种:

1. 添加柠檬酸和酒石酸

添加酒石酸最好在发酵开始时进行,其用量最多不能超过 1.50g/L,在实践中,一般每千升葡萄汁中添加酒石酸 1kg。柠檬酸添加量一般不超过 0.5g/L。加酸时,先用少量葡萄汁将酸溶解,缓慢均匀地加入葡萄汁中,搅拌均匀,操作中不可使用铁质容器。

2. 添加未成熟的葡萄压榨汁

未成熟的葡萄浆果中有机酸含量很高,一般可达 100g/L(以酒石酸计)。若葡萄汁酸含量低,可添加未成熟的葡萄压榨汁来调整酸度。

第四节　葡萄酒的生产工艺

一、干红葡萄酒生产工艺

(一)工艺流程

酿制红葡萄酒一般采用红皮白肉或皮、肉皆红的葡萄品种,其生产工艺流程如下:

红葡萄→分选→破碎、除梗→葡萄浆→加二氧化硫→主发酵→压榨→前发酵酒→调整成分

→后发酵→第一次换桶→干红葡萄原酒→陈酿→第二次换桶→调配→澄清处理→包装杀菌→干红葡萄酒

(二)红葡萄酒的传统发酵法

此法普遍应用于中、小型企业和老企业。葡萄经破碎后,果汁和皮渣共同发酵,然后经压榨分离出皮渣,进入后发酵。

1.主发酵控制

葡萄酒主发酵的目的是进行酒精发酵、浸提色素和芳香物质。主发酵进行的好坏是决定葡萄酒质量的关键因素。

在红葡萄酒的生产中,常用的发酵设备有发酵池、发酵桶及发酵罐等。将红葡萄汁打入发酵设备,接入酵母,就进入主发酵阶段。

(1)二氧化硫的添加 在葡萄破碎后,主发酵进行之前加入,一般采用一边打入葡萄浆,一边滴加二氧化硫,或者在发酵容器内装满80%葡萄浆时一次加入全部二氧化硫。

(2)装填系数 葡萄浆在进行酒精发酵时会产生热量,发酵醪温度升高使发酵醪体积增加;另外,发酵过程中会产生大量二氧化碳,也会导致体积增加。为了保证发酵的正常进行,一般容器装填系数为80%。

(3)接种 干红葡萄酒生产中,酵母接种量一般为1%～3%,在实际生产中,应根据酵母的特性、发酵醪浓度、发酵温度等来合理调整酵母的接种量。

(4)温度控制 发酵温度是影响干红葡萄酒色素物质含量的主要因素。一般来说,发酵温度高,葡萄酒的色素物质含量高。但从葡萄酒质量考虑,如口味醇和、酒质细腻、果香酒香等综合考虑,发酵温度低一些为好。在传统生产中,干红葡萄酒发酵一般在酒窖内室温下进行,现大多采用低温发酵生产干红葡萄酒。低温发酵的温度一般为15～16℃,高温发酵为24～26℃,最好不超过30℃。

(5)时间控制 主发酵时间一般根据发酵温度来确定。主发酵温度为24～26℃时,时间一般为2～3d;发酵温度为15～16℃时,时间一般为5～7d。

(6)测定发酵醪浓度和温度 干红葡萄酒生产中,浓度和温度会影响发酵度及发酵是否正常,因此,发酵时要定期测定发酵醪浓度和温度。测定发酵醪浓度和温度时,须将葡萄皮渣掀开,取皮渣下面的葡萄汁进行测定。若使用的发酵设备较大,需要在几个点、不同的位置来量取发酵温度。

(7)发酵现象的观察 发酵初期,液面非常平静,只有少量的葡萄皮渣浮在液面。随着发酵的进行,发酵产生的二氧化碳增加,液面出现星星点点的气泡,随后气泡数量不断增加。到发酵旺盛时,二氧化碳大量逸出,把葡萄皮渣带到葡萄汁表面,葡萄皮渣越聚越多,形成很厚的盖子,称为酒盖。再把皮渣压入葡萄醪液中,葡萄醪颜色逐渐加深。

(8)皮渣的浸渍 葡萄破碎后送入发酵池中,因葡萄皮相对密度比葡萄汁小,再加上发酵时产生的二氧化碳,葡萄皮渣往往浮在葡萄汁表面,形成很厚的盖子,称为"酒盖"或"皮盖"。皮盖与空气直接接触,很容易感染有害菌,破坏葡萄酒的质量。同时,为了使葡萄皮渣中的色素和芳香物质充分溶入葡萄醪中,须将皮盖压入醪液中。

压盖方式有两种,一种是人工压盖。可用木棍搅拌,将皮渣压入汁中。也可用泵将汁从发酵容器底部抽出,喷淋到皮盖上。另一种方法是在发酵池四周制成卡口,装上压板,压板的位置恰好使皮盖浸于葡萄汁中。

2. 压榨

当残糖降至 5g/L 以下,发酵液面只有少量二氧化碳气泡,皮盖已经下沉,液面较平静,发酵液温度接近室温,并且有明显酒香,此时表面发酵已经结束,可以出池。一般主发酵时间为 4～6d。

出池时先将自流原酒由排汁口放出,放净后清理皮渣进行压榨,得压榨酒。压榨后的葡萄皮糟立即进行蒸馏,得到皮糟蒸馏酒精,用于调整葡萄酒酒精含量或生产葡萄皮糟白兰地。葡萄皮糟可用于调节色泽浅的干红葡萄酒,调节后的酒色泽悦人。

葡萄皮糟经过压榨得到榨出葡萄酒,由于其含有较多的色素、单宁和其他成分,因而同自流酒在质量上存在一定的差别。在生产过程中,自流原酒和压榨原酒分开或混合贮藏,然后进行后发酵。

3. 后发酵

将原酒装入后发酵容器中,装满率一般在 95% 左右,因为残糖发酵还会产生泡沫。补加 30～50mg/L 二氧化硫,控制温度 18～25℃,pH 控制在 3.2～3.4 之间进行后发酵。后发酵的原酒应避免与空气接触,即要进行隔氧发酵,并要加强卫生管理。正常后发酵时间为 3～5d,但可持续一个月左右。

后发酵的目的:一是残糖的继续发酵。前发酵结束后,原酒中还残留 3～5g/L 的糖分,这些糖分在酵母作用下继续转化成酒精与二氧化碳。二是澄清作用。前发酵得到的原酒,酵母及其他成分逐渐沉降,使酒逐步澄清。三是陈酿作用。新酒在后发酵过程中,进行缓慢的氧化还原作用,并促使醇酸酯化,使酒的口味变得柔和,风味上更趋完善。四是降酸作用。葡萄酒在乳酸菌的作用下,将苹果酸分解成乳酸和二氧化碳,使葡萄酒的化学成分发生变化,感官质量得以提高。葡萄酒酸度降低,果香、醇香加浓,口感变得柔软,同时增加了葡萄酒的生物稳定性,不易被病菌感染。

后发酵初期,在酒中存留的酵母和发酵初新增殖的酵母的共同作用下,残糖下降较快,发酵醪表面会产生一些泡沫。随着后发酵的进行,泡沫逐渐消失,发酵液开始变得澄清,表明后发酵基本结束。

二、白葡萄酒生产工艺

(一)工艺流程

酿制白葡萄酒一般选用白葡萄或红皮白肉葡萄为原料,经过果汁分离、果汁澄清、控温发酵、贮存陈酿而成,其生产工艺流程如下:

白葡萄(红皮白肉葡萄)→分选→破碎→除梗→葡萄浆→压榨→白葡萄汁→澄清→调整成分→控温发酵→换桶→干白葡萄原酒→陈酿→调配→澄清→过滤除菌→包装→干白葡萄酒

(二)果汁分离

白葡萄酒与红葡萄酒的前加工工艺不同。红葡萄酒加工采用先发酵后压榨,而白葡萄酒加工要先压榨后发酵。白葡萄经破碎(压榨)或果汁分离,果汁单独进行发酵,皮渣单独发酵蒸馏得白兰地。

果汁分离时应注意葡萄汁与皮渣分离速度要快,缩短葡萄汁的氧化。果汁分离后,需立即进行二氧化硫处理,每100kg葡萄加入 10~15g 偏重亚硫酸钾(相当于二氧化硫 50~75mg/kg)以防果汁氧化。

(三)果汁澄清

葡萄汁澄清处理是酿造高级干白葡萄酒的关键工序之一。自流汁或经压榨的葡萄汁中含有果胶质、果肉等杂质,因此,应尽量将之减少到最低含量,以避免葡萄汁中的杂质因发酵而给酒带来异杂味。

为了获得洁净、澄清的葡萄汁,可采用的澄清方法有二氧化碳静置澄清法、果胶酶澄清法、皂土澄清法及高速离心分离法等。

(四)控温发酵

白葡萄酒发酵多采用人工培育的优良酵母进行低温密闭发酵。白葡萄酒发酵分为主发酵和后发酵两个阶段,主发酵温度一般控制在 16~22℃ 为宜,最佳温度 18~22℃,主发酵期一般为 15d 左右。

主发酵结束后残糖降低至 5g/L 以下,即可转入后发酵。后发酵温度一般控制在 15℃ 以下。在缓慢的后发酵中,葡萄酒香和味的形成更为完善,残糖继续下降至 2g/L 以下。后发酵约持续一个月左右。主发酵结束后白葡萄酒外观和理化指标见表 2-1-1。

表 2-1-1 主发酵结束后白葡萄酒外观和理化指标

指标	要求
外观	发酵液面只有少量二氧化碳气泡,液面较平静,发酵温度接近室温,酒体呈浅黄色、浅黄带绿或乳白色,有悬浮的酵母浑浊,有明显的果实香、酒香、酵母味,品尝有刺舌感,酒质纯正
理化	酒精:9%~11%(体积分数)(或达到指定的酒精度) 残糖:5g/L 以下 相对密度:1.01~1.02 挥发酸:0.4g/L 以下(以醋酸计) 总酸:自然含量

第五节 葡萄酒的贮存

一、葡萄酒的陈酿

新鲜葡萄汁经发酵制得的葡萄酒称为原酒(或新酒)。原酒不稳定,质地也不细腻,还需要经过一定时间的贮存(或称陈酿)和适当的工艺处理,使新酒逐渐澄清、稳定和成熟,最后达到商品葡萄酒应有的品质。在贮存过程中要进行换桶(倒酒)和添桶(添酒)。

贮酒一般在低温下进行,以 8~18℃ 为佳,不宜超过 20℃。白葡萄酒 8~11℃,红葡萄酒 12~15℃,甜葡萄酒 16~18℃,干酒 10~15℃。如果是室内贮酒,室内湿度以 85%~90% 为宜,室内要有通风设施,保持室内空气新鲜,并要保持室内卫生清洁。

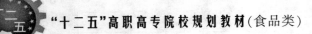

贮酒方式有传统的地下酒窖贮酒、地上贮酒室贮酒和露天大罐贮酒等几种方式。贮酒容器主要有橡木桶、水泥池和金属罐三大类。橡木桶是酿造高档红葡萄酒必须的容器,不锈钢罐是酿制高档白葡萄酒的最佳容器,随着技术进步,不锈钢罐及露天大罐正在取代其他两种容器。

葡萄酒的贮存时间,一般白葡萄酒贮酒期为 1~3 年,干白葡萄酒贮酒期一般为 6~10 个月。红葡萄酒适合较长时间的贮存,一般为 2~4 年。

(一)换桶

换桶就是将酒从一个容器换入另一个容器的操作。换桶的目的:一是使桶中澄清的酒和底部沉淀的酒脚分开;二是使酒接触空气,使过量的挥发性物质挥发逸出,加速酒的成熟。

经密闭贮存的酒,当酒液澄清时,即进行换桶。第一次换桶,在发酵结束后 8~10d 左右进行,除去大部分酒脚;第二次换桶安排在当年的 11~12 月份,即第一次换桶后的 1~2 个月,采用开放式换桶,让酒接触空气,有利于葡萄酒的成熟;第三次换桶在第二年的 3 月份,采用密闭式,尽量减少葡萄酒接触空气,避免氧化;第四次换桶安排在 9~10 月份。干白葡萄酒换桶必须与空气隔绝,防止氧化,保持酒的原果香。换桶时间间隔依据葡萄品种、质量、贮酒设备而定;换桶次数取决于葡萄酒的状况,沉淀物的多少。

(二)添桶

在贮酒时由于溶解在桶内的二氧化碳气体的逸出或液体通过容器四壁而蒸发,会出现容器中液面下降的现象,因此必须随时将酒桶添满。添桶的目的是避免葡萄酒液面与空气大面积接触产生氧化,以及产生菌膜和醋酸菌。添桶就是随时使贮酒桶内的葡萄酒装满,不让它的表面与空气接触。

添桶从第一次换桶时起,第一个月,每周满桶一次,以后在整个冬季,每两周满桶一次。满桶时的酒要用同年龄、同品种、同质量的原酒,添满后再用高度白兰地添在液面上层,防止杂菌侵入,而且应酌加二氧化硫。

到夏季时,由于外界温度高,葡萄酒容易受热膨胀而溢出,应从桶中取出少量的酒,以免溢酒。现在可采用自动满桶装置,以减少这种麻烦。

二、葡萄酒的调配

葡萄酒因所用葡萄品种、发酵方法、贮酒时间等的不同,所酿制葡萄酒的色、香、味也不一样。调配就是根据产品质量标准对原酒混合调整,使产品的理化指标及感官指标达到质量标注和要求。调配时由具有丰富经验和技巧的配酒师根据品尝和化验结果进行精心调配。

调配时可将不同酒龄的同品种酒进行勾兑。红葡萄酒在调配时要注意其色泽,必要时可用调色品种调色,以符合红葡萄酒应有的色泽。干白葡萄酒要求自然本色,色泽以浅为佳。

普通葡萄酒调配时可在原酒中加入浓缩葡萄汁或白砂糖、柠檬酸、葡萄原白兰地或食用酒精等。

三、葡萄酒的澄清、冷处理、过滤

(一)葡萄酒的澄清

葡萄酒的外观质量除色、香、味要求外,还必须澄清透明。采用自然澄清的方法往往需要很长时间,一般需要 2~4 年,因此,常采用人工澄清的方法,如下胶、冷处理、过滤等。

所谓下胶就是在葡萄酒中添加有机或无机的澄清剂(如明胶、鱼胶、干酪素、皂土等),使它在酒液中产生胶体沉淀物,将悬浮在葡萄酒中的大部分悬浮物沉淀下来。

1. 下胶材料

(1)明胶 明胶是从动物的皮、软骨等长时间烧煮而得。它是去单宁的氧化性澄清剂。这种胶无臭、无色或略带黄色,呈透明或半透明状。具有很好的絮凝性和吸附力,溶于 70~80℃ 的温水中。

(2)鱼胶 是白葡萄酒的高级澄清剂,澄清效果好,但价格昂贵。1L 酒约用 0.02g 鱼胶。

(3)蛋清 具有出单宁和色素的性能,澄清作用快,适于优质红葡萄酒的下胶,但由于加工不纯而带异味,因此用得较少。一般 100L 红葡萄酒中加入 3 个左右的蛋清,用时先将蛋清与蛋黄分开,强烈搅拌至起泡沫,然后与葡萄酒搅拌均匀。

(4)干酪素 它从牛奶中提取,能去除酒中不稳定的色素,是加工白葡萄酒的重要澄清剂。

(5)皂土 澄清效果好,一般用于澄清蛋白质浑浊或下胶过量的葡萄酒,常与明胶一起用可提高澄清效果。

2. 下胶条件

(1)葡萄酒必须发酵完毕。

(2)葡萄酒中必须有一定量的单宁。当酒中单宁含量过低时,影响下胶效果。白葡萄酒中因单宁含量较少,下胶前需补加单宁。

(3)下胶时的温度一般在 8~20℃ 为好。温度过高或过低都影响下胶效果,当温度高于25℃ 时,澄清剂下胶后可能呈溶解状态留在酒中,当温度低时,将会重新出现沉淀。

(二)葡萄酒的冷处理

冷处理温度一般冷至葡萄酒的冰点以上 0.5℃,各类葡萄酒因酒精含量和浸出物含量不同,其冰点也不同。冷处理时间一般在 -4~-7℃ 下冷处理 6d 左右。常采用快速冷却法,在较短的时间内(5~6h)达到所要求的温度,这样形成的晶体大,沉淀效果好。

葡萄酒经过冷处理可使过量的酒石酸盐析出沉淀,新酒经冷处理可显著地改善口味,因为酒石酸氢钾的析出,酸味降低,口味变得柔和;还能使发酵后残留于酒中的蛋白质、死酵母、果胶等有机物质加速沉淀;另外,在低温下可加速新酒的陈酿,有利于酒的成熟。

(三)葡萄酒的过滤

为了得到澄清透亮的葡萄酒,过滤是必不可少的操作,一般需要多次过滤。过滤是通过过滤介质的孔径大小和吸附来截留微粒与杂质。

常用的过滤机有棉饼过滤机、硅藻土过滤机、膜过滤机等。

具体应用如下。

第一次过滤:在酒下胶澄清后,用硅藻土过滤机进行粗滤,以排除悬浮在葡萄酒中的细小颗粒和澄清剂颗粒。

第二次过滤:酒经冷处理后,在低温下用棉饼(或硅藻土)过滤机过滤,分离悬浮的微结晶体和胶体。

第三次过滤:酒在装瓶前,采用膜菌过滤,进一步提高透明度,防止发生生物性浑浊。

（四）葡萄酒的脱色

脱色主要是对白葡萄酒进行的,常用的脱色剂是活性炭。

脱色时先将活性炭和2倍左右的水混合搅拌成浓厚糊状,以少量葡萄酒稀释,然后与大量葡萄酒混合,并强烈搅拌,以免活性炭沉淀到底。脱色后进行下胶和过滤,否则会大大影响白葡萄酒的质量。

四、葡萄酒的包装、杀菌和瓶贮

葡萄酒常见的是瓶装酒,瓶塞有软木塞和塑料塞两种。葡萄酒装瓶后应立即进行杀菌,可采用巴氏杀菌法,使瓶中心温度达到65~68℃,保持30min即可。

把葡萄酒装瓶压塞后,在一定条件下,贮存一定时间,这个过程称为瓶贮。它能使葡萄酒在瓶内发生陈化,达到最佳的风味。

瓶贮影响因素:

（1）光线 光线对葡萄酒质量有不良影响,白葡萄酒较长时间被光线照射后色泽变深,红葡萄酒易发生浑浊,因此,葡萄酒都应采用深色玻璃瓶贮存;

（2）温度 瓶贮温度,白葡萄酒以10~12℃为宜,红葡萄酒则以15~16℃为好;

（3）时间 瓶贮的时间因葡萄酒的品种,酒质要求不同而异,至少4~6个月。有些高档酒的瓶贮期可达1~2年。一般红葡萄酒的瓶贮时间比白葡萄酒瓶贮时间长。

第六节 葡萄酒的质量控制

要酿造出好的葡萄酒,首先得有好的葡萄原料,其次是有符合工艺要求的酿酒设备,第三是有合理的加工技术。在原料及设备规定的条件下,葡萄酒质量的高低就取决于酿造葡萄酒的工艺及严格的质量控制。

一、葡萄原料的控制

葡萄酒质量的高低和葡萄原料有直接的关系。在选择葡萄时要考虑葡萄的品种、葡萄的成熟度和葡萄的新鲜度,它们对酿成的葡萄酒具有很重要的作用。葡萄在成熟过程中,浆果发生着一系列的生理变化,其含糖量、色素、芳香物质含量不断增加积累,总酸的含量不断降低。达到生理成熟以后,不同的葡萄品种具有不同的香型、不同的糖酸比,其中的各种成分含量处于最佳平衡状态。因此,可以用成熟系数来表示葡萄浆果的成熟程度。

二、酿造设备及厂房的要求

酿造葡萄酒时,各道加工工序要紧凑地联系在一起,防止远距离输送造成的污染和失误。

根据生产能力的大小,选择合适的葡萄酒加工设备型号及容器,各设备要配套一致。凡是和葡萄、葡萄浆、葡萄汁接触的容器,选用不锈钢或其他耐腐的材料制成,防止铁、铜或其他金属污染。酿造葡萄酒的厂房,要符合食品生产的卫生要求。生产车间光线明亮,空气流通,厂房要符合工艺流程的需要。

三、葡萄原酒生产中的工艺控制

葡萄原酒发酵,是葡萄酒酿造最重要的过程,控制好这个过程,就能使葡萄原料中已存在的形成好葡萄酒的潜在质量,得到充分的发挥和表现。

(一)分离、压榨、澄清处理

酿造葡萄酒时,葡萄破碎后,要立即进行果汁分离、皮渣压榨及果汁的澄清处理。压榨的葡萄汁分段收集,一段、二段压榨汁,可并入自流汁中生产白葡萄酒。三段压榨汁因单宁色素含量高,不用做生产白葡萄酒,可单独发酵蒸馏生产白兰地。

生产白葡萄酒时,其澄清处理最好在葡萄汁发酵前进行。可采用高速离心机或在葡萄汁中加入硅藻土,分离出葡萄汁中的果肉、果渣等悬浮物。

(二)酵母的添加

生产葡萄酒时,当把葡萄浆或葡萄汁泵入发酵罐后,要尽快使其发酵,缩短预发酵时间。因为葡萄浆或葡萄汁在起发酵之前,一是很容易被氧化;二是很容易遭受野生酵母或其他杂菌的污染。所以在澄清的葡萄汁中应及时添加活性干酵母。

(三)发酵过程的控制

在葡萄酒发酵过程中要控制好发酵的温度和时间。在发酵时如果温度太低,发酵困难,要是红葡萄酒则葡萄皮中的单宁、色素不能很好地浸渍到酒里,将影响葡萄酒的颜色及口味;温度太高,发酵速度过快,损失部分果香、降低葡萄酒的感官质量。

四、葡萄酒的破败及防治

(一)金属破败病及防治

葡萄酒在加工过程中设备及容器所含的金属会溶解到酒中,其中以铜和铁危害最大,使酒产生破败病。

1. 铜破败病

葡萄酒中的 Cu^{2+} 被还原物质还原为 Cu^+,Cu^+ 与 SO_2 作用生成 Cu^{2+} 和 H_2S,Cu^{2+} 与 H_2S 作用生成 CuS。生成的 CuS 以胶体的形式存在,在电解质或蛋白质的作用下发生凝集,出现沉淀。

预防方法主要有:①防止铜侵入酒中,在生产中尽量少用铜质容器或工具;②在葡萄成熟前3周应停止使用含铜农药。

2. 铁破败病

葡萄酒中的二价铁在与空气接触时会生成三价铁,三价铁离子与葡萄酒中单宁结合,生成黑色或蓝色的不溶性化合物,使葡萄酒产生黑色或蓝色的沉淀称为黑色或蓝色破败病;三价铁离子与酒中磷酸盐反应生成磷酸铁白色沉淀,称为白色破败病。

红葡萄酒中含有大量的单宁,故常出现蓝色破败病;白色破败病常出现在白葡萄酒中。

预防方法主要有:①避免葡萄酒与铁质容器、工具等直接接触;②葡萄破碎前要认真分选,避免铁质杂物混入;③防止葡萄酒与空气接触而发生氧化;④加入维生素 C。维生素 C 是一种还原剂,能夺取酒中的氧气,从而保护铁不被氧化。特别是在装瓶时加入,对酒的稳定性有很大的作用。

对于已产生铁破败病的酒,可过滤将其除去,澄清后加入二氧化硫,也可加一些柠檬酸保护,使酒保持稳定。

(二)氧化酶破败病及防治

在酿制葡萄酒时,由于氧化酶的作用,使葡萄酒中的色素发生氧化,葡萄酒会出现暗棕色浑浊沉淀,酒液浑浊不清,这种现象称为棕色破败病(氧化酶破败病)。氧化酶主要来源于霉烂葡萄上生长的霉菌分泌。

预防方法主要有:①剔除霉烂的葡萄,做好葡萄的分选工作;②加热破坏氧化酶,温度越高,氧化酶活性越小;③添加一定量的二氧化硫,或者适当提高酒精度、酸度,抑制酶的活性。

五、葡萄酒的生物病害

葡萄酒的生物病害主要是混入了有害菌,使酒发生病害。常见的引起葡萄酒病害的微生物有:①醋酸:醋酸菌能氧化乙醇为醋酸,当葡萄酒被醋酸菌侵害时可以明显的闻出醋酸气味;②乳酸菌:主要是由乳酸杆菌引起的,会使酒出现混浊,底部产生沉淀,有轻微气体产生,具有酸白菜和酸牛奶的味道,这种病多发于 3、4 月份;③苦味菌:这种病害主要发生在红葡萄酒中,会使葡萄酒变苦。

葡萄酒生物病害的预兆:①外观:酒失去透明度,有时颜色也会发生变化;②香气与滋味:有异杂味;③镜检:在显微镜下会观察到大量微生物;④挥发酸:挥发酸的含量会增加,若超过 0.8g/L,是有病害的象征。

预防方法主要有:①添加二氧化硫:细菌对二氧化硫的敏感性比酵母菌大,为了防止病菌的生长,葡萄酒中二氧化硫含量要达到 22～30mg/L。有些病菌如产膜酵母要完全死亡,葡萄酒的二氧化硫含量需达到 300mg/L。②加热杀菌:加热杀菌的温度一般为 55～65℃。此温度可依葡萄酒浓度不同而不同,酒精与酸度较高时,杀菌温度可低于 55℃。如 13%～16% 的甜葡萄酒其杀菌温度为 55～50℃;17%～20% 的高度甜葡萄酒其杀菌温度为 50～45℃;9%～14% 的佐餐葡萄酒其杀菌温度为 65～55℃。

六、葡萄酒的稳定

(一)酒石酸

在葡萄酒中会有大量的酒石酸,占全部有机酸总量的 50% 以上,同时也含有一定量的钾离子、钙离子及铜离子等,因此在葡萄汁中存在一定浓度的酒石酸盐,主要是酒石酸钙和酒石酸氢钾,由于其溶解度小,常形成沉淀而析出,俗称酒石,会影响葡萄酒的稳定性。

预防方法主要有：①对原酒进行冷冻处理,低温过滤；②用离子交换树脂处理原酒,除去钾离子；③及时换池,清除酒脚、分离酒石。

(二)蛋白质

在葡萄酒中,存在着一定量的蛋白质,是引起葡萄酒尤其是白葡萄酒浑浊和沉淀的主要原因之一。因此,必须在装瓶前对酒中蛋白质进行处理,以保证瓶装后的酒长期稳定。

除去酒中蛋白质的方法有：①进行热处理,使酒中蛋白质沉淀,然后过滤除去；②加入蛋白酶,分解葡萄酒中的蛋白质。

第七节 葡萄酒的感官检验

一、葡萄酒的感官指标

中国国家标准 GB 15037—2006《葡萄酒》的感官要求见表 2-1-2。

表 2-1-2 葡萄酒的感官要求

项 目		要 求
外观色泽	白葡萄酒	近似无色、微带黄绿、浅黄、禾秆黄、金黄色
	红葡萄酒	紫红、深红、宝石红、红微带棕色、棕红色
	桃红葡萄酒	桃红、浅玫瑰红、浅红色
澄清程度		澄清透明、有光泽、无明显悬浮物(使用软木塞封口的酒允许有少量软木塞,装瓶超过 1 年的葡萄酒允许有少量沉淀)
起泡程度		起泡葡萄酒注入杯中时,应有微细的串珠状气泡升起,并有一定的持续性
香气滋味	香气	具有纯正、优雅、怡悦、和谐的果香和酒香 具有优美、纯正葡萄酒香与和谐的植物芳香
	干、半干葡萄酒 甜、半甜葡萄酒 起泡葡萄酒	具有纯净、优雅、爽怡的口味和新鲜怡悦的果香味,酒体完整 具有甘甜醇厚的口味和陈酿的酒香味,酸甜协调,酒体丰满 具有优美纯正、和谐怡悦的口味和发酵气泡酒特有的香味,刹口
典型性		具有葡萄品种及产品类型应有的特征和风格

二、葡萄酒感官检验的条件

感官检验是指评价员通过用口、眼、鼻等感觉器官检查产品的感官特性,即对葡萄酒产品的外观、色泽、滋味、香气等感官指标进行检查与分析评定。

(一)品尝室的环境条件要求

品尝室是感官鉴评人员进行感官试验的场所,应有适宜的光线,使人舒适的温度和湿度,离噪声源较远,最好是隔音的,无任何气味,有通风和排气设备。

1. 温度和湿度　温度和湿度对感官鉴评人员的喜好和味觉有一定影响。品尝室内,应保持使人舒适、合适的温度和湿度,最好有空气调节装置,使品尝室内温度保持在21℃左右,湿度保持在65%左右。

2. 光源　光线的明暗决定视觉的灵敏性,不适当的光线会直接影响感官鉴评人员对样品色泽的鉴评。通常品尝室都采用自然光线和人工照明相结合的方式,以保证任何时候进行试验都有适当的光照。人工照明选择日光灯或白炽灯均可,以光线垂直照射到样品面上不产生阴影为宜。

3. 外界干扰　感官鉴评试验要求在安静、舒适的气氛下进行,任何干扰因素都会影响感官鉴评人员的注意力,影响正确鉴评的结果。当感官鉴评人员遇到难以评判的样品时,这方面的影响更显突出。必须控制外界对品尝室的干扰。分散感官鉴评人员注意力的干扰因素主要是外界噪声。

4. 通常由多个隔开的鉴评小间构成　鉴评小间面积很小(0.9m×0.9m),只能容纳一名感官鉴评人员在内独自进行感官鉴评试验。鉴评小间内带有供鉴评人员使用的工作台和座椅,工作台上应配备漱口用的清水和吐液用的容器,最好配备固定的水龙头和漱口池。

5. 空气纯净度　从感官鉴评的角度看,空气的纯净程度主要体现在进入品尝室的空气是否有味和试验区内有无散发气味的材料和用具,前者可在换气系统中增加气体交换器和活性炭过滤器去除异味;后者则需在建立感官鉴评室时,精心选择所用材料,避免使用有气味的材料。

(二)品尝员的要求

由于葡萄酒的品评是通过品尝员的感官对葡萄酒的各个方面进行分析,然后获得对品评对象的综合评价。所以要求品尝员具有高度的敏感性、准确性及精确性,从而使得他在品酒过程中能够正确完成品尝的各个阶段,得出全面客观的结论。即:他能调动自己感觉器官去感知葡萄酒的感官特性的各个方面;他能够准确表达自己的感觉;最后他能够通过分析、比较,作出客观的评价。人员尽可能多,最少不得低于7人。

(三)品尝杯的要求

①无色、透明、含铅量为9%左右的结晶玻璃制成;无任何印痕和气泡;②杯口必须平滑、一致、且为圆边;③容量为210～225ml;④能承受0～100℃的温度变化。

(四)品尝所需其他有关物品的准备

①饮用凉水,对设计有可饮用自来水龙头其开关最好是脚踏式的,标准品尝室只需提供杯子即可。若无自来水龙头,则需准备凉开水或矿泉水,蒸馏水;②白方巾或无味餐巾纸;③接废液容器;④笔、纸等文具。

(五)样品的收集、归类、编号及提供

根据品尝的目的及确定采用的品尝方法,需将各单位提供的葡萄酒样进行归类,编排及编号(密码),以保证品尝员对葡萄酒的感官分析获得客观的结果。

1.酒样的收集

品尝的目的不同,酒样的收集(获取)办法及途径是不一样的。酒样的获取是通过如下程序进行的:官方实地随机取样、封样→提供样品单位将封样寄送到指定地点→官方验样→入库(登记)。

2.酒样的归类

酒样按国家规定的分类进行归类,这样才能将同一类别的不同葡萄酒进行比较。如按酒的颜色将其分别归入白、桃红或红等;再按酒的含糖量,将其归入干、半干、半甜、甜等各类之中。

3.酒样的编号

为排除其他因素的干扰,保证结果的可靠性,品尝时提供的酒样一般为密码编号的。所以对酒样要进行密码编号。并保存好原始记录。

4.酒样的提供

在需要一次品尝多个酒样时,同一组的酒样必须是同一类型的葡萄酒。酒样的提供顺序应该是:颜色由浅到深:干白→桃红→干红;含糖量由低到高:干酒→半白→半甜→甜;酒度由低到高;年份由近到远。

5.计分方法

每个评酒员按要求在给定分数内逐项打分,累计出总分,再把所有参加打分的评酒员分数累加,取其平均值,即为该酒的感官分数。葡萄酒评分细则见表2-1-3。

表2-1-3　葡萄酒评分细则

项　目			要　求
外观10分	色泽5分	白葡萄酒(含加香葡萄酒)	近似无色、微带黄绿、浅黄色、禾秆黄、金黄色、琥珀黄色
		红葡萄酒(含加香葡萄酒)	紫红、深红、宝石红、鲜红、砖红、红微带棕色、棕红色
		桃红葡萄酒(含加香葡萄酒)	桃红、浅玫瑰红、浅红色、橙红、紫玫瑰红色
	5分	澄清程度	澄清透明、有光泽、无明显悬浮物(使用软木塞封口的酒允许有3个以下不大于1mm的木渣)
		起泡程度	起泡葡萄酒注入杯中时,应有微细的串珠状气泡升起,并有一定的持续性,泡沫细腻、洁白
香气30分	非加香葡萄酒		具有纯正、优雅、怡悦、和谐的果香和酒香
	加香葡萄酒		具有优美、纯正葡萄酒香与和谐的植物芳香
滋味40分	干、半干葡萄酒(含加香葡萄酒)		酒体丰满、醇厚协调、舒服、爽口
	甜、半甜葡萄酒(含加香葡萄酒)		酒体丰满、酸甜适口、柔细轻快
	起泡葡萄酒		口味优美、纯正、和谐悦人、有杀口力
	加气起泡葡萄酒		口味清新、愉快、纯正、有杀口力
典型性20分			典型完美、风格独特、优雅无缺

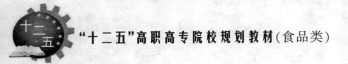

三、葡萄酒感官检验的步骤

(一)选用不同要求的合适的品酒杯

(二)调温

调节去除标贴后的酒温,使其达到:白葡萄酒(普通)10～11℃,白葡萄酒(优质)13～15℃;桃红葡萄酒12～14℃;红葡萄酒(干、半干、半甜)16～18℃;加香葡萄酒、甜红葡萄18～20℃;起泡、加气起泡葡萄酒9～10℃。

(三)倒酒及去沉淀

将调温后的酒瓶外部擦干净,小心开启瓶塞,将酒倒入洁净、干燥的品尝杯中。倒酒量应为酒杯容积的1/3,一般为70mL左右。对于在瓶内陈酿时间较长、有沉淀物的葡萄酒,则可先将酒与沉淀物分离开后,再给品尝员杯子中倒。方法为:

1. 品尝前先将酒瓶斜置放一段时间,使沉淀物下沉到瓶底部。
2. 保持酒瓶斜置状态下,用如前所述的方法开瓶。
3. 轻轻将瓶取出(保持倾斜状),另一手拿盛酒器,将酒缓缓倒入盛酒器内,倒时应避免晃动。当沉淀物移到瓶口时停止倒酒(可用点燃的蜡烛置于瓶下面以帮助观察沉淀物是否接近瓶口)。

(四)外观检验

对葡萄酒进行外观分析,在倒葡萄酒时就应该开始了。葡萄酒外观分析包括观察气泡、酒的液面、酒体等方面。

1. 观察液面

用食指和姆指捏着酒杯的杯脚,将酒杯置于腰高,低头垂直观察葡萄酒的液面。或者将酒杯置于品尝桌上,站立弯腰垂直观察。

(1)正常葡萄酒的液面标准 葡萄酒的液面呈圆盘状;葡萄酒的液面洁净、光亮、完整;表明葡萄酒具有良好的透明性。

(2)不正常现象分析 液面灰暗无光,均匀分布有非常细小的尘状物,则该葡萄酒很有可能已受微生物病害的侵染;液面具蓝色色调,则该葡萄酒很有可能已患金属破败病。

2. 观察酒体

酒体观察包括:颜色、透明度、澄清度、沉淀物等。

酒体观察的方法是以手持杯底或用手握住玻璃杯柱,举杯齐眉,用眼观察杯中酒的色泽、透明度与澄清程度,有无沉淀及悬浮物。

(五)香气检验

1. 第一次闻香

将酒杯中倒入杯体1/3的葡萄酒,在其处于静止的状态下分析其香气。方法可以是将酒杯慢慢举起,注意不使其摇动;或是将酒杯放置于桌面,闻香。闻香时,集中注意力将酒表面空气慢慢吸入鼻腔;以初步分析香气的类型。第一次闻香只能闻到酒表面扩散性最强的这部分香气。闻到的香气较淡。所以第一次闻香只能作为香气评价时的参考。

2. 第二次闻香

摇动酒杯,使葡萄酒在杯中作圆周运动,然后将酒杯置于鼻孔下方,闻其香味;当摇动结束后再次闻香,对于香气质量好的葡萄酒,此时闻香,其香气最为浓郁、优雅、纯正。对于香气质量不好的葡萄酒,此时闻香,其香气缺陷可反映出来。第二次闻香的结果作为评价葡萄香气的重要依据。

3. 第三次闻香

当在第二次闻香中发现葡萄酒香气有缺陷时,可继续进行第三次闻香。方法是:一手拿住杯底,另一只手掌盖住酒杯杯口,上下猛烈摇动酒杯,然后进行闻香。由于酒在杯中的猛烈摇动,可加强葡萄酒中使人不愉快的气味如醋酸乙酯、氧化味、霉味、硫化氢等气味的释放。所以,第三次闻香主要是作为香气缺陷的鉴别而用的。

（六）滋味检验

1. 喝酒

喝入少量葡萄酒于口中,使葡萄酒均匀地分布在舌头表面,然后将葡萄酒控制在口腔前部。为使品尝的不同酒样有可比性,每次吸入的酒量应一致(6 ~ 10mL)。要注意吸入的酒量不能过多或过少。

2. 进行口腔分析

酒进入口腔后,利用舌头和面部肌肉运动,搅动葡萄酒;或将口微张,轻轻地向内吸气。这样可使葡萄酒的香气通过鼻咽通路得到感知。为了全面分析葡萄酒的口感变化,应将葡萄酒在口内保留12s。

3. 鉴别尾味（余味）

咽下少量葡萄酒,将其余部分吐掉,以鉴别尾味(余味)。最后,在结束第一个酒样后,应停留一段时间;只有当这个酒样引起的感觉消失后,才能品尝下一个酒样。

（七）确定风格

根据外观、香气、滋味等特点,综合其特点与回忆到的典型性作比较,最后确定出酒的风格,再写出评语,给出分数。

（八）得出结论

将各项检验结果汇总,写出最终评语。

四、葡萄酒的理化指标及检验

中国国家标准 GB 15037—2006《葡萄酒》的理化要求见表 2 - 1 - 4。各种成分的理化检测方法参照 GB/T 15038—2005《葡萄酒、果酒通用分析方法》。

表2-1-4 葡萄酒理化指标

项目		要求
酒精度(20℃)(体积分数)/%		≥7.0
总糖(以葡萄糖计)(g/L)	平静葡萄酒	干葡萄酒 ≤4.0
		半干葡萄酒 4.1~12.0
		半甜葡萄酒 12.0~45.0
		甜葡萄酒 ≥45.1
	高泡葡萄酒	天然型高泡葡萄酒 ≤12.0
		绝干型高泡葡萄酒 12.1~17.0
		干型高泡葡萄酒 17.1~32.0
		半干型高泡葡萄酒 32.1~50.0
		甜型高泡葡萄酒 ≥50.1
干浸出物/(g/L)	白葡萄酒	≥16.0
	桃红葡萄酒	≥17.0
	红葡萄酒	≥18.0
挥发酸(以乙酸计)/(g/L)		≤1.2
柠檬酸/(g/L)	干、半干、半甜葡萄酒	≤1.0
	甜葡萄酒	≤2.0
二氧化碳(20℃)/MPa	低泡葡萄酒	<250mL/瓶 0.05~0.29
		≥250mL/瓶 0.05~0.34
	高泡葡萄酒	<250mL/瓶 ≥0.30
		≥250mL/瓶 ≥0.35
铁/(mg/L)		≤8.0
铜/(mg/L)		≤1.0
甲醇/(mg/L)	白、桃红葡萄酒	≤250
	红葡萄酒	≤400
苯甲酸或苯甲酸钠(以苯甲酸计)/(mg/L)		≤50
山梨酸或山梨酸钾(以山梨酸计)/(mg/L)		≤200

 本章小结

葡萄酒是以新鲜的葡萄或葡萄汁为原料,经发酵酿制而成的酒精含量为11%的低酒精度饮料酒。葡萄酒的种类很多,按酒的颜色可分为红葡萄酒、白葡萄酒及桃红葡萄酒;按含糖量的多少分为干葡萄酒、半干葡萄酒、半甜葡萄酒、甜葡萄酒;按酿造方法分为天然葡萄酒、加强葡萄酒、加香葡萄酒。葡萄酒中含有乙醇、高级醇、甘油、糖类、酸类、酯类、含氮化合物、醛类、

46

色素、维生素、矿物质等。

酿造红葡萄酒的主要品种有法国蓝、赤霞珠、蛇龙珠、佳丽酿、品丽珠、黑品乐;酿造白葡萄酒的主要品种有龙眼、雷司令、贵人香、白羽、霞多丽、李将军等。葡萄酒酿造主要是靠葡萄酒酵母的发酵,葡萄酒酵母的来源主要有天然葡萄酒酵母、人工培养的纯种酵母及葡萄酒活性干酵母。

葡萄酒加工之前要注意采摘的时间及运输注意事项;在葡萄汁压榨之后如果葡萄汁不能满足酿造工艺的要求,需要对葡萄汁的成分进行改良,改良常指糖度、酸度的调整。

红葡萄酒的酿造主要包括主发酵、分离和后发酵、陈酿、新酒换桶、澄清等操作。白葡萄酒与红葡萄酒的前加工工艺不同。白葡萄酒加工采用先压榨后发酵,而红葡萄酒加工要先发酵后压榨。白葡萄经破碎(压榨)或果汁分离,果汁单独进行发酵,皮渣单独发酵蒸馏得白兰地。

品尝葡萄酒时要按照葡萄酒标准对其外观、色泽、滋味、香气等进行打分,以判断葡萄酒质量的高低及是否符合国家标准要求。

 思 考 题

1. 酿造葡萄酒的优良品种有哪些?
2. 葡萄汁的改良措施有哪些?
3. 二氧化碳在葡萄酒酿造过程中的作用是什么?
4. 干红葡萄酒的生产工艺流程及操作要点是什么?
5. 葡萄酒在加工过程中影响其质量的因素有哪些? 怎样进行控制?

 阅读小知识

怎样喝葡萄酒更有益健康

喝葡萄酒对健康有益,但长期饮酒且酒后不吃饭,往往会造成慢性营养不良,引起精神及体内器官的严重障碍,这是饮酒的大忌。饮酒要慢,切不可豪饮,一饮而尽。酒精进入胃以后5min 就能在血中出现,30min 到2h 内血液中的酒精浓度达到顶峰。豪饮会使血中酒精的浓度升高得非常快,这是造成醉酒的原因之一。若慢慢地饮酒,饮酒时间被拉长,体内有充分时间处理酒精,所以就不容易喝醉。

边吃边饮也是一条守则。这会使体内酒精浓度降低,延长吸收时间。饮酒时佐以营养丰富的猪肝对身体比较有益,因为猪肝有提高机体对酒精的解毒能力。此外,含蛋白质丰富的鱼虾、肉、蛋、豆腐等食物也很好,因为蛋白质可减少酒精的吸收。

在中国的餐桌上,尤其到了过年过节或者朋友聚会的时候,常看到不少人喜欢用白酒、黄酒和葡萄酒变换着喝,以显示酒量超群。实际上,不同种类的酒最忌讳掺合着饮用。自然发酵的葡萄酒和米酒含有杂醇类成分,它有增加乙醛生成量的作用。如果把这类酒和其他种类的酒混合着来饮,对身体健康极为不利。还有的人常用汽水、雪碧之类的饮料来稀释葡萄酒,其实这样做也很不好。因为汽水、雪碧中的二氧化碳会促进酒精的吸收,更易醉酒。

在节日里如果饮用葡萄酒过量,餐后可以吃些口味偏甜的水果和点心来解酒。日本有句谚语:"酒后吃甜食,酒味会消失",这是很有道理的。水果中含有大量的果糖和葡萄糖,可以使酒精氧化,促进其分解代谢。甜的点心也有类似的作用。

第二章 啤酒生产工艺

【知识目标】

1.掌握啤酒的定义及其发展概况。

2.了解啤酒的原材料及其前期处理工艺。

3.掌握啤酒发酵的一般工艺及质量控制点。

第一节 绪 论

一、啤酒定义及啤酒工业发展概况

国家质量监督检验检疫总局和国家标准化管理委员会对啤酒作了如下定义:以麦芽、水为主要原料,加啤酒花(包括酒花制品),经酵母发酵酿制而成的、含有二氧化碳的、起泡的、低酒精度的发酵酒,包括无醇啤酒(脱醇啤酒)。

需要注意的是,由于每个国家的国情不同,酿造啤酒所用的原料及生产工艺过程也有差别,所以对啤酒的定义也是不尽相同的。啤酒酿造以麦芽、水为主要原料,添加啤酒花、酵母经过发酵酿造制得是基本一致的,区别在于辅料及添加剂的使用上。例如德国于 1516 年就制定并且沿用至今的纯度法规定啤酒酿造不允许添加任何辅料,非洲国家可以用高粱作为原辅料,我国则普遍采用大米作为辅料,也有用玉米或玉米糖浆作为辅料的。

啤酒酿造有着悠久的历史,根据考古发现,啤酒是由苏美尔人最先酿制的,距今已有 6000 年的历史。到新巴比伦时代(公元前 600 年左右),可能已经大规模生产啤酒了。啤酒从古巴比伦传到古埃及,古埃及人继承了酿造啤酒的传统,并加以改进。古希腊人和古罗马人统治古埃及后,继续酿制啤酒,后来又传入欧洲。啤酒的酿造技术在欧洲得到了高度发展。

到中世纪,欧洲领主已经拥有比较大规模的酿造厂,利用燕麦、大麦、小麦大量酿造啤酒。根据文献记载,公元 448 年,斯洛伐克人用来款待拜占庭使节的酒,就是加啤酒花制成的啤酒,加入啤酒花使啤酒带有一种清香的苦味,这是在啤酒中使用啤酒花的最早记录。13 世纪德国巴伐利亚州修道院的修道士开始正式将啤酒花应用于啤酒酿造,自此以后,才开始制造典型的啤酒,并逐步传遍了全世界。

19 世纪末,随着欧洲列强向东方侵略,逐渐将啤酒酿造技术传入亚洲。到目前只有一百多年的历史。概括起来,中国的啤酒工业发展经历了四个阶段:创立时期、整顿发展时期、高速发展时期、整合发展时期。

(一)创立时期(1900～1949 年)

据历史记载,在中国建立最早的近代啤酒厂是俄国人 1900 年在哈尔滨建立的乌卢布列夫斯基啤酒厂(哈尔滨啤酒厂前身),年产啤酒仅 300 吨左右;1903 年英国和德国资本家在青岛开设英德啤酒公司(青岛啤酒厂前身),年产量约 2000 吨。1904 年在哈尔滨出现了第一家中国人开办的啤酒厂——东北三省啤酒厂;1914 年哈尔滨又建起了五洲啤酒汽水厂,同年北京建立了双合盛啤酒厂(五星啤酒厂前身);1920 年,山东烟台几个资本家集资建成了醴泉啤酒厂(烟台啤酒厂前身)。1935 年广州建起了五羊啤酒厂(广州啤酒厂的前身)。

从 1900 年建造第一个啤酒厂到 1949 年中华人民共和国成立,中国先后在哈尔滨、青岛、北京、烟台、上海、沈阳、广州等地相继建立了十几家啤酒厂,产量不大,品种很少,年产啤酒不足万吨。在近 50 年的时间里没有太大的发展,原料全部依赖进口,技术由外国人控制,饮用者为在华外国人和上层华人。

(二)整顿发展时期(1950~1979 年)

1949 年以后,随着经济的逐步发展和人民生活水平的提高,啤酒工业取得了一定的进展。20 世纪 50 年代开始引种啤酒酿造大麦,逐步掌握了麦芽生产和啤酒酿造技术,特别是在 50 年代末期建立了一批轻工院校,开始培养自己的工程技术人才。至 60 年代初,我国已经培养了一批发酵工程专门人才,能够自己设计建造小规模的啤酒生产线,啤酒酿造的重要原料啤酒花也能够种植并且使用。

1958 年我国分别在天津、杭州、武汉、重庆、西安、兰州、昆明等大城市投资建设了一批生产规模在 2000 吨左右的啤酒厂,成为我国啤酒行业发展的一批骨干企业,到 1979 年,全国啤酒厂总数达到 150 多家,啤酒产量达到近 50 万吨,比 1949 年前增长了 50 多倍。啤酒的消费已经在城镇中普及。

(三)高速发展时期(1980~1990 年)

改革开放后,国家对轻工业食品越来越重视,啤酒作为营养食品也得到了政府的大力支持,啤酒厂规模不断扩大。在这十年中,我国的啤酒工业每年以 30%以上的速度持续增长。到 1988 年我国大陆啤酒厂家发展到 813 个,总产量达到 656 万吨,仅次于美国、德国,名列第三。

啤酒企业技术装备水平不断提高,国外的先进设备和技术开始向国内输入,国内也派出技术人员到国外学习先进的生产技术和现代化的管理经验。

(四)整合发展时期(1991 年~)

20 世纪 90 年代初期,随着改革开放的不断深入,啤酒工业的投资、经营方式也呈现多元化,随着市场竞争的日趋激烈,国内啤酒行业向着集团化方向发展,以提高综合竞争能力,扩大市场份额。经过资源整合、资产重组,形成了目前以青岛啤酒集团有限公司、华润啤酒(中国)有限公司、北京燕京啤酒集团公司、哈尔滨啤酒有限公司等为主体的大型啤酒集团公司。

1993 年我国啤酒产量超过德国跃居世界第二,2002 年我国以 2386 万吨的年产量超过美国成为世界第一啤酒生产大国。目前我国啤酒人均消费量为 27.6L,首次超过世界人均年消费(为 27L),但发达国家人均年消费可达 100L 以上,例如德国人均年消费啤酒高达 160L 左右。随着我国全面建设小康社会的不断推进,啤酒工业有着广阔的市场前景。

二、啤酒的分类

啤酒的分类方式很多,根据啤酒的生产方式所用的酵母类型、产品原麦汁浓度、色泽等的

不同大体可以进行以下分类:

(一)按啤酒是否杀菌分类

1. 熟啤酒

经巴氏灭菌或者瞬时灭菌的啤酒称之为"熟啤酒"。巴氏灭菌即巴斯德灭菌,或称为低温灭菌。该方法是将啤酒在较低的温度下(60～65℃)维持20～30min,杀死啤酒中的微生物细胞,达到较长时间保存的目的。瞬时灭菌是采用较高的温度(70℃),维持1min左右的时间。经过灭菌的熟啤酒,稳定性好,而且便于运输,保质期能达到半年甚至一年。但杀菌的同时也会影响啤酒口味。我国的熟啤酒均以瓶装或者罐装的形式出售。

2. 生啤酒

不经过巴氏灭菌或瞬时高温灭菌,而是采用其他物理方式如无菌膜过滤技术滤除酵母菌、杂菌,达到一定生物稳定性的啤酒。生啤酒的灌装应使用严格的无菌灌装,避免二次污染。由于生啤酒避免了热损伤,保持了原有的新鲜口味,营养物质更丰富。但是生啤酒的保质期相对于熟啤酒要短,一般为2～3个月。一些桶装啤酒和标有"纯生啤酒"或"原生啤酒"的瓶装啤酒或罐装啤酒属于此类。价格一般高于熟啤酒。虽然目前熟啤酒仍占据市场的主导地位,但消费者越来越倾向于饮用生啤酒。

3. 鲜啤酒

不经过巴氏灭菌或瞬时高温灭菌,成品中允许含有一定数量活的酵母菌,达到一定生物稳定性的啤酒。也有称为"散啤酒"的。由于鲜啤酒未经杀菌或除菌处理,所以保质期更短,最长不超过一个星期。鲜啤酒是地销产品,口感新鲜,多用桶装,夏季销量高于冬季。

(二)按照啤酒酵母的性质不同分类

两种酵母形成不同的发酵方式而酿制出以下两种不同类型的啤酒,此种分类方法一般用于专业啤酒生产。

1. 上面发酵啤酒

以上面啤酒酵母进行发酵的啤酒。利用上面发酵的啤酒主要有英国、加拿大、比利时、澳大利亚等少数国家,具有代表性的啤酒主要有英国著名的淡色爱尔啤酒。

2. 下面发酵啤酒

以下面啤酒酵母进行发酵的啤酒。世界上大多数国家采用下面发酵法酿造啤酒。其中典型代表有著名的德国慕尼黑啤酒、丹麦嘉士伯啤酒、捷克比尔森啤酒。我国啤酒多数属于此种类型,例如青岛啤酒、燕京啤酒等。

(三)按啤酒色泽分类

根据啤酒色泽不同,可以将啤酒分为以下几种类型。

1. 淡色啤酒

色度为2～14EBC单位,外观呈现淡黄色的啤酒。淡色啤酒突出酒花香味,给人以清爽、淡雅的感觉,是各类啤酒中产量最大的一种,约占98%。淡色啤酒按照其色度不同又分为三种。

(1)淡黄色啤酒　色度在7EBC单位以下。

(2)金黄色啤酒　色度在7～10EBC单位之间。

（3）棕色啤酒　色度在 10 ~ 14EBC 单位之间。

2. 浓色啤酒

色度为 15 ~ 40EBC 单位的啤酒,其色泽介于淡色啤酒与黑啤酒之间,呈现红棕色或红褐色,酒体透明度较低。由于该色调给人以温暖的感觉,所以适合天冷的季节饮用。浓色啤酒特点是麦芽香突出、口感醇厚、酒花苦味较轻。浓色啤酒根据色泽的深浅,又可划分成为三种:

（1）棕色啤酒　色度在 15 ~ 25EBC 单位之间;

（2）红棕色啤酒　色度在 25 ~ 35EBC 单位之间;

（3）红褐色啤酒　色度在 35 ~ 40EBC 单位之间。

3. 黑色啤酒

色度大于 41EBC 单位的啤酒。色泽呈深棕色或黑褐色,酒体透明度很低或不透明,黑色啤酒突出麦芽香味(焦香味),口味醇厚,泡沫多而细腻,苦味根据产品类型有轻重之别。一般原麦汁浓度在 12% 以上,酒精体积分数 5.5% 左右。产量不大。

（四）特种啤酒

特种啤酒是在原辅料或生产工艺方面有某些重大的改变,改变了传统啤酒应有的风味,形成具有独特风格的啤酒。特种啤酒除特征性外,其他要求应符合相应类型啤酒的规定。

1. 干啤酒

酒的发酵度极高,酒中的残糖极低,口味清淡爽口,后味干净,无杂味的一种啤酒。干啤酒的发酵度不应低于 72%,酒精含量与普通啤酒相差不大。

2. 冰啤酒

除符合淡色啤酒的技术要求外,在过滤前需要经冰晶化工艺处理。色度小于 0.8EBC 单位,口味纯净。

3. 低醇(无醇)啤酒

低醇啤酒与无醇啤酒之间的界限比较模糊,一般认为,酒精含量为 0.5%(体积分数)以下者,可以称为无醇啤酒;酒精含量在 2.5%(体积分数)以下者,可以称为低醇啤酒。目前此类啤酒的风味还达不到普通啤酒的标准,有待进一步开发。

4. 小麦啤酒

以小麦麦芽(占麦芽的 40% 以上)、水为主要原料酿制,具有小麦麦芽经酿造所产生的特殊香气的啤酒。

5. 浑浊啤酒

成品中含有一定量的活酵母或显示特殊风味的胶体物质,色度大于等于 2.0EBC 单位的啤酒。

6. 果蔬类啤酒

添加一定量的果蔬汁或食用香精,具有其特征风味并保持啤酒基本口味的啤酒。比较常见的果蔬类啤酒往往和低醇(无醇)啤酒相结合,比较具有代表性的是燕京牌菠萝味啤酒。

7. 稀释啤酒

稀释啤酒是"高浓度麦汁酿造后稀释啤酒"的简称,即制备高浓度麦汁,进行高浓度麦汁发酵,然后稀释成传统的 8 ~ 12°P 的啤酒。

第二节　啤酒生产的原料及处理

一、啤酒大麦

大麦属于禾本植物。大麦可以食用或者用作饲料和作为啤酒的原料。由于大麦容易发芽,易于生长,并能够适应不同的气候,种植范围广泛,又不作为主要粮食作物,所以大麦是啤酒酿造的主要原料。

大麦的品种很多,分类方法也有多种。按照麦穗生长形态分类,分为二棱大麦、四棱大麦和六棱大麦(图2－2－1);按照种植季节分类,分为冬大麦和春大麦;按照外观色泽分类,分为黄皮大麦、白皮大麦和紫皮大麦;按照麦穗形态分类,分为直穗大麦和曲穗大麦。啤酒酿造行业多以麦穗生长形态分类。

图2－2－1　大麦穗横断面

二棱大麦一般籽粒大而整齐,谷皮较薄,淀粉含量较高,浸出物收得率高,蛋白质含量相对较低,发芽均匀,是酿造啤酒的最好原料。

四棱大麦和六棱大麦统称为多棱大麦,蛋白质含量较高,淀粉含量较低,制造出的麦芽含酶较为丰富,可以弥补二棱大麦含酶量的不足。

大麦品种很多,但并不是所有的大麦品种都适合于酿造啤酒。大麦作为啤酒酿造最主要的原料,提供酿造所必须的浸出物和适量的蛋白质,所以应该选择富含淀粉和蛋白质含量适宜的品种。国内外常用的啤酒大麦品种参见表2－2－1。

表2－2－1　国内外常见的几种啤酒大麦品种

品种	麦穗形态	产地	品种	麦穗形态	产地
甘啤4号	二棱	中国	CDC肯德尔	二棱	加拿大
港啤1号	二棱	中国	爱克赛	六棱	加拿大
卡莱特	二棱	法国	罗伯斯特	六棱	加拿大
普莱斯蒂日	二棱	法国	宝黛	二棱	澳大利亚
瓦内萨	二棱	法国	葛德纳	二棱	澳大利亚
哈灵顿	二棱	加拿大	斯库那	二棱	澳大利亚
斯坦因	二棱	加拿大	斯特灵	二棱	澳大利亚

二、大麦籽粒的构造

大麦籽粒主要由胚、胚乳、谷皮三部分组成,其纵剖面如图2-2-2所示。

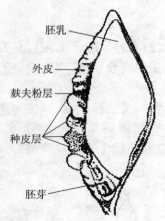

胚乳
外皮
麸夫粉层
种皮层
胚芽

图2-2-2 大麦
籽粒纵剖面

(一)胚

胚是大麦最主要的部分。由胚芽和胚根所组成,它和盾状体及上皮层位于麦粒背部的下端。其质量为大麦干物质的2%~5%。盾状体与胚乳衔接,功能是将胚乳内积累的营养物质传递给生长的胚芽。

胚是大麦有生命力的部分,由胚中形成各种酶,渗透到胚乳中,使胚乳溶解,以供给胚芽生长的养料。一旦胚组织破坏,大麦就失去发芽能力。

(二)胚乳

胚乳与胚毗连,是胚的营养仓库,胚乳质量为大麦干物质的80%~85%。胚乳由贮藏淀粉的细胞层和贮藏脂肪的细胞层构成。贮藏淀粉的细胞层是胚乳的核心。在细胞之间的空间处由蛋白质组成的"骨架"支撑。外部被一层细胞壁包围,称之为糊粉层,其细胞内含有蛋白质和脂肪,但不含淀粉,靠近胚的糊粉层只有一层细胞。胚乳与胚之间还有一层空细胞称为细胞层。

胚乳是麦粒一切生物化学反应的场所。当胚还有生命力的时候,胚乳物质便能分解与转化,部分供胚作营养,部分供呼吸时消耗。

(三)谷皮

由腹部的内皮和背部的外皮组成,外皮的延长部分即称麦芒,其质量为大麦干物质的7%~13%。在皮壳的里面是果皮,再里面是种皮。果皮的外表有一层蜡质层,它对赤霉酸和氧是不透性的,与大麦的休眠性质有关。种皮是一种半透性的薄膜,可渗透水却不能渗透高分子的物质,但某些离子能同水一道渗入,这对浸渍过程有一定意义。

皮壳的组成物大都是非水溶性的,硅酸、单宁和苦味物质等。这些物质对酿造有很多有害作用。但皮壳在麦汁制造时,则作为麦汁过滤层而被利用。

三、大麦的化学组成

大麦的化学组成随品种以及自然条件等不同在一定范围内波动,主要成分是淀粉,其次是纤维素以及蛋白质、脂肪等。大麦中一般含干物质80%~88%,水分12%~20%。二棱大麦的化学组成如表2-2-2所示。

(一)水分

根据收获季节的气候情况,大麦的水分含量波动11%~20%之间,但进厂大麦的水分不宜太高,水分高于12%的大麦在贮藏中易发霉、腐烂,不仅贮藏损失大,而且会严重影响大麦的发芽力和大麦质量。新收获的大麦含水常高达20%,必须经过曝晒,或人工干燥,使水分降至12%左右,方能进仓贮藏。

表2-2-2　大麦的化学组成

成分	含量/%	
	含　水	无　水
水	14.5	—
淀粉	54.0	63.2
无氮浸出物	12.0	14.0
蛋白质	9.5	11.1
粗纤维	5.0	5.9
脂肪	2.5	2.9
无机物	2.5	2.9

（二）糖类

1. 淀粉

淀粉是最重要的糖类物质,大麦淀粉含量约占总干物质质量的58%～65%,贮藏在胚乳细胞内。大麦淀粉含量愈多,大麦的可浸出物也愈多,制备麦汁时收得率也愈高。

大麦淀粉颗粒分为大颗粒淀粉(直径20～40μm)和小颗粒淀粉(直径2～10μm)两种。二棱大麦的小颗粒淀粉数量约占全部淀粉颗粒的90%。其质量却只占淀粉的10%左右。小颗粒淀粉的含量与大麦的蛋白质含量成正比。其外部被很密的蛋白质所包围,不易受酶的作用,如果在制麦时分解不完全,糖化时更难以分解。这种未分解的小颗粒淀粉与蛋白质、半纤维素和麦胶物质聚合在一起,使麦汁黏度增大,是造成麦汁过滤困难的一项重要因素。小颗粒淀粉含有较多的支链淀粉,因此产生较多的非发酵性糊精。

2. 纤维素

纤维素主要存在于大麦的皮壳中,是构成谷皮细胞壁的主要物质,占大麦干重的3.5%～7%。纤维素与木质素无机盐结合在一起,不溶于水,对酶的作用有相当强的抵抗力,在水中只是吸水膨胀。当大麦发芽时,纤维素不起变化。

3. 半纤维素和麦胶物质

半纤维素是胚乳细胞壁的主要构成物质,也存在于谷皮中。占麦粒质量的10%～11%,不溶于水,但易被热的稀酸和稀碱水解,产生五碳和六碳糖。发芽过程被半纤维素酶(细胞溶解酶)分解,因而增加了麦芽的易碎性,有利于各种水解酶进入细胞内,促进胚乳的溶解。

半纤维素和麦胶物质均由β-葡聚糖和戊聚糖组成,由于β-葡聚糖和戊聚糖是两种不同结构的物质,它们对啤酒生产和质量影响也不相同。

（1）谷皮半纤维素　主要由戊聚糖和少量β-葡聚糖及糖醛组成。

（2）胚乳半纤维素　由大量β-葡聚糖(占80%～90%)和少量戊聚糖(占10%～20%)组成。

（3）麦胶物质　麦胶物质在成分组成上与半纤维素无甚差别,只是相对分子质量较半纤维素低。

4. 低糖

大麦中含有2%左右的低糖,其主要是蔗糖,还有少量的棉子糖、葡二果糖、麦芽糖、葡萄糖和果糖。蔗糖、棉子糖和葡二果糖主要存在于胚和糊粉层中,供胚开始萌发的呼吸消耗;葡萄糖和果糖存在于胚乳中;麦芽糖则集中在糊粉层中,那里有大量β-淀粉酶存在。所以,低糖对麦粒的生命活动有很大意义。

（三）蛋白质

大麦蛋白质主要存在于糊粉层中,胚乳中也有存在,含量一般在9.0%~12.0%(无水)之间。我国大麦蛋白质含量略高些。大麦中的蛋白质含量及类型直接影响大麦的发芽力、酵母营养、风味啤酒的泡持性、非生物稳定性适口性等。因此选择含蛋白质适中的大麦品种对啤酒酿造具有十分重要的意义。

制造啤酒麦芽的大麦蛋白质含量需适中。蛋白质含量太高时有如下缺点:相应淀粉含量会降低,最后影响到原料的收得率,更重要的是会形成玻璃质的硬麦;发芽过于迅速,温度不易控制,制成的麦芽会因溶解不足而使浸出物收得率降低,也会引起啤酒的混浊;蛋白质含量高易导致啤酒中杂醇油含量高。蛋白质过少,会使制成的麦汁对酵母营养缺乏,引起发酵缓慢,造成啤酒泡持性差,口味淡薄等。在大麦中往往蛋白质含量过高,所以在制造麦芽时通常是寻找低蛋白质含量的大麦品种。近年来,由于辅料比例增加,利用蛋白质质量分数在11.5%~13.5%的大麦制成高糖化力的麦芽也受到重视。

（四）脂肪

大麦中溶于乙醚的脂类含量约为干物质的2%,主要存在于糊粉层中,1/3存在于胚中。制麦时部分脂肪被消耗,用于呼吸代谢,大部分停留在麦糟中。麦汁过滤操作良好时,能够尽量减少脂类物质进入麦汁。脂类物质含量虽然较低,但是一旦进入麦汁中,就会对啤酒口味稳定性及啤酒泡沫产生不良影响。

（五）磷酸盐

正常含量为每100g大麦干物质含260~350mg磷。大麦所含磷酸盐的半数为植酸钙镁,约占大麦干物质的0.9%。有机磷酸盐在发芽过程中水解,形成第一磷酸盐和大量缓冲物质,糖化时,进入麦汁中,对麦汁具有缓冲作用,对调节麦汁pH有很大作用。另外,磷酸盐是酵母发酵过程中不可缺少的物质,对酵母的发酵起着重要作用。

（六）无机盐

主要存在于皮壳、胚和糊粉层中,总量占大麦干物质的2.5%~3.5%。施肥比例、气候条件和土壤特性不同,灰分组成和各成分的含量可能会发生变化。无机盐对大麦发芽和发酵都有很重要的意义。

大麦无机成分有80%来自有机化合物,发芽和糖化过程正常是有机物分解,生成相应的各种组分。大麦中无机盐的含量主要来自钾和磷酸,即磷酸钾。磷酸钾可以第一磷酸盐、第二磷酸盐和第三磷酸盐形式存在,构成缓冲体系,此体系对保持酸度起了主要作用。

（七）维生素

大麦和麦芽中富含维生素,集中分布在活的胚组织和糊粉层中。大麦中烟酸含量最多,其次是其他 B 族维生素,此外大麦还含有维生素 C、生物素、泛酸和叶酸。维生素是构成某些酶的辅酶成分,对大麦发芽、酵母生长繁殖和发酵等的生命过程都有重要意义。

四、酿造用大麦的质量要求

(一)外观

麦粒有光泽,呈纯淡黄色,有新鲜麦草香味,籽粒饱满,均匀整齐,皮薄,有细密纹道。

(二)物理检验

1. 千粒重 35～45g。
2. 麦粒均匀度 腹径 2.5mm 以上麦粒占 85% 的为一级大麦,腹径 2.2～2.5mm 的为二级大麦,一级大麦、二级大麦均可作为酿酒原料用。腹径 2.2mm 以下的为次大麦,不可用作酿酒。
3. 胚乳状态 胚乳断面为粉白色的粉质粒,淀粉含量高,吸水性好,易于分解。胚乳断面呈玻璃状或半玻璃状的,吸水性差,淀粉不易分解。
4. 发芽力和发芽率 发芽力是指 3 天内发芽的百分数,要求不低于 90%。发芽率是指 5 天内发芽的百分数,要求不低于 95%。

(三)化学检验

1. 水分含量 要求大麦水分含量在 13% 以下,否则难以贮存。
2. 浸出物质量分数 一般要求为 72%～80%(绝干物质计),与淀粉质量分数相差约 14.7%。
3. 蛋白质质量分数 一般要求 9%～12%(绝干物质计),辅料用量多时可达 13.5%。
大麦的质量标准参照 GB/T 7416—2008 的要求。

五、啤酒花

啤酒花简称酒花(图 2－2－3)。啤酒生产中使用酒花的目的主要是利用其苦味、香味、防腐力和澄清麦汁的能力。

(一)酒花的主要有效成分及其在酿造上的作用

酿造上酒花的有效成分主要包括:酒花油、酒花苦味物质和酒花多酚类物质。

1. 酒花油

酒花中含有 0.5%～2.0% 的酒花油。其组成成分很复杂。酒花油溶解度极小,易于挥发,容易氧化。酒花油的主要成分是萜烯类碳氢化合物、含氧化合物和微量的含硫化合物等。

酒花油不易溶于水和麦汁,大部分酒花油在麦汁煮沸或热、冷凝固物分离过程中被分离出去。尽管酒花油在啤酒中保存下来的很少,但却是啤酒中酒花香味的主要来源。

2. 酒花苦味物质

啤酒的苦味和防腐能力主要是由酒花中的苦味物质 α－酸和 β－酸提供的。

α－酸又称葎草酮,本身具有苦味和防腐能力,在弱碱溶液中易异构化转变成异 α－酸(异

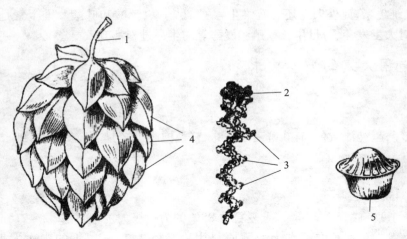

图2-2-3 啤酒花

1—花茎;2—花轴;3—分歧轴;4—苞叶;5—蛇麻腺

构化率可为40%~60%)。异α-酸在麦汁中的溶解度比α-酸大得多,具有强烈的苦味,防腐能力也高于α-酸,是啤酒苦味的主要来源。

β-酸又称蛇麻酮,溶解度小,苦味和防腐能力不如α-酸,β-酸有一定的抑制革兰氏阳性菌和阴性菌的能力。

α-酸和β-酸容易氧化转变成软树脂和硬树脂,硬树脂在啤酒酿造中无任何价值。

3. 酒花多酚类物质

酒花中含有4%~10%的多酚类物质,主要是花色苷、花青素和单宁等,其中花色苷占80%。酒花中的多酚含量比大麦中多酚含量要高得多,是影响啤酒风味和引起啤酒混浊的主要成分。酒花中的多酚在麦汁煮沸时有沉淀蛋白质的作用,但这种沉淀作用在麦汁冷却、发酵、甚至过滤装瓶后仍在继续进行,从而会导致啤酒混浊。因此酒花多酚对啤酒既有有利的一面,也有不利的一面,需要在生产中很好地控制。

(二)酒花制品的种类及其使用方法

新鲜酒花干燥后制成的全酒花,具有不易保管、不便运输、有效成分利用率不高等缺陷。而酒花制品则普遍受到欢迎。常用酒花制品有颗粒酒花、酒花浸膏、酒花油等。

1. 颗粒酒花　颗粒酒花是把粉碎后的酒花压制成颗粒,密闭并且充惰性气体保藏的酒花制品。具有体积小,不易氧化,运输、使用控制和保管都比较方便的优点。

2. 酒花浸膏　酒花浸膏是利用萃取剂将酒花中α-酸多量萃取出的树脂浸膏,是以α-酸为主体成分的酒花制品。酒花浸膏的主要优点是提高了α-酸的利用率。按萃取剂的不同可分为有机溶剂(乙醚、石油醚、乙醇等)萃取浸膏和CO_2萃取浸膏。

3. 异构化酒花浸膏　酒花先通过异构化再进行CO_2萃取制成异α-酸浸膏。异α-酸浸膏应和颗粒酒花、酒花浸膏等配合使用,可以在发酵后或滤酒前添加,添加量根据产品苦味要求确定。

二氧化碳萃取还可以制备多种其他浸膏,如还原异构化浸膏、四氢异构化浸膏等。

4. β-酸酒花油　在二氧化碳萃取制备α-酸浸膏的废液中,存在大量的β-酸和酒花油。在适当的条件下进行萃取,可获得一种含 20% 左右的酒花油和 70% β - 酸及其衍生物、α - 酸、多酚物质含量极少的固体树脂浸膏,即 β - 酸酒花油。β - 酸酒花油替代麦汁煮沸中最后一次添加的酒花,可提供新鲜的酒花香气,添加的数量可通过试验确定。

六、常用辅助原料的种类与酿造特性

(一)大米

大米是最常用的辅助原料。添加大米的啤酒,色泽浅、口味清爽、泡沫细腻、酒花香味突出、非生物性好。大米淀粉含量高,蛋白质、多酚类物质、脂肪含量较麦芽低。大米的化学成分为:水分 11% ~ 13%,淀粉 76% ~ 85%,浸出物 90% ~ 95%,蛋白质 6% ~ 11%,脂肪 0.2% ~ 1.0%。国内一般添加量为 25% ~ 50%。大米用量过大时,会造成麦汁 α - 氨基氮含量过低,影响酵母的繁殖和发酵。

(二)玉米

国外使用玉米为辅料比较普遍。玉米脂肪含量高,脂肪主要集中在胚中,所以一般先去胚,再用于啤酒生产。脂肪进入啤酒会影响啤酒的泡沫性能,同时脂肪容易氧化,会引起啤酒风味变坏。所以生产中要使用新鲜的玉米。

黄玉米(未脱胚)的化学成分为:水分 11.8% ~ 13.5%,淀粉 68.1% ~ 72.5%,浸出物(无水)80.7% ~ 85.3%,蛋白质 10.5% ~ 11%,脂肪 5.8% ~ 6.3%,粗纤维 2.5% ~ 3%,灰分 1.5% ~ 3.2%。低脂玉米用量为 30% ~ 35%。

(三)小麦

使用小麦作辅料有以下特点:啤酒泡沫性能好;花色苷含量低,有利于啤酒非生物稳定性,且风味也较好;麦汁中可同化性氮含量高,发酵速度快,啤酒最终 pH 较低;小麦富含 α - 淀粉酶和 β - 淀粉酶,有利于快速糖化。小麦(或小麦芽)用量一般为 20% 左右。

(四)大麦

未发芽大麦含有较多的 β - 葡聚糖,故一般用量不要超过 15% ~ 20%。如添加含淀粉酶、肽酶和 β - 葡聚糖酶的复合酶制剂,大麦用量可达 30% ~ 40%。大麦在糖化前,应先用碱溶液浸泡,以除去花色苷、色素和硅酸盐等有害物质,用清水洗至中性,再采用湿法粉碎。

(五)淀粉

采用淀粉的优点是:淀粉纯度高、杂质少,黏度低,无残渣,可以生产高浓度啤酒、高发酵度啤酒,麦芽汁过滤容易,啤酒风味和非生物稳定性能满足实际要求。

(六)糖类或淀粉水解糖浆

为调节麦芽汁中糖的比例,提高发酵度,可以在煮沸锅中直接添加糖类(蔗糖、葡萄糖)或淀粉水解糖浆(大麦糖浆、玉米糖浆等)。糖类缺乏含氮物质,为了保证酵母的营养,添加量一般为 10% 左右。糖浆的添加量可稍高,为 30% 左右。生产深色啤酒时也可添加部分焦糖,以

调节啤酒色。

第三节　啤酒的生产工艺

一、麦芽的制备

把酿造大麦在一定条件下加工成啤酒酿造用麦芽的过程称为麦芽制造,简称制麦。发芽后制得的新鲜麦芽叫绿麦芽,经干燥和焙焦后的麦芽称为干麦芽。

麦芽制造的主要目的是:使大麦生成各种酶,并使大麦胚乳中的成分在酶的作用下,达到适度的溶解;去掉绿麦芽的生腥味,产生啤酒特有的色、香和风味成分。

麦芽制造工艺流程如图2-2-4所示。

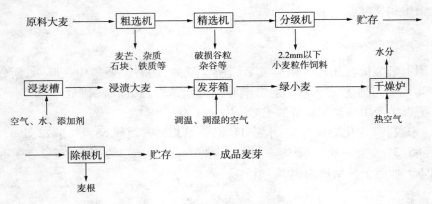

图2-2-4　麦芽制造工艺流程图

(一)大麦的预处理

收购的大麦称为原大麦,原大麦入厂后经过预处理,得到颗粒大小均匀一致的精选大麦。大麦的预处理主要包括大麦的粗选、精选、分级和贮存。

1. 大麦的粗选、精选

粗选的目的是除去各种杂质和铁屑。大麦粗选使用去杂、集尘、脱芒、除铁等机械。去杂、集尘常用振动平筛或圆筒筛配离心鼓风机、旋风分离器进行。除铁用磁力除铁器,麦流经永久磁铁器或电磁除铁器除去铁质。脱芒用除芒机,麦流经除芒机中转动的翼板或刀板,将麦芒打去,吸入旋风分离器而被去除。

精选的目的是除掉与麦粒腹径大小相同的杂质,包括荞麦、野豌豆、草籽和半粒麦等。大麦精选可使用精选机(又称杂谷分离机)。精选机见图2-2-5。

2. 分级

大麦的分级是把粗、精选后的大麦,按颗粒大小分级。目的是得到颗粒整齐的大麦,为发芽整齐、粉碎后获得粗细均匀的麦芽粉以及提高麦芽的浸出率创造条件。

大麦分级常使用分级筛。一般将大麦分成3级,其标准如表2-2-3所示。

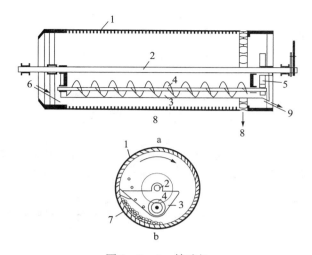

图 2-2-5　精选机

1—精选机外壳;2—主轴;3—杂粒收集槽;4—绞龙;5—螺杆传动装置;

6—大麦入口;7—麦流层;8—大麦出口;9—破损麦粒出口

表 2-2-3　大麦分级的标准

分级标准	筛孔规格/mm	麦粒厚度/mm	用途
I 级大麦	2.5×25	2.5 以上	制麦芽
II 级大麦	2.2×25	2.2 以上	制麦芽
III 级大麦	—	2.2 以下	饲料

3. 大麦的贮存

新收获的大麦有休眠期,发芽率低,只有经过一段时间的后熟期才能达到应有的发芽力,一般后熟期需要 6～8 周。

贮藏期间,大麦的生命及呼吸作用仍在继续。为减少呼吸消耗,大麦水分应控制在 12.5% 以下,温度在 15℃ 以下。贮藏大麦还应按时通风,防止虫、鼠及霉变的危害,严格防潮,按时倒仓、翻堆。

(二)浸麦

新收获的大麦需要经过 6～8 周贮藏才能使用。大麦经过清洗分级后,即可入浸麦槽浸麦。

1. 浸麦的目的

(1)提高大麦的含水量,达到发芽的水分要求。麦粒含水 25%～35% 时就可萌发。对酿造用麦芽,还要求胚乳充分溶解,所以含水必须保持 43%～48%。浸麦后的大麦含水率叫浸麦度。

(2)通过洗涤,除去麦粒表面的灰尘、杂质和微生物。

(3)在浸麦水中适当添加一些化学药剂,可以加速麦皮中有害物质(如酚类等)的浸出。

2. 浸麦方法

常用的方法有间歇浸麦法、喷淋浸麦法等。

（1）间歇浸麦法（浸水断水交替法）　此法是浸水和断水交替进行。即大麦每浸渍一定时间后就断水，使麦粒接触空气。浸水和断水交替进行，直至达到要求的浸麦度。在浸水和断水期间需通风供氧。根据大麦的特性、室温、水温的不同，常采用浸二断六、浸四断四、浸六断六、浸三断九等方法。

（2）喷雾（淋）浸麦法　此法是浸麦断水期间，用水雾对麦粒淋洗，既能提供氧气和水分，又可带走麦粒呼吸产生的热量和放出的二氧化碳。由于水雾含氧量高，通风供氧效果明显，因此可显著缩短浸麦时间，还可节省浸麦用水（比断水浸麦法省水 25% ~35%）。

生产中还有一些其他浸麦方法，如温水浸麦法、快速浸麦法、长断水浸麦法等。

常用的浸麦设备有传统的柱体锥底浸麦槽、新型的平底浸麦槽等。

3. 浸麦吸水过程及测定

（1）大麦的吸水过程　在正常水温（12~18℃）下浸麦，水的吸收可分三个阶段：

第一阶段：浸麦 6~10h，吸水迅速，麦粒中水分质量分数上升至 30% ~35%。胚部吸水快，胚乳吸水慢。胚中酶活力随着吸水量的增加而上升。但 6h 后如不换水或不使麦粒与空气接触，则酶活力又下降。

第二阶段：浸麦 10~20h，麦粒吸水很慢，几乎停止。吸入的水分渗入胚乳中使淀粉膨胀。

第三阶段：浸麦 20h 后，麦粒膨胀吸水，在供氧充足的情况下，吸水量与时间成直线关系上升，麦粒中水分质量分数由 35% 增加到 43% ~48%。整个麦粒各部分吸水均匀。

（2）浸麦与通风　大麦浸渍后，呼吸强度激增，需消耗大量的氧，而水中溶解氧远不能满足正常呼吸的需要。因此，在整个浸麦过程中，必须经常通入空气，以维持大麦正常的生理需要。

（3）浸麦用水及添加剂　浸麦水必须符合饮用水标准。为了有效地浸出麦皮中的有害成分，缩短发芽周期，达到清洗和卫生的要求，常在浸麦用水中添加一些化学药剂，如石灰乳、Na_2CO_3、NaOH、KOH、过氧化氢、甲醛、赤霉素等。

（4）浸麦度的测定　浸麦度多用朋氏测定器测定。在测定器内装入 100g 大麦样品，放入浸麦槽中，与生产大麦一同浸渍。浸渍结束时，取出大麦，拭去表面水分，称其质量，按下式计算：

$$浸麦度 = \frac{（浸麦后质量 - 原大麦质量）+ 原大麦水分}{浸麦后质量} \times 100\%$$

生产中检查浸麦度的方法是：①浸麦度适宜的大麦握在手中软有弹性。如果水分不够，则硬而弹性小；如果浸麦过度，手感过软无弹性。②用手指捻开胚乳，浸渍适中的大麦具有省力、润滑的感觉，中心尚有一白点，皮壳易脱离。浸渍不足的大麦，皮壳不易剥下，胚乳白点过大，咬嚼费力。浸渍过度的大麦，胚乳呈浆泥状，呈微黄色。③观察浸渍大麦的萌芽率又称露点率。萌芽率表示麦粒开始萌发而露出根芽的百分数，检测方法是：在浸麦槽中任取浸渍大麦 200~300 粒，分开露点和未露点麦粒，计算出露点麦粒的百分数，重复测定 2~3 次，求其平均值。萌芽率 70% 以上为浸渍良好，优良大麦一般超过 70%。

（三）大麦发芽

发芽是大麦的生理生化变化过程，通过发芽，可使大麦中的酶系得到活化，使酶的种类和活力都显著增加。随着酶系的形成，麦粒的部分淀粉、蛋白质和半纤维素等大分子物质得到分解，使麦粒达到一定的溶解度，以满足糖化阶段的要求。所以，水解酶的形成是大麦转变成麦芽的关键所在。

1. 发芽的方法

发芽方法主要有地板式发芽和通风式发芽两种。发芽设备有间歇式和连续式等多种不同的形式。古老的地板式发芽由于劳动强度大、占地面积大、受外界温度影响大等缺点,已被淘汰。现在普遍采用通风式发芽。通风式发芽是厚层发芽,以机械通风的方式强制向麦层通入调温、调湿的空气,以控制发芽的温度、湿度、氧气与二氧化碳的比例,达到发芽的目的。

2. 发芽工艺技术条件

(1)发芽水分　大麦经过浸渍以后水的质量分数约在43%～48%,制造深色麦芽宜提高至45%～48%,而制造浅色麦芽一般控制在43%～46%。在发芽过程中,由于呼吸产生热量以及麦粒中水分蒸发等原因,发芽室必须保持一定的相对湿度。通风式发芽法,室内的空气相对湿度一般要求在95%以上。

(2)发芽温度　发芽温度一般分为低温、高温、低高温结合等几种情况。

①低温发芽:一般为12～16℃。低温发芽,根叶芽生长缓慢而均匀,呼吸缓慢,麦层升温幅度小,容易控制,麦粒的生长和细胞的溶解是一致的,酶活性也比较高,麦芽溶解较好,适宜制造浅色麦芽。但温度也不能过低,否则会延长发芽时间。

②高温发芽:一般为18℃以上,22℃以下,高温发芽,根芽、叶芽生长迅速,呼吸旺盛,酶活力开始形成较快,后期不及低温发芽的高,麦芽生长不均匀,制麦损耗大,浸出率低,淀粉细胞溶解较好,但蛋白溶解度低,适宜制造深色麦芽。

③低高温结合发芽:对蛋白质含量高、玻璃质粒、难溶的大麦,宜采用低高温结合发芽。开始3～4天麦层温度保持12～16℃,后期维持18～20℃,这样可制得溶解良好而酶活力高的麦芽。也有采用先高温后低温的控制方法,也可制出较好的麦芽。

(3)麦层中氧气与二氧化碳　发芽初期麦粒呼吸旺盛,品温上升,二氧化碳浓度增大,这时需通入大量新鲜空气,提供氧气,以利于麦芽生长和酶的形成。通风过度,麦粒内容物消耗过多,发芽损失增加;通风不足,麦堆中二氧化碳不能及时排出,会抑制麦粒呼吸作用。特别要防止因麦粒内分子间呼吸造成麦粒内容物的损失,或产生毒性物质使麦粒窒息。

在发芽后期,应减少通风,使二氧化碳在麦层中适度积存,以抑制麦粒的呼吸,控制根芽生长,促进麦芽溶解,减少制麦损失。

(4)发芽时间　发芽时间是由多种条件决定的。发芽温度愈低,水分愈少,麦层含氧愈贫,麦芽生长和溶解便越慢,发芽时间也就愈长。另外,发芽时间也与大麦品种和所制麦芽类型有关,难溶的大麦发芽时间长,制造深色麦芽的时间也较长。

浅色麦芽发芽时间一般控制在6天左右,深色麦芽为8天左右。如浸麦时添加赤霉素,以及改进浸麦方法等,发芽时间还可以缩短。

(5)光线　发芽过程中必须避免光线直射,以防止叶绿素的形成。叶绿素的形成会有损啤酒的风味。发芽室的窗户宜安装蓝色玻璃。

(四)绿麦芽的干燥

未干燥的麦芽称为新鲜麦芽(鲜麦芽、绿麦芽)。绿麦芽干燥的目的是:①除去绿麦芽多余的水分,防止腐败变质,便于贮藏;②终止绿麦芽的生长和酶的分解作用;③除去绿麦芽的生腥味,使麦芽产生特有的色、香、味;④便于干燥后除去麦根。麦根有不良苦味,如带入啤酒,将破坏啤酒风味。

由于麦芽干燥设备类型很多,所以麦芽干燥的具体操作方法也不尽一样,但对麦芽干燥的全过程来说,基本上可分三个阶段:

1. 低温脱水阶段 经过强烈通风,将麦芽水分从41%~43%降至20%~25%,排出麦粒表面的水分,即自由水。控制空气温度在50~60℃,并适当调节空气流量,使排放空气的相对湿度维持在90~95%。

2. 中温干燥阶段 当麦芽水分降至20%~25%后,麦粒内部水分扩散至表面的速度开始落后于麦粒表面水分的蒸发速度,使水分的排除速度下降,排放空气的相对湿度也随之降低,此时应降低空气流量和适当提高干燥温度,直至麦芽水分降至10%左右。

3. 高温焙焦阶段 当麦芽水分降至10%以后,麦粒中水分全部为结合水,此时要进一步提高空气温度,降低空气流量,且适当回风。淡色麦芽麦层温度升至82~85℃,深色麦芽麦层温度升至95~105℃,并在此阶段焙焦2~2.5h,使淡色麦芽水分降低至3.5%~5%,浓色麦芽水分降至1.5%~2.5%。

(五)干麦芽的处理

干麦芽的处理包括干燥麦芽的除根、冷却以及商业性麦芽的磨光等。

干麦芽处理的目的是:①尽快除去麦根。麦根中含有43%左右的蛋白质,具有不良苦味,而且色泽很深,如带入啤酒,会影响啤酒的口味、色泽以及非生物稳定性。②除根后要尽快冷却,以防淀粉酶被破坏。③经过磨光,提高麦芽的外观质量。

1. 除根

出炉麦芽的麦根吸湿性很强,应在24h内完成除根操作,否则,麦根将很易吸水难以除去。除根设备常用除根机,除根机有一个缓慢转动的带筛孔的金属圆筒,内装搅刀,滚筒转速以20r/min为宜,搅刀转速为160~240r/min,与滚筒转动方向相同。麦根靠麦粒间相互碰撞和麦粒与滚筒壁撞击作用而脱落。除根后的麦芽再经一次风选,除去灰尘及轻微杂物,并将麦芽冷却至室温(20℃左右),入库贮藏。

2. 干麦芽的贮藏

除根后的麦芽,一般都经过6~8周(最短1个月,最长为半年)的贮藏后,再用于酿酒。主要原因有:

(1)在干燥操作不当时产生的玻璃质麦芽,在贮藏期间会产生变化,向好的方面转化;

(2)经过贮藏,麦芽的蛋白酶活性与淀粉酶活性得以恢复和提高,有利于提高糖化力;

(3)提高麦芽的酸度,有利于糖化;

(4)麦芽在贮藏期间吸收少量水分后,麦皮失去原有的脆性,粉碎时破而不碎,有利于麦汁过滤。

贮藏中要按质量等级分别贮藏;减少麦芽与空气的接触面;按时检查麦温和水分变化,控制干麦芽贮藏回潮水分为5%~7%,不宜超过9%;并要采取防治虫害的措施。

3. 磨光

商业性麦芽厂在麦芽出厂前还经过磨光处理,以除去附着在麦芽上的脏物和破碎的麦皮,使麦芽外观更漂亮。麦芽磨光在磨光机中进行,主要使麦芽受到磨擦、撞击,达到清洁除杂的目的。

二、麦芽汁的制备

麦汁制造又称糖化,其工艺流程如下:

麦芽→粉碎→麦芽粉→麦芽醪(蛋白质分解)↘ 酒花↘ 热凝固物↗
　　　　　　　　　　　　　　　　　糖化→过滤→煮沸→热麦汁→回旋沉淀槽
大米(辅料)→粉碎→大米粉→米粉醪→糊化↗ O₂↘　　　↗
　　　　　　　　　　　　　　　　　发酵 ← 冷麦汁 ← 薄板冷却

(一)原辅料粉碎

粉碎是一个纯粹的物理加工过程,原料通过粉碎可以使淀粉颗粒很快吸水软化、膨胀以致溶解。使原辅料内含物与介质和生物催化剂接触面积增大,加速物料内含物的溶解和分解,加快可溶性物质的浸出,促进难溶物质的溶解。

1. 麦芽粉碎方法

麦芽粉碎有干法粉碎、湿法粉碎和回潮粉碎等三种方法。

干法粉碎是传统的粉碎方法,要求麦芽水分在6%～8%,其缺点是粉尘较大,麦皮易碎。

湿法粉碎是先将麦芽用50℃水浸泡15～20min,使麦芽含水质量分数达25%～30%之后,再用湿式粉碎机粉碎,并立即加入30～40℃水调浆,泵入糖化锅。优点是麦皮较完整,对溶解不良的麦芽,可提高浸出率1%～2%;缺点是动力消耗大。

回潮粉碎又叫增湿粉碎。可用0.05MPa蒸汽处理30～40s,增湿1%左右。也可用水雾在增湿装置中向麦芽喷雾90～120s,增湿1%～2%,可达到麦皮破而不碎的目的。蒸汽增湿时,应控制麦芽品温在50℃以下,以免引起酶的失活。

2. 粉碎设备

麦芽粉碎常用辊式及湿式粉碎设备。辊式设备根据辊的数量又可分为对辊式、四辊式、五辊式、六辊式等。锤式粉碎机极少使用。

六辊粉碎机工作原理见图2-2-6。

辅料粉碎多用对辊式粉碎机,也有采用磨盘式磨米机。

3. 粉碎度的调节

粉碎度是指麦芽或辅助原料的粉碎程度。通常是以谷皮、粗粒、细粒及细粉的各部分所占料粉质量的质量分数表示。一般要求粗粒与细粒(包括细粉)的比例为1:2.5～3.0为宜。麦芽的粉碎度应视投产麦芽的性质、糖化方法、麦汁过滤设备的具体情况来调节。

麦芽及辅料的粉碎度可通过对糖化收得率、过滤时间、麦汁浊度以及碘液颜色反应的分析检验结果来调节。操作时,可用厚薄规(又叫塞尺或间隙片)和调节手柄调整辊的间距,并通过取样,感观检查麦皮的粗粒和细粉的比例,判断粉碎度的好、坏。湿粉碎还可通过漂浮在过滤麦汁中颗粒数量的多少来判断粉碎度的大小。

(二)糖化

糖化过程是啤酒生产中的重要环节。糖化是指利用麦芽本身所含有的各种水解酶(或外加酶制剂),以及水和热的作用,将麦芽和辅料中的不溶性高分子物质分解成可溶性的低分子

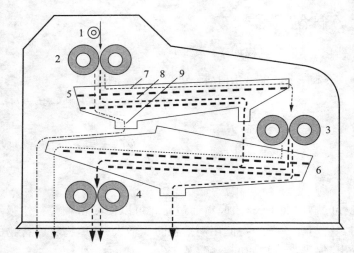

图2-2-6　辊粉碎机工作原理图

1—分配辊;2—预磨辊;3—麦皮辊;4—粗粒辊;5—上振动筛组;
6—下振动筛组;7—含有粗粒的麦皮;8—粗粒;9—细粉

物质,从而获得含有一定量可发酵性糖、酵母营养物质和啤酒风味物质的麦汁。

麦汁中溶解于水的干物质称为浸出物,麦芽汁中的浸出物含量与原料中所有干物质的质量比称为无水浸出率。糖化过程是一项非常复杂的生化反应过程,也是啤酒生产中的重要环节。糖化的要求是麦汁的浸出物收得率要高,浸出物的组成及其比例符合啤酒发酵生产的要求。而且要降低生产费用,降低成本。

1. 糖化的方法

糖化方法很多,传统的糖化方法可分为煮出糖化法和浸出糖化法。

煮出糖化法是兼用生化作用和物理作用进行糖化的方法。其特点是将糖化醪液的一部分,分批地加热到沸点,然后与其余未煮沸的醪液混合,使全部醪液温度分阶段地升高到不同酶分解所需要的温度,最后达到糖化终了温度。煮出糖化法可以弥补一些麦芽溶解不良的缺点。根据醪液的煮沸次数,煮出糖化法可分为一次、二次和三次煮出糖化法,以及快速煮出法等。

浸出糖化法是纯粹利用酶的作用进行糖化的方法,其特点是将全部醪液从一定的温度开始,缓慢分阶段升温到糖化终了温度。浸出糖化法需要使用溶解良好的麦芽。应用此法,醪液没有煮沸阶段。

糖化方法很灵活,从传统的煮出法和浸出法,还可以衍生出许多新的糖化方法。当采用不发芽谷物(如玉米、大米、玉米淀粉等)进行糖化时需先对添加的辅料进行预处理——糊化、液化,此时采用复式糖化发(双醪糖化法)。我国啤酒生产大多数使用非发芽谷物为辅料,所以复式糖化法运用较多。

双醪糖化法采用部分未发芽的淀粉质原料作为麦芽的辅料,麦芽和淀粉质辅料分别在糖化锅和糊化锅中进行处理,然后兑醪。兑醪后按煮出法操作进行的,即为双醪煮出糖化法;兑醪后按浸出法操作进行的,即为双醪浸出糖化法。国内大多数啤酒厂采用双醪浸出糖化法生产淡色啤酒;制造浓色啤酒或黑色啤酒可采用双醪煮出糖化法。

（1）双醪浸出糖化法　双醪浸出糖化法的示例图解见图2-2-7。双醪浸出糖化法的特点有：

①由于没有兑醪后的煮沸，麦芽中多酚物质、麦胶物质等溶出相对较少，所制麦汁色泽较浅、黏度低、口味柔和、发酵度高，更适合于制造浅色淡爽型啤酒和干啤酒。

②糊化料水比大（1∶5以上），辅料比例大（占30%~40%），均采用耐高温α-淀粉酶协助糊化、液化。

③操作简单，糖化周期短，3h内即可完成。

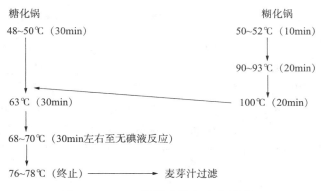

图2-2-7　双醪浸出糖化法示例图解

（2）双醪煮出糖化法　双醪煮出糖化法的特点有：

①辅助添加量为20%~30%，最高可达50%。对麦芽的酶活性要求较高。

②第一次兑醪后的糖化操作与全麦芽煮出糖化法相同。

③辅助原料在进行糊化时，一般要添加适量的α-淀粉酶。

④麦芽的蛋白分解时间应较全麦芽煮出糖化法长一些，以避免低分子含氮物质含量不足。

⑤因辅助原料粉碎得较细，麦芽粉碎应适当粗一些，尽量保持麦皮完整，防止麦芽汁过滤困难。

双醪一次煮出糖化法的示例图解和糖化曲线见图2-2-8。

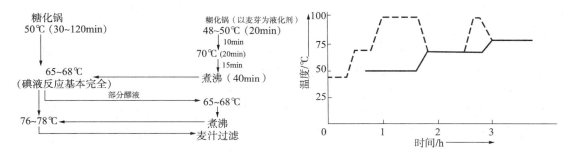

图2-2-8　双醪一次煮出糖化法示例图解和糖化曲线

双醪二次煮出糖化法的示例图解和糖化曲线如图2-2-9。

2. 糖化设备

糖化设备是指麦汁制造设备，主要包括糊化锅和糖化锅两个容器，用来处理不同的醪液。

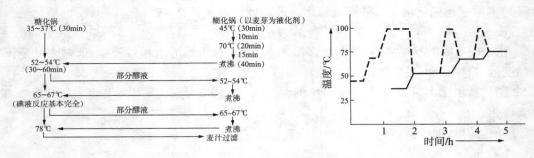

图2-2-9 双醪二次煮出糖化法示例图解和糖化曲线

（1）糊化锅 糊化锅主要用于辅料投料及其糊化与液化，并可对糊化醪和部分糖化醪进行煮沸。锅体为圆柱形，上部和底部为球形，内装搅拌器，锅底有加热装置，外加保温层。

（2）糖化锅 糖化锅用于麦芽粉碎物投料、部分醪液及混合醪液的糖化。锅身为柱体，带有保温层。锅顶为球形，上部设有排气筒。锅内装有搅拌器，以便使锅内醪液混合均匀。麦芽粉碎物通过混合器与水混合后进入糖化锅。传统的糖化锅不带加热装置，升温要在糊化锅中进行，现代的糖化锅自带加热装置，本身具备加热糖化醪的能力，采用全麦芽浸出糖化法时可以省去糊化锅。

（三）麦芽汁的过滤

糊化过程结束时，麦芽和辅料中高分子物质的分解、萃取已经基本完成，必须要在短时间内把麦汁和麦糟分离，也就是把溶于水的浸出物和残留的皮壳、高分子蛋白质、纤维素、脂肪分离，分离的过程称为麦芽汁的过滤。

麦汁过滤分两步进行：一是以麦糟为滤层，利用过滤的方法提取出麦汁，称第一麦汁或过滤麦汁；二是利用热水冲洗出残留在麦糟中的麦汁，称第二麦汁或洗涤麦汁。

麦汁过滤方法大致可分为三种：一是过滤槽法，二是快速渗出槽法，三是压滤机法。下面以常用的过滤槽法进行介绍。

过滤槽既是最古老又是应用最普遍的一种麦汁过滤设备，是一圆柱形容器，槽底装有开孔的筛板，过滤筛板即可支撑麦糟，又可构成过滤介质，醪液的液柱高度 1.5~2.0m，以此作为静压力实现过滤。

目前使用的新型过滤槽，其结构如图2-2-10所示。直径可达12m以上，筛板面积50~110m²。新型过滤槽比传统过滤槽作了较大改进，根据槽的直径，在槽底下面安装1~4根同心环管，麦汁滤管就近与环管连接，使麦汁滤管长度基本一致，这样在排除麦汁时，管内产生的摩擦阻力就基本相同，确保槽层各部位麦汁均匀渗出，环管麦汁首先进入平衡罐，平衡罐高于筛板并在罐顶部连接一根平衡管，以保证槽层液位。安装平衡管与传统滤槽鹅颈管作用是相同的，当麦汁进入平衡罐后，利用泵将麦汁抽出，这样减少了压差，加快了过滤速度。

采用过滤槽法过滤时，过滤速度的提高是提高过滤效率的关键，过滤速度主要受麦汁黏度、滤层厚度和过滤压力的影响。麦汁黏度大，过滤速度慢；滤层厚度越厚，过滤速度越慢，但是过薄的滤层厚度会降低过滤效果，降低麦汁的透明度；过滤压力与过滤速度是正比关系，但是过大的压力容易使麦糟层压紧导致板结，反而降低过滤速度。

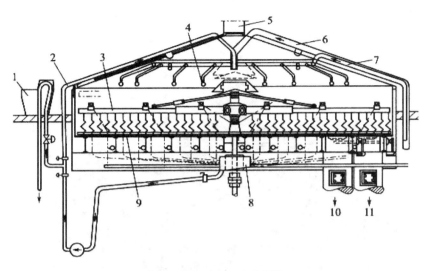

图 2 - 2 - 10　新型过滤槽

1—过滤操作控制台;2—混浊麦汁回流;3—耕糟机;4—洗涤水喷嘴;5—二次蒸汽引出;
6—糖化醪入口;7—水;8—滤清麦汁收集;9—排糟刮板;10—废水出口;11—麦糟

（四）麦汁的煮沸和酒花的添加

1. 麦汁煮沸的目的

（1）蒸发多余水分,使麦汁浓缩到规定的浓度。

（2）破坏全部酶的活性,稳定麦汁组分;消灭麦汁中存在的各种微生物,保证最终产品的质量。

（3）浸出酒花中的有效成分,赋予麦汁独特的苦味和香味,提高麦汁的生物和非生物稳定性。

（4）析出某些受热变性以及与多酚物质结合而絮状沉淀的蛋白质,提高啤酒的非生物稳定性。

（5）煮沸时,水中钙离子和麦芽中的磷酸盐起反应,使麦芽汁的 pH 降低,有利于 β - 球蛋白的析出和成品啤酒 pH 的降低,有利于啤酒的生物和非生物稳定性的提高。

（6）让具有不良气味的碳氢化合物,如香叶烯等随水蒸气挥发而逸出,提高麦汁质量。

2. 麦汁煮沸的方法

间歇常压煮沸是国内目前广泛使用的传统方法。它是让麦芽汁的容量盖过煮沸锅加热层后开始加热,使麦汁温度保持在 80℃ 左右,待麦糟洗涤结束后,即加大蒸汽量,使混合麦汁沸腾。

麦汁在煮沸过程中,必须始终保持强烈的对流状态,以使蛋白质凝固得更多些。同时要检查麦汁蛋白质凝固情况,尤其是在酒花加入后,蛋白质必须凝固良好,絮状凝固,麦汁清亮透明,达到要求后,即可停汽,并测量麦芽汁浓度。

除传统法煮沸方法外,还有内加热式煮沸法和外加热煮沸法等。

3. 煮沸设备

麦汁煮沸设备称为煮沸锅,传统煮沸锅采用紫铜板制成（图 2 - 2 - 11）,近代多采用不锈

钢材料制成。根据加热器的位置又可分为外加热式煮沸锅(图2-2-12)和内加热式煮沸锅(图2-2-13)。

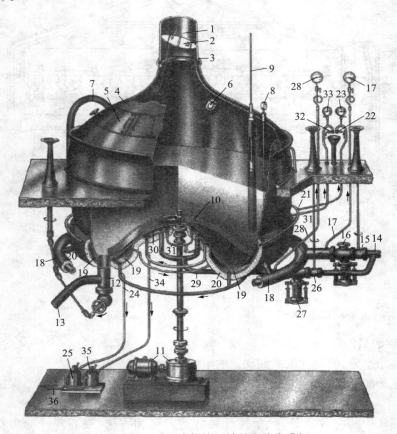

图2-2-11 两个加热区域的老式煮沸锅

1—排汽筒;2—排汽筒风门;3—冷凝水排出管;4—锅盖;5—入孔;6—照明灯;7—麦汁进入管;8—温度表;9—浮式测量标尺;10—搅拌器;11—搅拌传动装置;12—打出麦汁阀;13—进入酒花添加器的麦汁阀;14—蒸汽入管;15—外区蒸汽阀;16—外区减压阀;17—外区的蒸汽压力表及支管;18—外区的绝热蒸汽环管;19—外部蒸汽夹套;20—绝热保温层;21—外区排气管;22—外区排气阀;23—外区压力表;24—外区冷凝水排出管;25—外区汽水分离器;26—内区蒸汽阀;27—内区减压阀;28—内区蒸汽压力表及支管;29—内区蒸汽入管;30—内区蒸汽夹套;31—内区排气管;32—内区排气阀;33—内区压力表;34—内区冷凝水排气管;35—内区汽水分离器;36—流入收集罐的冷凝水排出管

4. 麦汁煮沸的技术条件

(1)麦汁煮沸时间 煮沸时间是指将混合麦芽汁蒸发、浓缩到要求的定型麦汁浓度所需的时间。

一般来讲煮沸时间短,不利于蛋白质的凝固以及啤酒的稳定性。合理地延长煮沸时间,对蛋白质凝固、α-酸的利用及还原物质的形成是有利的。但过分延长煮沸时间,会使麦汁质量下降。如淡色啤酒的麦芽汁色泽加深、苦味加重、泡沫不佳。超过2h,还会使已凝固的蛋白质及其复合物被击碎进入麦芽汁而难以除去。

常压煮沸,淡色啤酒(10%~12%)煮时间一般控制为60~120min,浓色啤酒可适当延长一些,内加热或外加热煮沸为60~80min。

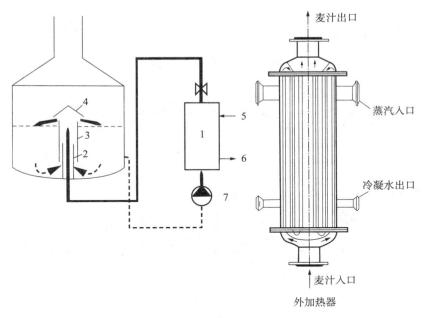

图 2 - 2 - 12　外加热煮沸锅
1—外加热器;2—热麦汁管;3—套管;4—伞形分布罩;5—蒸汽;6—冷凝水;7—麦汁泵

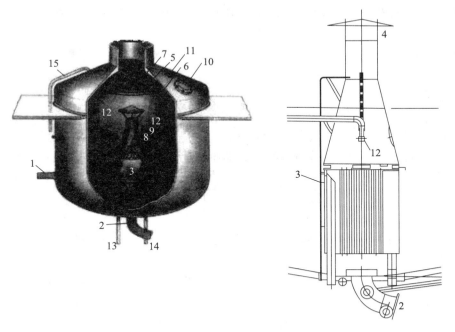

图 2 - 2 - 13　内加热煮沸锅
1—麦汁入口;2—麦汁出口;3—内加热器;4—伞形罩;5—内壁;6—锅外壁;7—绝热层;
8—用于酒花混合的麦汁排出管;9—酒花添加管;10—视镜;11—照明开关;12—喷头;
13—蒸汽出口;14—冷凝水出口;15—CIP 进口

第二篇　发酵酒类生产工艺

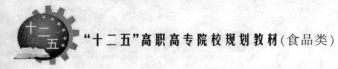

（2）煮沸强度　煮沸强度是麦汁在煮沸时,每小时蒸发水分的百分率。按下式计算：

$$煮沸强度(\%/h) = \frac{混合麦汁量(L) - 最终麦汁量(L)}{混合麦汁量(L) \times 煮沸时间(h)} \times 100$$

煮沸强度是影响蛋白质凝结的决定因素,对麦汁的透明度和可凝固氮有显著影响。麦芽汁煮沸强度与可凝固氮的关系见表2－2－4。

表2－2－4　麦芽汁煮沸强度与可凝固氮的关系

煮沸强度 /(%/h)	麦汁煮沸后外观情况	12%麦汁的凝固氮 含量/(mg/100mL)
4～6	麦汁不够清亮,蛋白质凝结差	2～4
6～8	麦汁清亮,蛋白质凝结物呈絮状沉淀	1.8～2.5
8～10	麦汁清亮透明,蛋白质凝结物呈絮状,颗粒大,沉淀快	1.2～1.7
10～12	麦汁清亮透明,蛋白质凝结物多,颗粒大,沉淀快	0.8～1.2

煮沸强度越大,翻腾越强烈,蛋白质凝结的机会就越多,越有利于蛋白质的变性而形成沉淀。煮沸强度一般控制在8(%/h)～10(%/h),可凝固氮的质量浓度达1.5～2.0mg/100mL,即可满足工艺要求。煮沸强度的高低与煮沸锅的加热方式、加热面积,导热系数和蒸汽压力等密切相关。要求最终麦芽汁清亮透明,蛋白质絮状凝结、颗粒大、沉淀快。

（3）pH　麦芽汁煮沸时的pH通常为5.2～5.6,最理想的为5.2。此时有利于蛋白质及其与多酚物质的凝结,但会稍稍降低酒花的利用率。pH的调节可通过加酸或生物酸化进行处理。

5. 酒花的添加

酒花能赋予啤酒特有的香味和爽快的苦味,增加啤酒的防腐能力,提高非生物稳定性,并且可以防止煮沸时窜沫。

酒花的添加一般采用多次添加的方法。添加的原则一般为：①香型、苦型酒花并用时,先加苦型酒花、后加香型酒花；②使用同类酒花时,先加陈酒花、后加新酒花；③分几次添加酒花时,先少后多。酒花制品的添加原则与酒花添加原则大体相同。

（1）三次添加法

第一次加酒花在初沸5～10min后,加入总量的20%左右,压泡,使麦汁多酚和蛋白质充分作用。第二次加酒花在煮沸40min左右,加总量的50%～60%,萃取α－酸,促进异构化。第三次加酒花在煮沸结束前5～10min,加剩余量,最好是香型花,萃取酒花油。

（2）四次添加法

一般在麦芽汁初沸5～10min后加酒花总量的5%～10%；沸腾30～40min后,加酒花的30%左右；煮沸60～70min,加酒花总量的30%～35%；煮沸结束前5～10min加剩余的酒花。

（3）二次添加法

初沸5～10min后加酒花60%,煮沸结束前30min左右加酒花40%。

传统的酒花添加量通常以每100升麦汁或啤酒所需添加的酒花克数表示。酒花的添加量可参考表2－2－5。近年来,消费者饮酒喜欢淡爽型、超爽型、干啤、超干啤及味香的啤酒,所以国内外酒花添加量有下降的趋势。

表 2 - 2 - 5　不同类型啤酒的酒花添加量

啤 酒 类 型	100L麦汁的酒花添加量/g	100L啤酒的酒花添加量/g
淡色啤酒(11% ~14%)	170 ~340	190 ~380
浓色啤酒(11% ~14%)	120 ~180	130 ~200
比尔森淡色啤酒(12%)	300 ~500	350 ~550
慕尼黑浓色啤酒(14%)	160 ~200	180 ~220
国产淡色啤酒(11% ~12%)	160 ~240	180 ~260

酒花的添加方式有两种,一种是直接从入口加入;另一种是密闭煮沸时先将酒花加入酒花添加罐中,然后再用煮沸锅中的麦汁将其冲入煮沸锅。

(五)麦汁的冷却

1. 麦汁冷却的目的

将煮沸后的麦汁冷却至发酵温度,称为麦汁的冷却,其目的是:①降低麦汁温度,使之达到适合酵母发酵的温度;②使麦汁吸收一定量的氧气,以利于酵母的生长增殖;③析出和分离麦芽汁中的冷、热凝固物,改善发酵条件和提高啤酒质量。

2. 麦汁冷却的方法

麦汁冷却的方法现均采用密闭法。首先利用回旋沉淀槽分离出热凝固物,然后即可用薄板冷却器(图2 -2 -14)进行冷却。

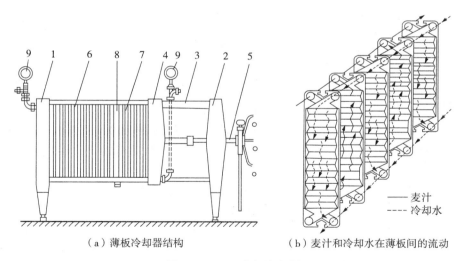

（a）薄板冷却器结构　　（b）麦汁和冷却水在薄板间的流动

图 2 - 2 - 14　薄板冷却器
1—后支架;2—前支架;3—横杠;4—压紧板;5—压紧螺杆;
6—第一段冷却;7—第二段冷却;8—分界板;9—温度表

薄板冷却器由许多不锈钢薄板组成。薄板被冲压成沟纹板,四角各开一个圆孔,两个孔与薄板一侧的通道相连,另两个孔与另一侧的通道相连。每两块板为一组,板的四周有橡胶密封垫圈,防止渗漏,板与板之间通道用垫圈调书厚度。

三、啤酒发酵工艺

啤酒发酵过程是啤酒酵母在一定条件下,利用麦汁中的可发酵性物质进行的正常生命活动,其代谢产物就是所要的产品——啤酒。由于酵母类型的不同,发酵条件和产品要求、风味不同,发酵的方式也不相同。根据酵母发酵类型不同可把啤酒分成上面发酵啤酒和下面发酵啤酒。一般可以把啤酒发酵技术分为传统发酵技术和现代发酵技术。现代发酵主要有圆柱露天锥形发酵罐发酵、连续发酵和高浓稀释发酵等方式,目前主要采用圆柱露天锥形发酵罐发酵。

(一)传统啤酒发酵

传统的下面发酵,分主发酵和后发酵两个阶段。主发酵一般在密闭或敞口的主发酵池(槽)中进行,后发酵在密闭的卧式发酵罐内进行。传统啤酒发酵流程图见图2-2-15。

传统下面发酵的工艺特点是:主发酵温度比较低,发酵进程缓慢,发酵代谢副产物较少;主发酵结束时,大部分酵母沉降在发酵容器底部;后发酵和贮酒期较长,酒液澄清良好,二氧化碳饱和稳定,酒的泡沫细微,风味柔和,保存期较长。

充氧冷麦汁 ⟶ 发酵 ⟶ 前发酵 ⟶ 主发酵 ⟶ 后发酵 ⟶ 贮酒 ⟶ 鲜啤酒

菌种

图2-2-15 传统啤酒发酵工艺流程

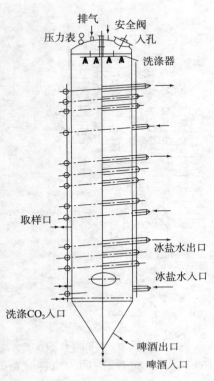

图2-2-16 圆柱锥底发酵罐

20世纪50年代以后,啤酒生产规模大幅度提高,传统的发酵设备已经满足不了生产的需要。大容量发酵设备受到重视。

(二)大型啤酒罐发酵技术

1.圆柱锥底发酵罐的特点

大容量发酵罐有圆柱锥形发酵罐、朝日罐、通用罐和球形罐。德国酿造师发明的立式圆柱锥形发酵罐是目前世界通用的发酵罐。

圆柱锥底发酵罐的示意图见图2-2-16。

锥形罐发酵分为一罐法和两罐法:一罐法发酵,是指将传统的主发酵和后发酵阶段都在一个发酵罐内完成。这种方法操作简单,在啤酒的发酵过程中不用倒灌。目前国内多数厂家都采用一罐法发酵工艺。两罐法设有专门的贮酒罐,后发酵和贮酒阶段在贮酒罐中完成,设备利用率较高,啤酒质量也相对较高,但是两罐法比一罐法操作复杂,国内只有极少数厂家采用这种发酵方法。

2.发酵工艺(一罐法)

(1)酵母添加 锥形罐容量较大,麦汁一般需分几次陆续追加满罐。满罐时间一般为 12～24h,最好在 20h 以内。酵母的添加可采用在前一半批次的麦汁中添加酵母,以后批次的麦汁中不再加酵母的方法,也有一次性添加酵母的。酵母接种量要比传统发酵法大些,接种温度一般控制在满罐时较拟定的主发酵温度低 2～3℃。添加到发酵罐的酵母应很快与麦汁混合均匀,一般采用边加麦汁边加酵母的方法。

(2)通风供氧　冷麦汁溶解氧的控制可根据酵母添加量和酵母繁殖情况而定,一般要求混合冷麦汁溶解氧不低于 8mg/L 即可。

(3)主发酵温度　各厂采用的主发酵温度是不一样的。多数厂采用低温(6～7℃)接种,前低温(9～10℃)后升温(12～13℃)的发酵工艺,主要是为了既不形成过多的代谢产物,又有利于加速双乙酰的还原。为了加速发酵,缩短酒龄,国际上有提高发酵温度的倾向。

(4)双乙酰还原　双乙酰还原是啤酒成熟和缩短酒龄的关键。酵母在接近完成主酵时(外观发酵度达 60%～65%),其代谢过程已接近尾声,此时提高发酵温度一段时间,不会影响啤酒正常风味物质的含量,而有利于双乙酰的还原。双乙酰还原温度的确定各厂控制不一,一般控制在 10～14℃左右,使连二酮(双乙酰和 2,3-戊二酮的总称)浓度降至 0.08mg/L 以下时,即开始降温。

(5)冷却降温　当双乙酰还原到要求指标时,酒液开始冷却降温。降至 5～6℃ 时,保持 24～48h,减压回收酵母。最后再降温至 0～-1℃,贮酒 7～14 天。

回收的酵母如可作为下一次发酵用的种子,则需进行处理。回收酵母吸附了较多的苦味物质、单宁、色素等,回收后应通入无菌空气,以排除酵母泥中的 CO_2,再以无菌水洗涤数次。回收酵母在低温无菌水中,只能保存 2～3 天。也可在 2～4℃ 下低温缓慢发酵,以保存酵母。

(6)罐压控制　发酵开始,采用无压发酵;二氧化碳回收时,采用微压(0.01MPa～0.02MPa);至发酵后期,外观发酵度达 70% 以上时,封罐,逐渐升压至 0.07MPa～0.08MPa,减少由于升温所造成的代谢副产物过多的现象,有利于双乙酰的还原,并使二氧化碳逐渐饱和酒内。图 2-2-17 为一例一罐法发酵工艺曲线。

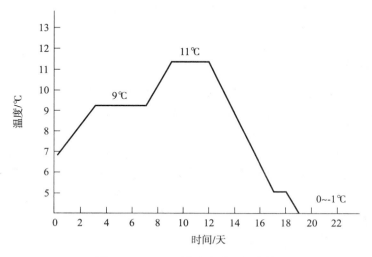

图 2-2-17　一罐法发酵工艺曲线

四、啤酒的过滤

发酵结束的成熟啤酒中,仍有少量物质悬浮于酒中,必须经过澄清处理才能进行包装。过滤是啤酒澄清方法的一类,目的是除去酒中悬浮的固体微粒,改善啤酒外观,使啤酒澄清透明,富有光泽。

啤酒过滤的原理是通过过滤介质的筛分作用、深层效应和吸附作用等使啤酒中的悬浮微粒等大颗粒固形物被分离出来。常用过滤介质有硅藻土、滤纸板、微孔薄膜和陶瓷芯等。

啤酒经过滤会发生以下变化:色度降低,苦味质减少,二氧化碳含量下降,含氧量增加,浓度也会有些变化,对啤酒质量有一定影响。

啤酒过滤的方法有棉饼过滤、硅藻土过滤、微孔薄膜过滤等。其中棉饼过滤法是最古老的过滤方法,已被淘汰,目前使用最普遍的是硅藻土过滤法。

五、啤酒的包装

啤酒包装是啤酒生产的最后一道工序,对啤酒质量和外观有直接影响。过滤好的啤酒从清酒罐分别装入瓶、罐或桶中,经过压盖、生物稳定处理、贴标、装箱成为成品啤酒或直接作为成品啤酒出售。一般把经过巴氏灭菌处理的啤酒称为熟啤酒,把未经巴氏灭菌的啤酒称为鲜啤酒。若不经过巴氏灭菌,但经过无菌过滤等处理的啤酒则称为纯生啤酒。

啤酒包装应符合以下要求:①包装过程中应尽量避免与空气接触,防止因氧化作用而影响啤酒的风味稳定性和非生物稳定性;②包装中应尽量减少酒中二氧化碳的损失,以保证啤酒口味和泡沫性能;③严格无菌操作,防止啤酒污染,确保啤酒符合卫生标准。

对包装容器的要求有:①能承受一定压力,包装熟啤酒的容器应承受1.76MPa以上的压力,包装生啤酒的容器应承受0.294MPa以上的压力;②便于密封;③能耐一定的酸度,不能含有与啤酒发生反应的碱性物质;④一般应具有较强的遮光性,避免光对啤酒质量的影响,一般选择绿色、棕色玻璃瓶或塑料容器,或采用金属容器。

第四节　啤酒的质量控制

一、啤酒的生物稳定性

过滤后的啤酒中仍含有少量的酵母等微生物,由于这些微生物的数量很少,并不影响啤酒清亮透明的外观,但放置一定时间后微生物重新繁殖,会使啤酒出现混浊沉淀,这就是生物混浊。把由于微生物的原因而造成啤酒稳定性变化的现象称为生物稳定性。要提高啤酒的生物稳定性,可以采用两种方法来解决:巴氏杀菌法或无菌过滤法。经过杀菌的啤酒生物稳定性高,啤酒保存期长,便于长期贮存和运输,但杀菌后容易造成啤酒风味损害,影响啤酒质量。无菌过滤法即采用无菌膜过滤技术,将啤酒中的酵母、细菌等滤除,经过无菌灌装得到生物稳定性很高的纯生啤酒,此技术是啤酒未来发展的一个重要方向。

二、啤酒的非生物稳定性

啤酒在贮存过程中,由于化学成分的变化,对啤酒稳定性产生的影响称为啤酒的非生物稳定性。啤酒是一种成分复杂、稳定性不强的胶体溶液,贮存过程中,易产生失光、混浊、沉淀等现象。其原因是啤酒中的蛋白质、多酚物质、酒花树脂、糊精等高分子物质,受光线、氧化、振荡等影响而凝聚析出造成啤酒胶体稳定性的破坏。

最常见的非生物混浊是蛋白质混浊,啤酒的蛋白质混浊包括两种情况:

1.冷混浊(也称可逆性混浊)

啤酒遇冷(0℃左右)时变混,加热至20℃左右又复溶,这是一种受温度影响的可逆性混浊。

2.氧化混浊(也称不可逆混浊)

啤酒混浊后,加热也不能复溶,这是一种永久性混浊。

冷混浊与氧化混浊之间有一定的关系,一般认为,冷混浊是氧化混浊的前体物质。

生产上一般采用减少高分子蛋白质含量的方法提高啤酒的非生物稳定性,如大麦发芽时加强蛋白质的分解、麦芽汁煮沸时促进蛋白质的凝聚沉淀、啤酒发酵结束后低温贮存、加强啤酒过滤、在啤酒中添加蛋白酶、沉淀剂、吸附剂和抗氧化剂等。

多酚物质是造成啤酒非生物混浊的另一种影响物质。在啤酒的混浊沉淀中,主要成分是蛋白质和多酚物质的复合物。实验证明尽量除去麦芽中的多酚物质,啤酒的非生物稳定性会有所提高,啤酒的保存期大大延长。减少多酚类物质的方法有:选择多酚物质含量低的大麦品种、制麦时用碱水浸麦、增加多酚物质含量低的辅料用量、糖化时减少多酚物质的溶出和氧化。当然,多酚物质也是啤酒风味物质之一,一般啤酒成品中总多酚物质的浓度宜控制在100mg/L以内,花色苷控制在30~50mg/L以内。

三、啤酒的风味稳定性

啤酒的风味稳定性是指啤酒灌装后,在规定的保质期内风味不变的可能性。

啤酒的风味物质很复杂,有高级醇、醛类、酸类、酯类、含硫化合物及酒花溶出物等。啤酒的风味物质在氧、光线、加热等条件下易发生化学变化,从而会引起啤酒风味的改变。提高啤酒风味稳定性的措施有:生产过程中防止氧的摄入;控制糖化醪pH5.5左右,麦汁pH5.2左右;冷热凝固物彻底分离;麦汁煮沸强度不低于8%~10%;啤酒杀菌的Pu值不宜过高,以控制在15~20为宜;减少运输中的振荡、贮藏中的高温及日光照射;保证生产过程中容器、管道的卫生等。

四、啤酒的泡沫

啤酒的泡沫是啤酒质量的一项重要指标,包括起泡性、泡持性、附着性能和泡沫的洁白细腻程度。

影响啤酒泡沫的因素很多,主要与啤酒中高中分子的α-氨基氮含量、脂肪酸含量、异α-酸含量、二氧化碳含量等有关。为了增加啤酒的泡沫性能,可在啤酒中添加泡沫稳定剂,已经使用的稳定剂有:蛋白质水解物、某些金属盐(如铁盐)、琼脂藻朊酸、阿拉伯胶等。

五、成品啤酒质量指标

我国啤酒的质量标准为GB 4927—2008(啤酒)、GB 4928—2008《啤酒分析方法》。

1.感官要求

浓色、黑色啤酒的感官指标应符合表2-2-6规定。

淡色啤酒的感官指标应符合表2-2-7规定。

表2-2-6 浓色啤酒、黑色啤酒感官要求

项目			优级	一级
外观a			酒体有光泽,允许有肉眼可见的微细悬浮物和沉淀物(非外来异物)	
泡沫	形态		泡沫细腻挂杯	泡沫较细腻挂杯
	泡持性b/s ≥	瓶装	180	130
		听装	150	110
	香气和口味		具有明显的麦芽香气,口味纯正,爽口,酒体醇厚,柔和,杀口,无异味	有较明显的麦芽香气,口味纯正,较爽口,杀口,无异味

注:a 对非瓶装的"鲜啤酒"无要求。

　　b 对桶装(鲜、生、熟)啤酒无要求。

表2-2-7 淡色啤酒感官要求

项目			优级	一级
外观a	透明度		酒体有光泽,允许有肉眼可见的微细悬浮物和沉淀物(非外来异物)	
	浊度/EBC ≤		0.9	1.2
泡沫	形态		泡沫洁白细腻,持久挂杯	泡沫较洁白细腻,较持久挂杯
	泡持性b/s ≥	瓶装	180	130
		听装	150	110
	香气和口味		有明显的酒花香气,口味纯正,爽口,酒体协调,柔和,无异香、异味	有较明显的麦芽香气,口味纯正,较爽口,杀口,无异味

注:a 对非瓶装的"鲜啤酒"无要求。

　　b 对桶装(鲜、生、熟)啤酒无要求。

2. 理化指标

淡色啤酒理化指标应符合表2-2-8的要求。

表2-2-8 淡色啤酒理化要求

项目			优级	一级
酒精度°/(%vol)	≥	大于、等于14.1°P		5.2
		12.1°P~14.0°P		4.5
		11.1°P~12.0°P		4.1
		10.1°P~11.0°P		3.7
		8.1°P~10.0°P		3.3
		等于、小于8.0°P		2.5

续表

项目		优级	一级
总酸/mL·(100mL)$^{-1}$ ≤	大于、等于 14.1°P	3.0	
	10.1°P~14.0°P	2.6	
	等于、小于 10.1°P	2.2	
二氧化碳^a 质量分数/%, ≤		0.35~0.65	
双乙酰/mg·L^{-1}, ≤		0.10	0.15
蔗糖转化酶活性^b		呈阳性	

a 桶装(鲜、生、熟)啤酒二氧化碳质量分数不得小于 0.25%。

b 仅对"生啤酒"和"鲜啤酒"有要求。

浓色啤酒、黑色啤酒理化指标应符合表 2-2-9 的要求。

表 2-2-9 浓色啤酒、黑色啤酒理化要求

项目		优级	一级
酒精度°/(% vol) ≥	大于、等于 14.1°P	5.2	
	12.1°P~14.0°P	4.5	
	11.1°P~12.0°P	4.1	
	10.1°P~11.0°P	3.7	
	8.1°P~10.0°P	3.3	
	等于、小于 8.0°P	2.5	
总酸/mL·(100mL)$^{-1}$, ≤		4.0	
二氧化碳^a 质量分数/%, ≤		0.35~0.65	

注：a 桶装(鲜、生、熟)啤酒二氧化碳质量分数不得小于 0.25%。

3. 保质期

瓶装、听装(生、熟)啤酒的保质期不少于 60 天,桶装(生、熟)啤酒的保质期不少于 30 天, 鲜啤酒的保质期不少于 5 天。

4. 卫生指标

卫生指标按 GB 2758《发酵酒卫生标准》执行。卫生理化指标应符合表 2-2-10 的规定; 细菌指标应符合表 2-2-11 的要求。

表 2-2-10 卫生理化指标

项 目		指 标
二氧化硫残留量(游离 SO$_2$ 计)/g·kg^{-1}	≤	0.05
黄曲霉毒素 B$_1$ 含量/μg·kg^{-1}	≤	5
铅残留量(以 Pb 计)/mg·L^{-1}	≤	0.5
N-二甲基亚硝胺含量/μg·L^{-1}	≤	3

表 2 - 2 - 11 细菌指标

项 目	指 标	
	生啤酒	熟啤酒
细菌总数/个·mL^{-1} ≤	—	50
大肠菌群/个·(100mL)$^{-1}$ ≤	50	3

本章小结

啤酒经过几千年的发展,已成为当今世界上产量最大、酒精含量最低、营养最丰富的酒种,是广大消费者普遍喜爱的大众型饮料。

本章对啤酒的定义、发展历程做了简单的概述,介绍了啤酒的原材料及主要的辅助原材料。按照啤酒生产的流程,从麦芽的制备到最后的成品包装,完整的呈现了啤酒生产工艺的方方面面。并且通过对我国啤酒的质量标准进行分析,阐述了国标对于啤酒在感官要求、理化指标等方面的规定。

思 考 题

1.啤酒用大麦的要求是什么?

2.绿麦芽干燥的主要目的是什么?

3.啤酒生产中添加辅料的意义,添加辅料需要注意的问题有哪些?

阅读小知识

慕尼黑啤酒节

公元1516年巴伐利亚公国的威廉四世大公颁布了"德国纯啤酒令",规定德国啤酒只能以大麦芽、啤酒花和水三种原料制作,所以近五百年来德国啤酒成为了所谓纯正啤酒的代名词。今日的德国为世界第二大啤酒生产国,境内共有一千三百家啤酒厂,生产的啤酒种类高达五千多种,而根据官方统计每个德国人平均每年喝掉138L的啤酒,世界上再也找不到比德国人更热爱啤酒的民族了。特别是在每年慕尼黑啤酒节期间竟可消耗高达 6×10^6 L 的啤酒。多年来经德国人培养形成的啤酒文化更是世界上独一无二的。

慕尼黑啤酒节又称"十月节(Oktoberfest)"。它起源于1810年10月12日,当时的王子,亦是后来登基为王的路德维希一世(LudwingI)为了庆祝迎娶特雷泽公主(Princess Therese),王室为百姓免费提供啤酒和食物,邀请全城人民一起饮酒狂欢,这就是慕尼黑啤酒节的由来。

1810年,它首次出现就给人们留下了深刻印象,此后200年不断地发展壮大,如今更是站到了世界级节日的巅峰。回顾历史,它曾因第一次世界大战停办五届,第二次世界大战停办七届,直到1946年才恢复,随后几十年间它的发展用迅速形容亦不足矣。尽管外人很喜欢称呼慕尼黑啤酒节,可是德国人却不认同,他们只认"十月节",即便节日是从九月的最后一个星期六开始到十月的第一个星期日,但这也不能动摇他们骨子里的坚持。随着啤酒节的知名度越来越高,时间由最初的几天延长至现在的16天,酒节上帐篷的规模一扩再扩,但慕名而来的外国游客依旧络绎不绝。据统计,最近几年平均参节人数700万左右,每天的参节人数更是多达40万人,节日期间消耗掉6×10^6L啤酒、50万只鸡,且这一数值还在逐年增加。

第二篇　发酵酒类生产工艺

第三章 黄酒生产工艺

【知识目标】

1. 了解黄酒的发展概况和种类以及特点。
2. 熟悉黄酒生产的原料要求、处理方法及糖化发酵剂的制备过程。
3. 掌握典型的黄酒生产工艺及其常见问题的质量控制。

第一节 绪 论

一、黄酒定义及黄酒发展概况

GB/T 13662《黄酒》中定义为黄酒（Chinese rice wine，老酒）是指以稻米、黍米等为主要原料，经加曲、酵母等糖化发酵剂酿制而成的发酵酒。酒精含量12%~18%（体积分数），一般为15度左右。

黄酒是我国最古老的饮料酒。黄酒酿造起源于新石器时代。几千年来，我国人民在黄酒酿造技术方面积累了许多宝贵经验，如：制酒原料用糯米、粳米、黍米，制曲原料用麦、米，还有各具特色的制曲方法，低温酒药发酵，以及曲水浸后投米发酵技术等。但黄酒生产长久以来处于作坊式生产阶段，酿酒技术进步缓慢，劳动强度大，劳动效率低。目前黄酒生产主要集中于浙江、江苏、上海、福建、江西和广东、安徽等地，山东、陕西、大连等地也有少量生产。

随着西方科学技术的发展，机械化程度大大提高，生产劳动强度大大降低，过程控制更加合理科学。尤其是改革开放后的20年，黄酒生产技术取得了一系列重大突破。主要体现在以下几个方面。

1. 黄酒酿造原料品种增加 从以前的仅仅以糯米为原料，新发展了粳米、籼米、玉米、黑米等新原料。

2. 糖化发酵剂的纯种培养 过去糖化发酵剂都是自然培养的过程，各类微生物混杂。利用微生物纯种培养技术，制备纯种的根霉曲、麦曲、酵母等，可以大大减少用曲量，缩短糖化发酵的时间，利于实现机械化生产。

3. 生产机械化 目前大中型黄酒生产企业已经实现了部分机械化甚至全套机械化、连续化生产，逐步形成了一个现代化的黄酒工业体系。

4. 品种不断创新 近些年果香型黄酒、花型黄酒、滋补型黄酒和仿洋香型黄酒也不断得到开发。

黄酒作为一种纯发酵、低酒度、高营养、保健型的酒种，发展潜力巨大。

二、黄酒的分类

最为常见的是按酒的产地来命名。如绍兴酒、金华酒、丹阳酒、九江封缸酒、山东兰陵酒等。这种分法在古代较为普遍。还有一种是按某种类型酒的代表作为分类的依据,如"加饭酒",往往是半干型黄酒;"花雕酒"表示半干酒;"封缸酒"(绍兴地区又称为"香雪酒"),表示甜型或浓甜型黄酒;"善酿酒"表示半甜酒。还有的按酒的外观(如颜色,浊度等),如清酒、浊酒、白酒、黄酒、红酒(红曲酿造的酒);再就是按酒的原料,如糯米酒、黑米酒、玉米黄酒、粟米酒、青稞酒等。

在最新的国标中,有两种分类方法:

(一)按产品风格分

1.传统型黄酒:以稻米、黍米、玉米、小米、小麦等为主要原料,经蒸煮、加酒曲、糖化、发酵、压榨、过滤、煎酒(除菌)、贮存、勾兑而成的黄酒。

2.清爽型黄酒:以稻米、黍米、玉米、小米、小麦等为主要原料,加入酒曲(或部分酶制剂和酵母)为糖化发酵剂,经蒸煮、糖化、发酵、压榨、过滤、煎酒(除菌)、贮存、勾兑而成的、口味清爽的黄酒。

3.特型黄酒:由于原辅料和(或)工艺有所改变,具有特殊风味且不改变黄酒风格的黄酒。

(二)按含糖量分

1.干黄酒:总糖含量≤15.0g/L的酒,如元红酒。
2.半干黄酒:总糖含量15.1~40.0g/L的酒,如加饭酒。
3.半甜黄酒:总糖含量40.1~100g/L的酒,如善酿酒。
4.甜黄酒:总糖含量≥100g/L的酒,如香雪酒。

三、黄酒与健康

黄酒具有酒度低、口味独特、营养丰富的特点,是一种兼饮料、食疗、药疗及佐料等多种功能为一体的特殊种酒。黄酒营养丰富,被形象地誉为"液体蛋糕"。

(一)碳水化合物

黄酒中碳水化合物的含量最低的为干型黄酒,含量1%左右,是啤酒的2倍;最高的为甜型黄酒,含量在10%以上,是啤酒的20多倍。并且黄酒中的碳水化合物几乎全部是微生物发酵所产生的葡萄糖、果糖和低聚糖,这些糖能直接被人体吸收利用或转化为糖元备用,不会导致人体发胖或引发龋齿病等不良后果,而且黄酒中含有较高的功能性低聚糖。例如异麦芽低聚糖,具有显著的双歧杆菌增殖功能,能改善肠道的微生态环境,促进B族维生素的合成和Ca、Mg、Fe等矿物质的吸收,提高机体新陈代谢水平,提高免疫力和抗病力,能分解肠内毒素及致癌物质,降低血清中胆固醇及血脂水平。

(二)氨基酸

每升黄酒中蛋白质和氨基酸的含量平均达30g以上,分别是啤酒的9倍和葡萄酒的3倍,而且主要以氨基酸的形态存在,种类多达18种以上,其中含有人体不能合成但必需的8种氨基酸,可被人体全部吸收。每1L加饭酒中的必需氨基酸达3400mg,半必需氨基酸达2960mg。而啤酒和葡萄酒中的必需氨基酸仅为440mg或更少。

（三）维生素

黄酒中还富含多种维生素。酒中的维生素来自原料和酵母的自溶物。黄酒主要以米和小麦为原料，除了含丰富的 B 族维生素外，小麦胚中的维生素 E 含量高达 554mg/kg。而且，黄酒在长时间的发酵过程中，有大量酵母自溶，将细胞中的维生素释放出来，可成为人体维生素很好的来源。因此，除了维生素 C 等少数几种维生素外，黄酒中其他种类的维生素含量也比啤酒和葡萄酒高。

（四）矿物质

由于黄酒的独特工艺和对酿造水的特殊要求，其所含的矿质元素也异常丰富。至今，黄酒中已经检测出的无机盐就有 18 种之多，不仅含钾、钠、钙、磷、镁元素，还含有铁、锌、铜、锰、硒等微量元素，其总含量高达 130mg/100mL，是啤酒的 1.5 倍，葡萄酒的 2 倍。黄酒中含有的硒比红葡萄酒高约 12 倍，比白葡萄酒高约 20 倍，且安全有效，能有效帮助人体补充缺乏的硒元素。

（五）多种生理活性成分

黄酒中含多酚物质、类黑精、谷胱甘肽等生理活性成分，它们具有清除自由基，防止心血管病、抗癌、抗衰老等多种生理功能。

（六）药用价值

黄酒素有"百药之长"之美称，是医药上很重要的辅料或"药引子"。中药处方中常用黄酒浸泡、烧煮、蒸炙一些中草药或调制药丸及各种药酒。据统计有 70 多种药酒需用黄酒作酒基配制，像开胃健脾、顺气消食的"神仙药丸酒"；温补肾阳，健脾利湿的"仙灵脾肉桂酒"；治风湿性关节痛、四肢麻木、筋痹的"五加皮酒"；主治反胃的"松节酒"等。利用黄酒还可以做出味美具有医疗作用的食品，例如黄酒和桂圆或荔枝、红枣、核桃、人参同煮，不仅味美，而且具有壮阳助力、益补气血之功效，对体质虚弱，元气损耗等有明显疗效，这种功能优势更是其他酒类饮品无法比拟的。

第二节　黄酒生产的原料及处理

一、黄酒生产的原料

黄酒生产主要原料是米和水，辅料是制曲用的小麦。也有用玉米、黍米等作酿酒原料的。

（一）大米原料

黄酒的主要原料是大米，包括糯米、粳米和籼米。大米都可以酿造黄酒，其中以糯米为最好。用粳米、籼米作原料，一般难以达到糯米酒的质量水平。

1. 糯米　糯米分粳糯、籼糯两大类。粳糯的淀粉几乎全部是支链淀粉，籼糯则含有 0.2% ~4.6% 的直链淀粉。支链淀粉结构疏松，在蒸煮中能完全糊化成黏稠的糊状；直链淀粉结构紧密,蒸煮时消耗的能量大,但吸水多,出饭率高。支链淀粉含量多者,酒味醇香,是佳酿原料,名优黄酒绍兴酒即以糯米为原料。

2. 粳米　粳米的直链淀粉平均含量为 15% ~23% 。粳米在蒸煮时要喷淋热水,让米粒充分吸收,彻底糊化,以保证糖化发酵的正常进行。

3. 籼米　籼米所含的直链淀粉高达 23% ~35% 。杂交晚籼米因蒸煮后能保持米饭的黏湿、蓬松和冷却后的柔软,且酿制的黄酒口味品质良好,适合用来酿制黄酒。早、中籼米由于在蒸饭时吸水多,饭粒蓬松干燥,色暗,淀粉易老化,发酵时难以糖化,发酵时酒醪易生酸,出酒率低,不适宜酿制黄酒。

(二)其他主要原料

1. 黍米　黍米俗称大黄米,色泽光亮,颗粒饱满,米粒呈金黄色。黍米以颜色来区分大致分为黑色、白色和黄色三种,其中以大粒黑脐的黄色黍米品质最好。这种黍米蒸煮时容易糊化,是黍米中的糯性品种,适合酿酒。代表酒种为山东的即墨老酒和兰陵美酒。

2. 粟米　俗称小米,北方曾用来酿酒,由于原料来源不足,现在已很少应用。

3. 玉米　玉米与其他谷物相比含有较多的脂肪,这些脂肪多集中在胚芽中,含量达胚芽干物质的 30% ~40% ,酿酒时会影响糖化发酵及成品酒的风味,故酿酒前必须先除去胚芽。

(三)小麦

小麦是黄酒生产重要的辅料,主要用来制备麦曲。黄酒麦曲所用小麦,应尽量选用当年收获的红色软质小麦。

(四)水

黄酒生产用水包括浸米、制曲、酿造、冷却、洗涤、锅炉等用水。浸米、制曲、酿造用水直接关系到酒的质量。

酿造用水首先要符合饮用水的标准,其次从黄酒生产的特殊要求出发,应达到以下条件:①无色、无味、无臭、清亮透明、无异常。②pH6.8 ~7.2。③硬度 2 ~6°d 为宜。④铁质量浓度 <0.5mg/L。⑤锰质量浓度 <0.1mg/L。⑥黄酒酿造水必须避免重金属的存在。⑦用高锰酸钾耗用量来表示有机物含量,超过 0.5mg/L 为不洁水,不能用作酿酒。⑧不得检出 NH_3,氨态氮的存在表示该水不久前曾受到严重污染。⑨酿造水中不得检出 NO_2^-,NO_3^- 质量浓度应小于 0.2mg/L。⑩硅酸盐(以 SiO_3^{2-} 计) <50mg/L。细菌总数、大肠菌群的量应符合生活用水卫生标准,不得存在产酸细菌。

二、原料的处理

(一)大米原料的处理

糙米需经精白、洗米、浸米,然后再蒸煮。

1. 米的精白

糙米的糠层含有较多的蛋白质、脂肪,会给黄酒带来异味,降低成品酒的质量;糠层的存在,妨碍大米的吸收膨胀,米饭难以蒸透,影响糖化发酵;糠层所含的丰富营养会促使微生物旺盛发酵,品温难以控制,容易引起生酸菌的繁殖而使酒醪的酸度升高。因此,对糙米或精白度不足的原料应进行精白,以消除上述不利的影响。

精白米占糙米的百分率称为精米率,也称出白率,反映米的精白度。我国酿造黄酒,粳米和籼米的精白度以选用标准一等为宜,糯米则标准一等、特等二级都可以。

2. 洗米

大米中附着一定数量的糠秕、米糊和尘土及其他杂物。可以采用洗米机清洗,洗到淋出的水无白浊为度;洗米与浸米同时进行,也有取消洗米而直接浸米的。

3. 浸米

(1)浸米目的:①大米吸水膨胀以利蒸煮:大多数厂采用浸渍后用蒸汽常压蒸煮的工艺。适当延长浸渍时间,可以缩短蒸煮时间。②获得含乳酸的浸米浆水:在传统摊饭法酿制黄酒的过程中,浸米的酸浆水是发酵生产中的重要配料之一。

(2)影响因素:浸米时间的长短由生产工艺、水温、米的性质等决定。目前的新工艺黄酒生产不需要浆水配料,常用乳酸调节发酵醪的pH,浸米时间大为缩短,常在24 ~ 48h内完成,淋饭生产黄酒,浸米时间仅仅几小时或十几小时。

4. 蒸煮

以大米为原料,只蒸不煮;以黍米为原料只煮不蒸。蒸煮的目的是使淀粉充分糊化,杀灭杂菌,挥发掉原料的怪杂味,使黄酒的风味纯净。蒸煮时要求米饭蒸熟蒸透,熟而不糊,透而不烂,外硬内软,疏松均匀,保持饭粒的完整,不得有白心存在。

5. 米饭的冷却

米饭蒸熟后必须冷却到微生物生长繁殖或发酵的温度,才能使微生物很好地生长并对米饭进行正常的生化反应。冷却的方法有淋饭和摊饭法。

(1)淋饭法是用清洁的冷水从米饭上面淋下,以降低品温,如果饭粒表面被冷水淋后品温过低,还可接取淋饭流出的部分温水(40 ~ 50℃)进行回淋,使品温回升。淋后米饭应沥干余水。

(2)摊饭法是将蒸熟的热饭摊放在摊凉面上,依靠风吹使饭温降至所需温度。一般摊饭冷却温度为50 ~ 80℃。

(二)其他原料的处理

以黍米、玉米生产黄酒,因原料性质与大米相差甚大,其处理的方法也截然不同。

1. 黍米

(1)烫米　烫米前,先用清水洗净黍米,沥干,再用沸水烫米,并快速搅拌,使米粒稍有软化,稍微裂开即可。如果烫米不足,煮糜时米粒易爆跳。

(2)浸渍　烫米时随着搅拌的散热,水温降至35 ~ 45℃,开始静置浸渍。冬季浸渍20 ~ 22h,夏季12h,春秋两季为20h。

(3)煮糜　煮糜时先在铁锅中放入黍米重量两倍的清水并煮沸,依次倒入浸好的黍米,搅拌或翻铲使淀粉充分糊化;也可利用带搅拌设备的蒸煮锅,在0.196MPa表压蒸汽下蒸煮20min,闷糜5min,然后放糜散冷至60℃,再添加麦曲或麸曲,拌匀,堆积糖化。

2. 玉米

(1)浸泡　玉米淀粉结构细密坚固,不易糖化。应预先粉碎、脱胚、去皮、淘洗干净,选用30 ~ 35粒/g的玉米糁用于酿酒。可先用常温水浸泡12h,再升温到50 ~ 65℃,保持浸渍3 ~

4h,再恢复常温浸泡,中间换水数次。

(2)蒸煮、冷却 浸后的玉米糙,经冲洗沥干,进行蒸煮,并在圆汽后浇洗沸水或温水,促使玉米淀粉颗粒膨胀,再继续蒸熟为止,然后用淋饭法冷却到拌曲下罐温度,进行糖化发酵。

(3)炒米 把玉米糙总量的1/3,投入到5倍的沸水中,中火炒2h以上,待玉米糙已熟,外观呈褐色并有焦香时,将饭出锅摊凉,再与经蒸煮冷却的玉米糙饭粒揉和,加曲,加酒母,入罐发酵。下罐的品温常在15~18℃。炒米的目的是形成玉米黄酒的色泽和焦香味。

第三节 黄酒的生产工艺

一、黄酒发酵的基本原理

(一)黄酒酿造的主要微生物

1. 霉菌

(1)曲霉菌 曲霉菌主要存在于麦曲、米曲中,重要的有黄曲霉(米曲霉),另外有较少的黑曲霉等。黄酒生产常以黄曲霉为主,有些酒厂也添加少量黑曲霉,以提高出酒率。

(2)根霉菌 根霉菌是黄酒小曲(酒药)中含有的主要糖化菌。根霉糖化力强,几乎能使淀粉全部水解成葡萄糖,还能分泌乳酸、琥珀酸和延胡索酸等有机酸,降低培养基的pH,抑制产酸细菌的侵袭,并使黄酒口味鲜美丰满。根霉菌的适宜生长温度是30~37℃,41℃也能生长。

(3)红曲霉 红曲霉是生产红曲的主要微生物,由于它能分泌红色素而使曲呈现紫红色。红曲霉能产生淀粉酶、麦芽糖酶、蛋白酶、柠檬酸、琥珀酸、乙醇等。

2. 酵母菌

传统黄酒酿造中酵母菌主要存在于酒药、米曲中,属多种酵母菌的混合发酵。新工艺黄酒生产主要采用优良的纯种酵母,不但可以产生酒精,也能产生黄酒的特有风味。

3. 黄酒酿造中的主要有害细菌

常见的有害微生物主要有醋酸菌、乳酸菌和枯草芽孢杆菌。黄酒酿造属开放式发酵,如果发酵条件控制不当或灭菌消毒不严格,就会造成产酸细菌的大量繁殖,导致黄酒发酵醪的酸败。

(二)黄酒的发酵过程

黄酒发酵过程可分为前发酵、主发酵和后发酵三个阶段。整个过程是在霉菌、酵母菌及细菌等多种微生物及其酶类共同参与下进行的复杂生物化学过程。前发酵是料后的十几个小时内,酒精大量生成前的酵母迅速增殖阶段。主发酵是指酒精大量生成阶段,此阶段释放出大量热量。实际生产中,通常把前发酵、主发酵统称为前发酵。后发酵是指最后长时间低温发酵阶段,此阶段是形成黄酒风味物质的重要阶段。

(三)发酵过程中的物质变化

1. 淀粉的分解
在发酵中,淀粉大部分被分解为葡萄糖。

2. 产生酒精

主发酵阶段酒精产生旺盛,酒醪温度和酒精浓度上升较快,而酒醪中的糖分逐渐减少。待发酵结束时,酒醪中的酒精体积分数可高达 16% 以上。

3. 有机酸的产生

在正常的黄酒发酵中,有机酸以琥珀酸和乳酸为主,此外尚有少量的柠檬酸、延胡索酸和醋酸等。这些有机酸对黄酒的香味和缓冲作用很重要。黄酒的总酸控制在 0.35g/100mL 左右较好。

4. 蛋白质的分解

在发酵过程中,蛋白质受曲和酒母中蛋白酶的分解作用,生成肽和氨基酸。另有一部分氨基酸是从微生物菌体中溶出的。

5. 脂肪的分解

原料中的脂肪在发酵过程中,被微生物中的脂肪酶分解成甘油和脂肪酸。

(四)黄酒发酵的主要特点

1. 开放式发酵

糖化与发酵同时进行,酒醪的高浓度、低温、长时间发酵及生成高浓度酒精等。

2. 边糖化边发酵

在黄酒的酿造过程中,淀粉糖化和酒精发酵是同时进行的。

3. 高浓度的酒醪

黄酒发酵时,酒醪中的大米与水之比为 1:2 左右,是所有酿酒中浓度最高的。

4. 长时间低温发酵,形成高酒精度醪液

黄酒酿造中不仅需要产生乙醇,而且还要生成多种香味物质,并使酒香协调,因此必须经过长时间的低温后发酵。

二、糖化发酵剂的制备

(一)酒药

酒药又称小曲、酒饼、白药等,主要用于生产淋饭酒母或以淋饭法酿制甜黄酒。酒药中的微生物以根霉为主,酵母次之,另外还有其他杂菌和霉菌等。因此,酒药具有糖化和发酵双重作用。酒药制作简单,贮存使用方便,糖化发酵力强,用量少。酒药的制造有传统的白药(蓼曲)或药曲、纯种培养的根霉菌等。

1. 白药(蓼曲)

(1)工艺流程

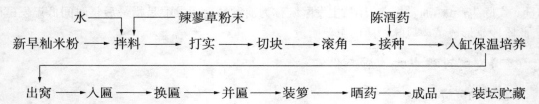

（2）准备工作

①制备新早糙米　在制酒药的前一天磨好粉,细度以过 50 目筛为佳,磨后摊冷,以防发热变质。磨一批,生产一批。

②制备辣蓼草粉　选取梗红叶厚、软而无黑点、无茸毛尚未开花的辣蓼草,除去黄叶和杂草,当日晒干,趁热去茎留叶,粉碎成粉末,过筛后入坛内备用。

③选择陈酒药　选择前一年糖化发酵力强、生产中发酵正常、温度易掌握、生酸低、成品酒质量好的优质陈酒药作为种母。接入米粉量的 1% ~3%,可稳定和提高酒药的质量。

（3）工艺要点

①配方　糙米粉:辣蓼草粉:水 =20:(0.4 ~0.6):(10.5 ~11),称好的米粉及辣蓼草粉粉碎过筛。

②接种拌料　米粉及辣蓼草按比例混合加水拌匀,先制成 2 ~2.5cm³ 方块,再将方形滚成圆形,然后筛入 3% 的陈酒药,也可选用纯种根霉菌、酵母菌经扩大培养后再接入米粉,进一步提高酒药的糖化发酵力。

③保温培养　先在缸内放入新鲜谷壳,距缸口边沿 0.3m 左右,铺上新鲜稻草芯,将药粒分行,留出一定间距,摆上一层,然后加上草盖,盖上麻袋,保温培养。气温在 31 ~32℃时,经14 ~16h,品温升至 36 ~37℃,去掉麻袋。再经 6 ~8h,缸沿有水气并放出香气,可揭开缸盖。如果还能看到辣蓼草的浅草绿色,说明药胚还嫩,不能将缸盖全部揭开。直至药粒菌丝用手摸不粘手,像白粉小球一样,方可揭开缸盖降低温度。再经 3h,可出窝,凉至室温,经 4 ~5h,使药胚结实即可出药并匾。

④出药、并匾、进保温室　将药酒移至匾内,每匾盛 3 ~4 缸的数量,使药粒不重叠而粒粒分散。将竹匾移入保温室内,气温在 30 ~40℃,品温保持在 32 ~34℃,不得超过 35℃。装匾后经 4 ~5h 进行第一次翻匾(翻匾是将药胚倒入空匾内),至 12h,上下调换位置。经 7h 左右,做第二次翻匾和调换位置,再经 7h 后倒入竹罩上先摊两天,然后装入竹箩内,挖成凹形,并将箩搁高通风以防升温,早晚各倒箩一次,2 ~3d 移出保温室至空气流通的地方,再培养 1 ~2d,早晚各倒箩一次。自投料开始培养 6 ~7d 即可晒药。

⑤晒药、装坛　正常天气在竹罩上需晒 3d。第一天晒药时间为上午 6 ~9 点,品温不超过36℃;第二天为上午 6 ~10 点,品温为 37 ~38℃;第三天晒药时间和第一天相同。然后趁热装坛密封贮存备用。坛外粉刷石灰。

⑥药曲的添加　酒药生产中添加各种中药制成的外曲称为药曲,适量加入中药可能提供酿酒微生物所需的营养和抑制杂菌的繁殖,使发酵正常并带来特殊的香味。

2. 纯种根霉曲

纯种根霉曲是采用人工培养纯种根霉菌和酵母菌制成的小曲。用它来生产黄酒,成品酒具有酸度低,口味清爽而一致的特点。出酒率比传统酒药提高 5% ~10%。

（1）工艺流程

纯种根曲霉生产工艺流程如下:

```
水          酵母菌 ——→ 试管液体酵母培养 ——→ 三角瓶酵母液扩大培养 ——→ 麸皮固体酵母
麸皮 ←— 拌料蒸煮 ←— 扬冷接种 ←— 装箱静置培养 ←— 间断通风培养 ←— 连续通风培养 ←— 混合配比
根霉菌 ——→ 三角瓶种曲 ——→ 帘子种曲              根霉酵母混合曲 ←—— 烘干
```

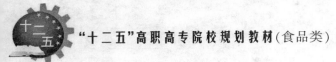

(2)工艺要点

①制备固体斜面菌种　采用米曲汁琼脂培养基,30℃培养3d,长满白菌苔即可,使用的菌种有Q303、3.866等。

②三角瓶种曲　此为无菌操作过程:培养基采用麸皮或早籼米粉。取筛过的麸皮,加入80%~90%的水(籼米粉加30%的水),拌匀,分别装入经干热灭菌的500mL三角瓶中,料层厚度在1.5cm以内,经0.098MPa蒸汽灭菌30min或常压灭菌两次。冷至35℃左右接种,28~30℃保温培养20~24h后,长出菌丝,可轻微摇瓶一次,调节空气,促进菌体繁殖。再培养1~2d,出现孢子,菌丝布满整个培养基并结成饼状,进行扣瓶。取出后装入灭过菌的牛皮纸袋里,置于37~40℃下干燥至含水分10%以下,备用。

③帘子曲培养　称取过筛后的麸皮,加水80%~90%,拌匀堆积30min后经常压蒸煮灭菌,摊冷至30℃,接入0.3%~0.5%的三角瓶种曲,堆积保温、保湿,促使根霉菌孢子萌发。经4~6h,品温开始上升,可进行装帘,料层厚度1.5~2.0cm,继续保温培养。控制室温28~30℃,相对湿度95%~100%,经10~16h培养,菌丝把麸皮连接成块状,这时最高品温应控制在35℃,相对湿度85%~90%。再经24~28h,麸皮表面布满大量菌丝,此时可出曲干燥。要求帘子曲菌丝生长旺盛,并有浅灰色孢子,无杂色异味,手抓疏松不粘手,成品曲酸度在0.5g/100mL以下,水分在10%以下。

④通风制曲　粗麸皮加水60%~70%,应视季节和原料的粗细不同做相应调整。常压蒸汽灭菌2h,出甑摊冷至35~37℃时接入0.3%~0.5%的种曲,拌匀,堆积数小时,装入通风曲箱内。装箱要求疏松均匀,控制装箱后品温为30~32℃,料层厚度为25~30cm,并视气温而定。先静置培养4~6h,促进孢子萌发,室温控制在30~31℃,相对湿度90%~95%。随着菌丝生长,品温逐步升高,当品温降至30℃时,停止通风。接种后12~14h,最高品温可控制在35~36℃,此时应尽量加大风量和风压,通入低温(25~26℃)、低湿的风,并在循环风中适当引入新鲜空气。通风后期品温降至35℃以下,可停止通风。一般培养24~26h。培养完毕将曲料翻拌打散,送入干燥风进行干燥,使水分下降至10%左右。贮存在石灰缸内备用。

⑤麸皮固体酵母菌　以糖液浓度为12~13°Bx的米曲汁或麦芽汁作为黄酒酵母菌的固体试管斜面、液体试管和液体三角瓶培养基,在28~30℃下逐级扩大、保温培养24h,然后以麸皮作为固体酵母曲的培养基,加入95%~100%的水,拌匀后经蒸煮灭菌,品温降到31~32℃,接入2%的三角瓶酵母成熟培养液和0.1%~0.2%酽根霉曲。

接种拌匀后装帘培养,装帘要求疏松均匀,料层厚度为1.5~2.0cm,品温为30℃,在28~30℃的室温下保温培养8~10h,进行划帘。划帘采用经体积分数75%酒精消毒后的竹木制或铝制的锹。继续保温培养,品温升高至36~38℃,再次划帘。培养24h后,品温开始下降,待数小时后,培养结束,进行低温干燥。干燥方法与根霉帘子曲相同。

⑥菌种混合　将根霉曲和酵母曲按一定比例混合成纯种根霉曲,混合时一般以酵母细胞数为4亿个/g计数,则加入根霉曲中的酵母曲量在6%左右为宜。

（二）麦曲

1. 麦曲的作用和特点

麦曲是指在破碎的小麦上培养繁殖糖化菌而制成的黄酒糖化剂。麦曲为黄酒的酿造提供了各种酶类,主要是淀粉酶和蛋白酶;同时在制曲过程中,形成各种代谢产物,以及由这些代谢物相互作用产生的色泽、香味等,形成黄酒独特的风味。

麦曲根据制作工艺的不同可分为块曲和散曲。块曲主要是踏曲、挂曲、草包曲等,经自然培养而成;散曲主要有纯种生麦曲、爆麦曲、熟麦曲等,常采用纯种培育而成。

2. 踏曲

又称闹箱曲,是块曲的代表,常在八、九月间制作。

(1)工艺流程

水
小麦→过筛→轧碎→拌曲→踏曲成型→堆曲→保温培养→通风干燥→成品

(2)工艺要点

①过筛、轧碎　过筛后的小麦通过轧麦机,每粒碎成 3~5 片,使麦皮破裂,胚乳内含物外露。

②加水拌曲　称量 25kg 轧碎的小麦,装入拌曲机内,加入 20%~22% 的清水,迅速拌匀。拌曲时,可加入少量的优质陈麦曲作为种子,稳定麦曲质量。

③踏曲成型　将曲料在曲模木框中踩实成砖型曲块,便于搬运、堆积、培菌和贮藏。曲块以压到不散为度,再用刀切成小块。

④堆曲　将曲块搬入室内,摆成丁字形,双层堆放,再在上面散铺上稻草或草包保温,使糖化菌正常生长繁殖。

⑤保温培养　堆曲完毕,关闭门窗保温。品温开始在 26℃ 左右,20h 以后开始上升,经 3~5d 后,品温上升至 50℃ 左右,可揭开保温覆盖物,适当通风,及时降温。继续培养 20d 左右,品温逐渐回降,曲块随水分散失而变得坚韧,这时可拆曲,改成大堆,按井字形堆放,通风干燥后使用或入库贮存。

成品麦曲,应具有正常的曲香,无霉味或生腥味,曲块表面和内部的白色菌丝茂密均匀,无霉烂夹心,曲块坚韧而疏松,含水分为 14%~16%,糖化力较高,在 30℃ 下,每克曲(风干曲)1h 能产生 700~1000mg 葡萄糖。

3. 纯种麦曲

纯种麦曲是指把经过培养的黄曲霉(或米曲霉)接种在小麦上,在人工控制的条件下进行扩大培养制成的黄酒糖化剂。

纯种麦曲按原料处理方法的不同可分为纯种生麦曲、熟麦曲和爆麦曲;多数厂采用厚层通风方法制曲。

(1)工艺流程

原菌→试管活化培养→三角瓶扩大培养→种曲扩大培养→麦曲通风培养

(2)工艺要点

①试管菌种的培养　一般采用米曲汁为培养基,在 28~30℃ 培养 4~5d,要求菌丝健壮、整齐,孢子丛生丰满,菌丝呈深绿色或黄绿色,不得有异样的形状和色泽,无杂菌。

②三角瓶种曲培养　以麸皮为培养基(亦有用大米或小米原料进行培养),操作与根霉曲相似。要求孢子粗壮、整齐、密集,无杂菌。

③种曲通风培养　纯种熟麦曲的通风培养操作程序如下:

拌料→蒸料→接种→装箱→间断通风培养→连续通风培养→产酶和排湿→出曲

成品曲要求菌丝稠密粗壮,并有明显的黄绿色;应具有曲香,不得有酸味及霉臭味;曲的糖化力在 1000 单位/g 以上,含水质量分数在 25% 以下。制成及时使用,尽量避免存放。

（三）酒母

黄酒酒母的种类可分为两大类:一是用酒药通过淋饭酒醅的制造自然繁殖培养酵母,称为淋饭酒母。二是由试管菌种开始,逐步扩大培养,进行增殖,称为纯种培养酒母。

1. 淋饭酒母

淋饭酒母俗称"酒酿"。制作淋饭酒母,一般在摊饭酒生产以前 20 ~ 30d 开始。酿成的淋饭酒母酒醅,挑选质量上乘的作为酒母,其余的可以掺入摊饭酒发酵结束时的酒醪中,以增强和维持后发酵的能力。

（1）工艺流程

淋饭酒母制作工艺流程如下:

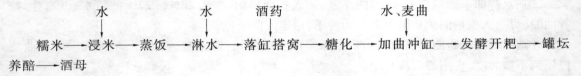

（2）工艺要点

①配料　制备淋饭酒母以每缸投料米量为基准,根据气候不同有 100kg 和 125kg 两种,酒药用量为原料米的 0.15% ~ 0.2%,麦曲用量为原料米的 15% ~ 18%,控制饭水总量为原料米量的 3 倍。

②浸米、蒸饭、淋水　在洁净的陶缸中装好清水,将米倒入缸内,水量以超过米面 5 ~ 6cm 为宜。浸米时间根据米的质量、气候、水温等不同控制在 42 ~ 48h。捞出冲洗,淋净浆水,常压蒸煮,淋冷。

③落缸搭窝　将发酵缸洗涮干净,灭菌。将淋冷后的米饭沥去水分,倒入发酵缸,温度一般控制在 27 ~ 30℃。在寒冷天气可高达 32℃。在米饭中撒入酒药粉末,翻拌均匀,在米饭中央搭成倒置的凹形窝,缸底窝口直径约 10cm。再在上面洒一些酒药粉。拌药时要捏碎热饭团,以免出现"烫药",影响菌类生长和糖化发酵的进行。

④糖化、加水加曲冲缸　搭窝后应及时做好保温工作。一般落缸后,经 36 ~ 38h,饭粒软化,香气扑鼻,甜液充满饭窝的 4/5 高度,此时甜液浓度在 35°Bx 左右,还原糖为 15 ~ 25g/100mL,酒精体积分数在 3% 以上,酵母细胞数达 0.7 亿个/mL。此时酿窝已成熟,可以加入一定比例的麦曲和水,俗称冲缸,搅拌均匀,24h 后,酵母细胞数可升至 7 亿 ~ 10 亿个/mL,糖化和发酵作用大大加强。

⑤发酵开耙　加曲冲缸后,由于酵母的大量繁殖,酒精发酵开始占据主要地位,醪液温度迅速上升,8 ~ 15h 后,当达到一定温度时,可用杀过菌的双齿木耙进行搅拌,俗称开耙。在第一次开耙以后,每隔 3 ~ 5h 就进行第二、第三和第四次开耙,使醪液品温保持在 26 ~ 30℃。

⑥后发酵(罐坛养醅)　第一次开耙以后,及时降低品温,使酒醅在较低温度下继续缓慢发酵。在落缸后第 7d 左右,将发酵醪灌入酒坛,装置八成满,进行后发酵,俗称灌坛养醅。经过 20 ~ 30d 的后发酵,酒精含量达到 15% 以上,经认真挑选,优良者可做酒母使用。

（3）酒母要求

酒精含量在 16% 左右,酸度小于 0.4g/100mL,还原糖 0.3% 左右 pH3.5 ~ 4.0,酵母总数大于 5 亿个/mL,出芽率大于 4%,死亡率小于 2%。

2. 纯种培养酒母

有两种制备方法:一是仿照黄酒生产方式的速酿双边发酵酒母,因制造时间比淋饭酒母短,又称为速酿酒母;二是高温糖化酒母,是采用 55~60℃ 高温糖化,糖化完毕经高温杀菌,使醪液中的野生酵母和酸败菌死亡,酒母的纯度高。

(1)速酿酒母

制造酒母的用米量为发酵大米投入量的 5%~10%,米和水的比例在 1:3 以上,纯种麦曲用量为酒母的 12%~14%,如用踏曲则为 15%。将水、米饭和麦曲放入缸内,混合后加入乳酸调节 pH3.8~4.1,再接入 1% 左右的三角瓶酒母,充分拌匀,低温培养。温度一般在 25~27℃。落罐后 10~12h,品温可达 30℃,进行开耙,以后每隔 2~3h 搅拌一次,使品温保持 28~30℃,最高品温不超过 31℃,培养时间 1~2d。

(2)高温糖化酒母

先在糖化锅内加部分温水,然后将蒸熟的米饭倒入锅内,混合均匀,加水调节品温在 60℃,控制米:水 > 1:3.5 以上,再加一定比例的麦曲、液化酶、糖化酶,搅拌均匀后,于 55~60℃ 静置糖化 3~4h,使糖度达 14~16°Bx。糖化结束后,将糖化醪品温升至 85℃,保持 20min。冷却至 60℃,加入乳酸调节 pH 至 4.0 左右,继续冷至 28~30℃。转入酒母罐内,接入酒母醪容量 1% 的三角瓶培养的液体酵母,搅拌均匀,在 28~30℃ 培养 12~16h,即可使用。

(四)酶制剂及黄酒活性干酵母

1. 酶制剂

目前,应用于黄酒生产的酶制剂主要是糖化酶、液化酶等,它能代替部分麦曲,减少用曲量,增强糖化能力,提高出酒率和黄酒质量。

2. 黄酒活性干酵母

活性酵母必须经过复水活化后才能使用,复水活化的技术条件如下:活性酵母的用量 0.05%~0.1%,活性干酵母与温水的比例为 1:10;活化温度 35~40℃;活化 20~30min 后投入发酵。

三、干型黄酒的酿造

干型黄酒含糖量小于 1.5g/100mL(以葡萄糖计),酒的浸出物较少。麦曲类干型黄酒的操作方法主要有摊饭法、喂饭法和淋饭法等,淋饭法黄酒的制作与淋饭酒母的制作基本相同,下面主要介绍其他两种黄酒的制作方法。

(一)摊饭酒

干型黄酒和半干型黄酒中具有典型代表性的绍兴元红酒及加饭酒等都是应用摊饭法生产的。

1. 工艺流程

摊饭酒酿造工艺流程如下所示。

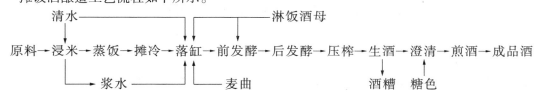

2. 工艺要点

(1)配料 以绍兴元红酒为例,每缸用糯米144kg、麦曲22.5kg、水112kg、酸浆水84kg、淋饭酒母5~6kg。加入酸浆水与清水的比例为3:4,即所谓的"三浆四水"。

(2)浸米 摊饭酒的浸米时间达18~20d。浸渍的目的除了利于蒸煮外,更是为了汲取底层的浆水。一般每缸浸米288kg,浸渍水高出米层约6cm左右。

(3)蒸饭和摊冷 大米浸渍后不经淋洗,保留附在大米上的浆水进行蒸煮。米饭蒸好后摊冷或鼓风吹冷,要求品温下降迅速而均匀,一般冷至60~65℃。

(4)落缸 温度一般控制在24~26℃,不超过28℃。注意勿使酒母与热饭块接触引起"烫酿",造成发酵不良,甚至酸败。

(5)前发酵 前期应注意保温。经10h左右,必须及时开耙(搅拌)。开耙时以饭面下15~20cm缸心温度为依据,结合气温高低灵活掌握。开耙温度的高低影响成品酒的风味,高温开耙(头耙在35℃以上),酵母容易早衰,发酵能力不能持久,酒醪残糖含量较高,酿成的酒口味较甜,俗称热作酒;低温开耙(头耙温度不超过30℃),发酵较完全,酿成的酒甜味少而辣口,俗称冷作酒。

热作酒开头耙后温度一般下降10℃左右,冷作酒开头耙后品温一般下降4~6℃,此后,各次开耙的品温下降较少。头耙、二耙主要依据品温高低进行开耙,三耙、四耙则主要根据酒醪发酵的成熟程度来进行,四耙以后,每天捣耙2~3次,直至品温接近室温。一般主发酵经3~5d结束,这时酒精含量一般达13%~14%。

(6)后发酵 一般持续2个月左右。先在每坛中加入1~2坛淋饭酒母(俗称窝醅),搅拌均匀后,将发酵缸中的酒醪分盛于酒坛中,每坛装约25kg左右,坛口盖一张荷叶。每2~4坛堆成一列,多数堆置在室外,最上层坛口再罩一只小瓦盖,以防雨水入坛。后发酵的品温常随自然温度而变化,前期气温较低时应堆在向阳温暖的地方,后期气温转暖时应堆在阴凉的地方。一般控制品温以小于20℃为宜。

摊饭酒的发酵期一般控制在70~80d左右,结束后进行压榨、澄清和煎酒。

(二)喂饭酒

嘉兴黄酒是喂饭发酵法的代表品种。喂饭法发酵采用多次喂饭的发酵方式,一方面减少了酒药的用量(仅是用作淋饭酒母原料的0.4%~0.5%),另一方面通过不断补给新鲜养料和氧气,酵母保持了旺盛的发酵力。

1. 工艺流程

喂饭酒酿造工艺流程如下所示。

```
        水      水      水      酒药    水、麦曲          水                        水、麦曲
        ↓       ↓       ↓       ↓       ↓               ↓                         ↓
粳米→浸渍→蒸饭→淋饭→搭窝→翻缸放水→第一次喂饭→糖化发酵→第二次喂饭

糖化发酵→第三次喂饭→糖化发酵→后发酵→压滤→煎酒→成品
        ↓
      水、麦曲
```

2. 工艺要点

(1)浸渍 在室温20℃左右时,浸渍20~24h。浸渍后用清水冲淋。

（2）蒸饭、淋饭　"双淋双蒸,小搭大喂"是粳米喂饭酒的技术要点。蒸后淋冷,保证拌药时品温控制在26～32℃。

（3）搭窝　拌入占原料量0.4%～0.5%的酒药,搭窝,保温发酵,经18～22h开始升温,24～36h品温略有回降时出现酿液,此时品温约29～33℃,以后酿液逐渐增多,趋于成熟。成熟的酒酿要求酿液满窝,呈白玉色,有正常的酒香。

（4）翻缸放水　搭窝48～72h后,酿液高度已达2/3的醅深,糖度达20%以上,酵母数在$1×10^8$个/mL左右,酒精含量在4%以下,即可翻转酒醅并加入清水。加水量控制每100kg原料总醪量为310%～330%。

（5）喂饭发酵　翻缸24h后,进行第一次喂饭,加曲进行糖化。喂饭次数以三次为最佳,其次是两次。酒酿原料:喂饭总原料为1:3左右,第一次至第三次喂饭的原料比例分配为18%、28%、54%,喂饭量逐级提高,有利于发酵和酒的质量。保证发酵的正常进行。

（6）灌坛后发酵　最后一次喂饭36～48h后,酒精含量达15%以上,此时要及时灌坛进行后发酵。之后进行压榨、澄清、煎酒、罐坛。

四、半干型黄酒的酿造

典型代表是绍兴加饭酒,半干黄酒含糖量在1.51%～4.0%。这类黄酒在配料中减少了用水量,相当于增加了用饭量,因此有加饭酒之称。加饭酒酒质优美,风味独特,酒液黄亮呈有光泽的琥珀色,香气浓郁,口味鲜美醇厚。

加饭酒酿造工艺过程和操作基本与元红酒相同,最大区别在于原料落缸时,减少了用水量,搅拌较困难,操作时可以一边搅拌,一边将翻拌过的物料翻到临近的空缸中,以利于拌匀,俗称盘缸。一般选择在严冬季节酿造,下缸品温比元红酒低1～2℃。另外,加饭酒都采用热作开耙。主酵结束时,每缸酒再加入淋饭酒醅25kg、糟烧白酒5kg,以增强发酵力,提高酒精含量,防止酸败。酿成后一般还要经过1～3年以上的贮存,使酒老熟,酒质变得香浓,口味醇厚。

五、半甜黄酒的酿造

绍兴善酿酒是半甜型黄酒的代表,采用摊饭法酿制,其工艺流程与元红酒基本相同,最大区别在于下缸时以陈元红酒代水。半甜黄酒的糖分为4.01%～10.0%。因在原料落缸时以酒代水,高酒精度抑制了酵母的发酵,导致最终酒醪中残留了较多的糖分和其他成分,从而构成半甜黄酒特有的酒精含量适中、味甘甜而芳香的特点。

六、甜、浓甜黄酒的酿造

绍兴香雪酒是甜型黄酒的代表酒种。甜型黄酒的糖分高于10.0%,浓甜黄酒糖含量高于20.0%。一般都采用淋饭法酿制。经一定程度的糖化发酵后,加入酒精含量为40%～50%的白酒或食用酒精,抑制酵母发酵,使最终发酵醪残留较多的糖分。生产不受季节限制,一般多安排在夏季生产。

七、黄酒生产的后处理工艺

（一）压滤

经过一段时间的后发酵,黄酒醪已经成熟。将发酵成熟醪中的酒液和糟粕加以分离的操

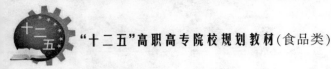

作过程称为压滤。

1. 成熟醪的判断

压滤以前,首先应检测后发酵酒醪是否成熟,以便及时处理,避免发生"失榨"现象。酒醪的成熟与否,可以通过感官检测和理化分析来鉴别。感官检测主要检测酒色、酒味和酒香,成熟的酒醪糟粕完全下沉,上层酒液澄清透明,色泽黄亮;酒味较浓,爽口略带苦味,酸度适中;并有正常的新酒香气而无异杂气味。理化检测主要考察酒精含量和酸度。成熟的酒醪酒精含量已达指标并不再上升,酸度在0.4%左右,并呈现升高的趋势。

2. 压滤

黄酒酒醪的压榨一般采用过滤和压榨相结合的方法来完成固、液分离。一般分为"流清"和压榨或榨酒阶段。榨酒要求酒液澄清,糟粕干,时间短。目前,采用螺杆压榨机,板框压滤机及水压机压榨已逐步代替传统的木榨。

(二)澄清

压滤流出的酒液称为生酒,应汇集到澄清池(罐)内静置澄清,或添加澄清剂,加速其澄清速度。静置澄清时间不宜过长,一般在3d左右。否则酒液中的菌类繁殖生长,易引起酒液浑浊变酸,即发生所谓"失煎"现象,特别是气温在20℃以上时更需注意。澄清后的酒液还需通过棉饼、硅藻土或其他介质的过滤,以除去那些颗粒极小,相对密度较轻的悬浮粒子,使酒液透明光亮,现代酿酒工业已采用硅藻土粗滤和纸板精滤来加快酒液的澄清。

(三)煎酒

把澄清后的生酒加热煮沸片刻,杀灭其中所有的微生物,破坏酶的活性,以便于贮存、保管的操作过程称为"煎酒"。煎酒温度一般在85℃左右。在煎酒过程中,挥发出来的酒精蒸气经收集、冷凝成液体,称作"酒汗"。酒汗香气浓郁,可用作酒的勾兑或甜型黄酒的配料。目前大部分黄酒厂采用薄板换热器煎酒,如果采用两段式薄板换热器,还可利用其中的一段进行热酒冷却和生酒的预热。

(四)包装

灭菌后的黄酒,应趁热灌装,入坛贮存。陶罐包装是黄酒传统的包装方式,具有稳定性高、透气性好、绝缘、防磁和热膨胀系数小等特点,有利于黄酒的自然老熟和香气的形成,目前还被许多企业采用。黄酒灌装后,立即用荷叶、箬壳扎紧坛口,趁热糊封泥头或石膏,以便在酒液与坛口之间形成一酒气饱和层,使酒气冷凝液流回至酒液里,造成一个缺氧、近似真空的环境。新工艺黄酒采用不锈钢大容器贮存新酒。目前黄酒贮罐的单位容量已发展到50t左右,比陶坛的容积扩大近2000倍,大大节约了贮酒空间,此外,大容器在放酒时很容易放去罐底的酒脚沉淀。

(五)贮存(陈酿)

新酒都有口味粗糙欠柔和、香气不足欠协调等缺点,因此必须经过贮存,也就是"陈酿"过程,使黄酒充分老熟,酒体变得醇香、绵软、口味协调,更加适合消费者的口味。

黄酒贮存的时间没有明确的界限,一般含糖量较少的、含氮量低的贮存期可适当长些。普通黄酒一般要求陈酿一年,而名、优黄酒要求陈酿 3～5 年。

八、黄酒新工艺生产技术

黄酒新工艺生产中普遍采用现代化的机械设备,尤其是发酵过程采用蒸汽机和冷冻机进行品温调控,使黄酒生产摆脱了季节和地域的限制。利用分离到的性能优良的酿酒微生物进行纯种制曲,并对制曲工艺进行了改进。广泛采用麸曲及酶制剂作复合糖化剂,采用纯培养酵母、活性黄酒专用干酵母用于酿酒。使用大型后酵罐,代替了将酒醅灌入小口酒坛的传统后酵。此外,酶制剂应用技术、全液态化发酵技术、生料发酵技术生产黄酒也已应用成功。

(一)机械化黄酒生产新工艺

机械化黄酒新工艺流程如下所示。

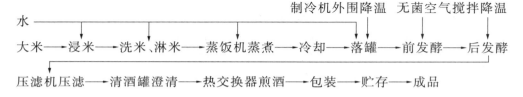

(二)全液态化玉米黄酒生产新工艺

本法以玉米为原料,用 α - 淀粉酶液化,用根霉、黑曲霉糖化,糖化时加入酸性酒用蛋白酶,采用液态法生产出风味独特的玉米保健黄酒。其工艺流程如下所示。

玉米→除杂→浸泡→去胚→粉碎→液化→灭菌→糖化→灭菌→酒精发酵→过滤→陈酿→成品

第四节 黄酒的质量控制

一、黄酒的生产质量控制

(一)防止发酵醪酸败

如果醪液中野生酵母和有害乳酸菌等杂菌大量生长繁殖,产生过量乳酸和醋酸,使醪液总酸超过 0.7% 以上,醪液香味变坏,即为酸败。酸败会影响黄酒风味,酸败严重时发酵停止,酒精度低;中等酸败时醪液浓度较大,酒精度在 14% 左右;酸败轻微时酸度稍大,酒精变化不大。常见的酸败现象有:

品温上升慢或不升;酸度增大,醪出现酸臭或品尝时有酸味;糖分下降慢或停止;泡沫发黏或不正常;用显微镜观察杆菌增多。

1. 防止或补救办法

首先应保持发酵室的卫生,提高酒母的质量,使边发酵边糖化反应平衡,减少糖的过多积累,在配料时添加适量浆水或乳酸,促进酵母的繁殖,使之占有绝对优势,并可适当加大酒母用量。注意发酵温度不要过高,尤其是后发酵阶段应控制在20℃以下,适当加入偏重亚硫酸钾(100g/1000L),达到一定抑菌效果(可在加酒母时加入)。

2. 酸败酒醪的处理

在主发酵过程中,如发现升酸现象,可以及时将主发酵醪液分装较小的容器,降温发酵,防止升酸加快,并尽早压滤灭菌。成熟发酵醪如有轻度超酸(酸度在0.5~0.6g/100mL),可以与酸度偏低的醪液相混(俗称搭醪)来降低酸度,然后及时压滤;中度超酸者,可在压滤澄清时,添加碳酸钙、碳酸钾、碳酸钠等来中和酸度,并尽快煎酒灭菌;对于重度超酸者,不可再压滤成黄酒,而只能加清水冲稀醪液,采用蒸馏方法回收酒精成分。

(二)防止黄酒褐变

黄酒的色泽随贮存时间延长而加深,主要源于酒中发生的美拉德反应生成了类黑精所致。如果酒中糖类和氨基酸含量丰富,贮存期过长的话,酒色会变得很深,并带有焦糖臭味,俗称褐变。这是黄酒的一种病害。

防止或减慢黄酒褐变现象的措施主要有:

1. 合理控制酒中糖或氨基酸的含量,减少美拉德反应的发生;

2. 适当增加酒的酸度,减少铁、锰、铜等元素的含量;

3. 缩短贮存时间,降低贮酒温度。

(三)防止黄酒浑浊

1. 生物性浑浊　指灭菌不彻底或污染了微生物而引起的浑浊。主要现象是酒浑浊变质,生酸腐败,有时会出现异味、异气。应掌握好煎酒温度和时间,加强酒坛的清洗、灭菌和密封工作,同时应在干燥、避光、通风、卫生的环境下贮存。

2. 非生物性浑浊　黄酒中糊精、蛋白质多肽等胶体粒子,在受到 O_2 、光照、振荡、冷热时发生化合、凝聚等作用,使黄酒产生浑浊甚至沉淀的现象。黄酒中的非生物性浑浊主要是蛋白质浑浊。

主要防止措施是:

(1)在酒醪成熟后再进行压榨。

(2)压滤澄清时可添加适量的蛋白酶以促进蛋白质分解。

(3)压滤澄清时可添加适量单宁,沉淀蛋白质以过滤除去。

(4)降低贮酒品温,避免阳光照射,避免温度有大的波动。

二、黄酒的质量标准

GB/T 13662—2008 规定的黄酒标准中黄酒分类及主要技术要求如下。

(一)感官要求

1. 传统型黄酒
应符合表2-3-1的规定。

2. 清爽型黄酒
应符合表2-3-2的规定。

表 2 - 3 - 1　传统型黄酒感官要求

项目	类型	优级	一级	二级
外观	干黄酒、半干黄酒、半甜黄酒、甜黄酒	橙黄色至深褐色,清亮透明,有光泽,允许瓶(坛)底有微量聚集物		橙黄色至深褐色,清亮透明,允许瓶(坛)底有少量聚集物
香气	干黄酒、半干黄酒、半甜黄酒、甜黄酒	具有黄酒特有的浓郁醇香,无异香	黄酒特有的醇香较浓郁,无异香	具有黄酒特有的醇香,无异香
口味	干黄酒	醇和,爽口,无异味	醇和,较爽口,无异味	尚醇和,爽口,无异味
	半干黄酒	醇厚,柔和鲜爽,无异味	醇厚,较柔和鲜爽,无异味	尚醇厚鲜爽,无异味
	半甜黄酒	醇厚,鲜甜爽口,无异味	醇厚,较鲜甜爽口,无异味	醇厚,尚鲜甜爽口,无异味
	甜黄酒	鲜甜,醇厚,无异味	鲜甜,较醇厚,无异味	鲜甜,尚醇厚,无异味
风格	干黄酒、半干黄酒、半甜黄酒、甜黄酒	酒体协调,具有黄酒品种的典型风格	酒体较协调,具有黄酒品种的典型风格	酒体尚协调,具有黄酒品种的典型风格

表 2 - 3 - 2　清爽型黄酒感官要求

项目	类型	一级	二级
外观	干黄酒	橙黄色至黄褐色,清亮透明,有光泽,允许瓶(坛)底有微量聚集物	
	半干黄酒		
	半甜黄酒		
香气	干黄酒	具有本类黄酒特有的清雅醇香,无异香	
	半干黄酒		
	半甜黄酒		
口味	干黄酒	柔静醇和、清爽、无异味	柔静醇和、较清爽、无异味
	半干黄酒	柔和、鲜爽、无异味	柔和、较鲜爽、无异味
	半甜黄酒	柔和、鲜甜、清爽、无异味	柔和、鲜甜、较清爽、无异味
风格	干黄酒	酒体协调,具有本类黄酒的典型风格	酒体较协调,具有本类黄酒的典型风格
	半干黄酒		
	半甜黄酒		

3. 特型黄酒

特型黄酒感官的基本要求:在特性黄酒生产过程中,可以添加符合国家规定的、既可食用又可药用的物质;黄酒中可以按照 GB 2760 的规定添加焦糖色(其焦糖色产品应符合 GB 8817 要求)。

(二)理化要求

1. 传统型黄酒

(1)干黄酒　应符合表 2 - 3 - 3 的要求。

表2-3-3　传统型干黄酒理化要求

项　目	稻米黄酒			非稻米黄酒	
	优级	一级	二级	优级	一级
总糖(以葡萄糖计)/(g/L) ≤	15.0				
非糖固形物(g/L) ≥	20.0	16.5	13.5	20.0	16.5
酒精度(20℃)/(% vol) ≥	8.0				
总酸(以乳酸计)/(g/L)	3.0 ~ 7.0				
氨基酸态氮/(g/L) ≥	0.50	0.40	0.30	0.20	
pH	3.5 ~ 4.6				
氧化钙/(g/L) ≤	1.0				
β-苯乙醇/(mg/L) ≥	60.0			—	

注1:稻米黄酒:酒精度低于14% vol时,非糖固形物、氨基酸态氮、β-苯乙醇的值,按14% vol折算。非稻米黄酒:酒精度低于11% vol时,非糖固形物、氨基酸态氮的值按11% vol折算。

注2:采用福建红曲工艺生产的黄酒,氧化钙指标值可以≤4.0g/L。

注3:酒精度标签标示值与实测值之差为±1.0。

(2)半干黄酒　应符合表2-3-4的要求。

表2-3-4　传统型半干黄酒理化要求

项　目	稻米黄酒			非稻米黄酒	
	优级	一级	二级	优级	一级
总糖(以葡萄糖计)/(g/L) ≤	15.1 ~ 40.0				
非糖固形物(g/L) ≥	27.5	23.0	18.5	22.0	18.5
酒精度(20℃)/(% vol) ≥	8.0				
总酸(以乳酸计)/(g/L)	3.0 ~ 7.5				
氨基酸态氮/(g/L) ≥	0.60	0.50	0.40	0.25	
pH	3.5 ~ 4.6				
氧化钙/(g/L) ≤	1.0				
β-苯乙醇/(mg/L) ≥	80.0			—	

注1:稻米黄酒:酒精度低于14% vol时,非糖固形物、氨基酸态氮、β-苯乙醇的值,按14% vol折算。非稻米黄酒:酒精度低于11% vol时,非糖固形物、氨基酸态氮的值按11% vol折算。

注2:采用福建红曲工艺生产的黄酒,氧化钙指标值可以≤4.0/L。

注3:酒精度标签标示值与实测值之差为±1.0。

(3)半甜黄酒　应符合表2-3-5的要求。

表 2 - 3 - 5 传统型半甜黄酒理化要求

项　　　目		稻米黄酒			非稻米黄酒	
		优级	一级	二级	优级	一级
总糖(以葡萄糖计)/（g/L）	≤			40.1~100		
非糖固形物(g/L)	≥	27.5	23.0	18.5	23.0	18.5
酒精度(20℃)/（%vol）	≥			8.0		
总酸(以乳酸计)/（g/L）				4.0~8.0		
氨基酸态氮/（g/L）	≥	0.50	0.40	0.30		0.20
pH				3.5~4.6		
氧化钙/（g/L）	≤			1.0		
β－苯乙醇/（mg/L）	≥		60.0			—

注1：稻米黄酒:酒精度低于14%vol时,非糖固形物、氨基酸态氮、β－苯乙醇的值,按14%vol折算。非稻米黄酒:酒精度低于11%vol时,非糖固形物、氨基酸态氮的值按11%vol折算。

注2：采用福建红曲工艺生产的黄酒,氧化钙指标值可以≤4.0g/L。

注3：酒精度标签标示值与实测值之差为±1.0。

（4）甜黄酒　应符合表2-3-6的要求。

表 2 - 3 - 6 传统型甜黄酒理化要求

项　　　目		稻米黄酒			非稻米黄酒	
		优级	一级	二级	优级	一级
总糖(以葡萄糖计)/（g/L）	≤			100		
非糖固形物(g/L)	≥	23.0	20.0	16.5	20.0	16.5
酒精度(20℃)/（%vol）	≥			8.0		
总酸(以乳酸计)/（g/L）				4.0~8.0		
氨基酸态氮/（g/L）	≥	0.40	0.35	0.30		0.20
pH				3.5~4.8		
氧化钙/（g/L）	≤			1.0		
β－苯乙醇/（mg/L）	≥		40.0			—

注1：稻米黄酒:酒精度低于14%vol时,非糖固形物、氨基酸态氮、β－苯乙醇的值,按14%vol折算。非稻米黄酒:酒精度低于11%vol时,非糖固形物、氨基酸态氮的值按11%vol折算。

注2：采用福建红曲工艺生产的黄酒,氧化钙指标值可以≤4.0g/L。

注3：酒精度标签标示值与实测值之差为±1.0。

2. 清爽型黄酒

（1）干黄酒　应符合表2-3-7的要求。

表2-3-7　清爽型干黄酒理化要求

项　　目	稻米黄酒			非稻米黄酒	
	优级	一级	二级	优级	一级
总糖(以葡萄糖计)/(g/L)　≤	15.0				
非糖固形物(g/L)　≥	7.0				
酒精度(20℃)/(%vol)	8.0~15.0				
pH	3.5~4.6				
总酸(以乳酸计)/(g/L)	2.5~7.0				
氨基酸态氮/(g/L)　≥	0.30	0.20			
氧化钙/(g/L)　≤	0.5				
β-苯乙醇/(mg/L)　≥	35.0				

注1:稻米黄酒:酒精度低于14%vol时,非糖固形物、氨基酸态氮、β-苯乙醇的值,按14%vol折算。非稻米黄酒:酒精度低于11%vol时,非糖固形物、氨基酸态氮的值按11%vol折算。

注2:采用福建红曲工艺生产的黄酒,氧化钙指标值可以≤4.0g/L。

注3:酒精度标签示值与实测值之差为±1.0。

(2)半干黄酒　应符合表2-3-8的要求。

表2-3-8　清爽型半干黄酒理化要求

项　　目	稻米黄酒		非稻米黄酒	
	一级	二级	一级	二级
总糖(以葡萄糖计)/(g/L)	15.1~40.0			
非糖固形物(g/L)　≥	15.0	12.0	15.0	12.0
酒精度(20℃)/(%vol)	8.0~16.0			
pH	3.5~4.6			
总酸(以乳酸计)/(g/L)	2.5~7.0			
氨基酸态氮/(g/L)　≥	0.50	0.30	0.25	
氧化钙/(g/L)　≤	0.5			
β-苯乙醇/(mg/L)　≥	35.0			

注1:稻米黄酒:酒精度低于14%vol时,非糖固形物、氨基酸态氮、β-苯乙醇的值,按14%vol折算。非稻米黄酒:酒精度低于11%vol时,非糖固形物、氨基酸态氮的值按11%vol折算。

注2:采用福建红曲工艺生产的黄酒,氧化钙指标值可以≤4.0g/L。

注3:酒精度标签示值与实测值之差为±1.0。

(3)半甜黄酒　应符合表2-3-9的要求。

表 2 – 3 – 9 清爽型半甜黄酒理化要求

项　　目		稻米黄酒		非稻米黄酒	
		一级	二级	一级	二级
总糖(以葡萄糖计)/(g/L)		40.1 ~ 100			
非糖固形物(g/L)	≥	10.0	8.0	10.0	8.0
酒精度(20℃)/(% vol)		8.0 ~ 16.0			
pH		3.5 ~ 4.6			
总酸(以乳酸计)/(g/L)		3.8 ~ 8.0			
氨基酸态氮/(g/L)	≥	0.40	0.30	0.20	
氧化钙/(g/L)	≤	0.5			
β – 苯乙醇/(mg/L)	≥	30.0			

注 1:稻米黄酒:酒精度低于 14% vol 时,非糖固形物、氨基酸态氮、β – 苯乙醇的值,按 14% vol 折算。非稻米黄酒:酒精度低于 11% vol 时,非糖固形物、氨基酸态氮的值按 11% vol 折算。

注 2:采用福建红曲工艺生产的黄酒,氧化钙指标值可以 ≤4.0g/L。

注 3:酒精度标签标示值与实测值之差为 ±1.0。

3. 特型黄酒

按照相应的产品标准执行,产品标准中各项指标的设定,不应低于本标准相应产品类型表 2 – 3 – 3 至表 2 – 3 – 9 中的最低级别要求。

 本章小结

黄酒是指以稻米、黍米等为主要原料,经加曲、酵母等糖化发酵剂酿制而成的发酵酒。

在最新国标中如此分类:按产品风格分为传统型黄酒、清爽型黄酒和特型黄酒,按含糖量分为干黄酒,总糖含量 ≤15.0g/L 的酒,如元红酒;半干黄酒,总糖含量 15.1 ~ 40.0g/L 的酒,如加饭酒;半甜黄酒,总糖含量 40.1 ~ 100g/L 的酒,如善酿酒;甜黄酒,总糖含量 ≥100g/L 的酒,如香雪酒。

黄酒生产的原料主要有稻米、黍米、玉米、小米等,辅助原料有小麦、大麦、麸皮、水等。黄酒的生产工艺包括浸米、蒸煮、冷却、加酒曲、糖化、发酵、压榨、过滤、煎酒(除菌)、贮存、勾兑。

黄酒发酵过程可分为前发酵、主发酵和后发酵三个阶段。整个过程是在霉菌、酵母菌及细菌等多种微生物及其酶类共同参与下进行的复杂的生物化学过程。糖化发酵剂是黄酒酿造中使用的酒药、酒母和曲等微生物制品的总称。不同的糖化发酵剂以及酿造工艺,赋予了黄酒不同的风味。

 思 考 题

1. 黄酒如何分类?
2. 黄酒酿造过程中的微生物有哪些?

3.黄酒发酵的主要特点是什么?

4.干型摊饭酒的酿造工艺流程是什么?

 阅读小知识

绍兴黄酒的品种

1.元红酒

元红酒也称"状元红"。酒度 15 度以上,糖、酸成分较低,是干型黄酒的典型代表。

2.加饭酒

加饭酒酒度 18 度,糖分 2 度,高于元红酒。属半干型酒。加饭酒透明晶莹,香气浓烈,宜吃冷盘时喝。

3.花雕酒

加饭酒经多年贮存即为花雕酒。花雕酒的由来有一个美妙的传说。古时当女儿出生时,父母要将几坛酒加以塑雕或者彩绘后,埋入地下,待女儿出嫁时取出款待宾客,即是著名的"女儿红"。花雕酒便由此而得名。现虽不将酒坛埋入地下,但雕塑彩绘的技艺沿袭至今。花雕酒坛成为人们收藏的珍品。花雕酒一般存放时间较长,故其味醇厚,色泽澄黄,香气馥郁,为绍兴酒中极品。

4.善酿酒

用已贮存一至三年的陈元红酒,代水入缸与新酒再发酵,酿成的酒再陈酿一至三年所成。善酿酒属半甜酒,呈深黄色,质地特浓,最宜妇女及初饮者,配以甜菜肴或点心最佳。

5.香雪酒

是用米饭加酒药和麦曲一次酿成的酒(即淋饭酒)。拌入少量麦曲,再用由黄酒糟蒸馏所得的 50 度的糟烧代替水,一同入缸进行发酵。这样酿得的高糖(20% 左右)、高酒度(20 度左右)的黄酒,即是香雪酒。香雪酒属甜酒,鲜灵甜美,独具一格,若在饭前饭后少量饮用,最感适口,并助消化。

第四章　白酒生产工艺

【知识目标】

1. 掌握白酒定义及白酒的发展历史。

2. 了解我国白酒的分类标准。

3. 掌握典型白酒生产工艺。

第一节　绪论

一、白酒定义及白酒发展概况

白酒是以大曲、小曲或麸曲及酒母等为糖化发酵剂，利用高粱等粮食谷物及代用原料经蒸煮、糖化发酵、蒸馏、陈酿勾兑而制成的蒸馏酒。因其能点燃又叫烧酒。

白酒与白兰地、威士忌、伏特加、朗姆酒、金酒并列称为世界六大蒸馏酒之一。但白酒所用的制曲、制酒的原料、微生物体系以及各种制曲工艺，平行或单行复式发酵等多种发酵形式和蒸馏、勾兑等操作的复杂性，是其他蒸馏酒所无法比拟的。

我国酿酒已有 5000～6000 年的历史，从早期的手工作坊发展到现在的大规模半机械化、机械化生产，发酵酒发展到蒸馏高度酒，再发展到蒸馏低度酒，产量由小到大，花色品种越来越多，市场一派繁荣景象，从考古及历史文献记载，我国西北地区，即凤型白酒发源地，应是古代酿酒业较发达、酒史最长的地区之一，也是我国白酒的发祥地之一。

白酒是我国独特的一种饮料酒，不仅有别于国内其他饮料酒，如黄酒、啤酒、果酒等，而且因生产工艺和原料的不同，形成的风味物质及含量不同，而有别于世界上其他蒸馏酒，如白兰地、威士忌、伏特加、金酒等。中国白酒只是一个统称，因其生产工艺、原辅料、地理位置等不同，而品种繁多，香型各异。

古时白酒即现在常说的传统工艺白酒多采用固态发酵法生产、有大曲酒和小曲酒之分，亦称为"大酒"、"小酒"，酒度较高，有别于我们现在所说的新工艺白酒。

酿酒工业是我国轻工业的一大行业，是国家的重要财源，从全国来看，税收仅次于卷烟行业居第二位。酿酒行业经过改革前十年的飞速发展后，近年来，总体上运行在结构调整的平稳发展时期。进入 1999 年后，酿酒行业呈现出白酒继续调整、啤酒平稳增长、葡萄酒面临冲击、黄酒仍需培育、果露酒前景看好、保健酒呈现转机的整体态势。白酒产量在饮料酒中所占的比重逐年下降，消费量渐入平稳期。

2001 年，白酒行业年产万吨的企业有近 60 家，其中年产 3 万吨以上的企业有 14 家（其中 5～10 万吨的 3 家，五粮液达 15 万吨），白酒集团公司约 40 家，白酒行业年利税亿元以上的有 30 余家。完成销售收入近 500 亿元（不含 500 万元产值以下企业）。

作为中国最传统的一个行业，白酒业在"十一五"期间增速迅猛。从 5 年前 73.2 亿元的全行业总利润,到今年这一数字将超过300亿元,增长达3倍。食品饮料行业"十一五"期间取得长足发展,其中白酒行业年均增长率为30.64%,显著高于啤酒、葡萄酒以及其他食品制造行业。预计"十二五"期间白酒仍将保持快速增长。

在我国的酿酒行业中,白酒是仅次于啤酒的第二大酒种。它是我国的国粹和宝贵的文化遗产。白酒生产的特点是对原料无苛求,淀粉质原料和糖质原料均可生产白酒,与其他酒种相比,其优越性在于可以提高农副产品附加值,消化粗粮,提高饲料粮营养价值,回归自然,形成良性生物链,实现生态平衡。同时白酒行业属于劳动密集型企业,可以解决大量人员就业,为国家创造财富,每年实现的利税比其他饮料酒利税总和还要高,利国利民。

白酒是人们的一种嗜好需求,白酒消费不再局限于生理需要,已经上升到文化消费的层面。白酒产品结构上发生了显著的变化,新型白酒占据了很大的市场份额,目前,新型白酒和低度白酒的产量占到了全国总产量的7%以上。因此,我们应该根据市场需要,努力提高产品质量,调整产品结构,满足人们的需要。

二、我国知名白酒简介

我国的白酒生产历史悠久,工艺独特。随着科学技术水平不断提高,传统白酒有了新的发展,地方名酒和优质酒也不断涌现。

另外江苏双沟大曲酒、哈尔滨龙滨酒、湖南德山大曲酒、广西全州湘山酒、桂林三花酒、锦州凌川白酒等九种评定为全国优质白酒。

(一)茅台酒

茅台酒驰名中外,产于贵州省仁怀县茅台镇。茅台酒受到国际上的欢迎,出口量逐年上升,为国家争取大量外汇。

茅台酒以"清亮透明,特殊芳香,醇和浓郁,味长回甜"为特点,尤以酱香为其典型。含酒精52~53度。相传建厂于1704年,早在1915年巴拿马赛会上评为世界名酒,荣获优胜金质奖章。

茅台酒生产,是先辈劳动人民把北方大曲酒与南方小曲酒的生产工艺巧妙地结合起来,并不断加以完善,形成了现在茅台酒生产方法。用纯小麦制高温曲,用高粱作原料,一次酒要两次投料,即经一次清蒸下沙,一次混蒸糙沙,八次发酵,每加曲入窖发酵一个月,蒸一次酒,共计取酒七次(本是八次蒸酒,但第一次不作正品,泼回酒窖重新发酵)。由投料到丢糟整个过程共9~10个月。各轮次酒质量各有特点,应分质贮存,三年后再进行精心勾兑。每轮次蒸馏得到的酒还可分为三个典型体,即窖底香型、酱香型和醇甜型。窖底香型一般产于窖底而得名,己酸乙酯为主要成分。酱香是构成茅台酒的主体香,对其组分目前还未能全部确认,但从分析结果看,其成分最为复杂。醇甜型也是构成茅台酒特殊风格的组分,以多元醇为主,具甜味。

(二)汾酒

汾酒因产于山西汾阳县杏花村而得名。其酿酒历史非常悠久,据该厂记载,唐朝已盛名于世。在1915年巴拿马赛会上评为世界名酒,荣获优胜金质奖章,在国际市场享有盛名。据分析汾酒以乙酸乙酯和乳酸乙酯为主体香味物质,并含有多元醇、双乙酰等极其复杂的芳香和口味成分,相对调和匀称。其产品质量特点是"无色透明、清香、厚、绵柔、回甜、饮后余香,回味悠长"，含酒精65度。

杏花村又产"竹叶青酒"，系以汾酒为基础，加进竹叶、当归、砂仁、檀香等十二味药材作香料，加冰糖浸泡调配而成。酒度46度，糖分10%左右，酒液金黄微绿，透明，有令人喜爱的芳香味。入口绵甜微苦。该酒的生产已有悠久历史，同列为国家名酒。

（三）西凤酒

陕西省凤翔县、宝鸡市、眉县、岐山一带盛产，而以凤翔县柳林镇为最佳。西凤酒历史悠久，据传远在唐代西凤酒即列入珍品。西凤酒在公元1911年（清宣统二年），在南洋赛会荣获奖章后，遂膺全球声誉。

西凤酒酒色透明，清芳甘润，味醇厚，咽后喉有回甘。含酒精65度。

西凤酒用大麦60%，豌豆40%制大曲。以高粱为原料，清蒸高粱壳为辅料，采用续渣六甑混烧，老泥土窖发酵。发酵期为14～15天，部分窖池发酵期为30天，在名白酒中发酵期是较短的。蒸馏后的酒须装入"酒海"储存三年，勾兑而成。"酒海"为西凤酒独特存酒容器，用柳条酒篓或水泥池内壁糊以猪血、石灰、麻纸，可用来长期贮酒。

（四）泸州老窖大曲酒

泸州老窖中以"温永盛"、"天成生"为最有名。温永盛创设于1729年（清雍正七年），但最老的窖相传已有376余年历史。此酒产于四川省泸州市。

泸州老窖大曲酒根据其质量可分为特曲、头曲、二曲和三曲。以泸州特曲酒为优，其产品具有"浓香、醇和、味甜、回味长"四大特色，其浓香为泸型酒一类风格的典型。

泸州老窖大曲酒因采用多年老窖发酵而得名。1919年曾荣获巴拿马赛会优胜奖章和奖状。

泸州大曲酒采用纯小麦制大曲，以糯高粱为原料。发酵期60天，采用混蒸混糟，续渣配料的生产工艺，并采用"分层回酒"和"双轮底"发酵操作，以提高成品酒的浓郁香味，含酒精60度。

（五）五粮液

四川宜宾五粮液采用五种粮食（高粱、大米、糯米、小麦、玉米）为原料酿制而成，故称"五粮液"。因使用多种粮食，特殊制曲（包包曲）和老窖发酵（70～90天），给五粮液带来了复杂的香味和独特的风味，其特点是："香气悠久，喷香浓郁，味醇厚，入口甘美，入喉清爽，各味协调，恰到好处"。酒度60度（出口产品52度）。

（六）古井贡酒

安微亳县古井贡酒，历史悠久，明、清二代作为贡品。其质量特点因"浓香、回味悠长"而著名，含酒精62度。

（七）全兴大曲酒

成都全兴大曲酒为轻浓香型酒，己酸乙酯和乙酸乙酯为主体香。由于生产使用相传已有360余年的老窖，又有一套传统的操作方法，故酿出的白酒其质量特点为："无色透明、清香、醇和、回甜、尾净"。除有泸型酒的风格外,还以自己的特色独具一格。含酒精59~60度。

(八)董酒

贵州遵义董酒厂所产董酒,酒质晶莹透明,醇香浓郁,清爽适口,回甜味长,独具一格。含酒精58~60度。

董酒酿酒工艺较特殊,制曲工艺也较为复杂,使用小曲和大曲(麦曲)两种曲子。董酒贮藏一年以上后勾兑成成品。

三、白酒的分类

白酒的分类方法有多种,根据2009年6月1日开始实施的饮料酒分类国家标准GB/T 17204—2008,白酒产品分类如下:

(一)按用糖化发酵剂种类分类

1. 大曲酒　以大曲为糖化发酵剂酿制而成的白酒。
2. 小曲酒　以小曲为糖化发酵剂酿制而成的白酒。
3. 麸曲酒　以麸曲为糖化发酵剂酿制而成的白酒。
4. 混曲酒　以大曲、小曲或麸曲混合为糖化发酵剂酿制而成的白酒。
5. 其他糖化剂酒　以糖化酶为糖化剂,加酿酒酵母(或活性干酵母、清香酵母)发酵酿制而成的白酒。

(二)按生产工艺分类

1. 固态法白酒
以粮谷为原料,采用固态(半固态)糖化、发酵,未添加食用酒精及非白酒发酵产生的呈香呈味物质,具有本品固有风格特征的白酒。

2. 液态法白酒
以含淀粉、糖类物质为原料,采用液态糖化、发酵、蒸馏所得的基酒(或含食用酒精),可调香或串香,勾调而成的白酒。

3. 串香白酒
以食用酒精为酒基,利用固态法发酵的酒醅(或特制的香醅)进行串香(或浸蒸)而制成的白酒。

4. 固液法白酒
以固态法白酒(不低于30%)、液态法白酒、食品添加剂勾调而成的白酒。

(三)按香型分类

1. 浓香型白酒
以粮谷为原料,经传统固态发酵、蒸馏、陈酿、勾兑而成,未添加食用酒精以及非白酒发酵产生的呈香呈味物质,具有己酸乙酯为主体复合香的白酒。以四川泸州老窖特曲酒为代表,国家名酒中的五粮液、剑南春、洋河大曲、古井贡酒等均为此香型白酒。这种酒的风格特点是:窖香浓郁、入口绵甜、清爽甘冽、回味悠长,主体香为己酸乙酯和适当的丁酸乙酯。

2. 酱香型白酒

以粮谷为原料,经传统固态发酵、蒸馏、陈酿、勾兑而成的,未添加食用酒精及非白酒发酵生产的呈香呈味物质,具有其特征风格的白酒。以贵州茅台酒为代表,该酒以醇香优雅,香而不厌、空杯留香而著称。它的特点是:酒色微黄透明,酱香浓郁,幽雅细腻、酒体醇厚、味长回甜,该酒主体香成分复杂。

3. 清香型白酒

以粮谷为原料,经传统固态发酵、蒸馏、陈酿、勾兑而成的,未添加食用酒精及非白酒发酵生产的呈香呈味物质,具有乙酸乙酯为主体复合香的白酒。以山西杏花村汾酒为代表,这种酒的风格特点是:清香纯正、醇甜柔和、余味净爽,主体香是乙酸乙酯和适量的乳酸乙酯。

4. 米香型白酒

以大米等为原料,经传统固态发酵、蒸馏、陈酿、勾兑而成的,未添加食用酒精及非白酒发酵生产的呈香呈味物质,具有乳酸乙酯、β-苯乙醇为主体复合香的白酒。以广西桂林三花酒为代表,这种酒的风格特点是:蜜香清雅、入口绵软、落口爽冽、回味怡畅,其主体香成分是乳酸乙酯和适量的乙酸乙酯,β-苯乙醇的含量也较高。

5. 凤香型白酒

以粮谷为原料,经传统固态发酵、蒸馏、酒海陈酿、勾兑而成的,未添加食用酒精及非白酒发酵生产的呈香呈味物质,具有乙酸乙酯和己酸乙酯为主体复合香的白酒。以陕西的西凤酒和太白酒为代表,这种酒的风格特点是:醇香秀雅,醇厚丰满,干润挺爽,诸味协调,尾净悠长,具有乙酸乙酯为主、一定量的己酸乙酯为辅的复合香气。

6. 豉香型白酒

以大米为原料,经蒸煮,用大酒饼作为主要糖化发酵剂,采用边糖化边发酵的工艺,釜式蒸馏,陈肉坛浸勾兑而成,未添加食用酒精及非白酒发酵生产的呈香呈味物质,具有豉香特点的白酒。以广东石湾酒厂生产的石湾米酒玉冰烧为代表,并成为国家11种白酒香型代表酒中唯一一个产自广东的白酒。具有独特的豉香味,入口醇滑,无苦杂味,玉洁冰清,豉香独特,醇和甘滑,余味净爽等特点。其历史悠久,深受人们的喜爱。其生产量大,出口量也相当可观,是一种地方性和习惯性酒种。

7. 芝麻香型白酒

以高粱、小麦(麸皮)为原料,经传统固态发酵、蒸馏、陈酿、勾兑而成的,未添加食用酒精及非白酒发酵生产的呈香呈味物质,具有芝麻香型风格的白酒。以山东景芝白干为代表,具有芝麻香幽雅纯正、醇和细腻、香气协调、余味悠长、风格典雅的特点。

8. 特香型白酒

以大米为主要原料,经传统固态发酵、蒸馏、陈酿、勾兑而成的,未添加食用酒精及非白酒发酵生产的呈香呈味物质,具有特香型风格的白酒。以产自江西樟树的四特酒为代表,具有优雅舒适、诸香协调、柔绵醇和、余味悠长,以及饮之不口干、不上头等特点。

9. 浓酱兼香型白酒

以粮谷为原料,经传统固态发酵、蒸馏、酒海陈酿、勾兑而成的,未添加食用酒精及非白酒发酵生产的呈香呈味物质,具有浓酱兼香型独特风格的白酒。以湖北白云边酒为代表,具有芳香优雅、酱浓协调、绵厚甘甜、圆润怡长的独特风格。

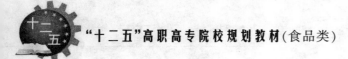

10. 老白干香型白酒

以粮谷为原料,经传统固态发酵、蒸馏、酒海陈酿、勾兑而成的,未添加食用酒精及非白酒发酵生产的呈香呈味物质,具有以乳酸乙酯、乙酸乙酯为主体复合香的白酒。以河北衡水老白干酒为代表,具有芳香秀雅、醇厚丰柔、甘洌爽净、回味悠长的特点。

11. 其他香型

不属于以上香型的白酒均列为其他香型。

(四)按酒度高低分类

1. 高度白酒　　酒精度含量为 41% ~ 65% vol 的白酒。
2. 低度白酒　　酒精度含量为 40% vol 以下的白酒。

(五)按原料分类

1. 粮谷酒　　用粮谷为主要原料生产的白酒。如高粱酒、玉米酒、大米酒等。
2. 薯干酒　　用鲜薯或薯干为原料生产的白酒。
3. 代粮酒　　用含淀粉较多的野生植物或含糖、含淀粉较多的其他原料制成的白酒,如甜菜、高粱糠、蜜糖等。

第二节　白酒生产的原料及处理

从酿酒原理来看,任何含淀粉、含可发酵性糖,或者能够转化为可发酵性糖的原料(除对人体有害的以外)均可用来酿酒。但根据香型的不同,为了保证其固有风格,原辅料相对固定。

一、制曲原料

用于白酒生产的曲有很多种,不同种类的曲有不同的制曲工艺,使用的原料也不同。选用原料,一是要考虑培菌过程中满足微生物的营养需要;二是要考虑传统特点和原料特性。一般选用含营养物质丰富,能供给微生物生长繁殖,对白酒香味物质形成有益的物质做原料。制大曲常用小麦、大麦、豌豆、蚕豆等;小曲以麦麸、大米或米糠为原料;麸曲以麸皮为原料。

(一)原料的感官要求及理化成分

制曲原料的感官要求是:颗粒饱满,新鲜,无虫蛀、不霉变,干燥适宜,无异杂味,无泥沙及其他杂物。制曲原料的理化成分见表 2 - 4 - 1。

表 2 - 4 - 1　制曲原料理化成分表　　　　　　　　　　　　　　%

原料	水分	粗淀粉	粗蛋白质	粗脂肪	粗纤维	灰分
小麦	12.8	61 ~ 65	7.2 ~ 9.8	2.5 ~ 2.9	1.2 ~ 1.6	1.66 ~ 2.9
大麦	11.5 ~ 12	61 ~ 62.5	11.2 ~ 12.5	1.69 ~ 2.8	7.2 ~ 7.9	3.44 ~ 4.22
豌豆	10 ~ 12	41.15 ~ 51.5	25.5 ~ 27.5	3.9 ~ 4.0	1.3 ~ 1.6	3.0 ~ 3.1
大米	11.5	61 ~ 62.5	11.2 ~ 12.5	1.89 ~ 2.8	7.2 ~ 7.9	3.44 ~ 4.22
米糠	13.5	37.5	14.8	18.2	9.0	9.4
麸皮	12	15.2	2.68	4.5	60.3	5.26

（二）制曲原料与曲质的关系

小麦：小麦含淀粉较高，黏着力强，氨基酸种类达20种，维生素含量丰富，是微生物生长繁殖的良好天然培养基。粉碎适度，制出的曲胚不易松散失水，又没有黏着力过大的而蓄水过多的缺点，适合微生物生长繁殖，是制大曲的优质原料。

大麦：大麦中含的维生素和生长素可刺激酵母和许多霉菌的生长，是培养微生物的天然培养基。大麦含皮壳多，踩制的曲胚疏松，透气性好，散热快，在培菌过程中水分易蒸发，有上火快，退火也快的特点。由于曲胚不易保温，制曲时一般需添加20%～40%的豌豆。

豌豆：豌豆含蛋白质丰富，淀粉含量较低，黏性大，易结块，有"上火慢，退火也慢"的特点，控制不好容易烧曲，故常与大麦配合使用，一般大麦与豌豆按6:4混合，这样可使曲胚踩得紧实，按预定的品温升降培养，保持成曲断面清亮，能赋予白酒清香味和曲香味。

大米：大米淀粉含量较高，含脂肪较少，结构疏松，是制小曲的主要原料，如四川邛崃米曲、厦门白曲等，都是用大米或加米糠、药材制成。

麸皮：麸皮含淀粉15%左右，并含有多种维生素和矿物质，具有良好的通气性、疏松性和吸水性，是多种微生物生长的良好培养基，是麸曲的主要原料。

二、酿酒原料

酿酒的原料有粮谷、以甘薯干为主的薯类、代用原料，生产中主要是用前两类原料，代用原料较少。由于白酒的品种不同，使用的原料也各异。酿酒原料的不同和原料的质量优劣，与产出酒的质量和风格有极密切的关系，因此，在生产中要严格选料。

（一）原料的感官理化要求

粮谷原料的感官要求：颗粒均匀饱满、新鲜、无虫蛀、无霉变、干燥适宜、无泥沙、无异杂味、无其他杂物。以薯干为主的薯类原料的感官要求：新鲜、干燥、无虫蛀、无霉变、无异杂物、无异味、无泥沙、无病薯干。酿酒原料具体理化要求见表2-4-2。

表2-4-2　酿酒原料理化要求　　　　　　　　　　　　　　　　　　　　　%

原料	水分	淀粉	粗蛋白	粗脂肪	粗纤维	灰分	单宁
高粱	12～14	61～63	8.2～10.5	2～4.3	1.6～2	1.7～2.7	0.17～0.29
大米	12～13.5	72～74	7～9	0.1～0.3	1.5～1.8	0.4～1.2	—
糯米	13.1～15.3	68～73	5～8	1.4～2.5	0.4～0.6	0.8～0.9	—
小麦	12.8～13	61～65	7.2～9.8	2.5～2.9	1.2～1.6	1.66～2.9	—
玉米	11～11.9	62～70	8～16	2.7～5.3	1.5～3.5	1.5～2.6	—
薯干	10.1～10.9	68～70	2.3～6	0.6～2.3	—	—	—
马铃薯干	12.96	63.48	3.78	0.4	—	—	—
木薯干	14.71	72.1	2.64	0.826	—	—	—

（二）原料与产量、质量的关系

高粱：高粱又名红粮，依穗的颜色可分为黄、红、白、褐四种高粱；依籽粒含的淀粉性质来分

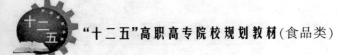

有粳高粱和糯高粱。粳高粱含直链淀粉较多,结构紧密,较难溶于水,蛋白质含量高于糯高粱。糯高粱几乎完全是直链淀粉,具有吸水性强,容易糊化的特点,是历史悠久的酿酒原料,淀粉含量虽低于粳高粱但出酒率却比粳高粱高。高粱是酿酒的主要原料,在固态发酵中,经蒸煮后,疏松适度,熟而不黏,利于发酵。

大米:大米淀粉含量70%以上,质地纯正,结构疏松,利于糊化,蛋白质、脂肪及纤维等含量较少。在混蒸式的蒸馏中,可将饭味带入酒中,酿出的酒具有爽净的特点,故有"大米酿酒净"之说。

糯米:糯米是酿酒的优质原料,淀粉含量比大米高,几乎百分之百为支链淀粉,经蒸煮后,质软性黏可糊烂,单独使用容易导致发酵不正常,必须与其他原料配合使用。糯米酿出的酒甜。

小麦:小麦不但是制曲的主要原料,而且还是酿酒的原料之一。小麦中含有丰富的碳水化合物,主要是淀粉及其他成分,钾、铁、磷、硫、镁等含量也适当。小麦的黏着力强,营养丰富,在发酵中产热量较大,所以生产中单独使用应慎重。

玉米:玉米品种很多,淀粉主要集中在胚乳内,颗粒结构紧密,质地坚硬,蒸煮时间宜很长才能使淀粉充分糊化,玉米胚芽中含有占原料重量5%左右的脂肪,容易在发酵过程中氧化而产生异味带入酒中,所以玉米做原料酿酒不如高粱酿出的酒纯净。生产中选用玉米做原料,可将玉米胚芽除去。

甘薯:薯干、鲜甘薯切碎经日晒或风干后而成的干片,含淀粉65%~68%,含果胶质比其他原料都高。薯干的原料疏松,吸水能力强,糊化温度为53~64℃,比其他原料容易糊化,出酒率普遍高于其他原料,但成品酒中带有不愉快的薯干味,采用固态法酿制的白酒比液态法酿制的白酒薯干气味更重。甘薯中含有3.6%的果胶质,影响蒸煮的黏度。蒸煮过程中,果胶质受热分解成果胶酸,进一步分解生成甲醇,所以使用薯干作酿酒原料时,应注意排除杂质,尽量降低白酒中的甲醇含量。

三、酿酒的辅料

白酒中使用的辅料,主要用于调整酒醅的淀粉浓度、酸度、水分、发酵温度,使酒醅疏松不腻,有一定的含氧量,保证正常的发酵和提供蒸馏效率。

(一)辅料的感官理化指标

感官要求:酿酒的辅料,应具有良好的吸水性和骨力,适当的自然颗粒度;不含异杂物,新鲜、干燥、不霉变,不含或少含营养物质及果胶质、多缩戊糖等成分。

(二)辅料与白酒生产中的产量、质量的关系

稻壳:稻壳质地疏松,吸水性强,用量少而使发酵界面增大的特点。稻壳中含有多缩戊糖和果胶质,在酿酒过程中生成糠醛和甲醇等物质。使用前必须清蒸20~30min,以除去异杂味和减少在酿酒中可能产生的有害物质。稻壳是酿制大曲酒的主要辅料,也是麸曲酒的上等辅料,是一种优良的填充剂,生产中用量的多少和质量的优劣,对产品的产量、质量影响很大。一般要求2~4瓣的粗壳,不用细壳。

谷糠:谷糠是指小米或黍米的外壳,酿酒中用的是粗谷糠。粗谷糠的疏松度和吸水性均较

好,做酿酒生产的辅料比其他辅料用量少,疏松酒醅的性能好,发酵界面大;在小米产区酿制的优质白酒多选用谷糠为辅料。用清蒸的谷糠酿酒,能赋予白酒特有的醇香和糟香。普通麸曲酒用谷糠做辅料,产出的酒较纯净。细谷糠中含有小米的皮较多,脂肪成分高,不适于酿制优质白酒。

高粱壳:高粱壳质地疏松,仅次于稻壳,吸水性差,入窖水分不宜过大。高粱壳中的单宁含量较高,会给酒带来涩味。

四、生产用水

白酒酿造生产用水,包括制曲、制酒母用水,生产发酵、勾兑、包装用水等。古代对酿酒用水就有严格的要求,有"水甜而酒洌"、水是"酿酒的血液"等说法。生产用水质量的优劣,直接关系到糖化发酵是否能顺利进行和成品酒质。

(一)水源的选择和水质的要求

水源的选择应符合工业用水的一般条件,即水量充沛稳定,水质优良、清洁、水温较低。

酿酒生产用水应符合生活用水标准、要求:

外观:无色透明,无悬浮物,无沉淀,凡是呈现微黄、混浊、悬浮的小颗粒的水,必须经过处理才能使用。

口味:将水加热至 20 ~ 30℃,口尝时应具有清爽气味、味净微甘,为水质良好。凡是有异杂味的水必须经过处理才能使用。

硬度:水的硬度是指水中存在钙、镁等金属盐的总量。0°~4°为最软水,4.1°~8.0°为软水,8.1°~12°为普通硬水,12.1°~18°为中硬水°,18.1°~30°为硬水,30以上为最硬水。质量较好的泉水硬度在 8°以下,白酒酿造用水一般在 18°以下的均可使用。但勾兑用水硬度在 8°以下。

碱度:碱度是指水中碱性物质总量,主要包括碱土金属中的钙、镁、亚铁、锰、锌等盐类。碱度单位以德国度表示(1 碱度相当于每升水中含 10mg 氧化钙),水中适当的碱度可降低酒醅的酸度。白酒生产用水以 pH6 ~ 8(中性)为好。

(二)水质的处理

水的硬度过高会对白酒生产带来影响,一般生产中采用离子交换法、硅藻土过滤机等进行处理。

第三节　白酒的生产工艺

我国白酒采用固态酒醅发酵和固态蒸馏传统操作,是世界上独特的酿酒工艺。固态发酵法生产白酒,主要根据生产用曲的不同及原料、操作法及产品风味的不同,一般可分为大曲酒、麸曲白酒和小曲酒等三种类型。

全国知名白酒、优质白酒和地方名酒的生产,绝大多数是用大曲做糖化发酵剂。白酒酿制中,大曲用量甚大,它既是糖化发酵剂,也是酿酒原料之一。目前国内普遍采用两种工艺:一是清蒸清烧两遍清,清香型白酒如汾酒即采用此法。二是续渣发酵,典型的是老五甑工艺。浓香型白酒产量占全国大曲酒总产量的一半以上。在此重点介绍浓香型白酒的酿造工艺。

浓香型白酒也称泸香型、窖香型白酒。它的产量占我国大曲酒总量的一半以上。浓香型大曲白酒一般都采用续渣法酿造,混蒸混糟、老窖续渣是其典型特点,工艺类似于老五甑操作法。当然,各地名优酒厂家常根据自身的产品特点,对工艺进行适当的调整。

一、浓香型白酒生产工艺流程

浓香型白酒生产工艺如图 2 - 4 - 1。

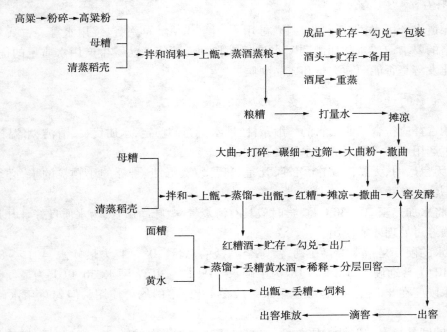

图 2 - 4 - 1 浓香型白酒生产工艺

二、工艺流程说明

(一)原料处理

浓香型白酒生产所使用的原料主要是高粱,但也有少数酒厂使用多种谷物原料混合酿酒的。以糯高粱为好,要求高粱籽粒饱满、成熟、干净、淀粉含量高。

原料高粱要先进行粉碎。目的是使颗粒淀粉暴露出来,增加原料表面积,有利于淀粉颗粒的吸水膨胀和蒸煮糊化,糖化时增加与酶的接触,为糖化发酵创造良好的条件。但原料粉碎要适中,粉碎过粗,蒸煮糊化不易透彻,影响出酒;原料粉碎过细,酒醅容易发腻或起疙瘩,蒸馏时容易压汽,必然会加大填充料用量,影响酒的质量。由于浓香型酒采用续渣法工艺,原料要经过多次发酵,所以不必粉碎过细,仅要求每粒高粱破碎成 4~6 瓣即可,一般能通过 40 目的筛孔,其中粗粉占 50% 左右。

采用高温曲或中温曲作为糖化发酵剂,要求曲块质硬,内部干燥并富有浓郁的曲香味,不带任何霉臭味和酸臭味,曲块断面整齐,边皮很薄,内呈灰白色或浅褐色,不带其他颜色。为了增加曲子与粮粉的接触,大曲可加强粉碎,先用锤式粉碎机粗碎,再用钢磨磨成曲粉,粒度如芝麻大小为宜。

在固体白酒发酵中,稻壳是优良的填充剂和疏松剂,一般要求稻壳新鲜干燥,呈金黄色,不带霉烂味。为了驱除稻壳中的异味和有害物质,要求预先把稻壳清蒸 30~40min,直到蒸汽中无怪味为止,然后出甑凉干,使含水量在 13% 以下,备用。

(二)出窖

南方酒厂把酒醅及酒糟统称为糟。浓香型酒厂均采用经多次循环发酵的酒醅(母糟、老糟)进行配料,人们把这种糟称为"万年糟"。"千年老窖万年糟"这句话,充分说明浓香型白酒的质量与窖、糟有着密切关系。

浓香型酒正常生产时,每个窖中一般有六甑物料,最上面一甑回糟(面糟),下面五甑粮糟。不少浓香型酒厂也常采用老五甑操作法(见图 2-4-2),窖内存放四甑物料。

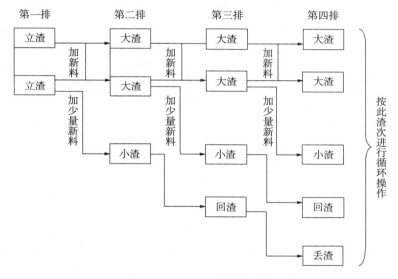

图 2-4-2 老五甑操作图解

起糟出窖时,先除去窖皮泥,起出面糟,再起粮糟(母糟)。在起母糟之前,堆糟坝要彻底清扫干净,以免母糟受到污染。面糟单独蒸馏,蒸后作丢糟处理,蒸得的丢糟酒,常回醅发酵。然后,再起出五甑粮糟,分别配入高粱粉,做成五甑粮糟和一甑红糟,分别蒸酒,重新回入窖池发酵。当出窖起糟到一定的深度,会出现黄水,应停止出窖。可在窖内母糟中央挖一个 0.7m 直径、深至窖底的黄水坑;也可将粮糟移到窖底较高的一端,让黄水滴入较低部位;或者把粮糟起到窖外堆糟坝上,滴出黄水。有的厂在建窖时预先在窖底埋入一黄水缸。使黄水自动流入缸内,出窖时将黄水抽尽,这种操作称为"滴窖降酸"和"滴窖降水"。

黄水是窖内酒醅向下层渗漏的黄色淋浆水,它含有 1%~2% 的残余淀粉,0.3%~0.7% 的残糖,4~5%(体积分数)的酒精,以及醋酸、腐植质和酵母菌体的自溶物等。黄水较酸,酸度高达 5 度左右,而且还有一些经过驯化的己酸菌和白酒香味的前体物质,它是制造人工老窖的好材料,促进新窖老熟,提高酒质。一般工厂常把它集中后蒸得黄水酒,与酒尾一起回酒发酵。

滴窖时要勤舀,一般每窖需舀 5~6 次,从开始滴窖到起完母糟,要求在 12h 以上完成。

滴窖目的在于防止母糟酸度过高,酒醅含水太多,造成稻壳用量过大影响酒质。滴窖后的酒醅,含水量一般控制在60%左右。

酒醅出窖时,要对酒醅的发酵情况进行感官鉴定,及时决定是否要调整下一排的工艺条件(主要是下排的配料和入窖条件),这对保证酒的产量和质量是十分重要的。通过开窖感官鉴定,判断发酵的好坏,这是一个快速、简便、有效的方法,在生产实践中起着重要的指导作用。

(三)配料、拌和

配料在固态白酒生产中是一个重要的操作环节。配料时主要控制粮醅比和粮糠比,蒸料后要控制粮曲比。配料首先要以甑和窖的容积为依据,同时要根据季节变化适当进行调整。如泸州老窖大曲酒,甑容1.25m³,每甑投入原料120~130kg,粮醅比为1:4~1:5,稻壳用量为原料量的17%~22%,冬少夏多。

配料时要加入较多的母糟(酒醅),其作用是调节酸度和淀粉浓度,使酸度控制在1.2~1.7左右,淀粉浓度在16%~22%左右,为下排的糖化发酵创造适宜的条件。同时,增加了母糟的发酵轮次,使其中的残余淀粉得到充分利用,并使酒醅有更多的机会与窖泥接触,多产生香味物质。配料时常采用大回醅的方法,粮醅比可达1:4~1:6左右。

稻壳可疏松酒醅,稀释淀粉,冲淡酸度,吸收酒分,保持浆水,有利于发酵和蒸馏。但用量过多,会影响酒质。应适当控制用量,尽可能通过"滴窖"和"增醅"来达到所需要求。稻壳用量常为投料量的20%~22%左右。

配料要做到"稳、准、细、净"。对原料用量、配醅加糠的数量比例等要严格控制,并根据原料性质、气候条件进行必要的调节,尽量保证发酵的稳定。

为了提高酒味的纯净度,可将粉碎成4~6瓣的高粱渣预先进行清蒸处理,在配料前泼入原料量18%~20%的40℃热水进行润料,也可用适量的冷水拌匀上甑,待圆汽后再蒸10min左右,立即出甑扬冷,再配料。这样,可使原料中的杂味预先挥发驱除。

酿制浓香型酒,除了以高粱为主要原料外,也可添加其他的粮谷原料同时发酵。多种原料混合使用,充分利用了各种粮食资源,而且能给微生物提供全面的营养成分,原料中的有用成分经过微生物发酵代谢,产生多种副产物,使酒的香味、口味更为协调丰满。"高粱香、玉米甜、大米净、大麦冲"是人们长期实践的总结。

为了达到以窖养醅和以醅养窖的目的,使每个窖池的理化特征和微生物区系相对稳定,可以采用"原出原入"的操作,某个窖取出的酒醅,经过配料蒸粮后仍返回原窖发酵,这样可使酒的风格保持稳定。

出窖配料后,要进行润料。将所投的原料和酒醅拌匀并堆积1h左右,表面撒上一层稻壳,防止酒精的挥发损失。润料的目的是使生料预先吸收水分和酸度,促使淀粉膨化,有利蒸煮糊化。要注意拌和低翻快拌,防止挥发,也不能先把稻壳拌入原料粉中,这样会使粮粉进入稻壳内,影响糊化和发酵。

经试验,润料时间的长短与蒸煮时淀粉糊化率高低有关。例如酒醅含水分60%时。润料40~60min,出甑粮槽糊化率即可达到正常要求。

润料时若发现上排酒醅因发酵不良而保不住水分,可采取以下措施进行弥补:(1)用黄水润料,当酒醅酸度<2.0时,可缩短滴窖时间,以保持酒醅的含水量。也可用本排黄水20~30kg泼在酒醅上,立即和原料拌匀使它充分吸水。(2)用酒尾润料,用酒尾若干,泼在已加原

料的酒醅上,拌匀堆积,以不见干面为度。(3)打烟水,蒸完粮酒,如发现水分仍不足,可在出甑前 10min 泼上 80℃热水若干,翻拌一次,盖上云盘再蒸一次。在打量水时要扣除这部分水量。

第四节　白酒的质量控制

目前国内白酒行业的质量控制一般为两级控制,即感官评定与理化分析。

一、白酒的感官评定

白酒作为一种嗜好品,人们在饮酒时很重视白酒的香气和滋味,目前对白酒质量的品评多是以感官指标为主的,即是从色、香、味、酒体等几个方面来进行鉴别的。

(一)色泽与透明度鉴别

白酒的正常色泽应是无色、透明、无悬浮物和沉淀物,这是说明酒质是否纯净的一项重要指标。将白酒注入杯中,杯壁上不得出现环状不溶物;将酒瓶突然颠倒过来,在强光下观察酒体,不得有浑浊、悬浮物和沉淀物。冬季如白酒中有沉淀物,可用水浴加热到 30~40℃,如沉淀消失则视为正常。发酵期较长和贮存较长的白酒,往往有极浅的淡黄色,如茅台酒,这是允许的。

(二)香气鉴别

对白酒的香气进行感官鉴别时,最好使用大肚小口的玻璃杯,将白酒注入杯中并稍加摇晃,立即用鼻子在杯口附近仔细嗅闻其香气;或倒几滴白酒于手掌上,稍搓几下,再嗅手掌,即可鉴别出酒香的浓淡程度和香型是否正常。

白酒在进行品味的过程中,又将香气分作 3 个阶段,也就是 3 个方面的香气:

溢香——指白酒中的芳香物质溢散于杯口附近,用鼻子在杯口附近就可以直接嗅闻到的酒香气,也称闻香。

喷香——指酒液入口,香气就充满口腔。

留香——指酒已咽下,而口中仍持续留有酒香气。

一般的白酒都会具有一定的溢香,但很少有喷香和留香。只有优质酒和名酒,才能在溢香之外,拥有较好的喷香和留香,像名酒中的五粮液,就是以喷香著称的,而茅台酒则是以留香而闻名。白酒不应该有异味,诸如焦糊味、腐臭味、泥土味、糖味、糟味等不良气味均不应存在。

(三)滋味鉴别

白酒的滋味应有浓厚和淡薄、绵软和辛辣、纯净和邪味之分;酒咽下后,又有回甜和苦辣之别。白酒滋味应要求醇厚无异味、无强烈的刺激性、不辛辣呛喉、各味协调。好的白酒还要求滋味醇香、浓厚、味长、甘洌、回甜、入口有愉快舒适的感觉。进行品尝时,饮入口中的白酒,应于舌头及喉部细品,以鉴别酒味的醇厚程度和滋味的优劣。

(四)酒花鉴别

用力摇晃酒瓶,瓶中酒顿时会出现酒花,一般都以酒花白晰、细碎、堆花时间长的为佳品。

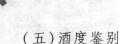

（五）酒度鉴别

白酒的酒度是以酒精含量的百分比来计算的。各种白酒的出厂商标、标签上都标有酒度数,如60度、57度、39度等,即是表明这种酒中酒精含量的百分数。一般40度以上的为高度酒,40度以下为中低度白酒。

综上所述,白酒总的感官特点应是酒液清澈透明,质地纯净,芳香浓郁,回味悠长,余香不尽。影响白酒品质的因素大致如下:

白酒的变色　用未经涂蜡的铁桶盛呈酸性的白酒,铁质桶壁容易被氧化,还原为高铁离子或低铁离子的化合物,从而使酒变成黄褐色。使用含锌的铝桶,也会使之与酒类中的酸类发生氧化作用而生成氧化锌,使酒变为乳白色。

白酒的变味　用铸铁(生铁)容器盛酒会使白酒产生硫的臭味。用腐败血料涂刷后的酒篓盛放酒,会产生血腥臭味。有的在流通转运过程中用新制的酒箱装酒,也会发生气味污染而使酒液带有木材的苦涩味。

不论是变色还是变味的白酒,都应查明原因,经过特殊处理后恢复原有品质的酒可继续饮用,否则不适于饮用或只能改作他用。

二、白酒的理化分析

白酒理化分析检测项目及其重要性如表2－4－3所示。

表2－4－3　检验项目及重要程度分类

序号	检验项目	依据标准法规或标准	强制性/推荐性	检测方法	重要程度及不合格程度分类	
					A类[a]	B类[b]
1	酒精度	GB/T 10781.1 GB/T 10781.2 GB/T 10781.3 产品明示质量要求	推荐性	GB/T 10345		●
2	总酸	GB/T 10781.1 GB/T 10781.2 GB/T 10781.3 产品明示质量要求	推荐性	GB/T 10345		●
3	总酯					●
4	乙酸乙酯					●
5	己酸乙酯					●
6	固形物					●
7	甲醇	GB 2757	强制性	GB/T 5009.48	●	
8	铅				●	
9	锰				●	
10	糖精钠	GB 2760	强制性	GB/T 5009.28 GB/T 23495		●
11	乙酰磺胺酸钾（安赛蜜）	GB 2760	强制性	GB/T 5009.140		●

注:[a]极重要质量项目;[b]重要质量项目。

不同类型白酒检测标准差异较大,国家质量监督检验检疫总局根据香型对白酒的质量检验分别制定了相关国家标准,列举如下:

GB 2757	蒸馏酒及配制酒卫生标准
GB 2760	食品安全国家标准食品添加剂使用标准
GB/T 5009.28	食品中糖精钠的测定
GB/T 5009.48	蒸馏酒与配制酒卫生标准的分析方法
GB/T 5009.140	饮料中乙酰磺胺酸钾的测定
GB/T 10345	白酒分析方法
GB/T 10346	白酒检验规则和标志、包装、运输、贮存
GB/T 10781.1	浓香型白酒
GB/T 10781.2	清香型白酒
GB/T 10781.3	米香型白酒
GB/T 14867	凤香型白酒
GB/T 16289	豉香型白酒
GB 18356	地理标志产品 贵州茅台酒
GB/T 20821	液态法白酒
GB/T 20822	固液法白酒
GB/T 20823	特香型白酒
GB/T 20824	芝麻香型白酒
GB/T 20825	老白干香型白酒
GB/T 23495	食品中苯甲酸、山梨酸和糖精钠的测定 高效液相色谱法
GB/T 23547	浓酱兼香型白酒

 本章小结

我国的白酒生产历史悠久,工艺独特。随着科学技术水平不断提高,传统特产名白酒有了新的发展,地方白酒和优质白酒也不断涌现,新型白酒工艺不断完善,产量也逐渐占据了主导地位。

本章从白酒的起源、发展历程和生产现状出发,介绍了白酒生产的分类、原辅材料。不同类型的白酒生产工艺相差较大,本章以浓香型白酒为例介绍了具有代表性的老五甑工艺流程。

 思考题

1. 我国八大名白酒的主要工艺特点和质量特点是什么?

2. 白酒的配料操作有哪些? 各有什么优点和缺点?

3. 参观或调查本地白酒生产企业,写出本地某一品牌的生产工艺流程及操作方法等的参观报告。

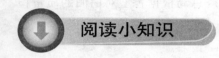

杜康造酒

　　杜康,又名少康,今陕西白水县人,夏朝人,是中国历史上第一个奴隶制国家夏朝的第五位国王。据《史记·夏本纪》及其他历史文献记载,在夏朝第四位国王帝相在位的时候,发生了一次政变,帝相被杀,那时帝相的妻子后缗氏已身怀有孕,逃到娘家"虞"这个地方,生下了儿子,因希望他能像爷爷仲康一样有所作为,所以,取名少康。少年的杜康以放牧为生,带的饭食挂在树上,常常忘了吃。一段时间后,少康发现挂在树上的剩饭变了味,产生的汁水竟甘美异常,这引起了他的兴趣,就反复地研究思索,终于发现了自然发酵的原理,遂有意识地进行效仿,并不断改进,终于形成了一套完整的酿酒工艺,从而奠定了杜康中国酿酒业开山鼻祖的地位,其所造之酒也被命名为杜康酒。

　　也有人说他原是黄帝手下的一位大臣。黄帝建立部落联盟后,经过神农氏尝百草、辨五谷,开始耕地种粮食。黄帝命杜康管理生产粮食,杜康很负责任。由于土地肥沃,风调雨顺,连年丰收,粮食越打越多,那时候由于没有仓库,更没有科学保管方法,杜康把丰收的粮食堆在山洞里,时间一长,因山洞里潮湿,粮食全霉坏了。黄帝知道这件事,非常生气,下令把杜康撤职,只让他当粮食保管,并且说,以后如果粮食还有霉坏,就要处死杜康。

　　杜康由一个负责管粮食生产的大臣,一下子降为粮食保管,心里十分难过。但他又想到嫘祖、风后、仓颉等臣,都有所发明创造,立下大功,唯独自己没有什么功劳,还犯了罪。想到这里,他的怒气全消了,并且暗自下决心:非把粮食保管这件事做好不可。有一天,杜康在森林里发现了一片开阔地,周围有几棵大树枯死了,只剩下粗大树干。树干里边已空了。杜康灵机一动,他想,如果把粮食装在树洞时,也许就不会霉坏了。于是,他把树林里凡是枯死的大树,都一一进行了掏空处理。不几天,就把打下的粮食全部装进树洞里了。

　　谁知,两年以后,装在树洞里的粮食,经过风吹、日晒、雨淋,慢慢地发酵了。一天,杜康上山查看粮食时,突然发现一棵装有粮食的枯树周围躺着几只山羊、野猪和兔子。开始他以为这些野兽都是死的,走近一看,发现它们还活着,似乎都是睡大觉。杜康一时弄不清是啥原因,还在纳闷,一头野猪醒了过来。它一见来人,马上窜进树林去了。紧接着,山羊、兔子也一只只醒来逃走了。杜康上山时没带弓箭,所以也没有追赶。他正准备往回走,又发现两只山羊在装着粮食的树洞跟前低头用舌头舔着什么。杜康连忙躲到一棵大树背后观察,只见两只山羊舔了一会儿,就摇摇晃晃起来,走不远都躺倒在地上了。杜康飞快地跑过去把两只山羊捆起来,然后才详细察看山羊刚才用舌头在树洞上舔什么。不看则罢,一看可把杜康吓了一跳。原来装粮食的树洞,已裂开一条缝隙,里面的水不断往外渗出,山羊、野猪和兔子就是舔了这种水才倒在地上的。杜康用鼻子闻了一下,渗出来的水特别清香,自己不由得也尝了一口。味道虽然有些辛辣,但却特别醇美。他越尝越想尝,最后一连喝了几口。这一喝不要紧,霎时,只觉得天旋地转,刚向前走了两步,便身不由主地倒在地上昏昏沉沉地睡着了。不知过了多长时间,当他醒来时,只见原来捆绑的两只山羊已有一只跑掉了,另一只正在挣扎。他翻起身来,只觉得精神饱满，浑身是劲，一不小心，就把正在挣扎的那只山羊踩死了。他顺手摘下腰间的尖底罐，将树洞里渗出来的这种味道浓香的水盛了半罐。

回来后，杜康把看到的情况，向其他保管粮食的人讲了一遍，又把带回来的味道浓香的水让大家品尝，大家都觉得很奇怪。有人建议把此事赶快向黄帝报告，有人却不同意，理由是杜康过去把粮食霉坏了，被降了职，现在又把粮食装进树洞里，变成了水。黄帝如果知道了，不杀他的头，也会把杜康打个半死。杜康听后却不慌不忙地对大伙说："事到如今，不论是好是坏，都不能瞒着黄帝。"说着，他提起尖底罐便去找黄帝了。

黄帝听完杜康的报告，又仔细品尝了他带来的味道浓香的水，立刻与大臣们商议此事。大臣们一致认为这是粮食中的一种元气，并非毒水。黄帝没有责备杜康，命他继续观察，仔细琢磨其中的道理。又命仓颉给这种香味很浓的水取个名字。仓颉随口道："此水味香而醇，饮而得神。"说完便造了一个"酒"字。黄帝和大臣们都认为这个名字取得好。

从这以后，我国远古时候的酿酒事业开始出现了。后世人为了纪念杜康，便将他尊为酿酒始祖。

第三篇 调味品生产工艺

第一章 食醋生产工艺

【知识目标】

1. 了解食醋的种类。
2. 了解酿制食醋所用的原料及处理方法。
3. 掌握糖化剂、醋母的制备。
4. 掌握酿制食醋的方法。
5. 了解果醋及几种名特食醋的酿造方法。

第一节 绪 论

一、食醋的起源与发展

食醋是人们生活中不可缺少的生活用品,是一种国际性的重要调味品,是东西方共有的调味品。食醋起源于我国。在西晋时期(公元 265～316 年)酿醋技术开始传入日本。北魏贾思勰在《齐民要术》中详细记载了 24 种制醋方法,其中 21 种属于"液态发酵法",两种为"固态发酵法"。到了元代酿醋技术又有了进步,根据不同季节采用不同原料配方,并用开水淋醋,掌握了一些重要的生产规律,对今天的食醋酿造仍有指导意义。

目前我国的制醋行业已由手工作坊式生产逐步发展成为工业化生产,制醋的工艺及生产设备都有了很大改进,有些生产企业已实现了比较先进的机械化、自动化生产、不但产量高,而且品质好,并积极创名牌产品,开发新品种、新包装,还研究生产保健醋、果醋等,深受消费者的喜爱。

我国食醋的品种很多,著名的山西陈醋、镇江香醋、四川麸曲醋、东北白醋、上海米醋、福建红曲醋等是食醋的代表品种。这些食醋风味各异,行销国内外市场,受到很多消费者欢迎。

长期以来,我国酿醋技术一直沿用古老的固态发酵法,即利用自然界的野生菌进行发酵,产品风味独特,但生产周期长,产量低,成本高。到 20 世纪 50 年代,济南酿造厂使用纯种人工培养的菌种进行发酵,提高了原料利用率,降低了生产成本,缩短了发酵周期,且保留了老工艺的风味。20 世纪 60 年代,上海醋厂创造了酶法液化自然通风回流的固体发酵工艺,解决了人工倒醅的问题,进一步提高了原料的利用率,缩短了醋酸发酵周期。20 世纪 70 年代初,山西长治试产成功生料制醋新工艺。同期,石家庄开始研究液态深层发酵制醋工艺和自吸式发酵罐应用于液体深层醋生产。20 世纪 90 年代初,河北省调味食品研究所对"高浓度醋酸工艺研究"获得成功,使食醋产酸浓度达 11% 以上。

二、食醋的分类

(一)按生产方式分类

1. 酿造食醋

以粮食、果实、酒精等含淀粉、糖类、酒精的原料,经过醋酸发酵酿制而成一种酸性调味品。根据原料不同,酿造醋分为粮食醋、麸醋、薯干醋、糖醋、酒醋;根据酿造用曲的不同,可分为麸曲醋、大曲醋、小曲醋;根据发酵工艺不同,分为固态发酵醋、液态发酵醋、固稀发酵醋。

2. 配制食醋

以酿造食醋为主体,与冰乙酸(食品级)、食品添加剂等混合配制而成的调味食醋。

(1)再制醋 是在酿造醋中添加各种辅料配制而成的食醋系列花色品种,添加料并未参与醋酸发酵过程。例如,海鲜醋、姜汁醋、甜醋等则是在酿造食醋成品中添加虾粉、姜汁、砂糖等。

(2)人工合成醋 由可食用的冰醋酸加水稀释而成。其醋味很大,但无香味。冰醋酸对人体有一定的腐蚀作用,一般规定冰醋酸含量不超过 3% ~4% 。

(二)按食醋颜色分类

1. 浓色醋 食醋的颜色较深,一般呈黑褐色或棕褐色,例如熏醋和老陈醋属于浓色醋。
2. 淡色醋 食醋没有添加焦糖色或不经过熏醋处理,颜色为浅棕色。
3. 白醋 白醋呈无色透明状态,酸味柔和。白醋以福建、辽宁丹东等地生产的最为著名。

三、食醋的成分

(一)食醋中的有机酸

食醋是一种酸性调味品,其主体酸味成分是醋酸,约占有机酸总量的 90% 。醋酸是挥发性酸,因此也构成了香气的中心。其他不挥发酸约 10% ,它们可以使食醋的酸味变得柔和。

(二)食醋中的糖分

食醋口感一般是酸甜适口,其中甜味主要来自于糖分,可以使醋酸味柔和。淀粉原料经过糖化、酒精发酵、醋酸发酵等过程变成醋,但有一部分残糖留在产品中成为食醋的主要成分之一。

(三)食醋中的氨基酸

食醋中因含氨基酸、核苷酸的钠盐而呈鲜味,氨基酸是由蛋白质水解产生的。

(四)食醋中的香气成分

食醋中的香气成分主要来源于食醋酿造过程中产生的酯类、醇类、醛类等物质。有的食醋还添加香辛料。

四、食醋的食用价值

酿造醋含有丰富的营养成分,具有保健及食疗作用。食醋具有促进食欲、杀菌消炎、软化血管、降低胆固醇、防治肠道疾病、美容、抗衰老等作用。人们在生活实践中,对食醋的认识越来越深入,对醋的利用范围越来越广泛,因此食醋的消费越来越大,对其质量、品种、包装的要求也会越来越严格。

第二节　食醋生产的原料及处理

根据制醋工艺要求以及在工艺过程中所起的作用,制醋用料可分为主料、辅料、填充料、添加剂和水。

一、酿醋常用主料

主料是指能借助微生物酶的作用而成为食醋主要成分的一类物质。凡是含有淀粉、糖类、酒精等成分的物质,均可作为食醋的原料,一般以含淀粉多的粮食为基本原料,也称之为主料。目前制醋采用的主要原料有:

(一)粮谷类

高粱、大米、糯米、玉米、小米、小麦、大麦、青稞等;粮食加工下脚料如碎米、麸皮、脱脂米糠、细谷糠、高粱糠等。我国南方盛产大米,所以多以大米为原料,我国北方多以高粱和小米为主。

(二)薯类

薯类作物产量高,含有丰富的淀粉,且淀粉蒸煮易糊化,是经济易得的酿醋原料。用薯类原料酿醋可以大大节约粮食。常用的薯类原料有甘薯、马铃薯、薯干等。

(三)果蔬类

有的果实含有较多的糖和淀粉,在果实丰富的地区,可以采用果蔬类原料制醋。常用的水果有柿子、梨、枣、葡萄、番茄、菠萝、荔枝、苹果等;常用的蔬菜有番茄、山药、瓜类等。

(四)糖类

饴糖、废糖蜜等。

(五)酒类

白酒、酒精、黄酒、果酒等。

(六)野生植物

酸枣、野果、桑葚等。

二、酿醋常用辅料

辅料可以提供微生物活动所需要的营养物质或增加食醋质量和风味,提高食醋的质量。辅料直接或间接地与产品色、香、味的形成有密切关系。辅料中的某些成分,在酿造食醋时参与水解、合成等生化反应。一般采用细谷糠、麸皮、玉米皮及豆粕等作为辅料。

三、填充料

制醋时还需要填充料,主要是起疏松剂的作用,疏松醋醅,使空气流通,以利醋酸菌好气发酵。常用的填充料有谷糠、小米壳、高粱壳、玉米芯、玉米秸等。其本身的化学成分以纤维素为主,可供微生物利用的成分较少。

四、添加剂

添加剂一般是指加入少量后,能增进食醋的色、香、味,赋予食醋以特殊风味,改善食醋体态的物质。常用的添加剂有以下几种。

(一)食盐

除了可以调和食醋风味外,还能抑制醋酸菌的活动,防止醋酸菌过氧化。当固态发酵结束后,要立即加入一定量食盐。

(二)食糖

常用的有蔗糖、饴糖麦芽糖。以饴糖较好,可增加食醋甜味,调和风味。

(三)味精

增加鲜味和风味。

(四)增色剂

常用的有酱色、炒米色。炒米色主要起增加色泽和香气作用,镇江香醋使用。酱色用于大多数食醋,用于增加色泽。

(五)香辛料

有芝麻、花椒、大料、桂皮、生姜、蒜、茴香等,赋予醋特殊的风味。如福建红曲老醋,芝麻用量达醋液的4%。

(六)防腐剂

经常用的有苯甲酸钠、山梨酸钾,起防止食醋霉变的作用。

五、原料的选择标准

淀粉(或糖或酒精)含量高;价格低廉,使用方便;资源丰富,产地离工厂近,易储运、贮藏;无霉烂变质,符合食品卫生要求。

六、原料的处理

(一)处理的目的

制醋所用原料多为植物原料,在收割、采收和运输过程中,会混入各种有害杂质,如泥土、

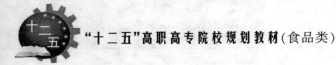

金属、石沙等杂质,必须预先去除干净,不然会堵塞管道,损坏机械设备。原料进厂前还要经过检验工序,霉烂变质的原料不能用于生产。

(二)常用的处理方法

1. 除去泥沙

在投料之前,采用分选机和振动筛,分别除去原料中的尘土、轻质杂质,并将谷粒筛选出来。带泥土原料还应用水清洗。

2. 粉碎与水磨

为了扩大原料与糖化曲的接触面积,充分利用有效成分,在大多数情况下原料需先粉碎,然后再进行蒸煮糖化,粉碎常用的设备是锤击式粉碎机。在利用酶法液化糖化制醋时,为了使淀粉更易被酶水解,需先将原料水磨,加水比例控制在1:(1.5~2)之间。如加水过多,则会造成磨浆粒不匀、出浆过快、粒度偏粗现象,给下一步糖化造成困难。

3. 原料蒸煮

(1)蒸煮目的

谷类、薯类等淀粉质原料,吸水后在高温、高压条件下进行蒸煮,可使植物组织和细胞彻底破裂,有利于淀粉糊化,同时,由于颗粒吸水膨胀,在糖化时有利于水解酶的作用,使淀粉水解成可发酵性糖。另外,通过高温高压蒸煮,可将原料中所含的一些有害物质除去,并杀死原料表面附着的微生物,减少酿醋过程中杂菌的污染。

考虑到要使淀粉完全释放,达到杀菌的目的,生产上一般采用的蒸煮温度都在100℃或100℃以上。

(2)蒸煮方法

蒸煮方法一般分为煮料发酵法和蒸料发酵法两种。

蒸料发酵法是目前固态发酵制醋中应用最广泛的一种方法,为便于蒸料糊化,利于下一步糖化发酵,需进行润料,在原料中加入一定量的水,水量依原料种类而定,高粱原料用水量为50%,润料时间约12h。大米原料采用浸泡方法,浸泡后捞出沥干。然后搅拌均匀,再进行蒸料。食醋蒸料一般在常压下进行,现在很多生产厂采用加压蒸料方法,既可缩短蒸料时间又不至于焦化。如制造麸曲时将麸皮、豆粕及水搅拌后在旋转加压蒸锅内30min即可达到蒸料要求。

煮料发酵法是先将主料浸泡于水中一段时间,然后蒸熟,达到无硬心、呈粥状,冷却后进行糖化、酒精发酵等操作。

(3)蒸煮过程中原料组分的变化

1)淀粉　淀粉在蒸煮时先吸水膨胀,当温度达到60℃以上时淀粉颗粒体积扩大,黏度增加。随着温度继续上升,至100℃以上时,黏度下降,冷却至60~70℃,能有效地被淀粉酶糖化。

2)蛋白质　在常压蒸煮时,蛋白质易凝固变性,不易分解。

3)单宁　在蒸煮过程中形成香草醛、丁香酸等芳香成分的前提物质,赋予食醋特殊的芳香。

4)脂肪　在高压下产生游离脂肪酸,产生酸败味,在常压下变化较小。

5)纤维素　吸水后产生膨胀,但在蒸煮过程中不发生化学变化。

第三节　食醋生产的基本原理及所用微生物

食醋的酿造包括淀粉糖化、酒精发酵及醋酸发酵三个阶段,即其酿造过程是粮→酒→醋的变化过程。

一、淀粉糖化

糖化是指淀粉在糖化剂(曲或酶)的作用下,使淀粉转化为可发酵性糖即葡萄糖和麦芽糖,再由酵母菌作用生成酒精。

(一)食醋生产常用糖化剂

把淀粉转变成糖,所用的催化剂就称为糖化剂。食醋生产所采用的糖化剂,主要有以下五个类型。

1. 大曲

大曲为我国古老曲种之一,是固体发酵制醋传统工艺的主要糖化发酵剂,其形状似砖,又称砖曲。以毛霉、曲霉、根霉及酵母为主,并有大量野生菌存在。该曲的优点是所含微生物种类多,便于保管和运输,酿成的食醋风味好,香气浓;缺点是糖化力弱,淀粉利用率较低,生产周期长,我国几种名特食醋的生产仍多采用大曲,如山西老陈醋。

(1)大曲生产工艺流程

大麦(70%)、豌豆(30%)→粉碎→混合→加水搅拌→踩曲→入曲室排列→长霉→晾霉→起潮火→大火→后火→养曲→出室→成品曲

(2)操作要点

1)原料粉碎　将大麦70%、豌豆30%分别粉碎后混合,冬季粗料:细料为40:60;夏季粗料:细料为45:55。

2)拌料踩曲　拌料要掌握好水分,按每100kg混合料加温水50kg拌匀。传统方法人工踩曲,现在不少厂家采用机械制曲机制曲。踩好的曲每块重3.5kg左右,曲块要求:外形平整,厚薄均匀,结实坚固。

3)入曲室　制好的曲坯送入曲室培养。将曲摆成2层,地上铺谷糠,两层间用苇秆间隔并撒谷糠,曲间间隔距离15mm左右,四周用席蒙盖,冬季围2层席,夏季1层,蒙盖时将席用水喷湿。曲室温度冬季14~15℃,夏季25~26℃。

4)上霉　保持室内暖和,待品温升至40~41℃时上霉较好,然后揭去席片晾霉。冬天上霉需要4~5d,夏天2d。

5)晾霉　晾霉时间12h左右,冬季晾至23~25℃,夏季晾到32~33℃,然后翻曲成3层,曲间距40mm,继续培养,使品温上升到36~37℃,晾霉期为2d。

6)起潮火　晾霉2d后,将曲块由3层翻至4层,曲间距50mm,品温上升到43~44℃再翻曲一次,曲块由4层翻至5层,然后品温继续上升至46~47℃,历时3~4d,此期间称之为起潮火。

7)大火　品温达到45~46℃进入大火,此时应拉去苇秆,翻曲成6层,曲块间距105mm,使品温继续上升至47~48℃,再晾霉至37~38℃,曲块上下内外相互调整,反复3个轮回,翻曲

3~4次,大火时间7~8d,此时曲的水分基本排除干净。

8)后火 待品温下降至36~37℃翻曲为7层,上下内外调整曲块,曲间距调为50mm,需要2~3d左右。

9)养曲 在养曲室,品温保持在34~35℃,时间2~3d。

10)出曲 成曲出曲室后,需要大晾数日,使水气散尽以利于贮存,需要放于阴凉通风处。垛曲时保留空隙,防止返火。

2. 小曲

小曲又称药曲或酒药,因曲坯小而得名。主要用到的菌是根霉和酵母,利用根霉在生产过程中所产生的淀粉酶进行糖化。酿醋时,用量很少,便于保管和运输,糖化力强,醋风味纯净;但这类曲对原料选择性强,适用于糯米、大米、高粱等原料,对于薯类及野生植物原料的适应性差。

(1)小曲生产工艺流程

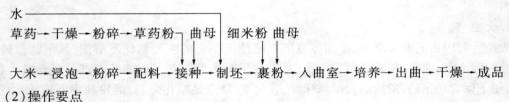

(2)操作要点

1)浸泡 大米用水浸泡,夏季约为2~3h,冬季约为6h,浸后把水沥干。

2)粉碎 用粉碎机把大米粉碎。

3)制坯 每坯用米15kg,添加草药粉13%,曲母2%,水60%左右,混合均匀,制成饼团,然后压平,用刀切成2cm大小的粒状,制成酒药坯。

4)裹粉 先将5kg细米粉加0.2kg曲母粉混合均匀,在酒药坯上第一次洒水,裹粉,再洒水,再裹粉,直至裹完粉为止。裹完粉后入曲室培养。

5)培养 室温保持在28~31℃,20h以后,霉菌菌丝倒下,酒药坯表面起白泡,这时品温一般为33~34℃,最高不得超过37℃。24h后,酵母菌开始大量繁殖,室温控制在28~30℃,保持24h。进入后期品温逐渐下降,曲子成熟,即可出曲。

6)出曲 曲子出曲后立即烘干或晾干,贮藏备用。

3. 麸曲

麸曲是酿醋厂普遍采用的糖化剂,它以麸皮为主要原料,采用人工纯培养、糖化力强的黑曲霉、黄曲霉等菌种,用固体表面培养法制成。操作简单,生产成本低,出醋率高,对原料适应性强,制曲周期短。

4. 液体曲

一般以曲霉、细菌经发酵罐深层培养,得到液体的含α-淀粉酶及糖化酶的曲子,可代替固体曲用于制醋。液体曲机械化程度高,可节约劳动力,但设备投资大,技术要求较高。

5. 酶制剂

主要是从深层培养发酵生产中提取酶制剂,如用于淀粉液化的α-淀粉酶及用于糖化的葡萄糖淀粉酶都属于酶制剂。

在固体发酵时可用酶代替曲;在间歇糖化时,固体或液体糖化酶可直接加入糖化锅,不用稀释;在连续糖化时,先用30℃温水稀释后加入。

（二）酿醋常用糖化菌

制醋时最常用的糖化菌是曲霉菌,这些霉菌是比较优良的糖化菌,糖化力高、适应性强、繁殖速度快。所产生的糖化酶具有较好的耐酸性、热稳定性、耐酒精等特点。

1. 米曲霉

目前已发现该菌能产生 50 多种酶,其发育最适温度为 37℃,pH5. 5 ~ 6. 0。它的液化力及蛋白质分解力较强。除作糖化剂外,米曲霉广泛应用于酱、醋、酒及酱油的生产。

2. 黄曲霉

是东方应用最广泛的一种糖化曲,常用的菌株有 AS3.800。发育温度同米曲霉。

3. 甘薯曲霉

因适于甘薯原料而得名,常用的菌株 AS3. 324。自从在全国酿酒、酿醋工业推广以来,对提高酒及醋的淀粉利用率有明显效果。适合于甘薯及野生植物酿醋,其糖化最适温度为 60 ~ 65℃,pH4 ~ 4. 6。

4. 黑曲霉

目前在糖化剂中广泛使用的是 AS3.4309 菌株,该菌糖化酶活力较强,发育最适温度为 32℃,pH4. 5 ~ 5. 0。

（三）淀粉糖化

原料经蒸煮后,淀粉发生糊化和溶化,处于溶胶状态,但是这种糊化的淀粉,酵母菌并不能直接利用,必须经糖化剂把淀粉转化为可发酵性糖类,然后酵母才能把糖发酵成酒精。淀粉转化为可发酵性糖类的过程,称之为淀粉的糖化,其实质是大分子淀粉在酶的作用下水解为小分子的糖类。

糖化工艺一般分为连续糖化和间歇糖化。连续糖化是把几个糖化锅串联,流加糖化酶。间歇糖化采用单个糖化锅,待醪液温度符合时加糖化酶,维持 30 ~ 60min,进入发酵工序。

1. 传统糖化方法

传统的制醋方法,糖化时其共同特点为:

（1）不采用人工糖化菌,依靠自然菌种进行糖化,因此酶系复杂,糖化产物繁多,为各种食醋独特风味的形成奠定了基础。

（2）糖化和发酵同时进行,即双边发酵,边糖化边发酵;甚至有的工艺进行三边发酵,边糖化、边酒精发酵、边醋酸发酵。

（3）糖化在微生物生长繁殖的适宜温度下进行。

（4）糖化时间长,一般为 5 ~ 7d。目前各地对传统工艺都有所改进,现多采用纯种培养菌进行糖化,有利于提高糖化率。

（5）糖化过程中产酸较多,原料利用率低。

2. 高温糖化方法

高温糖化分两步进行,一是 α - 淀粉酶在 85℃以上对原料淀粉浆进行液化;二是利用黑曲霉的液体曲或固体曲在 65℃以下进行糖化。液化和糖化都在高温下进行,所以叫高温糖化法。这种糖化法的优点是糖化快、淀粉利用率高。

（1）淀粉液化　生产上采用耐高温的枯草杆菌 α - 淀粉酶,其在 65℃下处理 15min 仍然可保持100%活性，只有当温度超过90℃才失活。Ca^{2+}可提高该酶的热稳定性，0.1%的$CaCl_2$能使该酶经受96℃的高温，对液化是有利的。液化时间一般为10~15min。

（2）糖化　糖化用曲包括液体曲和固体曲两种。液体曲酶系纯，酸度小。固体曲酶系复杂，易染菌，但食醋风味好。糖化时间不必过长，也不用要求过高的糖化率。如果在60℃以上高温糖化时间过久，会严重影响酶活力，使其不能进行后糖化作用，造成淀粉利用率低。

3. 生料糖化方法

研究发现小麦中存在着一种能降解生淀粉的酶，即真菌葡萄糖淀粉酶。在生料制醋中，生淀粉不经过蒸煮而直接糖化、酒精发酵、醋酸发酵，这是对制酒制醋工艺改革的一种新尝试，不仅可以节约能源，还可以降低成本。自1970年，山西长治首先采用生料糖化法制醋后，此法陆续在山东、北京、天津、河北、河南、东北等地得到应用。

（四）影响糖化的主要因素

1. 温度

淀粉酶作用于淀粉进行糖化时，在一定温度范围内，温度越高，反应速度越快，但温度过高易造成酶的失活。因此在液化和糖化时应严格控制其温度，避免偏高或偏低。

在传统糖化工艺中，糖化的温度为微生物生长的适宜温度，一般在33~35℃，最高不超过37℃。

2. pH

酶作用时都有一个最适的pH范围，低于或高于此范围会使酶活力大大降低。枯草杆菌α-淀粉酶的液化pH控制在6.2左右，黄曲霉对淀粉糖化的最适pH为5.0~5.8，黑曲霉为4.0~4.6。

3. 糖化时间

高温法糖化时，液化应在90℃左右维持10~15min，以利于液化。糖化应在60~65℃下约30min，不宜过长，过长会影响后糖化，降低淀粉利用率。

4. 糖化剂用量

不论是高温糖化还是传统糖化法，都应保持一定的酶单位，糖化剂酶单位过少，会影响原料利用率，造成酒精发酵和醋酸发酵的困难。

在液化和糖化过程中，都要进行搅拌。

二、酒精发酵

酒精发酵是酵母菌把葡萄糖等可发酵性糖在水解酶或酒化酶的作用下，分解为酒精和二氧化碳。

（一）酒母的制备

使糖液或糖化醪进行酒精发酵的原动力是酵母菌，原意为"发酵之母"。将酵母菌经过扩大培养，制成有大量酵母菌繁殖的酵母液，这种酵母培养液称为酒母。

在传统制醋的酒精发酵中，主要是依靠各种曲子及从空气中落入的酵母菌繁殖的，也有的用上一批优良的"酵子"留一部分作"引子"进行酒精发酵。由于依靠自然菌种，质量不是太稳定。采用人工培育的酵母，出酒出醋率不仅高而且稳定，但食醋风味不如传统法。

酵母菌是兼性好氧菌,如不通气,细胞增殖缓慢,培养 3h 后,酵母数只增加 30% 左右,但酵母菌的酒精发酵力比较强;在通气条件下,培养 3h 后,酵母细胞数可增加近 1 倍,酵母菌的酒精发酵力较弱。因此在酒精发酵的生产过程中,发酵初期应适当通气,使酵母菌细胞大量繁殖,然后再停止通气,使大量活跃细胞进行旺盛的发酵作用。

酵母菌生长的最适温度为 28～33℃ 之间,35℃ 以上活力减退。

1. 酵母扩大培养

(1)工艺流程

酵母斜面菌种 $\xrightarrow{24h}$ 小三角瓶培养 $\xrightarrow{18～20h}$ 大三角瓶培养 $\xrightarrow{18h}$ 卡氏罐培养 $\xrightarrow{8～10h}$ 酒母

(2)操作要点

1)试管斜面培养 用米曲汁或麦芽汁制成斜面培养基,在无菌条件下接入酵母原菌,于 28～30℃ 恒温培养 3d。保存于 4℃ 冰箱中备用。如暂时不用,1～3 个月移接一次。

2)小三角瓶扩大培养 于 250mL 三角瓶中装入 150mL7°Bé 麦芽汁,调节 pH4.1～4.4,灭菌冷却后,接入 1～2 环斜面菌种,摇匀后于 28℃ 下培养 24h。

3)大三角瓶培养 1000mL 三角瓶装入麦芽汁 500mL,灭菌并冷却至 30℃ 左右,再接入小三角瓶中的酒母约 25mL,在 28℃ 下培养 16～20h。

4)卡式罐培养 卡氏罐用锡或不锈钢制成,容量一般为 15L。在卡式罐中装入 7.5L 生产上的糖化醪,稀释到 8～9°Bé,调 pH 至 4.1～4.4,灭菌后冷却至 25～30℃,再接入大三角瓶中的酒母 500mL,于 28℃ 条件下培养 10～18h。

5)酒母培养 按实际生产需要,一般可用大缸或发酵罐,容量为 500L,培养基同卡式罐,消毒灭菌后接入培养好的卡式罐酵母,保持 28～30℃,中间经常搅拌,培养 8～9h 即可使用。

2. 固体酵母的培养

在生产中除了应用液体酵母外,还有固态法生产的酵母。其培养基配方为:麸皮 50kg,稻壳 5kg,水 31kg 左右。拌匀后放入蒸锅冒汽后 30min 出锅,打碎结块并冷却,取出一部分与大三角瓶液体酵母拌匀,另外加入 3%～5% 的根霉拌匀,再与其余料拌在一起,品温控制在 31～33℃,堆积 2～3h 后入池,室温控制在 28℃,当品温上升到 36℃ 时通风使温度降至 32℃ 停风,稳定后连续通风,经过 32h 左右,待曲料结块即可出曲室。

3. 影响酒母质量的主要因素

(1)接种量与培养时间 接种量大,时间可缩短,酒母成熟快,但老细胞多,不利于发酵;接种量少,会延长培养时间。接种量一般控制在 5%～10%。

(2)培养时间 培养时间一般在 28～30℃,温度过高,细胞易衰老。

(3)防止杂菌污染 注意环境卫生,定期消毒灭菌。

(4)醪液浓度 一般为 10～12°Bé 即可。

(二)制醋工业常用的酵母菌

目前我国食醋上常用的酵母菌基本上与酒精、白酒、黄酒生产所用酵母菌相同。此外,还有产酯酵母在食醋中应用。

1. 拉斯 2 号(Rasse Ⅱ)酵母

又名德国二号酵母,是从发酵醪中分离出来的一株酵母菌。能发酵葡萄糖、蔗糖、麦芽糖,不能发酵乳糖。该菌适用于淀粉质原料发酵生产酒醋类,在发酵过程中易产生泡沫。

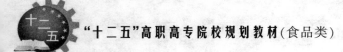

2. 拉斯12号(RasseXII)酵母

又名德国12号酵母,是马丹上(Macthes)于1902年从德国压榨酵母中分离出来的。能发酵葡萄糖、果糖、蔗糖、麦芽糖、半乳糖及1/3棉子糖,不能发酵乳糖,常用于酒精、白酒及食醋的生产。

3. K字酵母

是从日本引进的菌种,较小,生长迅速。适用于高粱、薯干、大米原料生产酒精、食醋。

4. 南阳五号酵母(1300)

能发酵蔗糖、麦芽糖和1/3棉子糖,不能发酵乳糖、蜜二糖,耐酒精13%以下。

5. 产酯酵母

又称产香酵母,能增加酒醋的的香味成分。

三、醋酸发酵

醋酸发酵主要是利用醋酸菌氧化酒精为醋酸,把葡萄糖氧化成葡萄糖酸,还氧化其他醇类、糖类生产各种有机酸,形成食醋的风味。老法制醋的醋酸菌主要是依靠空气中、填充料及曲上自然附着的醋酸菌,所以发酵周期长,出醋率低。传统酿醋工艺中,不加纯培养的醋酸菌,有的利用上一批醋酸发酵旺盛阶段的醋醅,接入下一批醋酸发酵的醋醅中,目前我国多数食醋企业制醋是使用人工培养的优良醋酸菌,并控制其发酵条件,得到优质高产的醋。

(一)醋母的制备

醋酸种子培养可分为固态培养法及液态培养法两种。

1. 醋酸菌固态培养

固态培养的醋酸菌是先经三角瓶纯种扩大培养,再在醋醅上进行固态培养,利用自然通风回流法促使其大量繁殖。固态培养的醋酸菌纯度虽然不高,但已达到各种食醋酿造的要求。

(1)工艺流程

试管斜面原菌→试管液体菌→三角瓶扩大培养→大缸固态培养

(2)操作要点

1)试管斜面原菌

试管培养基有两种配方,可任选其一。

①6%酒液(体积分数)100mL、葡萄糖0.3g、碳酸钙1g、酵母膏1g、琼脂2.5g。

②95%(体积分数)酒液2mL、葡萄糖1g、碳酸钙1g、酵母膏1g、琼脂2.5g、水100mL。

接种后置于30~31℃培养箱中培养48h。然后保存于4℃冰箱中,使其处于休眠状态。由于培养基中加入了碳酸钙,可以中和所产生的酸,故保藏时间可长些。

2)三角瓶扩大培养

①培养基配制　称取酵母膏1%、葡萄糖0.3%,用水溶解后装入1000mL的三角瓶中,每瓶装液量为100mL,加棉塞,灭菌30min,取出冷却后在无菌条件下加入4%酒精。

②培养　每瓶接入斜面菌种(每支试管原菌接2~3瓶),摇匀。于30℃恒温培养箱中静置培养5~7d。当嗅之有醋酸的清香气味即表示培养成熟。如果利用摇床振荡培养,三角瓶装入量可增至120~150mL,30℃培养24h,酸度1.5~2g/100mL即可使用。

3)醋酸菌大缸固态培养

取生产上配制的新鲜醋醅置于有假底下面开洞加塞的大缸中,接入培养成熟的三角瓶中的醋酸菌种拌入醋醅面上,拌和均匀。接种量为原料的 2%~3%,加盖使醋酸菌生长繁殖,培养时室温要求在 32℃,待 1~2d 后品温升高,采用回流法降温,即将罐下塞子拔出,放出醋汁回交到醋醅上,控制品温在 38℃ 以下,继续培养。4~5d 后,当醋汁酸度为 4g/100mL 时,说明醋酸菌已大量繁殖,经镜检无杂菌,无其他异味后即可用于生产。菌种繁殖期间,如果发现白花现象或有其他异味,应进行镜检,确认污染杂菌与否,如有杂菌,则不能接种用于生产。

2. 液态醋酸菌种子罐培养

(1)工艺流程

试管斜面原菌→试管液体菌→三角瓶(一级种子)→种子缸(二级种子)

(2)操作要点

1)三角瓶振荡培养

菌种:泸酿 1.01 醋酸菌

葡萄糖 10g,酵母膏 10g,水 100mL,3mL95% 酒精,500mL 三角瓶中装入 100mL,封口,灭菌,然后冷却,30℃振荡培养,培养 24h。

2)种子罐培养

取酒精含量 4%~5% 的酒醪到种子缸内,容至 70%~75%,加热使品温升到 80℃,灭菌,然后冷却至 32℃,按接种量 10% 接入一级醋酸菌。于 30℃通气培养,培养时间为 22~24h。

(二)制醋工业常用的醋酸菌

在实际生产中,为了提高食醋的产量和质量,避免杂菌污染,主要采用人工培养的纯种醋酸菌进行发酵。选择的醋酸菌一般为氧化酒精速度快、耐酸性强、不再分解醋酸、产品风味好的菌种。目前在制醋中常用的醋酸菌如下:

1. 许氏醋酸杆菌

许氏醋酸杆菌是国外有名的速酿醋菌种,产酸可高达 115g/L(以醋酸计),最适生长温度为 25~27.5℃,37℃时不再产酸,对醋酸没有进一步的氧化作用。

2. 泸酿 1.01 醋酸菌

1972 年从丹东速酿醋中分离而得,现被全国许多醋厂用于液体醋生产。主要作用是氧化酒精为醋酸,并氧化醋酸为二氧化碳和水。繁殖最适温度为 30℃,发酵最适温度为 33℃ 左右。

3. 奥尔兰醋酸杆菌

它产醋酸的能力弱,耐酸性较强,能发酵葡萄酒生产葡萄醋。

4. 中科 AS1.41 醋酸菌

专性好氧菌,能氧化酒精为醋酸,也能氧化醋酸为二氧化碳和水,于空气中能使酒精变混浊,表面有薄膜,有醋酸味,发酵温度一般控制在 36℃ 左右。

第四节 我国常用的几种制醋工艺

传统制醋工艺大多采用固态发酵法,近年来,新型的制醋工艺相继出现,如速酿法、深层液体发酵法、生料发酵法及酶法液化通风回流法等。

一、固态发酵法制醋

固态发酵法制醋是我国食醋生产的传统工艺。目前除山西老陈醋、镇江香醋、四川麸醋等名特醋的生产仍保留其独特的生产工艺外,一般固态发酵制醋生产方法,自20世纪50年代起进行了一系列的改革,改革后的固态发酵法具有出醋率高、生产成本较低、生产周期短的优点。

1. 生产工艺流程

$$水 \qquad 麸曲、酒母 \qquad 谷糠、醋酸菌$$
$$\downarrow \qquad\qquad \downarrow \qquad\qquad\qquad \downarrow$$

原料→粉碎→混合→润水→蒸熟→冷却→酒精发酵→醋酸发酵→成熟加盐→淋醋→陈酿储存→灭菌→检验→包装→成品

2. 操作要点

(1)原料处理　将原料粉碎备用。每100kg主料,加谷糠800kg、麸皮1200kg,将粉碎好的原料和麸皮、谷糠混合均匀,加水2750kg润料。润水后的生料装锅。采用常压蒸料设备,蒸1.5~2h,再焖1h出锅。如果采用加压设备蒸料,蒸1h,再焖15min出料。生料经过蒸煮过程后会出现结块现象,出锅时要打碎,摊晾在清洁的专用操作场地,迅速翻拌,然后冷却至30~40℃。

(2)淀粉糖化及酒精发酵　醋醅冷却后加水180kg,麸曲50kg,酵母40kg,充分翻拌后将醋醅装入缸内,填满压实,缸口加草盖进行发酵。室温保持在28℃左右,醅入缸的第二天,当温度升到38~40℃时,进行第一次翻醅(也称倒缸),翻完后将醅摊平压实,然后盖严,进行双边发酵(边糖化边酒精发酵)。发酵温度以35℃以下为好,最高不超过37℃,发酵时间约5~7d,醋醅中酒精含量为7%~8%。

(3)醋酸发酵　拌入谷糠50kg,醋酸菌种子约40kg,拌匀后进行醋酸发酵,温度一般控制在37~39℃,每天翻醅倒缸一次,通风供氧和调节品温,发酵时间一般为10~20d,当醋酸含量达7%~7.5%时,醋酸发酵基本结束。

(4)加盐后熟　醋酸发酵结束时,要及时加盐翻醅,防止醋醅氧化过度。通常加盐量为醋醅的1.5%~2%,夏季稍多,冬季稍少。

(5)淋醋　淋醋采用三套循环法工艺流程。

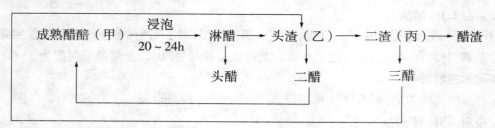

甲组醋缸放入成熟醋醅,用二醋浸泡20~24h,淋出的醋称为头醋(半成品);乙组醋缸内的醋渣是淋过头醋的渣子,用三醋浸泡,淋出的醋称为二醋;丙组缸内的醋渣是淋过二醋的二渣,用清水浸泡,淋出的醋称为三醋。淋完丙组缸的醋渣,可用作饲料。

(6)陈酿储存　醋陈酿有两种方法:一是醋醅陈酿,将成熟醋醅上盖一层食盐,放置半个月左右倒缸,然后封缸,陈酿数月后再淋醋;二是醋液陈酿,淋出的醋(醋酸含量应大于5g/100mL)贮存在大坛中1~2个月即可。经陈酿的食醋色泽鲜艳、香味醇厚、澄清透明。

(7)灭菌和配制成品　陈酿醋或新淋出的头醋称为半成品,出厂前需按质量标准进行配兑,一级食醋(总酸含量 > 5%)不需添加防腐剂,一般食醋均应在加热时加入 0.06% ~ 0.1% 的苯甲酸钠作为防腐剂。灭菌温度为 80℃ 以上,最后定量包装即为成品。

3. 生产过程中应注意的事项

(1)严格控制各阶段的温度　糖化和酒精发酵温度最好控制在 33 ~ 35℃,超过 37℃ 导致酒精浓度偏低,影响出醋率。醋酸发酵温度不宜超过 42℃,否则会出现烧醅现象并产生异味。

(2)高温季节预防出醋率下降的措施　各企业从生产中总结了一些预防高温季节出醋率下降,保证生产顺利进行的一些措施:

1)调整原料配方　一般夏季配料要细,增加麸皮和细糠用量,减少粗糠用量,这样醋醅吸水性增加,升温减慢。

2)夏季醋醅水分不宜过大　水分大醋醅浓度低,容易污染杂菌。

3)翻醅操作要认真　翻醅时将上部高温醋醅倒在另一缸的底部,做到分层翻到完毕后,将表面摊平、压实,不要形成丘形。

4)醋醅后熟更重要　醋醅后熟很重要,后熟可以把没有变成醋酸的酒精和中间产物进一步氧化为醋酸,同时还能进行酯化反应,能增进食醋香气、色泽和澄清程度。

5)降低环境温度　夏季温度高,酒精、醋酸在操作中挥发损失多,应尽可能缩短暴露时间,有条件的单位可采取空调等降温措施。

二、固稀发酵法制醋

1. 工艺流程

淀粉酶、氯化钙、碳酸钠　　　糖化酶

大米→浸泡→磨浆→调和→加热→液化→冷却→糖化→液体酒精发酵→酒醪→拌和入池→固态醋酸发酵→加食盐→淋醋→调兑→灭菌→储存→成品

2. 操作要点

(1)用料数量　碎米 1200kg,碳酸钠 1.2kg(碎米的 0.1%),氯化钙 2.4kg(碎米的 0.2%),α - 淀粉酶 3.75kg,酒母液 500kg,麸皮 1400kg,稻壳 1650kg,醋酸菌种子液 200kg,食盐 100kg。

(2)磨浆　碎米先用水浸泡,使米粒充分膨胀,然后将米:水为 1:(1.5 ~ 2)比例送入磨浆机,磨成粉浆。

(3)调浆　用碳酸钠调 pH 为 6.2 ~ 6.4,再加入氯化钙及 α - 淀粉酶,搅拌均匀后,缓慢放入液化桶内连续液化。

(4)液化　将水温升至 90℃ 时,开动搅拌器,不停地搅拌,液化温度控制在 85 ~ 92℃ 左右,维持 15min,用碘液检查,反应呈棕黄色表示液化完全,再缓慢升至 100℃,保持 10min,以达到灭菌的目的,再降温至 65℃。

(5)糖化　将冷却后的液化醪用泵送入糖化桶内,加入麸曲进行糖化,将液化产物糊精进一步水解为葡萄糖等可发酵性糖。糖化时间 4h 左右。待糖化醪冷却到 27℃ 后,用泵送入酒精发酵罐内。

(6)酒精发酵　将糖化醪送入发酵罐后加入 1 倍的水,当发酵罐内糖液温度降到 28 ~ 30℃,调节 pH4.2 ~ 4.4,将培养好的酒精酵母菌接入发酵罐内,搅拌均匀。酒精发酵时品温控制在 30 ~ 33℃,时间大概 3 ~ 5d。当酒精发酵结束后,酒醪的酒精体积分数为 8.5% 左右,酸度

0.3%~0.4%,然后将酒醪送至醋酸发酵池。

(7)醋酸发酵　在酒醪中添加麸皮、谷糠及醋酸菌种子,拌匀后送入醋酸发酵池内,面层醋酸菌种子的接种量要多一些。然后耙平,盖上塑料布,开始醋酸发酵。进池温度一般控制在35~38℃最好。

培养24h后,醋醅温度可升到40℃,此时要进行松醅,使上面和中间的醋醅尽可能疏松均匀,调节温度。松醅后每当醅温高达40℃即可回流,由缸底放出汁液浇在醋醅表面上,使醋醅温度降至36~38℃,每天回流6次。醋醅发酵温度前期要求在42~44℃,后期为36~38℃;时间在25d左右。

(8)加盐淋醋　醋酸发酵结束后,为了避免醋酸继续氧化分解为二氧化碳和水,应立即加入食盐抑制醋酸菌过度氧化。加入方法为:将食盐均匀地撒在醋醅表面,再用醋汁回流使其全部溶解。加盐后的醋醅不宜久放,可立即淋醋。

淋醋仍然在醋酸发酵水泥池进行,浸泡回流浇淋出醋。当醋酸含量达50g/L时停止淋浇,放入头醋池内,所得头醋一般可配制成品。

(9)配制成品　头醋一般称为半成品,如长期存放需加入防腐剂。生醋用板式灭菌器加热进行灭菌消毒。最后定量装坛封泥,即为成品。

三、液体深层发酵法制醋

在液态状态下进行的醋酸发酵称为液态发酵法制醋。液态深层发酵制醋是一项先进的工艺技术。其特点是:①不用辅料,可节约大量麸皮和谷糠;②深层发酵在密闭条件下进行,减少了杂菌污染的机会;③减少了劳动强度,有利于实现管道输送,提高机械化程度;④生产周期较固态发酵法短;⑤液态发酵法制出的醋,其风味、色泽较固态法生产的要差。液态深层发酵制醋工艺的出现使我国古老的制醋行业朝着机械化生产的方向前进了一大步。

液态深层发酵制醋设备可用标准发酵罐或自吸式发酵罐。上海酿醋厂于1973年对自吸式发酵罐进行了研究,并成功地用于制醋生产,使我国制醋工艺设备也进入了国际先进行列。

现以上海酿醋厂自吸式发酵罐生产为例介绍其工艺。

1. 工艺流程

```
                        糖化曲    酒母          醋酸菌、        糖液、
                                                空气           食盐
                         ↓        ↓             ↓             ↓
大米→浸泡→磨浆→调浆→液化→糖化→酒精发酵→酒醪→醋酸发酵→醋醪→压滤→调兑→
灭菌→储存→成品
```

2. 操作要点

(1)原料的处理、液化与糖化、酒精发酵工艺参阅前面的"三、固稀发酵法制醋"。

(2)醋酸发酵

将酒醪泵入发酵罐,装入量为发酵罐容积的70%,保持温度在32℃,接入10%的醋酸菌种子进行醋酸发酵。发酵温度控制在32~35℃,通风量前期24h为1:0.07,中后期为1:0.1,当醋酸不再增加发酵结束,发酵时间一般为65~72h。

液体深层发酵制醋也可采用分割法制醋。当醋发酵成熟时放出醋醪1/3,同时加入酒醪1/3,继续进行醋酸发酵。然后每隔20~22h取醋一次。如果醋酸发酵正常,可一直分隔下

去。但是当出现菌种老化,酒精转酸率降低等现象时,应及时换菌种。采用分割法连续发酵时,由于醋酸发酵呈酸性,可以防止杂菌污染。目前生产中大多采用此方法。但采用此方法时应注意的问题是,在取醋和补充酒液的同时,要不断地进行搅拌通气,主要是因为醋酸菌属于好气性微生物,一旦通风中断会导致醋酸菌大量死亡,发酵时间延长,造成产量、质量大幅度下降。

(3)压滤、配制、灭菌、储存、成品

醋酸发酵结束后,为了提高食醋糖分,在醋醪里面加入一定数量的糖以提高食醋糖分,达到出厂质量标准。混合均匀后进行压滤。醋液压滤后取样测成品,加盐配兑,然后进行灭菌,最后输入成品贮存罐,到期进行包装。在贮存的过程中食醋所含有的糖、有机酸、甘油、氨基酸等成分,通过氧化还原反应,能促进香气和色素的形成,有利于提高食醋的风味。经过陈酿的食醋与新醋相比,入口酸而醇和,有香气,色深而澄清。因此,适当的贮存对提高食醋质量有很大作用。

另外深层发酵制出的醋风味、色泽不如固态醋,可用熏醋增香、增色。将液态发酵的生醋浸泡固态发酵工艺中的熏醋,然后淋醋,使之具有熏醅的熏香味、悦目的黑褐色,弥补深层发酵醋的色泽及风味的不足。

(4)成品质量

1)感官指标

色泽:红棕色。

香气:具有食醋特有的香气,无其他不良气味。

口味:酸味柔和,不涩,稍有甜感,无其他异味。

体态:澄清,无悬浮物和沉淀物。

2)理化指标

总酸(以醋酸计)含量/g·100mL^{-1}≥3.5;

无盐固形物:粮食醋含量/g·100mL^{-1}≥1.5;其他醋含量/g·100mL^{-1}≥1.0。

四、生料制醋

生料制醋是近30年发展起来的一项新工艺,它与一般的酿醋方法不同之处是原料不经蒸煮,而是经粉碎配料加水后再进行糖化与发酵,生料制醋具有简化工艺、降低劳动强度、节约能源等优点。

生料制醋的原料不经过高温蒸煮,所以生料糖化有一定困难,鉴于这一点,在配料时加大麸皮用量,为主料的140%～150%,另外麸曲的用量占主料的50%～60%。因此在生产时以黑曲霉作为糖化剂,黑曲霉对生淀粉有一定的分解能力,可将生淀粉分解成葡萄糖。生料糖化所需时间较熟料长。

(一)生料制醋工艺 I

1. 工艺流程

水、麸曲、　　　稻壳、
酵母、麸皮　　　麸皮　食盐
　　　↓　　　　　　↓
原料→粉碎→前期稀醪发酵→后期固态发酵→贮存→淋醋→检验→包装→成品

2. 操作要点

(1)原料处理 生料制醋时所选用原料一般是高粱、大米、玉米。原料配比:按生米粉计算,每100kg原料加麸曲(AS 3.785)50kg,酵母(AS 2.339)10kg,麸皮140kg,稻壳130kg,水630kg左右。粉碎时,主料粉碎得越细越好,辅料要粗细搭配。

(2)前期稀醪发酵 生料的糖化和酒精发酵在稀醪大池发酵内进行。把主料、麸皮、麸曲、酵母一并倒入生产池内,翻醪均匀,曲块打碎,然后加入水进行发酵。1d后把发酵醪表层浮起的曲料翻倒1次,其目的是防止表层曲料杂菌生长,有利于酶的作用。待酒醪发起后,每日打靶2~3次。一般发酵5~7d,酒醪开始沉淀。

酒精发酵的最适合温度为27~33℃,在此范围内温度越高发酵越快。当温度超过适当温度时应及时降温,否则酵母的作用减退,杂菌将随着繁殖起来。当酒精含量在4%~5%(体积分数),总酸在2%以下时前期发酵结束。

(3)后期固态发酵 前期发酵结束后,按照一定比例加入辅料,然后闷24~48h,将料搅拌均匀,即为醋醅。用塑料布盖严,发酵过1~2d后翻醅,每天翻醅1次(由于料层厚,水分大,需要每天翻醅1次)。用竹竿将塑料布撑起,给以定量的空气。前4~5d支杆不要太高,如太高,酒精容易挥发,影响醋酸生成量。第一周品温控制在40℃左右,当醋醅温度达40℃以上时,可将塑料布支高,但温度不宜超过46℃。醋酸发酵后期品温开始下降,品温最好控制在34~37℃。此时,竹竿支起塑料布高度要压低,防止高温"跑火"。

固态发酵结束后成熟的醋醅颜色上下一致,棕褐色,醋汁清亮,不浑浊,有醋香味,无不良气味。总酸在60~65g/L。

当酒精含量降到很少时即可按主料的10%加入食盐,抑制醋酸过度氧化。加盐后再翻1~2d即可将醋醅移出生产室,存在缸内或淋醋。储存时间1个月或半年均可,每隔一段时间翻醅一次。

(4)淋醋 把成熟的醋醅放入淋池内,放水浸泡,需泡透,短则3~4h,长则12h,即可开始淋醋。

(二)生料制醋工艺Ⅱ

1. 工艺流程

水、麸曲、　　稻壳
酵母、麸皮　　麸皮　食盐
　　↓　　　　　↓　　↓
原料→粉碎→前期固态发酵→后期固态发酵→贮存→淋醋→灭菌→包装→成品

2. 操作要点

(1)原料及粉碎 生料的组织结构比较坚硬,在生料制醋过程中,需将原料粉碎成粉状。原料粉碎细度对于生料的发酵非常重要,原料用磨粉机粉碎至70~80目。如果粒度过大,淀粉不易尽快吸水膨胀,而且生淀粉与水和糖化酶的接触面相对减少,从而降低酶解能力,影响淀粉的利用率。但原料粒度过小,则影响淋醋,降低产量。

(2)拌料入池 原料按比例入池后,要翻拌混合均匀。加水量按每1kg混合料加水1~1.1kg。加水量少,原料难以全部充分吸水膨胀,造成生淀粉糖化与酶解困难,不利于酵母繁殖,影响酒精发酵、降低淀粉利用率;加水量过大,会延长发酵周期,产酒浓度低,同时易染杂菌。

（3）前期固态发酵（酒精发酵）　将碎米与麸皮加淀粉酶、糖化酶、酒精发酵剂和水拌匀进行淀粉糖化和酒精发酵。原料入池翻拌均匀后，上面要拍平压实，用塑料布盖严封好，进行静置发酵。发酵时室温一般控制在 18～20℃，料温保持 30～37℃，发酵 5d 后翻拌一次，再过 2～3d，料温上升到 40℃左右时，每天翻醅 1 次，7d 以后，酒精发酵基本完成，转入醋酸发酵。

（4）醋酸发酵　将酒精度适宜的酒醅，按 2%～5% 的比例接入醋酸菌，拌入谷壳进入醋酸发酵阶段，发酵温度保持在 34～41℃，每天翻拌 1～2 次，经 8～10d 酒醅转为成熟醋醅，即可加盐密封陈酿后熟。

（5）淋醋　把成熟的醋醅装入淋醋缸内，按比例加入炒米色、水，浸泡之后即可淋醋。

（6）灭菌成品　将所淋生醋在 95～110℃条件下灭菌 10min，当熟醋冷却至 30℃以下时，过滤即可装瓶出售。

第五节　几种名特食醋的酿造方法

一、山西老陈醋

山西老陈醋是我国北方著名的熏醋，创始于 300 多年前，生产工艺独特，以优质高粱为原料，大曲为糖化发酵剂，发酵周期长，酿得的老陈醋色泽黑紫、味清香、酸味醇厚、回味绵长，产品久贮无沉淀、不变质。

（一）工艺流程

山西老陈醋酿造工艺流程如下：

高粱→磨碎→浸泡→蒸料→第二次加水→冷却→加曲→第三次加水→糖化和酒精发酵→

醋酸发酵→成熟醋醅陈酿┌1/2 醋醅淋醋→加热
　　　　　　　　　　　　　　　　　　　↓
　　　　　　　　　　　　└1/2 醋醅熏醋→浸泡→淋醋→新醋→露晒→过滤→包装→成品

（二）操作要点

1. 原料配比

高粱 100kg，麸皮 70kg，谷糠 100kg，大曲 62.5kg，食盐 8kg，水 330kg（蒸前 60kg，蒸后 210kg，入缸 60kg），香辛料 0.15kg。

2. 原料处理

原料进厂后进行除杂，去除霉烂、变质的原料。然后把原料用粉碎机粉碎，使大部分呈 4～6 瓣，无整粒，最好不要带面粉。

粉碎好的高粱，加高粱重量 60% 的水进行润料，温度在 30～40℃，静止润料 4～6h，使高粱颗粒充分吸水。高粱糁以手捻为粉状，无硬心和白心为宜。将润水后的料打散常压蒸料，冒大汽后维持 1.5h。将蒸好的高粱糁结块打碎，取出放入缸中，加沸水 210kg，混合搅匀，静置、闷 20min。待高粱糁充分吸水膨胀后，摊在凉场上进行冷却。要求在短时间内冷却至 25～26℃。

3. 酒精发酵

当高粱糁冷却到25~26℃时,加入磨细的大曲粉62.5kg搅匀,再加水60kg,搅匀。将上述配好的料送入发酵室内的酒精缸中,入缸温度控制在20~25℃。入缸温度高,发酵太快;入缸温度低,发酵迟缓,都会影响质量。

原料入缸后边糖化边发酵,温度缓慢上升,原料入缸后第2天开始打耙,每天打耙两次,上下午各打耙1次,有块状物要打碎。第3天品温可达30℃,第4天发酵到最高峰,打耙次数也要增加,此后品温开始下降。用塑料布封缸,盖上草垫进行后发酵,温度为18~20℃,时间15d左右。

发酵终了酒醪酒精体积分数为8%,酸度1.5%以下。正常酒醪色发黄,酒液澄清,如变黑色则酸度过高。

4. 醋酸发酵

在酒醪中添加麸皮、谷糠,拌匀,移入醋酸发酵缸内。取已经发酵的、醅温在40~45℃的新鲜醋醅10%作为种子接入浅缸。菌种埋于中心,缸口盖上草盖进行醋酸发酵。待12~14h后,料温上升到41~42℃时每天翻醅一次。3~4d发大热,即醋酸发酵进入旺盛期,料温超过45℃,第五天开始退热,9~10d品温降至与大气温度平衡,发酵结束。

5. 成熟加盐

醋酸发酵结束后,加食盐(高粱的5%),即能调味,又能抑制醋酸过度氧化,使醅温下降。

6. 熏醅淋醋

(1)熏醅方法

1)煤火法 将缸连砌在一起,内留火道,把成熟醋醅放入缸内用煤火熏醅,每天翻一次,熏醅温度保持在80℃以上,熏醅过干时可适当加些醋,7d可熏好,颜色乌黑发亮,熏香味浓厚,无焦糊气味。

2)水浴法 将大缸置于水浴池内,水温保持在90℃以上,两三天翻一次,熏醅时间10d左右。

3)蒸汽浴法 其设施与水浴相似,但必须密封,防止跑汽,工艺条件相同。

(2)熏醅、淋醋

取一半醋酸发酵终了的醋醅置于熏缸内,用文火加热,每天翻拌1次,经4d后出醅,称为熏醅。熏后的醋醅色泽又黑又亮,这是山西老陈醋色、香、味的主要来源。老陈醋熏醅不宜过老,否则醋味发苦。

取剩下的一半醋醅,先加入上次淋醋后所得的淡醋液,浸泡12h后即可淋醋,所淋出的醋称为白醋。白醋加入香辛料加热至80℃,放到熏醅中浸泡10h左右淋出,为新醋,也称为熏醋,即为老陈醋的半成品。

7. 陈酿

新醋放于室外缸内,除刮风下雨需盖上缸盖以防雨水淋落外,一年四季日晒夜露,冬季醋缸液面结冰,把冰块取出弃去,称为"夏日晒,冬捞冰"。经过三伏九寒的陈酿,醋色浓而重。待酸度、浓度、风味、色泽都达到了标准后,过滤,除去杂物,装瓶即得到老陈醋。原醋陈酿期为9~12个月。

(三)质量标准

1. 感官指标

色泽:棕红色到深褐色。

香气:有特殊的熏香和清香。

口味:酸味醇厚,酸甜适口。

2. 理化指标

总酸含量(以醋酸计):7.5g/100mL。

还原糖含量(以葡萄糖计):5g/100mL。

氨基酸态氮(以氮计):0.4g/100mL。

二、镇江香醋

镇江香醋从 1850 年开始生产,至今已有 150 余年的历史。采用优质糯米为原料,酿制而成的食醋具有香气浓郁、酸而不涩的特点。

(一)工艺流程

镇江香醋酿造工艺流程如下。

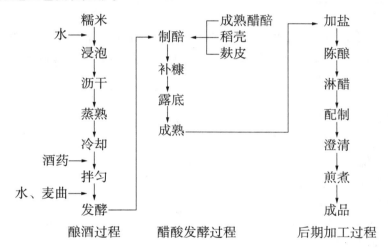

酿酒过程　　　　醋酸发酵过程　　　　后期加工过程

(二)操作要点

1. 用料

糯米 500kg,酒药 2kg,麦曲 30kg,麸皮 850kg,稻壳 470kg,炒米色 67.5kg,食盐 10kg,糖 1.5kg。

2. 原料处理

选优质糯米置于浸泡池中,加清水浸泡,一般冬季 24h,夏季 15h。浸后捞出沥干,将已沥干的糯米蒸熟,然后冷却,冬季冷至 30℃,夏季 25℃。拌入酒药 2kg,搅匀,置于缸内,用草盖将缸口盖好。

3. 低温糖化

料温保持 31 ~ 32℃,经过 60 ~ 72h 后,糖化液增多,此时有酒精及 CO_2 气泡产生,糖分为 30% ~ 35%,酒精体积分数 4% ~ 5%。

4. 酒精发酵

拌药 4d 后,添加水和麦曲,加水量为糯米的 140%,麦曲量 6%。控制料温在 26 ~ 28℃,这被称为"后发酵",在发酵期间应注意打耙。发酵时间从加入酒药算起,共约 10~13d。

5. 醋酸发酵

制醋采用固态分层发酵法。取酒醪放入发酵缸中,加入麸皮拌成半固态,再加入稻壳、水及发酵优良的成熟醋醅,搅拌均匀后,上面再盖上稻壳,然后进行发酵,时间 3~5d。

次日将上面覆盖的稻壳揭开,并将上面发热的醅料与下部未发热的醅料及稻壳充分拌和,移入另一缸,称为"过杓"。经过 24h,再添加稻壳并向下翻拌一层,每次加稻壳约 4kg。一缸料醅分 10 层逐次过完,这样经过 10~12d 醋醅全部制成,这时原来装酒醪的缸变成空缸。

过杓完毕,醋酸发酵达到最高潮,此时需要天天翻缸,即将一缸内全部醋醅翻倒入另一缸,此叫露底。露底时要使面上温度不超过 45℃,每天 1 次,连续 7d,此时发酵温度逐步下降,酸度不再上升,此时立即转入密封陈酿阶段。

6. 陈酿

醋醅成熟后,立即向每缸中加食盐,然后并缸,10 缸并成 7~8 缸,将醋醅压实,缸口用塑料布盖严。醋醅封缸 1 周后换缸一次,翻缸,并重新封缸,封缸时间 20~30d。

7. 淋醋、灭菌

取陈酿结束的醋醅置于淋醋缸中,装醅 80%,按比例加入炒米色及水,浸泡数小时后淋醋。将头醋汁加入食盐进行调配,澄清后加热煮沸,趁热装入容器内,密封存放。

(三)质量标准

1. 感官特性
色泽:棕红色或深褐色,有光泽。
香气:香气浓郁。
口味:口味柔和,酸而不涩,香而微甜。
2. 理化指标
总酸含量(以乙酸计):≥4.5%。
还原糖含量(以葡萄糖计):≥2.00%。
氨基酸态氮(以氮计):≥0.1%。

第六节 果醋的生产

目前市场上果醋的种类很多,已开发的果醋和果醋饮料有山楂醋、猕猴桃醋、柿子醋、葡萄醋、菠萝醋、苹果醋、梨醋等。

一、葡萄醋的生产

(一)工艺流程

葡萄醋酿造工艺流程如下:

糖度调整
↓
葡萄→清洗→破碎→葡萄汁(含皮渣)→酒精发酵→粗过滤→葡萄原酒粗品→醋酸发酵→后

熟→过滤→果醋→调配→装瓶→灭菌→成品

（二）操作要点

1. 原料处理

选择成熟度高、果实丰满的葡萄,剔除病虫害和腐烂的果实,避免影响果醋的质量。用流动水清洗,将附着在葡萄上的泥土、微生物及农药洗净,将洗涤后的葡萄用打浆机破碎。

2. 成分调整

根据葡萄浆的成分及成品要求达到的酒精度进行调整,主要是根据检测的结果,计算需补加糖、酸的量等。

3. 酒精发酵

将活化之后的酵母液接入葡萄浆中,接种量为 0.9%,发酵初始 pH 为 4.0,温度控制在 28～30℃,时间 4d 左右,待残糖降至 0.4% 以下时发酵结束。

4. 醋酸发酵

在酒精发酵醪中接入 11% 的醋酸杆菌,发酵温度为 32～34℃,时间为 3d 左右,发酵过程中经常检查发酵液的温度,酒精及醋酸含量等,至醋酸含量不再上升时为止。

5. 陈酿、后熟

将发酵成熟的醋液泵入后酵罐中陈酿 1～3 个月。

6. 澄清

为了提高葡萄醋的透明度,添加 0.3g/L 的壳聚糖进行澄清,然后再用过滤机进行过滤。

7. 杀菌

将调配、装瓶后的葡萄醋在 93～95℃ 的条件下杀菌,然后冷却即为成品。

二、山楂醋的生产

（一）工艺流程

山楂醋酿造工艺流程如下:

酵母　　米糠、麦麸、醋母液
↓　　　　↓
山楂→清洗→破碎→酒精发酵→醋酸发酵→醋醪陈酿→淋醋→装瓶→灭菌→成品

（二）操作要点

1. 原料处理

选用质量好的果实,同时剔除病害果、虫果及腐烂果,用流动水清洗干净,破碎。并调整山楂浆的糖度为 78%（以葡萄糖计）。

2. 酒精发酵

将活化之后的酵母接入山楂浆中,接种量为 3%～5%,每天定时搅拌 3 次左右,发酵 5～7d 后,酒精发酵结束。

3. 醋酸发酵

在酒精发酵醪中加入原料 50%～60% 的麦麸、米糠等作为疏松剂,再加入培养好的醋母液

10%～20%,搅拌均匀后装入醋化罐中进行醋酸发酵。其温度控制在 30～35℃,若温度升高至 35℃以上时,则需通风降温。每天定时搅拌 1～2 次。发酵时间 7～8d 左右,醋酸发酵结束后加入 2%～3% 的食盐,搅拌均匀,制成醋醅。将醋醅压实,加盖封严,经 5～6d 的陈酿后熟,即可淋醋。

4.淋醋

将后熟的醋醅放入淋醋缸内,从上面徐徐淋入约与醋坯量相等的冷却沸水,醋液即从缸底小孔流出,淋过的醋坯,再加水淋一次,作为下次淋醋时用。

5.装瓶、消毒

生醋装瓶后进行灭菌,冷却后即为成品。

 本章小结

食醋是人们生活中不可缺少的生活用品,是东西方共有的调味品。我国食醋的种类很多,有酿造醋、配制醋、人工合成醋;淡色醋、浓色醋及白醋。酿造食醋的原料主要有淀粉质、糖质、酒质三类,除此之外还有辅料,如谷糠、麸皮及豆粕等;填充料如粗谷糠、小米壳、玉米芯等。原料经过粉碎及蒸煮后就可进行发酵。

食醋的酿造包括淀粉糖化、酒精发酵及醋酸发酵三个阶段,即其酿造过程是粮→酒→醋的变化过程。糖化是指淀粉在糖化剂(曲或酶)的作用下,使淀粉转化为可发酵性糖即葡萄糖和麦芽糖,再由酵母菌作用生成酒精。常用糖化剂有大曲、小曲、麸曲、液体曲及酶制剂;酒精发酵是酵母菌把葡萄糖等可发酵性糖在水解酶或酒化酶的作用下,分解为酒精和二氧化碳;醋酸发酵主要是利用醋酸菌氧化酒精为醋酸,把葡萄糖氧化成葡萄糖酸,还氧化其他醇类、糖类生产各种有机酸,形成食醋的风味。

食醋酿造的工艺有固态发酵法、液态发酵法、固稀发酵法等。固态发酵法生产食醋时在醋酸发酵结束后要及时加食盐,防止成熟醋醅进一步氧化;然后进行淋醋,淋醋采用三套循环法;最后进行食醋的陈酿等处理。

 思 考 题

1.食醋酿造的原料有哪些?

2.食醋生产常用的糖化剂有哪些?

3.食醋酿造的基本原理是什么?酿造食醋的工艺有哪些?

4.简述山西老陈醋的生产工艺。

如何选购食醋

食醋分为酿造食醋和配制食醋两类。酿造食醋是以含有淀粉、糖的原料或以酒精为原料，经微生物发酵酿制而成的。配制食醋是以酿造食醋为主体，与冰醋酸、食品添加剂等混合而成的。从工艺上分为固态发酵食醋和液态发酵食醋。从风味和原料上还可分为米醋、陈醋、老陈醋、香醋、白醋、麸醋、果醋等。

在选购食醋时，除了考虑用途和风味外，可参考以下几点：

1. 闻香气、尝滋味。好的食醋应有食醋特有的香气和酯香，不得有不良气味。酸味柔和，回味绵长，有醇香，不涩，无异味。

2. 看色泽、体态。酿造食醋具有琥珀色或红棕色，有光泽者为佳品。体态澄清、浓度适当，无悬浮物、沉淀的产品质量较好。

3. 看标签。按照国家标准的要求，食醋产品标签上应标明总酸的含量。总酸含量是食醋产品的一种特征性指标，其含量越高说明食醋酸味越浓。一般来说食醋的总酸含量要≥3.5g/100mL。看清生产日期，不要购买过期产品。看清生产厂家，不要被类同标签图案误导。并不是同一地方的产品都具有代表该地方产品的特点。

第二章 酱油生产工艺

【知识目标】

1. 明确酱油的概念和分类,在此基础上对酱油的发展和食用价值有一定的了解。
2. 重点掌握酱油的生产原料和生产工艺。
3. 熟悉酱油生产的关键环节和主要的质量控制标准。
4. 对于酱油生产目前存在的问题和未来的发展趋势有一定的了解。

第一节 绪 论

以植物性蛋白为主要原料,通过微生物发酵作用制得的一种调味品,称之为酱油,包括加食盐、糖类、酒精、调味料、防腐剂等制成。酱油的成分比较复杂,除食盐的成分外,还有多种氨基酸、糖类、有机酸、色素及香料等成分。以咸味为主,亦有鲜味、香味等。它能增加和改善菜肴的口味,还能增添或改变菜肴的色泽。酱油是一种具有亚洲特色用于烹饪的调味料,我国人民在数千年前就已经掌握酿制工艺,日本人、东南亚各民族亦普遍使用,近十年美国及欧洲也占相当的消费比例。酱油一般有老抽和生抽两种:老抽较咸,用于提色;生抽用于提鲜。制作酱油的原料在各地有所不同,使用的配料不同,风味也不同,比较出名的是泰国的鱼露(使用鲜鱼)和日本的味噌(使用海苔)。

一、酱油定义及酱油发展概况

(一)定义

酱油俗称豉油,主要由大豆、淀粉、小麦、食盐经过制曲、发酵、淋油等工序酿制而成,是一种营养丰富的调味品。

(二)发展概况

酱油的生产起源于中国。是由"酱"演变而来,早在三千多年前,周朝就有制酱的记载。而酱油酿造纯粹是偶然发现,酱油起源于中国古代皇帝御用的调味料,是由鲜肉腌制而成,与现今的鱼露制造过程相近,因为风味绝佳渐渐流传到民间,后来发现用大豆制造风味相似且便宜,才广为流传食用。早期随着佛教僧侣传播,遍及世界各地,如日本、韩国、东南亚一带。酱油制造,早期是一种家事艺术与秘密,其酿造多由某个师傅把持,其技术往往是由子孙代代相传或由一派的师傅传授下去,形成某一方式的酿造方法。

目前,酱油生产和消费量较大的几个国家主要包括中国、日本和韩国,其中中国的酱油在国际上享有极高的声誉。酱油在中国的生产不仅历史悠久,而且原料广泛,工艺多样。最早酱油在中国是用牛、羊、鹿和鱼虾肉等动物性蛋白质酿制的,后来才逐渐改用豆类和谷物的植物性蛋白质酿制。一般是将大豆蒸熟,拌和面粉,接种上一种霉菌,让它发酵生毛,经过日晒夜露,原料里的蛋白质和淀粉分解,就变化成酱油。

酱油是多种氨基酸、糖类、芳香酯和食盐的混合溶液,添加到食物中能改善食品色泽,增加咸味和鲜味,促进食欲,提高食物的营养价值。尤其是随着人民生活水平的提高和食品工业的迅速发展,调味品的生产和市场出现了空前的繁荣和兴旺,其主要标志是:工艺改进,品种增加,质量提高,并逐步向营养、卫生、方便和适口的方向发展。在技术上将大量采用生物技术,如细胞融合、国产化酶等的应用,将使产品在目前的基础上进一步完善和提高。各种利用萃取、蒸馏、浓缩和超临界萃取等技术从植物和动物中提取天然调味料的技术也将得到广泛应用。酱油新品种不断涌现,酱油正在被全世界更多的人所接受和喜爱。

二、酱油的分类

根据不同的分类标准,酱油有多种分类方法。

1. 按照酱油生产的工艺可分为酿造酱油和配制酱油

酿造酱油是用大豆和/或脱脂大豆,或用小麦和/或麸皮为原料,采用微生物发酵酿制而成的酱油。配制酱油是以酿造酱油为主体,与酸水解植物蛋白调味液、食品添加剂等配制而成的液体调味品。只要在生产中使用了酸水解植物蛋白调味液,即是配制酱油。

2. 根据酱油着色力不同,酱油可分为生抽和老抽

生抽酱油是酱油中的一个品种,以大豆、面粉为主要原料,人工接入种曲,经天然露晒,发酵而成。其产品色泽红润,滋味鲜美协调,豉味浓郁,体态清澈透明,风味独特。生抽一般在烹调中使用,吃到嘴里后有种鲜美微甜的感觉,炒菜的时候用得多。

老抽酱油是在生抽酱油的基础上,把榨制的酱油再晒制 2 ~ 3 个月,经沉淀过滤即为老抽酱油,其产品质量比生抽酱油更加浓郁。老抽中大多加入焦糖色,颜色很深,呈棕褐色有光泽,吃起来味道较咸。一般用来给食品着色,比如做红烧等需要上色的菜时使用比较好。

3. 根据酱油状态的不同,酱油可分为液态酱油和固态酱油

目前市售的大部分酱油都是液态的,都属于液态酱油。固态酱油指用酿造酱油通过喷雾的形式,干燥后得到的粉末。还有一种产品称为酱油膏,是在酱油中添加黏稠剂,使其黏度于 25℃时达 250cps 以上者,包括荫油、壶底油等。

4. 根据酱油生产原料的不同,酱油可分为大豆酱油、黑豆酱油、虾子酱油等。这是由于各地使用酱油生产原料的不同形成多种不同风味的酱油产品。

三、酱油的食用价值

酱油作为一种调味品,其食用价值首先是添加到食品中能起到一定调节食品风味的作用,另外由于酱油中含有的有效成分还有一定的保健作用。在烹调时加入一定量的酱油,可增加食物香味,并使其色泽更加好看,从而增进食欲,提倡后放酱油,这样能够将酱油中有效氨基酸和营养成分保留。

1. 烹调食品时加入一定量的酱油,可增加食物香味,并可使其色泽更加好看,从而增进食欲。

2. 酱油的主要原料是大豆,大豆及其制品因富含硒等矿物质而有防癌效果。

3. 酱油含有多种维生素和矿物质,可降低人体胆固醇,降低心血管疾病发病率,并能减少

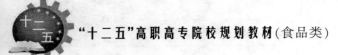

自由基对人体的损害。

4. 酱油可用于水、火烫伤和蜂、蚊等虫的蜇伤,并能止痒消肿。

5. 酱油具有解热除烦、调味开胃的功效。

6. 酱油含有异黄醇,这种特殊物质可降低人体胆固醇,降低心血管疾病发病率。

7. 抗氧化作用。新加坡食物研究所发现,酱油能产生一种天然的抗氧化成分。它有助于减弱自由基对人体的损害,其功效比常见维生素 C 和维生素 E 等抗氧化剂大十几倍。用少量酱油所达到抑制自由基的效果,与一杯红葡萄酒相当。

第二节　酱油生产的原料及处理

一、酱油生产的原料

酱油生产所需要的原料有蛋白质原料、淀粉质原料、食盐、水以及一些辅料。

酱油生产原料在选择时一般依据的标准是蛋白质含量较高,糖类适量,有利于制曲和发酵;无毒无异味,酿制出酱油质量好;资源丰富,价格低廉;容易收集,便于运输和保管;因地制宜,就地取材,争取综合利用。

(一)蛋白质原料

在发酵过程中,原料中蛋白质经微生物产生蛋白酶的催化作用,生成相对分子质量较小的胨、多肽等产物,最终分解变成多种氨基酸类,成为酱油的营养成分和鲜味来源。有些氨基酸如谷氨酸、天门冬氨酸等构成酱油的鲜味,有些氨基酸如甘氨酸、丙氨酸和色氨酸具有甜味,有些氨基酸如酪氨酸、色氨酸和苯丙氨酸产色效果显著,能氧化生成黑色及棕色化合物,形成酱油的颜色。因此蛋白质原料对酱油的色、香、味、体的形成至关重要,是生产酱油的主要原料。

蛋白质原料一般选择大豆和脱脂大豆。大豆是黄豆、青豆、黑豆的统称,大豆中除含有丰富的蛋白质外,还含有 20% 左右的脂肪,为使脂肪能得到有效利用,除一些高档酱油仍用大豆作原料外,大多用脱脂大豆。

脱脂大豆按生产方法不同分为豆粕和豆饼两种,其中豆饼是在榨油生产中采用压榨法得到的,粗脂肪含量为 3% ~ 8%,而豆粕则是通过浸提法制豆油后得到的,粗脂肪含量为 0.5% ~ 1.5%,它们的粗蛋白质含量均在 40% ~ 50%,是理想的蛋白质原料。此外,还可以选择一些其他的蛋白质原料,如蚕豆、豌豆、绿豆、花生饼、芝麻饼等,可据当地情况,因地制宜选择一些含蛋白质较高的物质作为酱油生产原料。

(二)淀粉质原料

淀粉质是酱油酿造的辅助原料,淀粉质经过微生物酶的作用转化成糖类,再经酵母、细菌发酵产生各种醇类和有机酸,进一步合成各种酯类,形成酱油风味。糖类和氨基酸经美拉德反应产生酱油的色素物质。传统酱油生产一般以小麦、麸皮、面粉等作为淀粉质原料,为节约粮食,现多改用麸皮或是麸皮添加少量小麦粉。

小麦的蛋白质组成主要为醇溶蛋白和谷蛋白,醇溶蛋白和谷蛋白是小麦中形成面筋的蛋白质,面筋中谷氨酸的含量比其他氨基酸含量高出 5 倍以上,是产生酱油咸味的主要成分。

麸皮富含淀粉、蛋白质、维生素和钙、铁等营养成分,能促进米曲霉生长。麸皮中多缩戊糖含量高达 20% ~30%,与蛋白质的水解物氨基酸相结合而产生酱油色素。麸皮资源丰富,价格低廉,使用方便。同时麸皮质地疏松、体轻、表面积大,既有利于霉菌的生产,也有利于酱油的淋油操作。但是麸皮中纯淀粉含量较少,不利于增加酱油的甜味,也不利于酵母菌的乙醇发酵以增进香味,所以要提高酱油风味,除使用麸皮外,还需要添加适量淀粉含量高的原料。

其他淀粉质原料有薯干、碎米、大麦、玉米等,要求其淀粉含量较高,且无毒、无害。

（三）食盐

食盐是生产酱油的主要原料之一,它使酱油具有适当咸味,并与氨基酸共同呈鲜味,增加酱油风味。食盐还具有杀菌防腐作用,可在发酵过程中一定程度上减少杂菌污染,同时可防止成品酱油的腐败。

生产酱油的食盐宜选用氯化钠含量高、颜色白、水分及杂质少、含卤汁少的食盐。食盐若含卤汁过多,会给酱油带来苦味,品质下降。最简单的去除卤汁的方法是将食盐放于盐库中,放卤汁自然吸收空气中的水分进行潮解而脱苦。

（四）水

凡是符合卫生标准能供饮用的水都可以用于酱油生产,如自来水、深井水、清洁的江水、河水、湖水等。

目前随着工业化的进展,酿造酱油用水还是选择自来水多些。如果水中含有大量的铁、镁、钙等物质,不仅不符合卫生要求,而且有碍于酱油的风味。一般要求用于酱油生产的水中铁含量不宜超过 5mg/kg。

二、酱油生产原料的处理

（一）原料处理的目的

原料处理是生产酱油的重要环节,处理是否得当直接影响到制曲的难易、质量、酱醪成熟度、淋油速度和出油的多少,同时也影响酱油质量和原料利用率,因此必须控制好原料的处理环节。

原料的处理包括两个方面:一方面是通过机械作用将原料粉碎成为小颗粒或粉末状,使原料能够充分润水、蒸熟、达到蛋白质一次变性,增加米曲霉生长繁殖及分泌酶的总面积,提高酶活力;另一方面是进行充分润水和蒸煮,使蛋白质原料达到适度变性,使结构松弛,并使淀粉糊化,以利于米曲霉的生长繁殖和酶类分解作用,同时通过加热杀灭附着在原料上的杂菌,以排除制曲中对米曲霉生长的干扰。

（二）原料的处理操作

1. 原料的破碎

原料的破碎主要指豆饼或豆粕的破碎。

豆饼或豆粕坚硬而且颗粒过大,不容易吸足水分,因而不能蒸熟,影响制曲时菌丝繁殖,减少曲霉繁殖总面积和酶的分泌量。粗细颗粒相差悬殊,会使吸水及蒸煮程度不一致,影响蛋白质的变性程度和原料利用率,因此需将豆饼或豆粕轧碎,并通过筛孔直径为 9mm 的筛子调整其粒度到合适大小,便于生产操作。

原料的破碎要适度,如果原料过细,辅料比例又少,润水时易结块。制曲时通风不畅,发酵时酱醅发黏,淋油困难,也会影响酱油的质量和原料利用率。

2. 原料的润水

原料的润水就是向原料内加入一定量水分,并经过一定时间均匀而完全的吸收,其目的是利于蛋白质在蒸料时迅速达到适当变性,使淀粉充分糊化,以便溶出米曲霉所要的营养成分,使米曲霉生长、繁殖得到必需的水分。

润水最重要的是确定加水量,这里需要考虑诸多因素,如原料的含水量、原料的配比、季节和地区、蒸料方法、冷却和送料方式、曲室保温及通风情况等。生产上应严格控制加水量。生产实践证明,按豆粕质量计算的加水量在 80% ~ 100% 较为合适。但加水量的多少主要依据曲料水分为准,一般冬天控制在 47% ~ 48%,春天、秋天控制在 48% ~ 49%,夏天控制在 49% ~ 51% 为宜。

3. 原料的蒸煮

酱油原料蒸煮的目的:使原料豆粕(或豆饼)及麸皮中的蛋白质适度变性,使具有立体结构的蛋白质中的氢键被破坏后,原来绕成螺旋状的多肽链变成松散紊乱状态,这样有利于米曲霉在制曲过程中旺盛生长,并为以后酶分解提供基础;使原料中的淀粉吸水膨化而达到糊化程度,并产生少量糖类,成为容易被酶作用的状态;能消灭附着在原料上的微生物,提高制曲的安全性;要求达到一熟、二软、三疏松、四不粘手、五无夹心、六有熟料固有色泽和香气。

酱油原料蒸煮程度与蛋白质变性的关系 原料蒸煮的主要目的是使原料中的成分发生适度的变性,一般以蛋白质的变性情况作为衡量标准。原料中蛋白质变性情况直接影响到后续制曲、发酵、淋油的质量与操作,也从一定程度上决定原料的利用率。

(1)未变性蛋白:指在蒸料过程中没有蒸熟的蛋白质,这些蛋白质不发生变性,能溶于盐水中,但不能被米曲霉中的酶系所分解。含有这类蛋白的酱油经稀释或加热后会出现浑浊现象。

(2)适度变性:适度变性蛋白质能为米曲霉所分泌的蛋白酶所分解,成为酱油的有效成分。

(3)过度变性:也称褐变,蒸煮过度的蛋白质色泽增深,蛋白质中的氨基酸与糖结合,形成褐变,就很难被米曲霉分泌的蛋白酶分解。

旋转式蒸煮锅蒸料的办法 国内已采用旋转式蒸煮锅(简称转锅,在日本称 NK 锅,是一个受压热力容器)蒸料,罐体以立式双头锥为主,也有球形的。容量一般为 5 ~ 6m³,在蒸料时转锅可不断地做 360° 的旋转运动。新式旋锅附有减压冷却装置(水力喷射器)。水力喷射器配有离心水泵,利用高速水流从喷嘴喷出,在蒸料出料时,锅内形成减压,水分在低压下蒸发吸收热量,使曲料冷却,转锅上端设有投料出料口,锅身下面设有接种和输送机,可直接送入曲池。

熟料质量标准:感官特性①外观:黄褐色,色泽不过深。②香气:具有豆香味,无糊味及其他不良气体。③手感:松散、柔软、有弹性、无硬心、无浮水、不黏。理化标准①水分(入曲池取样)在 45% ~ 50% 为宜。②蛋白质消化率在 80% 以上。

三、参与酱油酿造的微生物

酱油酿造是半开放式的生产过程,环境和原料中的微生物都可能参与到酱油酿造中来。在酱油酿造的特定工艺条件下,并非所有的初始微生物都能良好生长,只有那些人工接种或适合酱油酿造微生态环境的微生物才能生长繁殖,并发挥作用。这其中主要有米曲霉、酵母、乳酸菌及一些其他的细菌,它们具有各自的生理生化特性,对酱油品质的形成有重要作用。

(一)米曲霉

米曲霉(*Aspergillus oryzae*)是曲霉的一种。由于它与黄曲霉(*Aspergillus flavus*)十分相似,所以过去很长一段时间归属于黄曲霉群,甚至直接就称黄曲霉。后来证明生产酱油的黄曲霉不产黄曲霉毒素,为了区分产黄曲霉毒素的黄曲霉,特冠以米曲霉。

米曲霉菌丛通常为黄绿色,成熟后为黄褐色或绿褐色。分生孢子头呈放射状,顶囊近球状,直径为 $40\sim50\mu m$,小梗一般为单层,大小为 $(12\sim15)\mu m\times(3\sim5)\mu m$。分生孢子球形或近球形,直径为 $4.5\sim7\mu m$,表面光滑,少数有刺,分生孢子柄长 $2mm$,近顶囊处直径为 $12\sim25\mu m$。米曲霉依靠各种孢子繁殖,以无性孢子繁殖为主,在适宜条件下,米曲霉可生成大量分生孢子。

米曲霉可利用的碳源是单糖、双糖、淀粉、有机酸、醇类等;氮源是铵盐、硝酸盐、尿素、蛋白质、酰胺等;磷、钾、镁、硫、钙等也是米曲霉生长所必须的。因为米曲霉分泌的蛋白酶和淀粉酶是诱导酶,在制酱油曲时要求配料中有较高的蛋白质和适当的淀粉含量,以诱导酶的生成。大豆或脱脂大豆富含蛋白质,小麦、麸皮含有淀粉,这些农副产品也含有较丰富的维生素、无机盐等营养物质,以适当的配比混合做制曲原料,能满足米曲霉繁殖和产酶需要。

应用于酱油生产的米曲霉菌株应符合如下基本要求:不产黄曲霉毒素;蛋白酶、淀粉酶活力高,有谷氨酰胺酶活力;生长快速,培养条件粗放、抗杂菌能力强;不产生异味,酿制的酱油香气好。

目前国内常用的菌株有:AS3.863、AS3.951、UE328、UE336、渝3.811、酱池曲霉等,每个菌株都有自己的优缺点。

(二)酵母菌

从酱醪中分离出的酵母菌有7个属23个种。其中有的对酱油风味和香气的形成有重要作用,它们多属于鲁氏酵母(*Saccharomyces rouxii*)和球拟酵母(*Torulopsis*)。

鲁氏酵母是酱油酿造中的主要酵母菌。菌体形态在麦芽汁中培养 3d 细胞为小圆形或卵圆形,大小为 $(2.5\sim5)\mu m\times(3.5\sim8.5)\mu m$。适宜生长温度为 $28\sim30℃$,$38\sim40℃$生长缓慢,$42℃$不生长。最适 pH4~5。生长并活跃在酱醪这一特殊环境中的鲁氏酵母是一种耐盐性强的酵母,抗高渗透压,在含食盐5%~8%的培养基中生长良好,在18%食盐浓度下仍能生长,在24%食盐浓度下生长弱。维生素H、肌醇、胆碱、泛酸能促进它在高食盐浓度下的生长。在高食盐浓度下,其生长 pH 范围很窄,为 $4.0\sim5.0$。培养基中食盐浓度不同时,这些酵母发酵糖类的情况也不同。在不添加食盐的基质中,利用葡萄糖和麦芽糖发酵;而在食盐浓度18%的培养基中,容易利用葡萄糖发酵,几乎不利用麦芽糖。

球拟酵母(*Torulopsis*)在酱醪发酵后期,随着糖浓度降低和 pH 下降,鲁氏酵母发生自溶,而球拟酵母的繁殖和发酵开始活跃。球拟酵母是酯香型酵母,能生成酱油的重要芳香成分,如4-乙基苯酚、4-乙基愈创木酚、2-苯乙醇、酯类等,因此,认为球拟酵母与酱醪的香味成熟有关。另外,球拟酵母还产生酸性蛋白酶,在发酵后期酱醪 pH 较低时,对未分解的肽链进行水解。

在发酵后期的酱醪中,由于糖分较少,已生成一定量的酒精,氨基酸浓度增高,而且有高浓度的食盐存在,因此球拟酵母不会发生过度繁殖。但是在采用添加人工培养酵母工艺时,加进多量鲁氏酵母不会发生不良影响,球拟酵母添加过量,会使酱醪香味恶化。这是因为球拟酵母生成过量醋酸、烷基苯酚等刺激性强的香味物质的缘故。

(三)乳酸菌

酱油乳酸菌是生长在酱醪这一特定生态环境中的特殊乳酸菌,在此环境中生长的乳酸菌是耐盐的。代表性的菌有嗜盐片球菌(*Pediococcuushalophilus*)、酱油微球菌(*Tetracoccus sojae*)、植物乳杆菌(*Lactobacillus plantanum*)。这些乳酸菌耐乳酸的能力不太强,因此不会因产过量乳酸使酱醪 pH 过低而造成酱醪质量下降。适量的乳酸是构成酱油风味的重要因素之一。不仅乳酸本身具有特殊的香味而对酱油有调味和增香作用,而且与乙醇生成的乳酸乙酯也是一种重要的香气成分。一般酱油中乳酸的含量在 15mg/mL。在发酵过程中,由嗜盐片球菌和鲁氏酵母共同作用生成的糠醇,赋予酱油独特香气。酱油乳酸菌的另一个作用是使酱醪的 pH 下降到 5.5 以下,促使鲁氏酵母繁殖和发酵。

(四)其他微生物

在酱油酿造中除上述优势微生物外,还有其他一些微生物存在。它们的作用有的还不很清楚。酱油四联球菌细胞大多呈球形,平均直径为 0.7μm,无运动性。最适生长温度 30 ~ 35℃。生长 pH5.5 ~ 9.0,最适 pH7.0 ~ 7.2。轻度液化明胶,在石蕊牛乳培养基中少量生长。在耐盐性、所需生长因子和发酵糖类方面,与嗜盐片球菌相同。

从酱油曲和酱醪中分离的微生物还有毛霉、青霉、根霉、产膜酵母、圆酵母、枯草芽孢杆菌、小球菌、粪链球菌等。当制曲条件控制不当或种曲质量差时,这些菌会过量生长,不仅消耗曲料营养成分,使原料利用率下降,而且使成曲酶活力降低,产生异臭,曲发黏,造成酱油浑浊、风味不佳。

第三节 酱油的生产工艺

酱油的生产工艺流程如下:

原料→粉碎→润水→蒸煮→冷却→接入种曲→制作大曲→拌入盐水→发酵→淋油→加热→调配→澄清→检验→成品

一、种曲制备

制种曲的目的是要获得大量纯菌种,要求菌丝发育健壮、产酶能力强、孢子数量多、孢子耐久性强、发芽率高、细菌的混入量少,为制成曲提供优良的种子。

种曲制备一般采用木盒、铝盘、竹匾等,随着设备的改进,大的生产厂家开始使用固态种曲培养设备(如种曲机、种曲培养罐等),该设备集蒸料、灭菌、接种和培养于一体,方便高效。

(一)种曲制备流程(以沪酿 3042 米曲霉盘曲制备为例)

种曲制备流程如下:

原料混合→蒸料→冷却→接种→装盘→培养→成曲

1. 原料混合

制作种曲的原料大多选择豆粕、麸皮和水,原料配比上一般豆粕占少量、麸皮占多量,豆粕和麸皮的比例在2:8左右,必要时加入适当的饴糖,以满足曲霉菌繁殖的需要。

保持曲料松散和空气流通,原料中应加入适当粗糠。拌水量在全料的50%左右,可根据季节和生产条件适当调整。

原料中加入少量(1%左右)无菌草木灰,效果更好。原料中添加草木灰的作用:提供孢子所需的磷、钾、镁及其他微量金属盐的无机营养成分,助长分生孢子的形成;曲霉菌生长过程中产生的CO_2和有机酸会被草木灰的无机成分中和;存在有Cu、Zn、Al的微量元素会促进曲霉菌的生长;由于无机成分的影响,增加了孢子的耐受性;草木灰可调节曲料的表面水分,起到防止相互黏结的效果。也可防止菌株的自然变异。

2. 蒸料

一般采用旋转式蒸煮锅蒸料,条件为0.1~0.15MPa,时间为30~40min。

3. 冷却

原料蒸好后降温至40℃即可出料,同时接种。

4. 接种

此时接入的是三角瓶培养的米曲霉,接种量在0.5%~1%。

(1)菌种的选择

菌种选择十分重要,关系到酱油生产的成败和产品质量的好坏。在选择菌种时应该按照以下标准:酶的活力强,菌种分生孢子大、数量多、繁殖快的菌种;发酵时间短;适应能力强,对杂菌的抵抗能力强;产品香气和滋味优良;不产生黄曲霉毒素和其他有毒物质。

目前我国酱油生产上以使用米曲霉为主,常用的酿造菌株有沪3.042,即AS3.951。该菌种具有上述特点,如分泌的蛋白酶和淀粉活力很强,本身繁殖非常快,发酵时间仅为24h;对杂菌有非常强的抵抗能力;用其制造的酱油质量十分优良;不会产生黄曲霉毒素等;不易变异。此外,还有一些性能优良的菌株,也逐渐被酿造厂采用,如上海酿造科学研究所的UE336,重庆市酿造科学研究所的3.811,江南大学的961等。

(2)米曲霉的试管斜面培养

制备豆汁或米曲汁培养基,灭菌后分装制成试管斜面,将米曲霉接种入斜面,置于30℃培养箱中培养3d,待长出茂盛的黄绿色孢子,并查无杂菌,即可作为三角瓶扩大培养菌种。

(3)米曲霉三角瓶培养

以豆粕和麸皮为2:8比例,水分占全料60%的比例,混合均匀,分装入三角瓶中,瓶中料厚约为1cm,加棉塞,在0.1MPa,时间为30min灭菌备用。

待曲料冷却后接入试管斜面菌种,摇匀,平放于30℃培养箱中培养18h左右,当瓶内曲料发白结成饼状,摇瓶1次,将结块摇碎,继续培养4h,再摇瓶1次,经过2d培养,把三角瓶倒置,以促进底部米曲霉的生长,继续培养1d,待全部长满黄绿色孢子即可使用。若要放置较长时间,应置于阴凉处或冰箱中。

5. 装盘

将三角瓶曲均匀接种到制备好的原料中,堆积到铝盘一侧。

6. 培养

种曲室控制28~30℃,培养16h左右,当曲料上出现白色菌丝,品温升高到38℃左右时,进行第一次翻曲。翻曲前调换曲室空气,将曲块用手捏碎,用喷雾器补加无菌温水,补水量为40%左右,喷水完毕,将曲料平铺到铝盘中,厚度约为2cm,加盖湿纱布,培养。翻曲后,曲室温度控制在26~28℃,培养4~6h后,曲面上有菌丝生长,进行第二次翻曲。翻曲后控制品温不超过38℃,经常保持纱布潮湿。再经过10h后,曲料呈淡黄绿色,品温下降到32~35℃。在室温28~30℃,继续培养35h左右,至曲料上长满孢子,此时可揭去纱布,开窗放出室内湿气,并控制室温30℃左右,以促进孢子成熟,整个制曲过程大约在68~72h。

(二)种曲质量标准

1. 外观

孢子生长旺盛,呈新鲜的黄绿色,无杂菌生长的异色。用手捏碎种曲有孢子飞扬,内部无硬心,手感疏松。

2. 气味

具有种曲特有的曲香,无酸气、氨气等不良气味。

3. 水分

自用种曲含水分15%以下,出售种曲含水分10%以下。

4. 孢子数

每克种曲含25亿~30亿个孢子(湿基计)。

5. 发芽率

孢子发芽率在90%以上。

二、大曲制备

制曲是酿造酱油的主要工序。要制好曲,就必须创造适当的环境条件,适应米曲霉的生理特性和生长规律。在制曲过程中,关键是掌握好温、湿度。近年来,制曲操作主要采用厚层通风制曲工艺。

(一)厚层通风制曲工艺

厚层通风制曲就是将接种后的曲料置于曲池内,厚度一般为25~30cm。利用通风机供给空气,调节温、湿度,促使米曲霉在较厚的曲料上生长繁殖和积累代谢产物,完成制曲过程。现除使用通用的简易曲池外,也有采用链箱式机械通风制曲机和旋转圆盘式自动制曲机进行厚层通风制曲,使制曲技术进一步得到提高。

1. 制曲设备

(1)曲室:曲室有地上曲室和楼层曲室两种,地上曲室为单层,建筑在地面上,应用较广。楼层曲室可以利用其空间的优势,在其正下方设置为发酵场所,这样制成的曲可以利用重力送至楼下。曲室的构造有砖木结构、砖结构和钢筋水泥结构等,四壁和顶部全部涂水泥,使表面光洁。室内设下水道。墙壁厚度应能满足保温要求。

(2)保温保湿设备:室内沿墙安装一根40~50mm的保温蒸汽管或一组蒸汽散热片,设有天窗及风扇,以利降温。厚层通风制曲需要配备空调箱进行保湿,空调箱一般可用水泥砖砌或钢板做成。正面装有人孔、进风阀,内装有蒸汽加热喷嘴、进水阀、溢水管、进水过滤器、挡水板等,喷嘴连接水泵,出风口与风机相连,通入曲池风道。

（3）曲池：曲池用钢筋混凝土、砖砌、钢板、水泥板制成，一般长 8～10m，宽 1.5～2.5m，高约 0.5m。曲池通风道底部倾斜，角度以 8°～10° 为宜。倾斜的池底叫导风板，作用是使水平方向来的气流转向垂直方向气流。另外倾斜的导风板能减少风压损失，并使气流分布均匀。

（4）通风机：通风机一般分为低压、中压及高压三种。总压头 $P_总$ < 1kPa 为低压；$P_中$ = 1～3kPa 为中压；$P_高$ = 3～10kPa 为高压。

厚层通风制曲选用的风机是中压的，一般要求总压头在 1kPa 以上即可。风量以每小时曲池内盛总原料（kg）的 4～5 倍空气量（m³）计算。例如：曲池内盛入的总原料为 1000kg，则需要风量为 4000～5000m³/h。

2. 工艺流程

工艺流程如下所示：

$$种曲$$
$$\downarrow$$
熟料→冷却→接种→入池培养→第一次翻曲→第二次翻曲→铲曲→成曲

3. 操作要点

（1）冷却、接种及入池　原料经蒸熟出锅后应迅速冷却，并将结块的原料打碎。使用旋转式蒸煮罐，可在罐内利用水力喷射器直接冷却。出罐后可用绞龙或扬散机开热料，使料冷却到 40℃ 左右接种，接种量为 0.3%～0.5%。接种时先用少量麸皮将种曲拌匀后再掺入熟料中以增加其均匀性。

（2）入池　接种后的曲料即可入池培养，入池时应该做到料层松、匀、平，否则通风不一致，影响制曲质量。

（3）温度管理　接种后料层温度过高或上下品温不一致时，应及时开动鼓风机，调节温度在 30～32℃，促使米曲霉孢子发芽。静止培养 6～8h，此时料层开始升温到 35～37℃，应立即开动风机通风降温，维持曲料温度到 35℃，不低于 30℃。

曲料入池经 12h 培养以后，品温上升较快，菌丝密集繁殖，曲料结块，通风效果达不到控制品温作用，此时应进行第一次翻曲，使曲料疏松，保持正常品温在 34～35℃。继续培养 4～6h 后，由于菌丝繁殖旺盛，又形成结块，及时进行第二次翻曲，翻完曲应连续鼓风，品温以维持 30～32℃ 为宜。培养 20h 左右，米曲霉开始产生孢子，蛋白酶活力大幅度上升。培养 24～28h 即可出曲。值得重视的是翻曲时间及翻曲质量是通风制曲的重要环节，翻曲要做到透彻，保证池底曲料要全部翻动，以免影响米曲霉的生长。

4. 翻曲的作用

（1）疏松曲料使各部位温度和水分均匀，成曲质量趋于一致。

（2）供给米曲霉生长所需的氧气。米曲霉是好氧菌，它在旺盛繁殖时需要充足的氧气，同时因呼吸作用产生大量的二氧化碳和热量，翻曲不仅可以为米曲霉补充氧气，还能帮助排出二氧化碳，促使米曲霉旺盛繁殖。

（二）制曲过程中的物质变化

制作大曲是酱油酿造过程重要工序之一。曲子的优劣直接影响到酶的分解和成品的风味口感、理化指标以及原料利用率。制曲的目的是使米曲霉在熟料上充分生长发育，分泌出酱油生产所需的酶类，在这些酶的作用下，发生一系列的生物、物理和化学变化，这些变化也是发酵过程提供原料分解、转化、合成的物质基础。

1. 生物变化

制曲过程中的生物变化主要是指米曲霉在曲料上的变化,从米曲霉生理活动来观察,整个制曲过程一般可分为四个阶段,制曲的过程就是要掌握管理好这四个阶段,通过一些环境条件(如营养、水分、温度、空气等)的调控来影响米曲霉的生长,使米曲霉在熟料上充分生长发育,分泌出酱油生产所需的酶类。具体阶段如下:

(1)孢子发芽期 曲料接种进入曲池后,在最初的 4~6h,米曲霉孢子在适当的温度及水分条件下,开始发芽生长。温度低,霉菌发芽缓慢;温度过高不适合霉菌发芽生长,反而适合于细菌发育繁殖,制曲受到杂菌污染的影响。生产上一般控制在 30~32℃。

(2)菌丝生长期 孢子发芽后接着生长菌丝,品温逐渐上升至36℃,需要进行间歇或连续通风,可起到调节品温和调换新鲜空气的作用,以利于米曲霉的生长。当肉眼稍见曲料发白、菌丝体形成时,进行第一次翻曲。

(3)菌丝繁殖期 第一次翻曲后,菌丝发育更加旺盛,品温迅速上升,需要连续通风,严格控制品温在35℃左右。约隔5h后曲料表面层产生裂缝迹象,品温相应上升,进行第二次翻曲。此阶段米曲霉菌丝充分繁殖,肉眼见到曲料全部发白。

(4)孢子着生期 第二次翻曲后,品温逐渐下降,但仍需要连续通风维持品温 30~32℃。当曲料接种培养 18h 左右,曲霉菌丝大量繁殖,开始生长孢子。培养 26h 左右,孢子逐渐成熟,使曲料呈现淡黄色直至黄绿色。一般孢子着色期间,米曲霉的蛋白酶分泌最为旺盛。

2. 物理变化

(1)水分蒸发 由于米曲霉的代谢作用产生呼吸热和分解热,需要通风降温,在通风时,曲料中的水分大量蒸发。

(2)曲料形体上的变化 随着米曲霉逐渐长满曲料,曲料由原来松散的物料结成块状。

(3)色泽变化 开始为红褐色,米曲霉还没有繁殖,主要是曲料的颜色;随着米曲霉菌丝的生长,逐渐出现霜状白色;最后米曲霉生成大量的孢子,形成黄绿色。

3. 化学变化

米曲霉生理活动所分泌的淀粉酶将淀粉分解成糖,同时通过呼吸热和分解作用,将糖分解成二氧化碳和水,并产生大量的热,与此同时,米曲霉产生的蛋白酶将蛋白质分解成氨基酸。

（三）制曲过程中常见的杂菌污染及其防治

在制曲过程中,由于原料营养丰富,操作又是在半开放环境下进行,因此极易污染杂菌,在种曲质量欠佳情况下,更易造成杂菌污染。

1. 制曲过程中常见的杂菌

(1)霉菌

毛霉:菌丝无色,如毛发状,妨碍米曲霉繁殖,还会降低酱油的风味。

根霉:菌丝无色,菌丝如蜘蛛网状,危害没有毛霉大。

青霉:菌丝灰绿色,产生霉臭味,影响酱油风味。

(2)酵母

有益的酵母:如鲁氏酵母,能在酱油发酵过程中进行酒精发酵进而生产酯类物质,并可以生成琥珀酸和糠醇,增加酱油的风味。

有害的酵母:毕赤酵母,不能生成酒精,能产生醭,消耗酱油中的糖分等;醭酵母,能在酱油液面形成醭,分解酱油中的成分,降低风味,是在酱油中较普遍存在的有害菌;圆酵母,能生成丁酸及其他有机酸,使酱油变质,一般不如醭酱油普遍而危害大。

（3）细菌

小球菌:是制曲污染的主要细菌,产生的少量酸会使曲料 pH 值下降,抑制枯草杆菌,但死亡后残留的菌体会造成酱油浑浊。

粪链球菌:厌氧,生酸力比小球菌强,但产酸过多又会影响曲霉生长。

枯草杆菌:是制曲中污染有害菌的代表,由于它的繁殖消耗了原料中的蛋白质和淀粉并生成氨,多了会造成曲发黏,有异臭,影响米曲霉繁殖及酶的形成,致使制曲失败。

2. 杂菌污染的防治方法

为了提高制曲质量,必须采取措施以减少杂菌的污染,具体措施如下:①保证菌种的纯粹性和活力,菌种经常进行纯化。②三角瓶菌种的培养,无菌操作要严格,应保证培养好后无杂菌污染,以保证种曲质量。③要求种曲质量高,发芽率高,繁殖力强,以便产生生长优势来抑制杂菌的侵入。④蒸料要达到料熟,水分适当,疏松,灭菌彻底,冷却迅速,减少杂菌污染的机会。⑤加强制曲过程中的管理工作,均匀接种后,掌握好温度、湿度及通风条件,使环境适宜于米曲霉生长而控制杂菌污染。⑥保持曲室及工具设备的清洁卫生,以防感染杂菌。⑦种曲和通风曲生产过程中添加冰醋酸可抑制杂菌生长。

（四）成曲的质量标准

一般通过感官特性和理化特性来确定成曲质量的优劣。

1. 感官特性　①外观:优良的成曲内部白色菌丝茂盛,并密密地着生黄绿色的孢子,但由于原料及配比不同,色泽也会有所差异,成曲应当没有灰黑色或褐色的夹心。②香气:具有曲香气,无霉臭及其他臭味。③手感:曲料蓬松柔软,潮润绵滑,不粗糙,不扎手。

2. 理化指标　①水分:一、四季含水量为 28% ~ 32%;二、三季含水量为 26% ~ 30%。②蛋白酶活力:1000 ~ 1500U(福林法)。

（五）制曲的注意事项

1. 曲料混合润水要求均匀,以保证米曲霉所需营养成分一致。

2. 原料蒸熟要适度,使其容易被米曲霉分解吸收。

3. 熟料水分含量尽量大,水多利于米曲霉生长,但过多易染菌。

4. 制曲产酶时品温尽量低于 30℃,能增加酶活性。

5. 接种应均匀,便于管理。

6. 要有足够的风量和风压,便于补充氧气和降温。

三、发酵

酱油的发酵方法依据醪及醅的状态不同,分为稀醪发酵、固态发酵及固稀发酵三种;依据加盐量的不同,分为有盐发酵、低盐发酵及无盐发酵三种;根据加温方式不同,分为日晒夜露与保温速酿两类。目前国内酿造厂主要采用低盐固态发酵工艺和高温盐稀态发酵工艺。

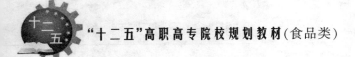

（一）低盐固态发酵工艺

低盐固态发酵工艺是 20 世纪 60 年代初,我国研究的一种发酵工艺,它综合了集中发酵工艺的优点,具有管理方便、蛋白质利用率高、产品质量稳定等优点。这种工艺目前被大多数厂家所采用。

自全国逐步推行低盐固态发酵工艺以来,因地区、设备、原料等条件的不同,现已有三种不同类型,分别为低盐固态发酵移池浸出法、低盐固态发酵原池浸出法和低盐固态淋浇发酵浸出法。

1. 低盐固态发酵移池浸出法

此法是将发酵后成熟的酱醪移入浸出池(淋油池)淋油。

（1）工艺流程

$$水$$
$$\downarrow$$
$$食盐\rightarrow溶解\rightarrow盐水$$
$$\downarrow$$
成曲→搅和入发酵池→酱醪前期保温发酵→倒池→酱醪后期低温发酵→成熟酱醪

（2）操作要点

盐水调制:将食盐溶解,调整到 11 ~ 13Bé,盐浓度过高会抑制酶的作用,影响发酵速度;盐浓度过低,可能污染杂菌,使酱醪 pH 下降,抑制中性、碱性蛋白酶的作用,甚至引起酱醪酸败,影响发酵正常进行。

拌曲盐水温度:夏季盐水 40 ~ 45℃,冬季 50 ~ 55℃。入池后,酱醪品温控制在 40 ~ 45℃。盐水温度过高会使成曲中酶钝化,以至失活。

拌曲盐水量:拌盐水量一般为制曲原料总量的 65% 左右,连同成曲含水量相当于原料质量的 95% 左右。此时酱醪水分在 50% ~ 53%。

发酵过程中,在一定范围内,酱醪含水量大,有利于蛋白酶的水解作用,全氮溶出好,原料利用率高。但对于移池浸出法来说,水分过大会造成醪粒质软,在移池操作中醪粒破坏过度,造成淋油困难。而成曲如果拌入盐水过少,不但不利于酶的作用,还可能使酱醪焦化而带有苦味。拌水量必须恰当。拌入盐水量可根据下式计算:

$$盐水量 = \frac{曲重\times(酱醅要求水分\% - 曲的水分\%)}{(1 - NaCl\%) - 酱醅要求水分\%}$$

保温发酵:发酵前期,使温度控制在 40 ~ 45℃,此温度是蛋白酶的最适作用温度,维持 15d 左右,水解完成。如后期补盐,使酱醪含盐量达 15% 以上,后期发酵温度可以控制在 33℃ 左右,为酵母菌和乳酸菌的生长创造条件。整个发酵周期为 25 ~ 30d。国内多数工厂由于设备条件限制,发酵周期多在 20d 左右,为使发酵在较短时间内完成,不得不提高酱醪温度,但以不超过 50℃ 为宜,否则将会破坏蛋白酶,肽酶和谷氨酰胺酶也会很快失活。

倒池:倒池可以使酱醪各部分温度、盐分、水分以及酶的浓度趋向均匀,并可以挥发酱醪内部产生的有害气体,增加酱醪含氧量,防止厌氧菌生长,以促进有益微生物繁殖。倒池的次数依据总体的发酵情况而定。发酵周期为 20d 时,只需在 9 ~ 10d 倒池一次;发酵周期为 25 ~ 30d 时,可倒池两次。

2. 低盐固态发酵原池浸出法

此法不另设淋油池,发酵池下面有阀门,发酵完毕,打入冲淋盐水浸泡后,打开阀门即可淋油。与移池操作基本相同,只是不必考虑移池操作对淋油的影响,酱醪含水量可增大到57%左右。

3. 低盐固态淋浇发酵浸出法

淋浇就是将积累在发酵池底部的酱汁用油泵回浇于酱醪表面,均匀下渗,从而使酱醪的水分和温度均匀一致,酱醪温度下降,为培养乳酸菌及酵母菌创造良好条件,延长了后发酵期,从而增加了酱油的香气成分。发酵周期35d左右,前10d为前发酵阶段,10d后添加酵母菌、乳酸菌培养液为后期发酵阶段。前期品温控制在38～43℃,使水浴保温,此期间每日淋浇一次。后期发酵品温控制在35～38℃,第11d添加酵母后,11～25d每隔1天淋浇1次,26～35d每隔2天淋浇1次,发酵至35d酱醪成熟即可出油。

(二)高盐稀态发酵工艺

高盐稀态发酵法是指成曲中加入较多盐水,使酱醪呈流动状态进行发酵。因发酵温度不同,有常温发酵和保温发酵两种。常温发酵的酱醪温度随气温高低自然升降,酱醪成熟缓慢,发酵时间较长。保温发酵也称温酿稀发酵,根据保温温度不同,可分为消化型、发酵型、一贯型和低温型四种。

消化型:发酵初期温度较高,一般可达到42～45℃,保持15d,酱醪得到充分分解,然后逐步降低发酵温度,促使耐盐酵母大量繁殖进行酒精发酵,同时使酱醪成熟。发酵周期为3个月,产品口味浓厚,酱香气较浓,色泽比其他类型深。

发酵型:温度先低后高。酱醪先经过较低温度,经过缓慢的分解作用和淀粉糖化作用后,酱醪逐渐成熟。发酵周期也为3个月。

一贯型:使酱醪发酵温度始终保持42℃左右,一般2个月时间酱醪即可成熟。

低温型:是日本近期采用的方法,属于发酵型,但温度较低,发酵时间较长。由于人为冬季制曲发酵的酱油质量更好,因而将发酵初期温度控制的比较低,一般为15℃,30d。夏季为了达到此温度,需要盐水中加冰降温。这一阶段维持低温的目的是抑制乳酸菌的生长繁殖,使酱醪pH较长时间保持在7左右,以使碱性蛋白酶充分发挥作用,有利于氨基酸的生成和蛋白质利用率的提高。30d后,发酵温度逐步升高,酱醪在28～30℃保持在4个月以上,使酱醪缓慢成熟。

稀醪发酵的优点是产品香气好,稀醪稀薄,便于保温、搅拌和输送,适于大规模机械化生产。缺点为酱油色泽较淡,发酵时间长,需要较大的保温发酵设备,需要酱醪输送、空气搅拌和压榨设备,劳动强度较高。

1. 工艺流程

$$食盐 + 水$$
$$\downarrow$$
$$成曲 \rightarrow 稀酱醪 \rightarrow 搅拌 \rightarrow 保温发酵 \rightarrow 成熟酱醪$$

2. 操作要点

(1)盐水调制 盐水浓度为18～20°Bé。消化型和一贯型尚需将盐水预先保温,但不超过50℃。低温型在夏季需要加冰降温。

(2)制醪　成曲破碎后拌入盐水,加盐水量为成曲质量的250%。

(3)搅拌　由于曲料干硬,布满菌丝和孢子,盐水不能很快浸润,会漂浮于液面形成一个"料盖"。这对发酵十分不利,因此需要搅拌。一般采用空气压缩机进行搅拌。成曲入池立即把酱醪搅匀,如果采用低温型发酵,开始时每隔4h搅拌一次,酵母发酵后每隔3d搅拌一次,酵母发酵完毕,1个月搅拌两次,直至酱醪成熟。如果采用消化型发酵,由于需要保持较高温度,可适当增加搅拌次数。

(4)保温发酵　根据各发酵方法所需温度,进行保温发酵,每日检查温度1~2次,并定期抽样检验酱醪质量,直至酱醪成熟。

四、淋油

淋油常用的是浸出法。浸出是在酱醪成熟后,利用浸泡和过滤的方法,将有效成分从酱醪中分离出来的过程。它是固态发酵酿造酱油工艺中必不可少的提取酱油的操作步骤。

(一)浸出工艺流程

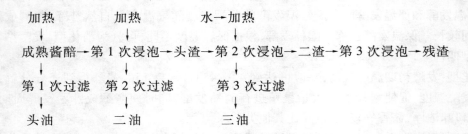

(二)浸出原则及方式

1. 浸出原则

尽可能将固体酱醪中有效成分分离出来,溶入液相,最后进入成品中。

2. 浸出方式

有原池浸出和移池浸出两种方式。前法是直接在原来的发酵池中浸泡和淋油。后法则是将成熟酱醪取出,移入专门设置的浸淋池浸泡淋油。两者各有优缺点,原池浸出法对原料适应性强,不管采用何种原料和配比,都能比较顺利地淋油;移池法要求豆粕或豆饼与麸皮作原料,而且配比要求在7:3或6:4,否则会造成淋油不畅。原池浸出法省去了移醪操作,节省人力,但浸出时占用了发酵池。另外,浸淋时较高的温度常影响到邻近发酵池的料温,而移池浸出恰好能避免这些缺点。

3. 浸出工艺操作

将上批生产的二油加热至70~80℃,然后注入成熟酱醪中,加入二油的数量需按各种等级酱油的要求、蛋白质总量和出品率等来定,一般为豆饼原料用量的5倍。加完二油,盖紧容器,保温浸提,品温不低于55℃。正常情况下约经2h,酱醪慢慢上浮并逐渐散开,如果由于发酵不良,酱醪整块上浮不散开,则浸出效果较差。浸泡20h后,从池底底部放出头油,让热头油先流入盛有食盐的箩筐,使食盐溶解,并一起流入贮油池。头油不能放得过干,避免因酱渣紧缩而影响第2次滤油。

浸出头油后的酱醅称为头渣。向头渣中加入预热至 80~85℃的三油,浸泡 8~12h,滤出的是二油,注入二油池,待下次浸泡成熟酱醅使用。

浸出二油后的酱醅叫二渣。用热水浸泡二渣 2h 左右,滤出三油,三油用于下批浸泡头渣提取二油。抽完三油的醅称残渣,残渣可用作饲料。清除池中残渣,池经清洗后可再装料生产。头油用来配制产品,二油、三油则用于浸醅提油,这种方法称"三套循环淋油法"。

4. 影响滤油速度的因素

酱醅中有效成分的溶出主要依靠扩散作用。有效成分分子自酱醅向浸泡液中扩散,是由于酱醅内的有效成分浓度大于周围液体中的浓度,这种浓度差推动有效成分渗出,首先从颗粒表面开始,颗粒内层的成分也逐渐向外渗出,形成自内向外的浓度梯度,随着浸泡时间的延长,这种浓度差逐渐变小,有效成分也大部分进入到了浸泡液中。酱油的滤出,是依靠酱醅自身形成的过滤层和溶液的重力作用自然渗漏的。

影响滤油速度的因素有:

(1)酱醅黏度 成曲质量差、拌曲盐水量过大、发酵条件控制不当等原因,均可造成酱醅黏滞,发生滤油缓慢。

(2)料层厚度 酱醅料层厚,滤油速度就慢;醅层薄,滤油速度快,但设备利用率低。

(3)浸泡温度 温度高,分子热运动加快,对有效成分溶出和滤油速度提高有利。

(4)浸泡液盐度 食盐浓度高,有效成分不易溶出,且滤油速度慢。

五、加热

从酱醅中淋出的头油称生酱油,需经过加热及配制等工序才能成为各个等级的酱油成品。

(一)加热配制工艺流程

甜味料、助鲜剂等
↓
生酱油→加热→配制→澄清→质量鉴定→各等级成品
↑
防腐剂

(二)加热目的

1. 灭菌 酱油中氯化钠含量在 16% 以上,这种环境中多数微生物的繁殖受到了抑制,但某些耐盐微生物还能生长,如果酱油中有耐盐酵母繁殖,就会发生再发酵,使酱油成分发生变化而损害风味。例如:产膜酵母繁殖,先在酱油液面形成白点,以后逐渐蔓延,结果在酱油表面构成隆起的皱状菌膜,这不仅会损害酱油风味,还损害了外观。通过加热,可以起到杀灭微生物的作用,延长酱油贮藏期,还可以起到终止酶活性的作用,避免氨基酸等有效成分被转化而降低酱油质量。

2. 调和香气 生酱油经过加热后,其中成分有所变化,使酱油变得香气醇和而圆熟,风味得到改善。通过加热,醛类、酚类、二酮化合物等香气成分的含量有所增加,酱油的香气发生变化,这种新香气被称为"火香"。但加热也会使一部分挥发性香气成分受到损失。

3. 增加色泽 加热过程中,氨基酸、糖等化合物发生褐变反应生成色素,从而增加了酱油的色泽。

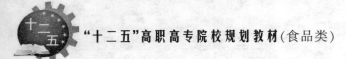

4.除去悬浮物　　加热后,酱油中的悬浮物和杂质与少量凝固性蛋白质凝结而发生沉淀,使酱油澄清度得到提高。

(三)加热温度

加热酱油的温度,因酱油品种不同而异。高级酱油具有浓厚风味,且固形物含量高,因为加热会使有些风味成分挥发,甚至产生焦糊味而影响质量,所以加热温度应低些。而对于固形物含量低、香味差的酱油,加热温度可提高些。一般酱油加热温度为65~70℃,时间为30min,或采用80℃连续灭菌。在这种加热条件下,产膜酵母、大肠杆菌等有害菌都可被杀灭。

(四)加热方法

一般采用蒸汽加热法,方式有:夹层锅加热、盘管加热、直接通入蒸汽加热和列管式热交换器加热等。

夹层锅蒸汽加热法是将生酱油放入锅中,蒸汽通入锅的夹层,用搅拌器搅拌,使之受热均匀,防止积垢。

盘管蒸汽加热法是将生酱油加入盘管加热器中,蒸汽从盘管通过来加热酱油,加热过程中需不断搅拌。

列管式热交换器是一种连续式加热装置,形状是卧式圆柱体,用钢板制成,内有不锈钢列管,酱油从管内通过,管外通蒸汽加热,通过调节蒸汽压力和管内酱油流速,使流出的酱油温度达到80℃。

直接通入蒸汽加热法是直接将蒸汽通入装有酱油的容器中来加热酱油,对酱油有稀释作用,不纯净的蒸汽往往给酱油带来异味。

六、调配

(一)风味的调整

添加某些风味成分对酱油风味进行调整。
1.鲜味成分　谷氨酸钠(素味)、鸟苷酸、肌苷酸等。
2.甜味成分　砂糖、甘草、饴糖等。
3.芳香成分　花椒、丁香、桂皮(浸提液)等。
4.防腐成分　苯甲酸钠、山梨酸钾等。

(二)理化指标的调整

一般对全氮含量、氨基酸态氮含量、盐的含量、无盐固形物的含量进行检测和调整,使产品符合相应标准规定。

七、澄清

杀菌后的酱油应迅速冷却,在无菌条件下自然放置4~7d,使热凝固物沉淀并凝聚、沉降到下层,从而获得上清液。也可采用过滤器进行过滤澄清。

八、防腐

可添加防腐剂进行防腐,常用苯甲酸钠、山梨酸钠,其最大用量不能超过 0.1%。

九、灌装、封口、检验及储存

采用玻璃瓶、聚酯瓶或塑料薄膜袋进行包装,包装材料应符合食品卫生要求,无毒无味,不透气,不透水,不透油。灌装封口操作尽量采用无菌灌封技术,保证产品不被二次污染。产品应该按照国家有关酱油的质量标准要求进行检验,合格者方可出厂,成品酱油应当在 10 ~ 15℃、阴凉、干燥、避光、避雨处存放。

第四节 酱油的质量控制

一、酱油发酵过程中的生物化学

(一)蛋白质、淀粉的水解

酱醅中的蛋白水解酶、淀粉水解酶系由米曲霉在制曲时产生而积累于曲中。酱醅中的蛋白酶以中性和碱性蛋白酶为主,酸性蛋白酶较弱,在发酵初期,酱醅的 pH6.5 ~ 6.8,醅温 42 ~ 45℃。在这种条件下,中性蛋白酶、碱性蛋白酶和谷氨酰胺酶能充分发挥作用,使蛋白质逐步转化为多肽和氨基酸,谷氨酰胺转化为谷氨酸。随着发酵的进行,耐盐乳酸菌繁殖,酱醅的 pH 逐渐变弱。由于各种因素的影响,原料蛋白质在发酵过程中并不能完全分解为氨基酸,成熟酱醅除含有氨基酸外,还存在胨和肽等。

酱醅中的淀粉在曲霉的淀粉酶系作用下,被水解为糊精和葡萄糖,这是酱醅发酵中的糖化作用。生成的单糖构成酱油的甜味,有部分单糖被耐盐酵母及乳酸菌发酵生成醇和有机酸,成为酱油的风味成分。由于曲霉菌中有其他水解酶存在,糖化作用生成的单糖,除葡萄糖外还有果糖及五碳糖。果糖主要来源于豆粕中的蔗糖水解,五碳糖来源于麸皮中的多缩戊糖。

(二)乙醇和有机酸发酵

酱醅中的酒精发酵是酵母菌的作用。酵母菌通过其酒化酶系将酱醅中的部分葡萄糖转化为酒精和二氧化碳。在此过程中,葡萄糖经 EMP 途径生成丙酮酸,后者在丙酮酸脱氢酶催化下脱羧生成乙醛,乙醛再经乙醇脱氢酶及其辅酶 $NADH_2$ 催化下还原为乙醇。总反应式为:

$$葡萄糖 + 2ADP + 2Pi \rightarrow 2\ 乙醇 + 2CO_2 + 2ATP$$

在酵母的酒精发酵中,除主要产物酒精外,还有少量副产物生成,如甘油、杂醇油、有机酸等。酱醅中的酒精,一部分被氧化成有机酸类,一部分挥发散失,一部分与有机酸合成酯,还有少量残留在酱醅中,这些物质对酱油香气形成十分必要。

适量的有机酸存在于酱油中可增加酱油风味。当总酸含量在 1.5g/100mL 左右时,酱油的风味调和。乳酸是酱油中的重要呈味物质,对形成酱油风味起着重要作用。通过酱醅中乳酸菌的发酵作用,可以使糖类转变成乳酸。在同型乳酸发酵中,葡萄糖经 EMP 途径生成丙酮酸,丙酮酸在乳酸脱氢酶和 $NADH_2$ 作用下还原成乳酸。如果是异型乳酸发酵,则除生成乳酸外,还生成酒精和二氧化碳。其他有机酸如葡萄糖酸和醋酸,是由醋酸菌脱氢酶系催化的葡萄糖和乙醇的氧化反应生成的。米曲霉分泌的解酯酶能将油脂水解成脂肪酸和甘油。

二、酱油发酵过程中的微生态学

我国传统酿造酱油生产的基本工艺是原料→清洗→过滤→酱油→调制→灭菌→包装→质检→出厂。在该工艺过程中,制曲和酱醅发酵是酱油生产中的两个重要阶段。在这两个阶段都有微生物的参与,并起着重要的作用。微生物的消涨变化对于酶的积累、酱醅发酵的快慢、色素和鲜味成分的生成以及原料利用率的高低有直接关系。

制曲过程通常是采用人工接种米曲霉来获得高品质的酱曲,制曲的关键就是根据米曲霉的生态特性,通过对曲料水分和通风量的控制,对米曲霉生长环境中温度、水分、氧气等进行调节,以确保米曲霉生长的最佳生态环境,并通过竞争营养物质来抑制有害微生物的生长繁殖。

进入到酱醅发酵阶段,由于食盐的加入和氧气量的急剧下降,米曲霉的生长几乎完全停止。此时耐盐性乳酸菌和酵母菌大量生长,成为优势菌群。总之,在酱油发酵过程中,乳酸菌、酵母菌及其他少量的芽孢细菌之间存在着微妙的生态关系,正是它们的相互作用,赋予了酱油特有的风味和芳香。

三、酱油酿造过程中的质量控制

采用不同的酿造原料、不同的酿造工艺都会对酱油酿造的内外生态环境产生影响,从而使成品中香味成分的种类和比例发生变化。以大豆为原料时,由于大豆的油脂含量高,油脂水解产物与醇生成的高级脂肪酸酯较多,因而制成的酱油香味浓,其香气优于以脱脂大豆为原料的酱油;小麦的淀粉含量高,有利于生成足够的葡萄糖进行酒精发酵,而酒精及发酵副产物的生成为香味物质的形成创造了条件;用麸皮为原料时,由于淀粉量少而使酱油的风味不足。发酵工艺的温度、湿度、pH、供氧量及酱醅的水分含量等生态因子对微生物的增殖和发酵有很大影响,而微生物发酵产物是香气成分主要来源,所以发酵工艺与成品品质的优劣有直接关系。

优质酱油不仅营养丰富,风味独特,不含有害成分——黄曲霉毒素 B_1 和三氯丙醇。氯丙醇是丙三醇与盐酸水溶液发生反应生成的,这一反应在高浓度强酸或高温条件下方可进行,水解植物蛋白液的生产过程满足这一条件,因而容易生成氯丙醇。在天然酱油发酵过程中米曲霉分泌的脂肪酶能将大豆的脂肪水解成甘油和脂肪酸,虽然也有丙三醇存在,而且有相当高浓度的氯离子(来源于盐水中的氯化钠),但是反应体系是在中性偏酸性环境中,且反应温度是常温或 $45\sim50\,^{\circ}\mathrm{C}$,此条件下丙三醇与氯离子的亲核取代反应不能进行,因此也不会有氯丙醇污染物生成。

为与国际标准接轨,生产出高品质酱油,一方面要加紧实施新颁的酱油国家标准,提高酱油生产企业技术水平;另一方面,政府职能部门与科研院所要发挥各自专业优势,提高企业管理水平,为企业培训技术型管理人才,大力推行 GMP 和 HACCP 体系。对原料来源、微生物菌种选育、制曲、酱醅发酵、产品调制等关键质量控制点进行物理、化学和生物学的多向调控,从而有效保证有益微生物的生长,抑制有害微生物生长繁殖,防止有害副产物的形成。

四、酱油相关的质量指标

酱油涉及的质量指标主要有:标签、感官、氨基酸态氮、全氮、可溶性无盐固形物、总酸、铵盐、砷、铅、黄曲霉毒素 B_1、苯甲酸、山梨酸、菌落总数等。

（一）标签

GB 2717—2003《酱油卫生标准》中要求酱油产品在标签上标明是"烹调酱油"还是"餐桌酱油"。"烹调酱油"用于烹调炒菜，不对菌落总数指标进行控制。"餐桌酱油"用于凉拌、佐餐，需要对菌落总数指标进行控制。

GB 18186—2000《酿造酱油》和 SB 10336—2000《配制酱油》中都规定要如实标明酱油生产的方法，即是酿造的还是配制的，其目的是要让消费者清楚所购产品是如何生产出来的。

（二）氨基酸态氮

氨基酸态氮是酱油的特征性指标之一，指以氨基酸形式存在的氮元素含量。它代表了酱油中氨基酸含量的高低。氨基酸态氮含量越高，酱油质量越好，鲜味越浓。在行业标准中，酱油质量等级主要是依据酱油中氨基酸态氮的含量确定。特级、一级、二级、三级酱油的氨基酸态氮含量要求分别为：≥0.80、≥0.70、≥0.55、≥0.40g/100mL。国家强制性标准 GB 2717—2003《酱油卫生标准》中规定酱油中氨基酸态氮≥0.40g/100mL。

造成氨基酸态氮不合格的原因主要是生产企业为了降低产品的销售价格而不惜牺牲产品的质量。有的企业为了使生产的劣质酱油合法化，在企业标准中制定了低于国家强制性标准要求的氨基酸态氮指标，这显然违反了《中华人民共和国标准化法》第三章第十四条"强制性标准，必须执行。不符合强制性标准的产品，禁止生产、销售和进口"的规定。

（三）全氮

表示酱油中蛋白质、氨基酸、肽含量的高低，是影响产品风味的指标，不属于强制性指标。推荐性标准中特级、一级、二级、三级酱油的要求分别为≥1.60、≥1.40、≥1.20、≥0.80g/100mL。产品工艺不同，要求略有差异。

（四）可溶性无盐固形物

指酱油中除水、食盐、不溶性物质外其他物质的含量，主要是蛋白质、氨基酸、肽、糖类、有机酸等物质。是影响风味的重要指标。推荐性标准中特级、一级、二级、三级酱油的要求分别为≥20、≥18、≥15、≥10g/100mL。产品工艺不同，要求略有差异。

（五）总酸

指酱油中全部有机酸折合成乳酸的量。主要反应了生产发酵过程的工艺水平，一般来说是由于菌种不纯或在工艺过程中引入杂菌所致。总酸过高，导致产品有酸味，影响产品的内在质量。

（六）铵盐

铵盐是考核发酵工艺、酸水解植物蛋白液、焦糖色质量优劣的重要依据。制曲过程中杂菌生长过多会产生铵盐，劣质酸水解液和劣质焦糖色都会带入铵盐。也有可能人为加入铵盐（化肥）以提高氨基酸态氮的含量。

（七）砷

砷广泛分布于自然环境中,几乎所有的土壤都存在砷,食品中微量砷主要来自土壤中的自然本底。砷引起的慢性中毒表现为食欲下降、胃肠障碍、末梢神经炎等症状。标准中规定砷的含量$\leqslant 0.5mg/kg$。

（八）铅

食品中铅主要来自土壤、食品输送管道、包装材料等。铅污染食品引起的慢性中毒主要表现为损害造血系统、神经系统、肾脏等。

（九）黄曲霉毒素 B_1

主要来源于产生霉变的食品原料。黄曲霉毒素 B_1 是 6 种黄曲霉毒素中毒性最大的一种,能引起动物肝脏的病理变化如肝细胞变性、肝坏死、肝纤维化、肝癌等。标准中规定黄曲霉毒素 $B_1 \leqslant 5\mu g/kg$。

（十）苯甲酸、山梨酸

苯甲酸、山梨酸是一类防腐剂,添加到酱油中可抑制微生物生长,防止酱油变质。国家标准中允许使用苯甲酸、山梨酸,但不能超过限量。

（十一）菌落总数、大肠菌群和致病菌

来源于环境中微生物对食品的污染。这些指标超标时会导致疾病。标准规定大肠菌群$\leqslant 30MPN/100g$,致病菌不得检出。

第五节　新型酱油简介

酱油是人们日常生活中的主要调味品之一,也是所有调味品中消费量最大的品种之一。全国最大酱油企业在广东佛山,海天调味食品公司年产 18 万吨;上海最大的酱油厂规模一般在 2~3 万吨;日本龟甲万年产 40 多万吨,雅玛莎年产 12 万吨。现在国际市场日本酱油仍唱主角,台湾酱油销量逐渐超过日本酱油,而大陆酱油也正奋起直追,销量节节上升,势头可喜,有望在不久的将来超过日本和台湾。目前中国内地出口西方的酱油,估计每年在 3 万吨以上。

酱油行业是一个快速增长的行业,市场容量也相当惊人。中国有每年 500 万吨的消费量,行业潜力大,市场诱人。我国现有 13 亿人口,每月至少消费酱油 40 万吨左右。一个 100 万人口的地级城市,月消费酱油量约为 320 吨左右。这是以一个三口之家每月至少食用酱油 1 公斤计算的。那么,酒店、饭店、单位食堂、食品加工点等尚未计算在内,可见市场空间多么巨大,我们只要占据百分之几的份额,就会获取规模化的利润。

在看到酱油产品仍然存在巨大市场的同时,也要认识到酱油作为一种大众化的调味品已有上千年历史,与人们的日常生活息息相关。作为传统产业生产经营者,也要与时俱进,跟上时代发展的步伐,进一步满足人们日益增长和提高的生活消费需求。这样,企业才能有活力,产品才能有市场。

以全新的创新思维通过一系列科技创新手段,挖掘新的调味资源,开发新的酱油产品来调节新的生活品味,扩宽新的消费渠道,为新时代的新生活添滋加味,增光添彩。

一、拓展酱油生产原料范围,开发新型酱油产品

传统酱油主要是以大豆、小麦、面粉、麸皮等为原料,现在很多厂家正在开发新的原料研制新产品,如利用花生壳配合大豆饼、麸皮、玉米制作酱油,风味独特;用南瓜配合小麦粉制作南瓜酱油,美味、芳香、可口,深受消费者欢迎;以商品菇的杀青水或是商品菇分级的菇脚煮汁添加辅料制成的蘑菇酱油,成本低廉,经济效益高,也是食用菌的一项综合利用;江苏省淡水水产研究所和扬州四美酱品厂合作研制的紫菜酱油已在南京通过技术鉴定;畜禽血是优良的动物蛋白,营养价值高,通过加工制成的羊血铁酱油,具有色美、味鲜的特点。

二、利用新技术,开发新型酱油产品

过去生产酱油一直是采用传统的大缸发酵法,不仅产量低质量差,而且能源消耗大,成本高。现在很多酱油生产厂家正在开发新技术,如利用太阳能酿造酱油,具有占地面积小;周期短;卫生性好;节约能源,减低开支;节省劳动力,增加收入等优势。

三、开发更适合人们生活的新型酱油产品

目前市场上出售的酱油大多以液态为主,包装和携带均不太方便,对于一些边远山区群众、地质工作者和边防人员生活的特殊要求,固体酱油更加合适。现在厂家开发的固体酱油主要有酱油膏、酱油粉、颗粒酱油等几种,这类固体酱油和液态酱油的质量和风味大致相同,滋味鲜美,食用方便,价格经济,用温水溶化就能成酱油,是日常生活中烹调的方便调味品。

四、保健酱油

随着人们健康保健意识的增强,各种保健型酱油的开发和生产正在悄然上市,如保健型荞麦黑米酱油、本草香滋补养生酱汁、虫草酱油、低盐甘草保健酱油、低盐活性钙保健酱油、碘硒强化酱油、调味姜汁保健酱油、海参营养酱油、灵芝酱油、卵磷脂乳化酱油等产品工艺正在改进中。

 本章小结

酱油俗称豉油,主要由大豆、淀粉、小麦、食盐经过制曲、发酵、淋等工序酿制而成的一种营养丰富的调味品。酱油生产起源于中国,有着悠久的历史。酱油以酿造酱油为主,是指用大豆和/或脱脂大豆,或用小麦和/或麸皮为原料,采用微生物发酵酿制而成的酱油。酱油作为一种调味品,其食用价值首先是添加到食品中能起到一定调节食品风味的作用,另外由于酱油中含有的有效成分还使其具有一定保健作用。

酱油生产所需的原料有蛋白质原料、淀粉质原料、食盐、水以及一些辅料。原料处理是生产酱油的重要环节,处理是否得当直接影响到制曲的难易、成曲的质量、酱醪的成熟度、淋油的速度和出油的多少,同时也影响着酱油的质量和原料利用率,因此必须控制好原料的处理环

“十二五”高职高专院校规划教材(食品类)

节。原料的处理包括原料粉碎、润水和蒸煮。

酱油酿造是半开放式的生产过程,环境和原料中微生物都可能参与到酱油的酿造中来。这其中主要有米曲霉、酵母、乳酸菌及一些其他细菌。它们具有各自的生理生化特性,对酱油品质的形成有重要作用。

酱油的生产工艺是各种调味品的典型代表。制种曲的目的是要获得大量纯菌种,为制成曲提供优良种子。制作大曲是酱油酿造过程的重要工序之一。大曲优劣直接影响到酶的分解和成品的风味口感、理化指标以及原料利用率。发酵过程是酱油风味、体态形成的重要环节,淋油和后处理也是非常重要的过程。随着人们健康保健意识的增强,各种新型的酱油产品正在开发和生产中。

 思 考 题

1. 简述酱油原料处理的意义和操作方法。
2. 说明酱油生产中种曲制备的目的、方法和标准。
3. 简述酱油制作大曲过程中的各种生物化学变化。
4. 简述酱油发酵过程中关键控制环节。

 阅读小知识

“琯头法”酱油生产

“琯头法”酱油因缘自福建连江琯头镇而得名,其工艺特点是用料讲究、生产工艺独特、生产周期长,产品特点是酱香浓郁、稠度高、氨基酸态氮含量丰富,产品深受广大消费者的喜爱,有酱油五粮液的美誉。

原料:优质大豆、海盐、水。

工艺流程:浸豆→蒸豆→出锅冷却→接种→制曲→洗菌→保温发酵→翻酱胚→淋油→晒油→成品

1. 浸泡:在蒸料前首先将颗粒饱满、无杂质的优质大豆在冷水中漫过浸泡约1h左右。

2. 蒸豆:将浸泡好的原料放在巨型笼屉中进行蒸煮;蒸料的方法是,当蒸汽从笼屉底部上来的时候,立刻撒上一些大豆,直接将蒸汽盖住,当蒸汽又从笼屉底部冒上来的时候,再撒上一些大豆,如此反复,直至大豆全部入锅再盖上一层麻袋用旺火闷蒸1h。

3. 出锅冷却:将蒸煮好的大豆立即出锅进行冷却,为防止水分跑掉,不可采用大型通风机进行降温冷却,要用铁铲翻搅慢慢自然冷却。

4. 接种:当蒸好的原料冷却到38℃时,应立即进行接种,以千分之三比例加入3.042(3.042菌种是我国培育的新一代优质酱油菌种),38℃是最好的接种温度,温度太高会导致菌种变异,对制曲培养米曲霉不宜,温度太低了,会延缓制曲时间,直接影响原料利用率。接种要求接得均匀,不要混入其他有害细菌,卫生操作要严格要求。

5. 制曲：制曲是"琯头法"酱油的又一特色，国内酱油厂所采用的大都是厚层通风制曲，小部分小企业所采用的是薄层分层制曲，"琯头法"是属于薄层分层制曲，但它和其他制曲方法又有所区别，厚层制曲一般在32h左右，薄层制曲一般在48h左右，而"琯头法"制曲要达到7d。

制曲是酱油生产中一道最主要、最复杂的工序，它的成功与否，直接影响到产品的质量和原料的用率，所以到这道工序绝对不可以掉以轻心，要全力以赴。制曲的条件要求有一间通风、保温都良好的无菌制曲房，因为在制曲之初，米丝菌还未生长，对外部的杂菌还没有抵御抗衡能力，所以，务必做好制曲房的卫生工作，必要时还要用福尔马林药水对菌房进行消毒。

当菌种接种完毕后，以大约每5kg为一批，放入直径1m的平地竹筥箩中，摊平，中间略厚点，把筥箩分别放在架子上，每层上下分隔以十公分为宜。都放好后，把室温控制在32℃，湿度保持在80%左右，进行保温制曲，大约12h后，随着米曲霉的逐渐生长，原料开始结块，并且出现曲料温度不均匀，这时候，要立即进行第一次翻曲，再过几小时，曲料会结块，应立即进行第二次翻曲，随着曲料米曲霉的生长，曲料会不停的结块，曲料一旦结块，空气就不会进入内部，就会"烧"曲，所以要不停的翻曲，5d后，米曲霉就基本停止生长，再老熟2d后，制曲工序基本结束。

6. 洗菌：当制曲完毕后，要进行洗曲，结束将曲块捣碎，并放在大桶里洗掉米曲霉，完毕后，放入大木楻中保温发酵，保温发酵温度应该保持在56~60℃之间，时间为3个月左右。

7. 发酵：发酵只要把木楻保温做好，前期合格的曲就会为后期的发酵转化热量。

8. 翻酱胚：在保温发酵期间，会导致上下温度不均匀，要进行翻胚，翻胚时间大约是刚发酵的第10天左右。

9. 淋油：经过3个月的保温发酵，酱胚就发酵完成了，这时候，就可以进行淋油了；首先把符合饮用标准的水直接加热到80℃，然后注入酱胚中，经过12h的浸泡，抽油，抽油的方法是在大木楻的底部装一个管，打开水龙头即可。

10. 晒油：把刚放出来的酱油加入7%的海盐过滤好，放在阳光下在三伏热天下暴晒三个月即可成品。有的酱油经过三年以上的暴晒，挥发掉酱油中所有的水分，这是上等的酱酵。

第三章 复合调味品生产工艺

【知识目标】

1. 了解复合调味品的发展、概念及其分类。
2. 熟悉复合调味品的原料。
3. 掌握发酵型复合调味品的生产工艺。

第一节 复合调味品的概况与定义

一、概况与定义

随着人们生活水平的不断提高,越来越要求口味多样化,使用方便快捷化,而传统以及提纯型调味品在味道的表现力上是有局限性的,只能在某种味道的表现上起协调作用,一般不能期望用某种单一的调味品完成对某种食物的调味。复合调味品顺应了人们因生活方式的改变、生活节奏的加快而需要方便快捷、便于贮藏携带、安全营养且风味多样的食品的发展趋势。复合调味料成为我国调味品中发展的主流。

我国已有久远历史的花色辣酱、五香粉、复合卤汁调料、太仓糟油、蚝油等,甚至在家烹调时调制的作料汁和饭店师傅们调制的高档次的调味汁等都属于复合调味料。传统意义上的复合调味料一般是手工调制的,不具有商品价值,这是传统复合调味料与现代复合调味品在本质上的最大区别。

现代复合调味料是指在科学的调味理论指导下,将各种基础调味品根据传统或固定配方,按照一定比例,经一定工艺手段,进行加工、复合调配出具有多种味感的调味品,从而满足不同调味需要。简而言之,复合调味料就是用两种或两种以上的调味品配制,经特殊加工而制成的调味料。

复合调味品与传统型调味品的区别,主要有以下几个方面:

1. 复合调味品所使用的大多是经过二次以上加工的原料,不是初级加工原料。而传统调味品生产所使用的多是农产品等初级加工原料。

2. 复合调味品所使用的原料种类很多,但单个原料的使用量不一定很大,有的原料用量很少。而传统调味品所使用的原料一般具有种类少,单个原料的使用量大的特点。

3. 复合调味品的品种极多,但单品的生产量相对较小。而传统调味品一般具有品种少,单品产量大的特点。

4. 复合调味品绝大部分产品的专用性都很强,一般是只能用于一种或一类食品的调味,不能兼用。少部分产品在用途上具有一定的兼容性,但由于是极具个性化的产品,因此不能作为一般调味品使用。而传统调味品是基本调味料,适用范围极广,能够与多种食品的调味原料配伍。

二、划分方法及种类

复合调味品的种类有很多,一般有两种划分方法:

(一)企业划分法

企业划分以产品销售走向为分类的基本标准,分为两大类:(1)加工用复合调味配料;(2)终端用复合调味料。

按加工方法不同,加工用复合调味配料又可以分为:(1)提取发酵型产品;(2)分解反应型产品;(3)原料混配型产品;个别产品在加工方法上兼有上述1和2两种工艺的特色,比如肉膏(粉)、蔬菜膏(粉)等。终端用复合调味料都属于原料混配型产品。

企业划分法复合调味料的分类及种类见图3-3-1。

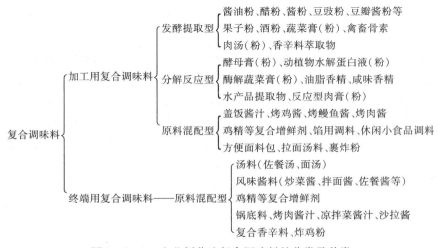

图3-3-1　企业划分法复合调味料的分类及种类

(二)市场划分法

市场划分法主要以消费功能为标准,按照产品的使用功能划分产品群。市场划分法所涉及的不仅有"终端用复合调味料",也包括"加工用复合调味配料",具体如图3-3-1所示。按照中国的饮食文化和习惯以及当前市场上已经形成的产品群划分类别,我国的复合调味品应有以下5大类:①汤料;②风味酱料;③渍裹涂调料;④复合增鲜料;⑤复合香辛料。

终端用复合调味料主要指在超市销售的和配合餐饮店使用的产品,是可以直接面对消费者的商品。随着现代饮食方便快捷化的发展,还有可能出现新种类或新品种。现有产品今后在产品的形态和口味上也会不断地花样翻新。表3-3-1所示为按市场划分法的复合调味品的各主要品种。

表3-3-1　以消费功能为标准划分的复合调味料的分类及其用途

分类	终端用(家庭用/餐饮用)	加工用(工厂用/餐饮用)	消费功能及用途
汤料	面汤调料、佐餐汤料、锅底料等	面汤调料、方便面调料、高汤料、锅底料等	各种汤用调料。有粉状、酱状、固体状产品,用开水冲开即可

续表

分类	终端用(家庭用/餐饮用)	加工用(工厂用/餐饮用)	消费功能及用途
风味酱料	调配风味酱、发酵风味酱、乌斯塔沙司、番茄酱、蛋黄酱、芥末酱、咖喱酱等	乌斯塔沙司、番茄酱、蛋黄酱、各种调配及发酵风味酱、芥末酱、咖喱酱等	有地方特色的风味酱料,方便、快捷,可用于各种肉、蔬菜类、面食等的厨房烹饪、佐餐及食品加工
渍裹涂调料	烤肉(蘸)酱、饺子醋、涮锅蘸料、炸鸡粉、沙司类、面条用酱、凉拌菜酱汁、烹调酱等	烤肉酱汁(浸料/蘸料)、烤鸡串酱(浸料/涂料)、烤鳗酱汁(下涂料/上涂料)、包子饺子等蘸料、涮锅蘸料、纳豆调味料、炸鸡粉、沙司类、饭盒加工酱馅用酱、蔬菜加工酱、肉食加工酱、罐头加工酱、餐饮烹调酱等	专门用于肉类、蔬菜等调味浸泡、表面包裹和涂抹,使加工食品或烹调物表面光亮、色泽鲜艳;或者用于蘸食
复合增鲜料	鸡精、鸡粉、蘑菇精、高汤精、鲣鱼精、海带精、肉味增鲜剂等	鸡精、鸡粉、高汤精、鲣鱼精、海带精、肉味增鲜剂、氨基酸复合增鲜剂等	用于各种烹调及食品加工中增鲜和强化肉味感
复合香辛料	十三香、五香粉、咖喱粉、七味唐辣子、锅底香辛料包、汤用香辛料包等	五香粉、十三香、咖喱粉、七味唐辣子、锅底香辛料包、汤用香辛料包等	用于各种烹调和食品加工的调味,增强香气

(二)主要品种

1.汤料

所谓"汤料"指的主要是汤的工业制成品,如果是家庭或餐饮店铺的手工煲汤,一般称为"汤"即可。我国的汤料生产应该说是近十多年的事,但它的原型,即"汤"的品种可能是世界上最丰富的,其数量不胜枚举,包括韩日饮食中的许多汤都源自中国。表3-3-2说明了我国汤料的主要品种及其原材料等。

表3-3-2 中国汤料的主要品种

汤料种类	汤料主要品种	代表性原材料	包装及使用
方便面汤料	红烧牛肉系列 香菇炖鸡系列 排骨系列 酸辣系列 麻辣系列 海鲜系列	牛肉膏(粉)、咸味香精、酱油粉、HVP粉、鸡肉膏(粉)、香菇提取物、酵母膏、猪肉膏(粉)、食盐、味精、蔬菜粉、动植物油脂、香辛料(粉末及提取物)、海产品提取物、天然色素、抗氧化剂等	复合型塑料袋或铝箔袋(在方便面袋中)。开水冲溶
火锅汤料	重庆火锅(红汤/白汤) 小肥羊火锅系列	豆瓣酱、豆豉、醪糟、生姜、大蒜、花椒、味精、胡椒、冰糖等 骨汤、鸡精、香辛料等	复合型塑料袋或铝箔袋。开水冲溶

续表

汤料种类	汤料主要品种	代表性原材料	包装及使用
餐饮面(高)汤料	骨汤系列 风味汤系列 烹调专用汤	猪鸡骨汤、食盐、味精、蔬菜提取物、香辛料类等	多为大包装。开水冲溶
便携速溶汤料	酸辣系列 麻辣系列 其他	牛猪鸡肉膏(粉)、咸味香精、酱油粉、HVP粉、蔬菜提取物、酵母膏、食盐、味精、动植物油脂、香辛料(粉末及提取物)、海产品提取物、天然色素、抗氧化剂等	小包装袋。开水冲溶

2. 风味酱

我国的风味酱从生产工艺来看,主要是两大类:一是经发酵得到产品;二是经调配得到产品。从风味上看,主要有:①香辣酱;②海鲜酱;③肉味酱;④瓜菜果菌味酱;⑤其他。从原料上看,主要是①谷物类;②水产品;③蔬菜水果菌类;④肉类;⑤香辛料类;⑥传统酿造酱类;⑦花生芝麻等。

风味酱的品种繁多,原料来源极其广泛,口味也是千差万别。在这些分类当中,应该以生产工艺为最主要的分类标准,也就是发酵产品和调配产品之间的区别。

风味酱主要分为发酵和调配两大类产品,但以调配产品的数量为多。应该指出,风味酱的品种数量虽多,但它们是处在不断变化的过程中,这种变化包括原料和口味的变化等。作为风味酱的个别商品受市场竞争的影响极大,随时可产生新品或消失,这可以说是风味酱类与传统发酵酱类最大的区别之一。

3. 渍裹涂调味料

表3-3-3所示为我国近年来逐步发展起来的新型复合调味料,它们多与某些有特定风味的或者民间传统食品有密不可分的联系。所谓渍、裹、涂分别代表了几种不同的用途和功能,渍就是浸泡;裹是包裹;涂就是涂抹的意思。也就是说,这些调料不仅要在风味上满足要求,还必须具有某种特殊的功能。这类调味料在今后的食品加工及市场消费领域将会越来越重要,是一类十分有市场潜力的产品群。

渍裹涂调味料在我国俗称为"浇汁"、"蘸汁"或者"浸汁",在日本被称为"塔莱",若在欧美国家,在很大程度上就是指"沙司"了。这类调料主要包括有:①用于禽畜肉食及水产品加工中的浸泡、煮炖、烧烤、烹炸等的复合调味料;②用于各种菜肴烹调的复合调味料;③用于吃烤肉、涮锅、面条、饺子等蘸食用复合调料。在上述产品当中,有的是常温中使用的产品,有的是高温烹调中使用的产品。即便是用于高温烹调的,在功能上仍然是渍裹涂,比如用于烹制松鼠桂鱼这道菜的复合调料,烹制后调料的味道完全进入材料之中,不仅风味要满足要求,烹制出的菜品其颜色也必须红亮鲜艳,诱人食欲的。

浸裹涂调味料(塔莱)与风味酱的最大区别主要有两点。

一是功能性。风味酱主要以某种特殊的风味示人,一般不强调其功能性。渍裹涂调料则不同,不仅要满足某种食物的风味要求,还要满足这种食物的感官要求,其中包括入味的速度、适口性、咀嚼性及颜色、亮度等。具体说来,如烤肉酱的浸泡料必须能在规定时间内充分入味;烤鸡酱的浸泡料通过滚揉操作要全部被肉吸入,并在规定时间内能达到充分入味的要求;烤鳗调料的浸泡料不仅要进味,还要烤后充分显色(漂亮的红褐色)。如果烤后其色度达不到要求则为不合格;有的炖肉酱要有嫩肉的作用等。

表 3-3-3　渍裹涂调味料的主要品种、原料及使用效果

主要品种	主要原料	使用对象物和效果
1. 烤肉酱汁(浸料/蘸料)	酱油、酱类、食醋、蛋白水解液、发酵调味液、味淋、味精、核酸调味料、酵母提取物、白糖、饴糖、果葡糖浆、甜味剂、食盐、淀粉类、酵母精膏、多糖类增稠剂、焦糖、酸味剂、天然色素、生姜、大蒜、果汁类、动植物提取物、香辛料类、辣油、麻油、葱油、小麦粉	1. 用于韩式烤肉。浸肉和吃烤肉的蘸料。泡料充分进味。蘸料能挂浆。
2. 烤鸡串酱(浸料/涂料)		2. 用于日式烤鸡串。浸料和烤后涂抹。黏度较大,滞留在烤肉表面。
3. 烤鳗酱汁(下涂料/上涂料)		3. 用于日式烤鳗鱼。浸泡后烧烤,烤后涂抹。红褐色,红亮艳丽。
4. 煮鱼酱汁		4. 用于日式煮鱼。除腥味。
5. 炖肉酱汁		5. 用于炖肉和嫩肉。
6. 炒菜酱汁		6. 用于各种菜肴的烹调。风味好,颜色漂亮。
7. 炒面调味酱		7. 用于炒面。味美颜色好。
8. 饺子蘸料		8. 吃饺子用调料。
9. 涮锅蘸料		9. 用于吃各种涮锅肉菜。去腥除臭。
10. 纳豆调味料		10. 用于日式纳豆。调味除臭味。
11. 炸鸡粉(裹炸粉)		11. 用于炸鸡腿。裹在鸡腿外面,调味、增色、起鳞片。
12. 各种沙拉酱		12. 用于凉拌菜等。
13. 各种西式沙司		13. 用于各种西餐菜点。

涂抹调料是涂在食物表面上的酱料,一般黏度较大。调味酱的黏度指标是通过黏度计进行测定的。对不同加工食品,调料的黏度要求是不同的,要求酱料不能滑落,必须能在食物表面长时间滞留。此外,亮度必须能满足用户的要求,因为烤炖等食物的亮度是诱人食欲的重要条件之一。

二是专用性。风味酱的大部分产品具有兼用性,一种风味酱可以用于许多食品的调味,有的还能成为生产其他产品的原料。而渍裹涂调料基本上是一种调料对一种食物,没有兼用性。烤鸡酱不能用于烤牛肉,煮鱼酱则不能用于煮蔬菜。意大利面条酱料也是专用的,不可用于其他饮食。同样是用于浸泡肉类的料液或者涂抹酱料,一般也不能同时被两家以上的用户使用,这是由于用户对味道及感官的要求不同,因此必须进行新品开发或重新调整。由此可见,二者的区别是明显的,不能混为一谈。上述特性也同样适用于沙司类与乌斯塔沙司、蕃茄酱、蛋黄酱等的区别。

4. 复合增鲜剂

复合增鲜剂的种类主要是指各种能够在烹调或食品加工中发挥增鲜作用的调味料。这些产品主要分为两个部分,一是家庭和餐饮业用的中小包装产品,如几十克到几百克的小包装袋(小铁桶),餐饮用有的是 1~10kg 以下的包装袋(铁桶);二是食品加工或调味品加工用的大型包装,如 10kg 以上的包装袋等。

目前我国在超市出售的鲜味剂有单一型增鲜剂和复合型增鲜剂,单一型增鲜剂是味精(MSG)、肌苷酸(IMP)或鸟苷酸(GMP);复合增鲜剂主要是鸡精、鸡粉、香菇精等。西式鲜味调

料有各种用畜禽肉、蔬菜等熬制的汤料。日本有各种风味增鲜剂出售,如鲣鱼精、海带精、肉味提取物等。在食品加工中更有品种繁多的复合增鲜剂,其原料来源广泛,配方设计和用途多样化。中国随着食品加工业的迅猛发展,特别是方便面生产的大量需要,各种肉类和海产品提取物的产销量也在逐年增大。

5.复合香辛料

指多种香辛料混合后,可产生某种混合特征香气的香辛调料。典型的产品如十三香、五香粉、咖喱粉、七味唐辣子(日)、辣椒粉等。混合香辛料的品种很多,各国各地区都有适合本民族消费习惯的产品。

第二节 复合调味品的原料

复合调味食品的组成原料一般有以下几种:

一、特征风味原料

鸡肉风味:鸡肉、鸡骨汤、鸡肉汤、鸡蛋、纯鸡肉粉、热反应鸡肉粉、精炼鸡油、鸡肉抽提物、鸡肉浸膏、鸡肉香精。如天博鸡肉香精6308、03008、M3011、20971、21067,鸡肉浸膏E3004、E3001,纯鸡肉粉PC－2、PC－10、PC－3、PC－4,鸡肉精膏6309、20996、21039,热反应鸡肉粉CH－2、CH－3、CH－4、CH－6、CH－12、CH－11、CH－16等。

猪肉风味:猪肉、猪骨汤、猪肉汤、纯猪肉粉、热反应猪肉粉、精炼猪油、猪肉抽提物、猪肉浸膏、猪肉香精。如天博猪肉香精21027、20982、21109、20976、6108、6101、21026、21035,猪肉浸膏E1012、E1013,猪肉精膏6106,猪肉纯粉P－1,热反应猪肉粉P－2、P－3等。

牛肉风味:牛肉、牛骨汤、牛肉汤、纯牛肉粉、热反应牛肉粉、精炼牛油、牛肉抽提物、牛肉浸膏、牛肉香精。如牛肉精油20983、L2004、6201、6206、21079、21113、21112,牛肉浸膏E2009、E2012、E2006,牛肉精膏6204,牛肉纯粉B01,热反应牛肉粉B－3、B－6、B－2、B－7、B－11、B－12、B－18、B－17、B－23等。

其他风味:酵母抽提物、海鲜抽提物、海鲜香精、虾肉纯粉、虾肉抽提物、豆瓣、豆豉、豆腐乳、酱菜、料酒、酱油、番茄酱、醪糟、醋等。

二、咸味原料

在基础调味料中,除食盐外,酱油、酱类、豆腐乳、豆鼓都是具有咸味的调味品。

三、甜味原料

白砂糖、冰糖、甜蜜素、蛋白糖、异构糖、低聚糖、麦芽糖醇、木糖醇等,高甜度甜味剂有甜菊糖苷、甜宝、三氯蔗糖。

四、鲜味原料

氨基酸及其盐类(如MSG、IMP(5′－肌苷酸)、GMP(5′－鸟苷酸二钠)、I＋G、干贝素等)、谷胱甘肽、水解蛋白(HVP、HAP)等。

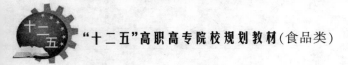

五、酸味原料

柠檬酸、醋酸、苹果酸、乳酸等。

六、增香原料

料酒类、味淋及发酵调味液、食用动植物油脂、香辛料、人工合成香精等。其中常见香辛料有：胡椒、八角、小茴、肉豆蔻、丁香、肉桂、姜、大蒜、草果、花椒、辣椒、香葱、洋葱、大葱、姜黄、白芷、三奈、良姜、排草、白蔻、紫草等。

七、着色原料

柠檬黄、姜黄色素、日落黄、β-胡萝卜素、白色素、红曲红、番茄红素、辣椒红色素、焦糖色素等。

八、填充及其他原料

玉米淀粉、变性淀粉、米粉、豆粉、小麦粉、水、麦芽糊精、麦芽酚、乙基麦芽酚、香兰素、CMC、维生素、异维生素C钠、海藻酸钠、琼脂、明胶、黄原胶、卡拉胶等。

九、防腐剂

苯甲酸及苯甲酸钠、山梨酸及山梨酸钾、丙酸钙、双乙酸钠、尼泊金乙酯、尼泊金丙酯等。

第三节　味的科学

一、味觉的概念与分类

味觉是指食物在人的口腔内对味觉器官化学感受系统的刺激并产生的一种感觉。不同地域的人对味觉的分类不一样。

日本：酸、甜、苦、辣、咸。

欧美：酸、甜、苦、辣、咸、金属味、钙味(未确定)。

印度：酸、甜、苦、辣、咸、涩味、淡味、不正常味。

中国：酸、甜、苦、辣、咸、鲜、涩。

准确来说，辣味并不是一种味道，而是一种刺激，就像你把切好的辣椒放在眼睛旁边会感觉到刺激，切洋葱的时候，感到眼睛很辣，就是因为辣是一种刺激。

从味觉的生理角度分类，只有四种基本味觉：酸、甜、苦、咸，他们是食物直接刺激味蕾产生的。

辣味：食物成分刺激口腔黏膜、鼻腔黏膜、皮肤和三叉神经而引起的一种痛觉。

涩味：食物成分刺激口腔，使蛋白质凝固时而产生的一种收敛感觉。

二、味觉的生理基础

(一)味觉产生的过程

呈味物质刺激口腔内的味觉感受体，然后通过一个收集和传递信息的神经感觉系统传导到大脑的味觉中枢,最后通过大脑的综合神经中枢系统的分析,从而产生味觉。不同的味觉产生有不同的味觉感受体,味觉感受体与呈味物质之间的作用力也不相同。

（二）味蕾

口腔内感受味觉的主要是味蕾,其次是自由神经末梢,婴儿有 10000 个味蕾,成人几千个,味蕾数量随年龄的增大而减少,对呈味物质的敏感性也降低。味蕾大部分分布在舌头表面的乳状突起中,尤其是舌黏膜皱褶处的乳状突起中最密集。味蕾一般有 $40 \sim 150$ 个味觉细胞构成,大约 $10 \sim 14d$ 更换一次,味觉细胞表面有许多味觉感受分子,不同物质能与不同的味觉感受分子结合而呈现不同的味道。一般人的舌尖和边缘对咸味比较敏感,舌的前部对甜味比较敏感,舌靠腮的两侧对酸味比较敏感,而舌根对苦、辣味比较敏感。人的味觉从呈味物质刺激到感受到滋味仅需 $1.5 \sim 4.0s$,比视觉的 $13 \sim 45s$,听觉的 $1.27 \sim 21.5s$,触觉的 $2.4 \sim 8.9s$ 都快。

三、味的阈值

在四种基本味觉中,人对咸味的感觉最快,对苦味的感觉最慢,但就人对味觉的敏感性来讲,苦味比其他味觉都敏感,更容易被觉察。

阈值:阈值是指感受到某中呈味物质的味觉所需要的该物质的最低浓度。常温下蔗糖（甜）为 0.1%,氯化钠（咸）0.05%,柠檬酸（酸）0.0025%,硫酸奎宁（苦）0.0001%。

根据阈值测定方法的不同,又可将阈值分为:

绝对阈值:是指人从感觉某种物质的味觉从无到有的刺激量。

差别阈值:是指人感觉某种物质的味觉有显著差别的刺激量的差值。

最终阈值:是指人感觉某种物质的刺激不随刺激量的增加而增加的刺激量。

四、影响味觉产生的因素

（一）物质的结构

糖类—甜味,酸类—酸味,盐类—咸味,生物碱—苦味。

（二）物质的水溶性

呈味物质必须有一定的水溶性才可能有一定的味感,完全不溶于水的物质是无味的,溶解度小于阈值的物质也是无味的。水溶性越高,味觉产生得越快,消失得也越快,一般呈现酸味、甜味、咸味的物质有较大的水溶性,而呈现苦味物质的水溶性一般。

（三）温度

一般随温度的升高,味觉加强,最适宜的味觉产生的温度是 $10 \sim 40℃$,尤其是 30℃最敏感,大于或小于此温度都将变得迟钝。温度对呈味物质的阈值也有明显的影响。

25℃:蔗糖 0.1%,食盐 0.05%,柠檬酸 0.0025%,硫酸奎宁 0.0001%。

0℃:蔗糖 0.4%,食盐 0.25%,柠檬酸 0.003%,硫酸奎宁 0.0003%。

（四）味觉的感受部位

甜味的味觉感受敏感部位在舌尖,苦味在舌根,咸味在舌侧前端,酸味在舌侧后端。

（五）味的相互作用

两种相同或不同的呈味物质进入口腔时,会使二者味觉都有所改变的现象,称为味觉的相互作用。

1. 味的对比现象

指两种或两种以上的呈味物质,适当调配,可使某中呈味物质的味觉更加突出的现象。如在10%的蔗糖中添加0.15%氯化钠,会使蔗糖的甜味更加突出,在醋酸中添加一定量的氯化钠可以使酸味更加突出,在味精中添加氯化钠会使鲜味更加突出。

2. 味的相乘作用

指两种具有相同味感的物质进入口腔时,其味觉强度超过两者单独使用的味觉强度之和,又称为味的协同效应。甘草铵本身的甜度是蔗糖的50倍,但与蔗糖共同使用时末期甜度可达到蔗糖的100倍。味精与核苷酸共存会使鲜味增强也是典型的相乘作用。

3. 味的消杀作用

指一种呈味物质能够减弱另外一种呈味物质味觉强度的现象,又称为味的拮抗作用。如蔗糖与硫酸奎宁之间的相互作用。

4. 味的变调作用

指两种呈味物质相互影响而导致其味感发生改变的现象。刚吃过苦味的东西,喝一口水就觉得水是甜的。刷过牙后吃酸的东西就有苦味产生。

5. 味的疲劳作用

当长期受到某种呈味物质的刺激后,就感觉刺激量或刺激强度减小的现象。

五、复合调味品呈味原理

在以咸鲜味为主的复合味型中,盐呈咸味,在味型中起基本定味作用,是任何味型中均不可缺少的一种基本味;鲜味是一种增味剂,即增强菜肴风味的物质。最初的鲜味是利用动物性原料熬制的鲜汤来增加的,其鲜味醇厚,但制作过程较长。后来发明了味精,较鲜汤使用更加方便、快捷,但鲜味略显单一。味精发展到第二代出现了强力味精,是由肌苷酸钠或鸟苷酸与谷氨酸钠混合而制成,利用谷氨酸钠与肌苷酸钠之间、谷氨酸钠与鸟苷酸之间的协同作用,使得呈味效果较之普通味精有成倍增长。如95g普通味精和5g肌苷酸钠相结合,结果所呈现的鲜味相当于600g普通味精所产生的鲜味强度。

协同作用即"协调作用",或称"相乘作用",利用食品的这种相乘作用可制出许多种复合调味品。另外在炖制动物性原料时(动物性原料含大量肌苷酸),往往加一些菌类、竹笋、冬笋和香菇等,而它们又都含有谷氨酸钠和鸟苷酸,因此根据鲜味的相乘作用,使得菜肴鲜味程度大大提高。如煎封汁、拌汁、辣酱油、豉汁等复合调味品正是根据这一作用而制成的。

酸甜味型中,如不按比例添加糖、醋,极易发生味的相消(抵)作用,即酸味、甜味会减弱。在甜味中添加少量醋酸,甜味减少。醋酸的添加量越大,甜味越弱。酸味中添加蔗糖,也会使酸味减少。蔗糖添加量越大,酸味越低。

另外,利用相消作用还可改善其他味,使复合口味更加适口。如少量的谷氨酸钠可以减轻糖精中的苦味,谷氨酸钠还可缓和过咸、过酸的菜肴。调制复合味型时应合理利用相乘、相消、对比和变味等原理,调制出更多更好的复合口味,以适应不同层次的口味需求。

第四节　复合调味品的生产工艺

一、一般生产工艺

发酵型复合调味料一般属于半固态酱状复合调味料,一般常见的生产工艺为:

辅料预处理→调配→发酵、成熟→灭菌处理→成品

但由于不同产品所用原料不同,其生产工艺也稍有差别。下面对一些常见特色产品的生产工艺进行简单介绍。

二、特色产品生产工艺

(一)蘑菇面酱

1. 原料配方

蘑菇下脚料(次菇、碎菇、菇脚、菇屑等)30kg、面粉100kg、食盐3.5kg、五香粉0.2kg、糖精0.1kg、柠檬酸0.3kg、苯甲酸钠0.3kg、水30kg。

2. 工艺流程

和面→制曲→制蘑菇液→制酱醅→制面酱→成品

3. 工艺要点

(1)和面　用面粉100kg,加水30kg,拌和均匀,使其成细长条形或蚕豆大的颗粒,然后放入煎锅内进行蒸煮。其标准是面糕呈玉色、不粘牙、有甜味,冷却至25℃时接种。

(2)制曲　将面糕接种后,及时放入曲池或曲盘中进行培养,培养温度为38~42℃,成熟后即为面糕曲。

(3)制蘑菇液　将蘑菇下脚料去除杂质、泥沙,加入一定量的食盐,煮沸30min后冷却,再过滤备用。

(4)制酱醅　把面糕曲送入发酵缸内,用经过消毒的棒耙平,自然升温,并从面层缓慢注入14°Bé的菇汁及温水,用量为面糕的100%,同时将面层压实,加入酱胶,缸口盖严保温发酵。发酵时温度维持在53~55℃,2d后搅拌1次,以后每天搅拌1次,4~5d后已糖化,8~10d即为成熟的酱醅。

(5)制面酱　将成熟的酱醅磨细过筛,同时通入蒸汽,升温到60~70℃,再加入300mL溶解的五香粉、糖精、柠檬酸,最后加入苯甲酸钠,搅拌均匀即成蘑菇面酱。

(二)草菇姜味辣酱

1. 原料配方

基本配料:草菇10kg、辣椒50kg、生姜25kg、大蒜5kg,下列辅料分别占上述基本配料的质量分数为白糖1.2%、氯化钙0.05%、精盐13%、白酒1%、豆豉3%、亚硫酸钠0.1%、苯甲酸钠

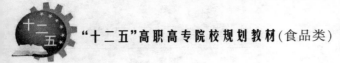

0.05%。

2. 工艺流程

各种原辅料处理→拌匀→装瓶(坛)→密封发酵→包装→成品

3. 工艺要点

(1)草菇的处理　若用鲜草菇,除杂后用5%的沸腾盐水煮8min左右,捞出冷却,把草菇切成黄豆粒般大小的菇丁备用;若用干品则需浸泡1～2h,用5%沸腾盐水煮至熟透,捞出、冷却,切成黄豆粒般大小的菇丁备用。

(2)辣椒的处理　选用晴天采收的无病、无霉烂、不变质、自然成熟、色泽红艳的牛角椒,洗净晾干表面水分,然后剪去辣椒柄,剁成大米粒般大小备用。如果清洗前将辣椒柄剪去,清水会进入辣椒内部,使制成的产品香气减弱,而且味淡。

(3)生姜处理　选取新鲜、肥壮的黄心嫩姜,剔去碎、坏姜,洗净并晾干表面水分,剁成豆豉般大小备用。

(4)大蒜的处理　把大蒜头分瓣,剥去外衣,洗干净后晾干表面水分,制成泥状备用。

(5)混合　将各种主料、辅料、添加剂按原料配方比例充分混合均匀。

(6)装坛　将上述混合好的各种原料置于坛中,压实、密封。

(7)发酵　将坛置于通风干燥阴凉处,让酱醅在坛中自然发酵,每天要检查坛子的密封情况,一般自然发酵8～12d酱醅即成熟,可打开检查成品质量,经过检验合格即可进行包装作为成品出售。

(三)发酵型风味金针菇酱

1. 原料配方

(1)成曲制备的配方

生大豆:面粉:曲精=250:100:1。

(2)酱醅发酵的配方

金针菇:成曲:食盐:生姜=13:8:2.5:1。

(3)原酱调配炒制配方

①自制五香粉　八角:茴香:花椒:桂皮:干姜=4:1.6:3.6:8.6:1。

增香调味料食用植物油:自制五香粉:白砂糖:食盐:炒芝麻:辣椒粉:黄酒:味精:芝麻油=180:5.2:42:60:68:52:16:1:86。

②原酱调配炒制时的比例　原酱:增香调味料=4:1

2. 生产工艺流程

精选大豆→清洗、浸泡→蒸煮→拌和→摊晾→接入市售种曲、加入面粉→恒温培养→成曲→醅料混合→装缸→恒温发酵→原酱→炒酱→装瓶→加盖→排气密封→杀菌→冷却→贴标→成品。

3. 工艺要点

(1)原料选择　面粉为标准级;种曲为3.042米曲霉曲精;金针菇柄长8cm以上,菌盖直径1.2cm左右,无开伞、无病虫害的菇体,弃菇柄基部。

(2)原辅料处理　制作风味金针菇酱的金针菇发酵前要进行盐水漂洗、护色处理与烫漂杀菌,钝化酶的活性,防止褐变,同时把菇体细胞杀死,使之丧失选择透过性,增大物质交换速度,缩短腌制与酱制时间,增加菇体韧性。具体做法如下:将选好的金针菇浸入 0.3% ~0.5% 的低浓度盐水溶液中,漂洗干净,倒入含 0.04% 柠檬酸的沸水中,煮沸 2min 后再浸入 2% 的盐溶液中待用。

(3)蒸煮 大豆应于常温下浸泡 10 ~12h,以达到软而不烂,用手搓挤豆粒感觉不到有硬心为宜。大豆采用高压锅蒸煮,时间为 15min 左右。

(4)拌面与接种 用经过消毒的用具和工具进行。待拌和的料温降至 30 ~32℃ 时,按比例接种并充分拌和均匀,同时要控制好温度、湿度,防止污染。培养 1 ~2d,成曲呈嫩黄绿包即可。

(5)酱醅发酵 成曲加入盐水、金针菇和姜末后,再加入相当于醅料质量 9% 的食盐,在40℃ 下恒温培养,每日翻拌一次,保证发酵均匀。于 10d 左右将含盐量补至 12%,45℃ 下继续发酵 6 ~7d 后即可进行炒制。

(6)炒制与调味 将发酵好的原酱与调味料准备好后,按加热油、加白糖、辣椒粉,加原酱、料酒、花椒粉、五香粉、炒芝麻粉的顺序依次入锅,翻炒 20min 后加入味精。

(7)装瓶 所用的瓶及瓶盖要经过灭菌处理。装料不可太满,封口处加 10mL 芝麻油,扣上瓶盖,加热排气 10min,然后密封,并于 70 ~80℃ 常压水煮 30min。

(8)冷却、验收 将上述经过杀菌的样品冷却、检验后,即可贴标、装箱作为成品。

(四)其他发酵型复合调味料

1. 果味辣椒酱
生产工艺流程如下:
新鲜辣椒→去柄蒂、杂质→清洗→风干→粉碎→发酵、成熟→灭菌处理→成品

2. 纯天然辣味复合酱
生产工艺流程如下:
韭菜花→粉碎→加盐发酵→韭菜花酱   芝麻酱
　　　　　　　　　　　　　　　　↓
鲜辣椒→粉碎→加盐发酵→辣椒酱→混合均匀→油泼→装瓶后熟→成品

3. 黑麦仁香菇营养酱
本产品以黑小麦和香菇为原料酿制而成,兼容了黑小麦和香菇的多种营养物质,具有丰富的营养,并具有食疗保健作用。其生产工艺流程如下:
　　　　　　　　　　　　　　香菇→浸泡→磨细→香菇醅
　　　　　　　　　　　　　　　　　　　　　　　　↓
小麦→去杂→脱皮→浸泡→蒸料→冷却→制曲→制醅发酵→酱醒→混合→磨细→调配→灭菌→检验→成品

4. 复合型保健橘皮酱
以柑橘皮和蚕豆为主要原料,将橘皮进行处理和加工,并将蚕豆处理、发酵后制成的一种具有典型橘皮风味的保健复合调味料。其生产工艺流程如下:
　　　　　　　　　柑橘皮→清洗→切丝→蒸煮→浸渍→浓缩物
　　　　　　　　　　　　　　　　　　　　　　　　↓
蚕豆→去皮→浸泡→蒸料→接种制曲→酱醅发酵→后熟→杀菌→包装→成品

5.扇贝酱

生产工艺流程如下:

新鲜扇贝边→预煮→漂洗→沥水→接种→前发酵→后发酵→调味装瓶→杀菌→成品
　　　　　↓
　　　　　煮汁→加酶水解→精制过滤→调味装瓶→原汁调味料→煮沸杀菌

6.平菇风味芝麻酱

平菇风味芝麻酱是利用平菇下脚料与大豆、芝麻等酿制而成的一种酱状调味料,因色泽酱红且有光泽、味美辣甜且有浓郁的平菇风味。其生产工艺流程如下:

平菇选择及处理→抽提菇汁
大豆处理→发酵→面酱曲→　→混合→熟酱胶→调味→灭菌→冷却
辣椒→处理→制辣椒酱　　　　　　　　　　　　　　　　↓
　　　　　　　　　　　　　　　　　　　　成品←包装

7.蒲公英蚕豆辣酱

生产工艺流程如下:

　　　　　　　　蒲公英→烫漂→打成糊状
　　　　　　　　　　　　　　　　　　↓
蚕豆→浸泡去皮→涨发→蒸熟→制曲→酱醅发酵→混合→杀菌→成品
　　　　　　　　　　　　　　　　　　↑
　　　　　　　　鲜干辣椒→制酱

8.西瓜豆瓣酱

生产工艺流程如下:

(1)制曲工艺流程

大豆去杂清洗→浸泡→蒸煮、淋干→拌入面粉→摊晾→制曲→成曲

(2)制酱工艺流程

西瓜→切半→挖瓤→切块→加辅料拌匀→保温发酵→装瓶→成品

9.海带豆瓣辣酱

生产工艺流程如下:

　　　　　　　黄豆→挑拣→清洗→蒸熟→冷却
　　　　　　　　　　　　　　　　　　　↓
海带→清洗→挑拣→切分→研磨→蒸煮灭菌→冷却→按比例混合→接菌种制曲→调味

装瓶→发酵→真空封口→灭菌→冷却→成品

10.绿豆酱

绿豆酱是以绿豆、大豆和面粉为主要原料经过发酵加工而成的一种半固体发酵调味料,其生产工艺流程如下:

　　　　黄豆→洗净→浸泡→蒸熟→冷却　种曲
　　　　　　　　　　　　　　　　↓　　↓
绿豆→洗净→浸泡→蒸熟→冷却→混合→接种→曲盘培养→绿豆曲→入发酵罐

自然升温→第一次加盐水→酱醅保温发酵→第二次加盐及盐水→翻酱→成品

11.复合动植物蛋白风味酱

本产品是以文蛤和大豆为原料生产的一种调味酱,其生产工艺流程如下:

文蛤→热烫→取肉→打浆

大豆→清洗→浸泡→蒸煮→冷却→混合→接种→制酱曲→制酱醅→固态无盐发酵→成熟酱醅→酱醪→浸醪→调配(香辛液、蒜蓉辣酱)→包装→灭菌→成品

第五节　复合调味品的质量控制

分为调味酱(包)、调味油(包)、调味粉(包)、脱水蔬菜等。以下参照复合调味料食品安全企业标准。

一、技术要求

(一)原辅料

1.食用盐应符合 GB 5461 的规定。

2.味精应符合 GB 2720 的规定。

3.白砂糖应符合 GB 317 的规定。

4.食用植物油应符合 GB 2716 的规定。

5.香辛料应符合 GB/T 15691 的规定。

6.复合食品包装袋应符合 GB 9683 的规定。

7.食用香精应符合 QB/T 2640 的规定。

(二)感官指标

感官指标应符合表 3-3-4 要求。

表 3-3-4　感官指标

品名	调味酱(包)	调味油(包)	调味粉(包)	脱水蔬菜
色泽	调味酱呈酱红色或酱色	调味油应有的色泽	淡棕色、灰白色或淡黄色等特有的色泽	原品种具有的颜色
气味	调味酱无焦味、无异味、具有本品种特有的气味	无焦味及其他异味	具有本品种应有的香气	无异味
滋味	具有该品种应有的滋味,无异味	具有该品种应有的滋味,无不良滋味	具有该品种应有的滋味,无不良滋味	无不良滋味
形态	半固体状	液体、半液体或半固体态状	粉末状或小颗粒状、无结块	脱水蔬菜呈片状或颗粒状
杂质	无砂粒,无肉眼可见杂质	无砂粒,无肉眼可见杂质	无砂粒,无肉眼可见杂质	无砂粒,无肉眼可见杂质

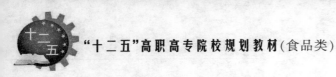

（三）理化指标

理化指标应符合表3－3－5规定。

表3－3－5　理化指标

项　　目		指　　标
水分及易挥发物,%（调味粉、包）	≤	10
（脱水蔬菜）	≤	14
（调味酱、包）	≤	38
（调味油、包）	≤	0.6
总砷（以 As 计）,mg/kg	≤	0.5
铅（以 Pb 计）,mg/kg	≤	0.9
总汞（以 Hg 计）,mg/kg	≤	0.05
黄曲霉毒素 B_1,（μg/kg）	≤	5
氨基酸态氮（以 N 计）%（调味粉、包）	≥	0.9
（调味酱、包）	≥	0.3
*挥发性盐基氮,mg/100g	≤	50
#酸价（以脂肪计）/（KOH）,mg/g	≤	3.0
#过氧化值（以脂肪计）,mg/g	≤	0.25

备注：*仅限于添加了肉制品的半固态调味料，#仅限于添加了植物油的调味料

（四）微生物指标

微生物指标应符合表3－3－6规定。

表3－3－6　微生物指标

项　　目		指　　标
菌落总数,cfu/g（固态、液态调味料）	≤	10000
（半固态调味料）	≤	5000
大肠菌群,MPN/100g（固态调味料）	≤	150
（半固态、液态调味料）	≤	30
致病菌（沙门氏菌、志贺氏菌、金黄色葡萄球菌）		不得检出

（五）单件净含量

应符合《定量包装商品计量监督管理办法》（国家质量监督检验检疫总局第75号令）。

（六）食品添加剂

1. 食品添加剂质量应符合相应的标准和有关规定。

2.食品添加剂的品种和使用量应符合 GB 2760 的规定。

（七）生加工过程卫生要求

应符合 GB 14881 的规定。

二、试验方法

（一）感官检验

取适量试样于洁净的白色瓷盘中,在自然光下目测色泽和外观,以鼻嗅、口尝的方法检查气味和滋味。

（二）理化指标

1.食盐　应遵照 GB/T 12457 的规定执行。
2.总砷　应遵照 GB/T 5009.11 的规定执行。
3.铅　应遵照 GB 5009.12 的规定执行。
4.总汞　应遵照 GB/T 5009.17 的规定执行。
5.水分　应遵照 GB 5009.3 的规定执行。
6.氨基态氮　应遵照 GB/T 5009.39 的规定执行。
7.酸价、过氧化值　应遵照 GB/T 5009.37 的规定执行。
8.挥发性盐基氮　应遵照 GB/T 5009.44 的规定执行。

（三）微生物指标

1.菌落总数　应遵照 GB 4789.2 的规定执行。
2.大肠菌群　应遵照 GB 4789.3 的规定执行。
3.沙门氏菌　应遵照 GB 4789.4 的规定执行。
4.志贺氏菌　应遵照 GB/T 4789.5 的规定执行。
5.金黄色葡萄球菌　应遵照 GB 4789.10 的规定执行。

（四）单件净含量

应遵照 JJF1070《定量包装商品净含量计量检验规则》执行。

三、检验规则

（一）检验分类

产品检验分出厂检验和型式检验。

（二）出厂检验

1.每批产品须经厂质检部门检验合格,并附有产品质量合格证,方可出厂。
2.检验项目如下:

调味酱：感官、水分及挥发物、净含量允许偏差、食盐、酸价、过氧化值、菌落总数、大肠菌群。

调味油：感官、水分及挥发物、净含量允许偏差、食盐、酸价、过氧化值。

调味粉：感官、水分及挥发物、净含量允许偏差、食盐、氨基态氮、菌落总数、大肠菌群。

(三)型式检验

1. 型式检验项目为本标准全部项目。

2. 发生下列情况之一时，应进行型式检验，型式检验每半年进行一次：

①原料、工艺、设备有较大改变影响产品性能时；

②停产 6 个月以上恢复生产时；

③出厂检验与上批型式检验有较大差异时；

④供需双方发生产品质量争议时；

⑤国家质量监督机构提出要求时。

(四)组批

以同一批原料、同一配料、按同一工艺流程、同品种、同规格的产品为一组批。

(五)抽样

在成品库中每批随机抽样 5 箱，每箱抽取 10 包，型式检验应在检验合格的产品中加倍随机抽样。

(六)判定规则

1. 出厂检验项目或型式检验项目全部符合本标准要求时，判为合格品。

2. 微生物指标中有一项或一项以上的检验结果不符合本标准要求时，判该批产品为不合格品。

3. 除微生物指标外，其他项目检验结果不符合本标准要求时，可在原批次产品中加倍抽样复检一次；判定以复检结果为准，若仍有一项或一项以上项目不符合本标准的要求时，则判该批产品为不合格品。

四、标志、包装、运输、贮存

(一)标志

1. 产品的销售外包装标志应符合 GB/T 191 规定。

2. 产品的预包装标签应符合 GB 7718 的规定。

(二)包装

包装材料和包装容器应清洁、干燥、无毒、无异味，并符合相应的国家卫生标准。

(三)运输

运输过程中应轻拿轻放、避免日晒、雨淋和重压；运输工具应清洁卫生，严禁与有毒，有害物质混运。

（四）贮存

产品应贮存在通风、干燥、阴凉、无异味的仓库，严禁与有毒，有害，有异味物品混贮。

（五）保质期

符合本标准规定,在常温下产品保质期为 12 个月。

 本章小结

现代复合调味料是指在科学的调味理论指导下,将各种基础调味品根据传统或固定配方,按照一定比例,经一定工艺手段,进行加工、复合调配出具多种味感的调味品,从而满足不同调味需要。简而言之,复合调味料就是用两种或两种以上的调味品配制,经特殊加工而制成的调味料。调制复合味型时应合理利用相乘、相消、对比和变味等原理,调制出更多更好的复合口味,以适应不同层次的口味需求。

发酵型复合调味料属于半固态酱状复合调味料,一般的生产工艺为:

辅料预处理→调配→发酵、成熟→灭菌处理→成品

复合调味品的质量控制中有对应的原辅料国家标准,感官指标、理化指标、微生物指标以及检验包装储运等要求。

 思 考 题

1. 复合调味品的概念及其与传统调味品的区别是什么?
2. 复合调味品有哪些种类,如何划分?
3. 复合调味品一般生产工艺是什么?

 阅读小知识

复合型调味品发展趋势

一、强化功能型调味品

如铁强化酱油、加碘、加锌、加钙的复合营养盐,与传统调料品相比,它们虽然是初级的复合型调料,但它可以简便地满足营养功能需求,更能为大众所接受,普及推广速度非常快。该类产品一般保持着优质低价的特点,包装依然采用传统的瓶装和袋装,宣传引导主要靠行业的导向和消费者口碑传播。

二、根据各种菜系或特色菜专门设计的调味品

典型代表如海天老抽和太太乐鸡精，老抽目前的销量占到了海天酱油总销量的40%～50%。太太乐鸡精更是鸡精行业的第一品牌，它对消费者由认知到使用到替代味精的引导作用功不可没。还有专门烹饪川、粤、鲁等大菜系的名肴调料，复合型的专用拌菜、调面、烹虾、炸鸡调料、各种调味酱、火锅底料等都属于这一类调味品。这类调味品是目前市场上最为热销的新品品类，主要走餐饮渠道，品种繁多，价格属中高档系列。它的销售主要受厨师推荐。另外此类产品也是各企业最为重视的品类，表现为广告宣传力度较大，以太太乐赞助电视餐饮栏目广告为代表，是电视广告、车体广告最多的调味品类。此类产品的包装不受约束，有方便的小袋包装，也有大包装的玻璃瓶或塑料桶，规格视具体品类的需求而定，但是讲究包装精美、华丽，以实用为主。目前市场仍有较大开发空间。

三、利用各种调味原料提取或深加工的调味品

如畜禽、水产、蔬菜、水果、酵母等天然提取物，因其原料味道鲜美自然，易被人体吸收，被开发应用于各种复合调味料，表现为各种肉类香精、大蒜精、姜精油、醋精、花椒精油等。这些产品的研究因起步较晚，距世界水平还有很大差距，主要以进口为主。产品的使用范围尚有局限性，价格也比较高。此外也有部分小企业开发的低档产品，但市场销量不大。目前推广和宣传主要集中在纸质媒体，作为高科技的研发成果来展示，是一类有待开发的产品。

四、追求"健康"的调味品

随着消费者对卫生、健康的需求不断增强，各种健康型调味品得以迅速开发，并且品类日益增多。如既可做调味醋又可做饮用醋的保健醋等高档醋饮，比较知名的品牌有天立独流老醋、恒顺保健醋等，追求健康的醋饮产品虽已不是新鲜事物，但销量较少，没有形成消费气候，期待大企业的参与开发；另外，强调低盐、浅色或无盐的调味品也是一种趋势；还有为满足老人、妇女、儿童的营养需要，充分利用相应的天然食物，如黑米、薏米、黑豆、蘑菇菌类等，生产出含各种维生素、矿物质等不同营养成分的调味品；此外药膳调味品也开始呈现一定市场，因为调味常用的花椒、沙仁、豆蔻、大料、桂皮、茴香等既是调味品，又是中药，因此药膳调味品将会受到越来越多的消费者青睐，从而为调味品开拓提供更广阔的市场。这类产品总体要求价格较为高档，包装比较讲究风格与设计，同时要有好的卖点，并利于大众传播。

五、方便、即食型调味品

鉴于家庭炊具的快速发展，适合微波炉、烤箱食品的调味品也将被开发，这些调味品撕袋即可食用，方便、卫生、好吃、好看。例如各个品牌的辣酱、方便面调料、沙拉酱、炼奶等。这类调味品讲究与食品的搭配，一般在卖场有现场导购促销，与食品搭售效果最佳。

第四篇 发酵豆制品生产工艺

第一章 豆腐乳生产工艺

【知识目标】

1.了解我国豆腐乳的生产历史与现状,豆腐乳的分类和食用价值。
2.掌握豆腐乳生产常用原辅材料的特性、作用及要求。
3.熟悉豆腐乳生产工艺流程,掌握各个工序的操作技术要点、操作方法及注意事项。
4.熟悉豆腐乳产品的质量标准,掌握豆腐乳生产中常见质量问题及其解决措施。

第一节 绪 论

一、豆腐乳定义及豆腐乳发展概况

(一)豆腐乳的定义

豆腐乳又称腐乳、霉豆腐或酱豆腐,它是以大豆为主要原料,经过制坯、前期发酵(培菌)、腌制、后期发酵而成,是我国典型的"活性"发酵豆制品,也是我国著名的传统酿造调味品之一。

豆腐乳风味独特,滋味鲜美,组织细腻柔滑,同时富含植物蛋白质、脂肪及碳水化合物等多种营养素及风味物质,深受广大消费者喜爱,已成为人民日常生活中不可或缺的美食。

(二)豆腐乳发展概况

豆腐乳起源于我国,具有悠久的历史。它是在豆腐生产的基础上发展而来的,属发酵性豆制品。据中国科学院自然研究所资料介绍:早在公元5世纪魏代古籍中,就有腐乳生产工艺的记载:"干豆腐加盐成熟后为腐乳"。到了明代我国就大量加工制作腐乳,最早详细记载腐乳制作方法的是明代李日华的《蓬栊夜话》和王士桢的《食宪鸿秘》两书。其中《蓬栊夜话》记有"黟县(移)人喜于夏秋间醢腐,令变色生毛随拭之,俟稍干……"的说法,就是古代的毛豆腐,即发霉的毛坯。清朝李化楠在《醒园录》中说:"将豆腐切方块,用盐腌三四天,晒两天,置蒸笼内蒸至极热出晒一天,和酱下酒少许,盖密晒之,或加小茴香末,和酒更佳"。

长期以来,我国的豆腐乳生产沿续传统的生产模式,设施简陋,受季节限制,产量小,劳动条件很艰苦,生产率很低,发展较慢,处于一种较为落后的状态。建国后腐乳生产得到党和政府的重视关心,作坊式生产逐步向工业机械化生产迈进,工艺技术和生产设施不断地进行更新和改造,劳动条件得到了改善,新产品开发也取得了丰硕的成果。

腐乳工业发生较大的变化,其主要原因是国家经济增长和科学技术进步,促使腐乳生产技术和工业化生产走向规范化和优质化。尤其是1975年的"青岛会议"以后,国家为了进一步抓

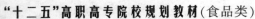

好腐乳生产,提出了豆制品、腐乳等产品的质量标准规格和产品的检验标准,为全面提高腐乳的产品质量创造了有利的条件。在腐乳生产技术方面,改革了原来传统毛坯的自然发酵法,选择优良菌种进行纯种培养。采用纯种悬浮液或固体菌粉接种于豆腐坯上,减少了杂菌污染的机会,既保证了产品的卫生质量又提高了产品的风味。之后又在1980年的"西安会议"进行讨论通过,最后由"两部一社"发布(即商业部、卫生部和全国供销社)。从此为全面推动腐乳行业技术改造和提高产品质量创造了有利条件。同时,我国科技人员又选育了耐高温菌种,使腐乳能常年生产,结束了腐乳只能季节性生产的局面,从而使腐乳产量大增,并不断地开发出适应市场需求的花色品种,腐乳生产遍及全国各地。近几年来,为使我国的腐乳生产能与国际接轨,各腐乳生产企业在设备、厂房、生产环境等方面也不断更新、改进,使我国的腐乳业逐步进入工业化和现代化生产的轨道。

二、豆腐乳的分类

我国豆腐乳的生产遍及全国各地,由于制作方法和产品特色不同,豆腐乳的种类也各不相同。

(一)根据豆腐坯是否有微生物繁殖进行分类

根据豆腐坯有无微生物繁殖,即是否进行前期培菌,可分为腌制腐乳和发霉腐乳两大类。发霉腐乳又有天然发霉与纯种发霉之分,还有毛霉型、根霉型、细菌型发酵之分。

1. 腌制腐乳

(1)生产特点　在豆腐乳生产过程中,豆腐坯不经过发霉阶段,直接进入后期发酵。发酵作用依赖于添加的辅料,如面曲、红曲、米酒、黄酒、酒酿等。该工艺所需的厂房设备少,操作简单。其缺点是:因蛋白酶源不足,发酵期长,产品不够细腻,氨基酸含量低。

(2)工艺流程　腌制型腐乳的工艺流程是:

$$豆腐坯 \longrightarrow 煮沸 \longrightarrow 腌坯 \xrightarrow{10\sim15d} 装坛 \xrightarrow{后发酵6\sim10个月} 成品$$

（腌坯上方：食盐↑；装坛下方：各种辅料↑）

2. 发霉腐乳

生产特点是在腐乳生产过程中,在豆腐坯表面要人工或天然地接种一些霉菌或细菌进行前期培菌,这样制成的腐乳称为发霉腐乳。

(1)霉菌型腐乳　前期培菌使用霉菌,称为霉菌型腐乳,根据使用霉菌的不同又分为毛霉腐乳和根霉腐乳两种。以毛霉腐乳为主,根霉腐乳产量较少。其工艺流程是:

$$豆腐坯 \rightarrow 接种 \rightarrow 培养 \xrightarrow{2\sim3d} 搓毛 \rightarrow 腌坯 \rightarrow 装坛 \rightarrow 后发酵 \rightarrow 成品$$

（接种上方：毛霉或根霉↑；腌坯上方：食盐↑；装坛下方：各种辅料↑）

(2)细菌型腐乳　前期培菌使用细菌的称为细菌型腐乳,又分为微球菌腐乳和枯草杆菌腐乳。细菌型腐乳工艺流程是：

$$
\begin{array}{c}
\text{食盐} \qquad\qquad \text{小球菌} \\
\downarrow \qquad\qquad\quad\ \downarrow \\
\text{豆腐坯} \rightarrow \text{上蒸} \rightarrow \text{盐腌} \rightarrow \text{洗坯} \rightarrow \text{切块} \rightarrow \text{接种} \rightarrow \text{培养} \rightarrow \text{烘干} \rightarrow \text{腌坯} \rightarrow \text{装坛} \rightarrow \text{后发酵} \rightarrow \text{成品} \\
\uparrow \\
\text{各种辅料}
\end{array}
$$

一般细菌型腐乳较霉菌型腐乳分解好、质地细腻、口感十分滑润,但味道不及霉菌型腐乳,通常带有一种细菌发酵分解的腥臭味,一般人不习惯食用。目前国内使用本方法的极少,东北克东地区的克东腐乳便是这种方法的代表产品。

(二)根据豆腐乳产品特色进行分类

由于后期发酵时所添加的辅料不同,豆腐乳的色泽、风味也不同。按照我国原国内贸易部制定的标准,腐乳产品的分类如下。

1. 红腐乳

红腐乳又名红方,北方称红酱豆腐,南方称红大或南乳,是腐乳中的一个大类产品。其表面鲜红或紫红色,断面为杏黄色,滋味咸鲜适口、质地细腻,是十分普及的一种佐餐小菜及烹饪用调味料。红腐乳主要特点是使用红曲作为着色剂,表面呈红色。

2. 白腐乳

白腐乳又名白方,是腐乳的一大类产品。本类产品颜色表里一致,为乳黄色、淡黄色或青白色,酒香浓郁、鲜味突出、质地细腻。白腐乳主要特点是含盐量低、发酵期短、成熟较快,大部分在南方生产。

3. 青腐乳

青腐乳又名青方。风味特点与众不同,酿制成的青腐乳具有刺激性的臭味,但臭里透香,所以有"闻着臭,吃着香"的比喻。因表里颜色呈青色或豆青色,而得名青腐乳。

4. 酱腐乳

酱腐乳又称酱方。这类腐乳是在后期发酵中以酱曲为主要辅料酿制而成的。产品表面和内部颜色基本一致,具有自然生成的红褐色或棕褐色。酱香浓郁、质地细腻。它与红腐乳的区别是不添加红曲,与白腐乳的区别则是酱香浓郁而酒香味差。

5. 花色腐乳

花色腐乳又称别味腐乳。该产品因添加了各种不同风味的辅料而酿制成了各具特色的腐乳。这一类产品的品种最多,分为辣味型、甜味型、香辛型、咸鲜型等。

三、豆腐乳的食用价值

(一)豆腐乳的营养成分

豆腐乳是经过多种微生物共同作用生产的发酵性豆制品,除其风味独特外,还含有丰富的营养成分。豆腐乳中的营养成分主要有:蛋白质、脂肪、氨基酸、碳水化合物、维生素和矿物质等,且不含胆固醇。

1. 蛋白质

腐乳中蛋白质含量极其丰富。如北京腐乳,100g 中蛋白质含量 11 ~ 12g,可与 100g 烤鸭媲美。

2. 氨基酸

腐乳中含 18 种氨基酸,其中人体的 8 种必需氨基酸俱全。100g 腐乳中必需氨基酸的含量可供成年人一日需要量。

3. 脂肪

脂肪是人体不可缺少的营养物质。在天然脂肪中,脂肪酸的种类很多,主要有饱和脂肪酸和不饱和脂肪酸两大类。豆腐乳中所含的脂肪酸多为不饱和脂肪酸,易于被人体消化吸收。

4. 矿物质

腐乳中还含有丰富的矿物质,如北京腐乳中含钙 108 ~ 134mg/100g、铁 13 ~ 16mg/100g、锌 6 ~ 8mg/100g,含量均高于一般食品。

5. 维生素

食物中的维生素一般在加工中都会受到不同程度的损失。而腐乳由于微生物的作用,产生了大量的维生素 B_2 和维生素 B_{12} 等。

(二)豆腐乳的营养价值

同大豆及非发酵性大豆制品相比较,豆腐乳的营养价值主要体现在以下几个方面。

1. 去除了多种抗营养因子及不利因素

在腐乳的制作过程中,通过加热和微生物的作用消除了在大豆中存在的多种肠胃胀气因子、红血球凝集素、胰蛋白酶抑制因子等对人体有害的成分。

2. 蛋白质降解为具有多种生理活性的小分子化合物

腐乳发酵过程中,在蛋白酶、肽酶的协同作用下,把高分子的大豆蛋白质逐级水解为水溶性低分子的含氮化合物,如胨、多肽和三肽、二肽等,最终水解为游离氨基酸。这种游离氨基酸食入后,可以直接为肠黏膜吸收,消化率可达到 92% ~ 96%。这对于消化力减退的老人、消化不良的儿童和有消化功能障碍患者都是十分有利的。不仅如此,与大豆蛋白的氨基酸组成相比,经过发酵,腐乳中氨基酸的组成也发生了明显的变化。必需氨基酸与疏水氨基酸比例都上升,意味着腐乳有可能成为降胆固醇的功能食品。而且据研究表明,发酵成熟后的豆腐乳,小分子短肽(平均肽链长度 <10)占豆腐乳水溶性总氮量的 86.4% ~ 88.9%。此外还具有降血压肽、抗氧化肽等。这些多肽更易被消化吸收,具有多种生理学功能。

3. 增加了 B 族维生素的含量

腐乳中的维生素 B_2(核黄素)含量为 130 ~ 360 μg/100g,比豆腐高 3 ~ 7 倍,在一般食品中仅次于乳品的核黄素含量。腐乳中还含有维生素 B_{12},红腐乳含维生素 B_{12} 0.42 ~ 0.78mg/100g,青腐乳中维生素 B_{12} 的含量最高,达 9.8 ~ 18.8mg/100g,仅次于动物肝脏维生素 B_{12} 的含量。此外,腐乳中还含有维生素 B_1(硫胺素)0.04 ~ 0.09mg/100g,烟酸 0.50 ~ 1.10mg/100g等。我国以谷物薯类植物性膳食为主,维生素 B_{12} 贫乏。每人日食 20g 左右的青腐乳就可满足要求。

4. 提高了矿物质的利用率

大豆含有丰富的矿物质,但大都以植酸盐的形式存在,难以被人体消化吸收。而豆腐乳经过微生物发酵后,可溶性矿物质可增加 2 ~ 3 倍,矿物质利用率提高 30% ~ 50%。同时在发酵中蛋白质水解生成的氨基酸,能与钙、铜结合生成可溶性物质,提高了钙、铜的利用率。

5.其他营养成分

不饱和脂肪酸能使血液胆固醇浓度下降。在发酵性豆腐乳中,不饱和脂肪酸占有的比例是很大的。如白腐乳中不饱和脂肪酸占有80%以上。此外,又如红腐乳,在制作过程中,添加了红曲,红曲是一种重要的保健食品,含有多种活性成分,如具有降胆固醇作用的蒙纳可林,降压作用的γ-氨基丁酸等有效成分。

已有研究证实,腐乳具有降胆固醇和降血压以及抗氧化等功能。

第二节　豆腐乳生产的原料

生产豆腐乳所需的原料,可分为主要原料、辅助原料和水三大类。原料好坏,直接关系到产品产量和质量,因此,选择原料是生产腐乳的首要工作。实际生产中要根据豆腐乳品种的特色和产品的质量要求来选择原料,同时还要符合产品的卫生要求,不得含有毒有害物质。

一、主要原料

生产豆腐乳的主要原料一般是指大豆和脱脂大豆两种,其中大豆使用最多,生产的豆腐乳质量最好。

（一）大豆

大豆的主要成分是蛋白质,大豆蛋白质经微生物分解生成多种氨基酸,它是豆腐乳营养和滋味的主要成分。因此,大豆品质的好坏对豆腐乳的质量和出品率影响较大。

大豆的品种较多,分为黄豆、青豆、黑豆等。黄豆、青豆生产的豆腐乳质量较好,出品率也相对高。而黑豆生产的豆腐乳颜色发乌,豆腐坯较硬,口感较差,出品率也不高。目前世界上大豆生产国主要有美国、巴西、中国等。相比之下,中国生产的大豆蛋白质含量高,生产豆腐乳应首选我国生产的大豆。

生产豆腐乳对大豆的质量要求比较严格,应选用无虫蛀、无霉变的新鲜大豆,含水分在13%左右,蛋白质含量34%以上,千粒重在250g以上。

（二）脱脂大豆

脱脂大豆是大豆提取油脂后的副产物,因提取油脂的方式不同可分为豆饼与豆粕。

1. 豆饼　由于榨油方法不同,豆饼分为热榨豆饼和冷榨豆饼两种。热榨豆饼是指榨油时加温,提取油脂较多,但大豆蛋白质破坏也较多;冷榨豆饼是指在榨油时不加温,因而提取油脂较少,大豆蛋白质破坏也较少。

2. 豆粕　豆粕是以浸出法提取油脂后的副产物。一般呈颗粒片状,有时有部分也会结成团块。经过此工艺后的豆粕,其脂肪含量极低,水分也少,但蛋白质含量却较高,因而适于作酱油及豆制品原料。

大豆进行加热处理后,部分蛋白质发生变性,使部分蛋白质变成不溶性蛋白质,在制作豆腐乳时会影响出品率。按出品率比较,豆粕大于冷榨豆饼,冷榨豆饼大于热榨豆饼。

二、辅助原料

豆腐乳生产中,在制坯、腌坯和后期发酵等工序需要添加多种辅助原料,这些辅助原料将直接影响豆腐乳成品中色、香、味的形成,也可以说没有辅料,就没有腐乳独特的风味与特色。因此,豆腐乳生产中各种辅料的选择、配比和处理是十分重要的。

（一）食盐

食盐是生产豆腐乳的主要辅料之一。在豆腐乳发酵的整个过程中,食盐起着决定性作用。食盐不但能使产品含有适当的咸味,还能与氨基酸结合起到增鲜的作用,又能在发酵过程中及成品贮存中起防腐作用。

生产豆腐乳应选择使用水分及夹杂物少、颜色白、结晶小、卤汁(氯化钾、氯化镁、硫酸钙、硫酸镁等)含量少、氯化钠含量≥93%的优级盐或≥90%的一级盐。卤汁含量过多使食盐带有苦味,会降低腐乳的品质。豆腐乳生产最好使用粉状的精制盐。

（二）酒类

酒类是豆腐乳后期发酵过程中常用的一类主要辅料。酒精可以抑制杂菌的生长,又能与有机酸发生酯化反应形成酯类,促进腐乳香气的形成,它还是色素的良好溶剂。

1. 黄酒　黄酒酒精含量一般在16%左右,酸度在0.45%以下,性醇和、香气浓,是人们喜爱的一种酒。豆腐乳生产所用辅料中以黄酒为主,并且耗用数量最大,黄酒质量的好坏直接影响腐乳的后熟和成品的质量。腐乳酿造多采用甜味较小的干型黄酒。

2. 白酒　腐乳生产中一般要求使用酒精含量在50%左右的无混浊和无异味的白酒。根据腐乳品种来决定配料中酒精含量的高低。

3. 甜酒酿　它是以糯米为原料,采用根霉菌作糖化剂、酵母菌作酒化剂,用摊饭法制造。醪液含酒精约10%,香气浓,含糖量较高。可作为甜味料用于豆腐乳汤料的配方成分。

4. 米酒　大米或糯米均可用作米酒的原料。酿制方法是:前过程基本是酒酿生产工艺,发酵3d后,酒酿卤未足,加入纯自来水,让其发酵8~12d,待酒精含量达标后,即可取酒。取酒方法一般采用压榨法,要求酒质澄清。

5. 红酒醪　红酒醪是以糯米为原料,经过红曲霉、酵母菌共同作用,酿制出的一种含酒精约15%和一些糖类的醪液。其特点是糖分较高、酒香浓、有适度的酒精成分,可用于腐乳生产。酿制方法一般采用制黄酒的淋饭法,用红曲作糖化剂,既可利用红曲本身很强的糖化型淀粉酶,又可在酒精发酵的长时间内使红曲红色素充分溶出。只要红酒醪酒精含量达到指标15%、总酸在0.59g/100mL以下即可配制汤料。

（三）曲类

1. 红曲　红曲是酿制红方腐乳后期发酵中必须添加的辅料。红曲主产于我国南方的福建、浙江、江西、上海等地。它是以籼米为主要原料,经过红曲霉菌在米上生长繁殖,分泌出红曲霉红素使米变红而成。红曲色素是一种安全的天然生物色素,是一种优良的食品着色剂,在红腐乳中除起着色作用外,还有明显的防腐作用。它所含有的淀粉水解产物——糊精和糖,蛋白质的水解产物——多肽和氨基酸,对腐乳的香气和滋味有着重大的影响。

2. 面曲　面曲也称面糕曲,是制面酱的半成品。它是以面粉为原料经过人工接种米曲霉后制曲制成。由于面曲中米曲霉和其他微生物分泌的各种酶系非常丰富,特别是含有较多的蛋白酶和淀粉酶,在腐乳后期发酵过程添加面曲不但可提高腐乳的香气和鲜味,也可促进成熟。其用量随腐乳品种不同而异,一般为每万块腐乳用面曲 7.5 ~ 10kg。

3. 米曲 米曲是用糯米制作而成的。将糯米除去碎粒后,用冷水浸泡 2 ~ 4h,沥干蒸煮,待糯米颗粒熟透后,用 25 ~ 30℃温水冲淋,控制品温在 30℃ 时,送入曲房,接入中科 3.863 米曲霉三角瓶菌种 0.1%,堆积升温发芽。待品温上升至 35℃时,翻料 1 次,调节品温。待品温再上升至 35℃ 以上时就过筛分盘,每盘厚度为 1cm 左右。培养过程中防止结饼,待孢子尚未大量着生时,立即通风降温,两天后就可以出曲,晒干后备用。

(四)凝固剂

凝固剂的作用是将豆浆中的大豆蛋白质凝固成型,制作豆腐坯,为成品的外观和质地打下好的基础。豆腐乳生产中常用的凝固剂一般有盐类和有机酸类两大类。从出品率来看,前者高于后者,而用有机酸作凝固剂可使豆腐坯口感细腻,因此可以把两类凝固剂混合制成复合凝固剂使用,取长补短。国内豆腐乳行业所使用的凝固剂大致有以下几种:

1. 盐卤 盐卤主要成分是 $MgCl_2 \cdot 6H_2O$,是海水制盐后的副产品,固体块状,呈棕褐色,溶于水后即为卤水。盐卤内还含有硫酸镁、氯化钠、溴化钾等,有苦味,所以俗称它为苦卤。原卤的浓度一般为 25 ~ 28°Bé,使用时应根据大豆的性质和产品品种进行适当的稀释配制。新大豆可以配成 20°Bé 左右的盐卤,陈大豆所用的盐卤浓度要低一点,否则会影响产品质量。盐卤的使用量为大豆的 5% ~ 7%。使用时,用水将盐卤溶解成 26 ~ 30°Bé 的水溶液,再经澄清、过滤后,用来点脑。一般认为用盐卤做的豆腐香气和口味较好。

2. 石膏 石膏主要成分是硫酸钙($CaSO_4 \cdot 2H_2O$),是一种矿产品,呈乳白色,微溶于水,因此与蛋白质反应速度较慢,但做的豆腐保水性好,含水量可达 88% ~ 90%,所以用其点的豆腐润滑细嫩,口感很好。石膏有生石膏和熟石膏之分,生产豆腐常用生石膏。不足之处是石膏点出的豆腐不具有卤水豆腐特有的香气。石膏难溶于水,使用时先将其粉碎成细度为 200 目左右的细末,再按 1:5 加水制成悬浮液,多采用冲浆法使用。使用量为大豆质量的 2.5% 左右,最佳温度为 75 ~ 90℃。

3. 葡萄糖酸内酯 葡萄糖酸内酯是一种新的凝固剂,其凝固的原理是它溶于水中会慢慢转变为葡萄糖酸,使蛋白质呈酸凝固。葡萄糖酸内酯外观呈白色结晶或结晶性粉末,易溶于水(20℃时溶解度为 29g),易受潮分解,遇热分解加速,葡萄糖酸被释放。它凝固蛋白质的速度较缓慢,制出的豆腐持水性好,出品率也高,但在我国消费者认为没有卤水和石膏制出的豆腐香气好。使用时,用冷水溶解后应马上使用,不得放置,用量为大豆质量的 0.2% ~ 0.3%,凝固温度为 85 ~ 95℃,低于 30℃ 不反应。葡萄糖酸内酯凝固剂的不足之处是其转变为葡萄糖酸后有酸味,使豆腐酸味增大。

4. 复合凝固剂 在豆腐生产过程中,经常将不同的凝固剂按一定比例配合使用,以互补不足和发挥各自优点,可大大改善豆腐坯的品质。如葡萄糖酸内酯与硫酸钙以 7:3 混合;氯化钙、氯化镁、葡萄糖酸内酯、硫酸钙以 3:4:6:7 混合等,效果很好。还有一些复合凝固剂,不但可以改善豆腐的弹性和保水性,还具有防腐作用。如 0.21% 的乳酸与 0.06% 的硫酸钙;0.18% 的醋酸与 0.06% 的硫酸钙;0.2% 的抗坏血酸与 0.06% 的硫酸钙(以大豆质量计)。

(五)消泡剂

豆浆中的蛋白质分子间由于内聚力(或收缩力)作用,形成较高的表面张力,易产生大量泡沫,这给实际生产带来许多麻烦,如煮浆时容易溢锅,点脑时凝固剂不容易和豆浆混合均匀,从而影响豆腐的质量和出品率,因此,要加入消泡剂降低豆浆的表面张力,保证煮浆和点脑的顺利进行。生产中常用的消泡剂有以下几种。

1. 油角　油角是榨油的副产品,属于酯型表面活性剂,是豆腐行业传统的消泡剂。使用时,将油角与氢氧化钙按 10∶1 的比例混合制成膏状物,其用量为大豆质量的 1%。氢氧化钙加入豆浆中会使豆浆的 pH 升高,增加蛋白质的提取,能提高出品率。油角作为消泡剂来源方便,价格便宜,操作简单,但由于油角未经精炼处理,有碍豆腐的卫生。

2. 乳化硅油　乳化硅油的消泡能力很强,用量很少,效果很好,允许用量为 0.05g/kg 大豆,对豆浆 pH 和蛋白质凝固影响不大。使用时,将规定用量的乳化硅油预先加入豆浆中,使其充分分散。该产品有油剂型和乳剂型两种,乳剂型水溶性好,适合在豆腐生产中应用。

3. 甘油脂肪酸酯　甘油脂肪酸酯含有不饱和脂肪酸,消泡效果比较显著,但不如乳化硅油效果好。由于它能改善豆腐品质,增强豆腐弹性,故应用比较普遍。纯度为 90% 以上的甘油脂肪酸酯为无臭、无味的白色粉末,用量为大豆磨碎物的 1%。使用时需将其与大豆磨碎物充分搅拌均匀,煮浆时便不会再产生泡沫。

4. 混合消泡剂　由乳化硅油 0.7%、甘油脂肪酸酯 90%、磷脂 4.3% 及 $CaCO_3$ 5% 混合,制成米黄色颗粒使用,消泡效果显著。

(六)甜味剂

腐乳生产使用的甜味剂主要是蔗糖、葡萄糖、果糖等,不得使用糖精和糖精钠。蔗糖、葡萄糖和果糖等糖类是天然的甜味剂,既是腐乳生产的甜味剂又是腐乳重要的营养素,供给人体以热量。另外甘草和甜叶菊等天然物质,也可作为腐乳生产的甜味剂。

(七)香辛料

腐乳后期发酵过程中需要添加一些香辛料或药料,常用的有花椒、茴香、桂皮、生姜、辣椒等。使用香辛料主要是利用其中所含的芳香油和刺激性辛辣成分,起着抑制和矫正食物不良气味、提高食品风味的作用,并能增进食欲,促进消化,有些还具有防腐杀菌和抗氧化的作用。

(八)防腐剂

我国国家标准 GB 2760—2011《食品安全国家标准食品添加剂使用卫生标准》规定,腐乳中仅能使用脱氢乙酸作为腐乳的防腐剂,其最大使用量为 0.30g/kg。

(九)其他辅料

除上述各种辅料外,还有一些其他辅料,如桂花、玫瑰、火腿、虾仔、香菇等。这些辅料均可用在各种风味及特色的腐乳中。

三、水

豆腐乳生产用水必须符合国家饮用水卫生标准。实践证明,水质与豆制品生产的关系极为密切,水质量好坏决定着原料中大豆蛋白质的溶解度,对原料利用率和产品的质量都至关重要。尤其掌握好水的硬度,当水的硬度超过 1mmol/L 时(即 28mg/L 氧化钙),其中 Ca^{2+}、Mg^{2+}

与部分水溶性蛋白质结合,凝聚形成细小颗粒沉淀,降低了大豆蛋白质在水中的溶解度,就会影响了腐乳的出品率。同时,过硬的水质也使豆腐的结构粗糙,口感不好。因此,豆腐乳生产最好使用硬度 <1mmol/L 的软水。

第三节　豆腐乳的生产工艺

一、工艺流程

我国豆腐乳虽然种类很多,但生产原理是相同的,现代豆腐乳酿制工艺概括如下:

菌种　　　　　　食盐　辅料
　↓　　　　　　　↓　↓
豆腐坯制作→豆腐坯→接种→前期发酵→腌制→配料→装坛→后期发酵→装坛→成品

二、豆腐坯的制作

豆腐乳生产首先要制作豆腐坯,即将大豆、冷榨豆片或低温浸出豆粕制成豆腐,再经划块而成豆腐坯块。豆腐乳的种类虽然很多,但其豆腐坯的制作方法基本相同,所不同的仅是豆腐坯的大小及含水量因品种不同而各异。

制作好豆腐坯是提高腐乳质量的基础。豆腐坯质量要求很高,如含水量要达到某种腐乳的要求,要有弹性,不糟不烂,豆腐坯表面有黄色油皮,断面不得有蜂窝,表面不能有麻面等。要达到以上标准,在豆腐坯的加工过程中,必须严格遵守豆腐坯生产的工艺规程。

豆腐坯制作与普通做豆腐相同,只是点卤要稍老一些,压榨的时间长一些,豆腐坯含水量低一些。豆腐坯的制作一般包括选豆、浸豆、磨浆、滤浆、点浆、蹲脑、压榨成形、切块、冷却等工序。

（一）豆腐坯制作工艺流程

豆腐坯制作工艺流程如下图所示。

水　　水　　水　　　　　　　凝固剂
↓　　↓　　↓　　　　　　　　↓
大豆→分选→清洗→浸泡→磨浆→滤浆→煮浆→点浆→蹲脑→压榨→划块→豆腐坯
　　　　　　　　　　　　↓　　　　　　　　　　↓
　　　　综合利用←豆渣　　　　　　　　黄泔水→综合利用

（二）豆腐坯制作工艺操作

1. 大豆分选

制作豆腐坯最好使用当年收获的新豆,贮存期最长不得超过 2 年。大豆应贮存在干燥、通风良好的库房内,其水分含量应在 12% ~14% 之间,若超过 14%,容易发霉变质。

大豆在收割、晾晒、仓储等过程中,必然会有一些杂质带到原料里,如杂草、泥沙、石块、金属碎屑等,所以必须彻底清除。否则磨出的豆浆就会混有杂质,严重时会造成机械设备的损害。生产时,可先用风选机将混在大豆原料中的杂草、豆秸等杂质除去,再过筛除掉尘土、砂石,最好再用磁选设备将金属碎屑等除去。

2. 清洗

经过干选后的大豆,必须进行清洗,因为大豆表皮带有大量尘土和微生物,如清洗不净而带入豆乳中,这些微生物会在豆腐加工过程中生长繁殖,导致豆浆酸度改变,造成点脑困难,严重时豆脑不能凝固成型。

清洗大豆可在搅拌条件下进行,一般清洗 2~3 次,直至水清为止。也可通过带有流动水的水槽,用流动的水将黏附在大豆表面的尘土洗去。

3. 浸泡

浸泡的目的是为蛋白质溶出和提取创造条件。大豆中的蛋白质大部分包裹在细胞组织中,呈一种胶体状态。浸泡就是要使大豆充分吸收水分,吸水后大豆蛋白质胶粒周围的水膜层增厚,水合程度提高,豆粒的组织结构也变得疏松使细胞壁膨胀破裂;同时豆粒外壳软化,易于破碎,使大豆细胞中的蛋白质被水溶解出来,形成豆乳。此外,大豆浸泡还可降低有害因素的活性,如使血红蛋白凝集素受到破坏或钝化,减少其造成的危害。浸泡时应注意以下几个因素:

(1)加水量　泡豆加水量与泡豆的质量十分密切。加水量过少,豆子泡不透,豆粒不能充分吸收水分,影响大豆蛋白质的溶出和提取,因大豆颗粒吸水膨胀、体积增大而使上层豆粒离水露面,导致微生物作用,从而增加豆体温度,也消耗了蛋白质;加水量过大,会造成大豆中的水溶性物质大量流失。据分析浸泡过大豆的水中含水溶性蛋白质 0.3%~0.4% 较为适宜,用水量过大,不仅浪费水源,而且还会损失蛋白质。

因此,泡豆时的加水量必须要控制严格,一般控制在大豆:水 =1:3.5。浸泡后的大豆吸水量为干豆的 1.5 倍,吸水后体积膨胀为干豆体积的 2.0~2.5 倍。

(2)水质　泡豆水质不但影响浸泡时间,而且直接影响豆腐坯的品质与出品率。实践证明,用自来水与软水泡豆,豆腐得率高。而含 Ca^{2+}、Mg^{2+} 多的硬水,渗透作用差,使大豆组织吸水的程度受到阻碍,影响大豆蛋白质的提取。因此,泡豆时最好用软水或自来水。

(3)温度和时间　大豆浸泡时间由水温决定。水温低浸泡时间必须延长;相反,水温高,浸泡时间可以短些。一般冬季水温在 0~5℃ 左右,时间控制在 14~18h 为宜;春、秋季水温通常在 10~15℃,浸泡时间控制在 8~12h 为宜;夏季水温通常在 18℃ 左右,浸泡 8~10h 为宜。另外,浸泡时间还要根据大豆的品种、颗粒大小、新鲜程度及其含水量多少而定。当然,其中浸豆水的温度影响最大。

大豆在浸泡过程中会产生呼吸热,消耗营养成分。同时由于温度升高以及酶的作用,会很快地将大豆中的大分子物质分解成小分子物质,这样也会影响豆浆的质量和蛋白质的凝聚。为了防止泡豆中温度自然升高,应使用软水泡豆,以加快渗透作用,缩短泡豆时间,控制泡豆品温,减少微生物繁殖和酶作用的机会,提高豆浆质量。为不过分延长浸泡时间而影响设备利用率,水温以 15~25℃ 为宜。为了防止浸泡过程中温度升高,最好在中间更换一次浸豆水。同时由于浸豆水浓度的降低,加快了大豆吸水渗透作用,也可缩短浸泡时间。在浸泡过程中,严禁用已经用过的浸豆水(俗称乏水)或贮存时间过长的陈水。

(4)泡豆水加纯碱的作用　泡豆用水的 pH 也是一个影响大豆浸泡效果的重要因素。当水偏酸性时,大豆蛋白质胶体很难吸水,出品率会很低。相反,微碱性的泡豆水不但能促进蛋白质胶体吸水膨胀,还能将大豆中一部分非水溶性蛋白质转化为水溶性蛋白质,从而提高原料的利用率,所以,尤其在夏季,水温很高,为防止泡豆水变酸,必须经常换水,也可适当加碱。近年来在泡豆水中加纯碱($Na_2CO_3 \cdot 10H_2O$)为广大相关企业所普遍认可和采用。纯碱加入量应根据大豆的质量与新鲜程度而定,新鲜大豆在泡豆时无须添加纯碱,陈大豆必须添加纯碱,不仅提高出品率,而且可以改善豆腐坯的质量,使豆腐坯弹性好,有光泽,一般添加量掌握在0.2%~0.3%,泡豆水 pH 为 10~12。加纯碱泡豆还能抑制微生物繁殖和酶的作用,缩短泡豆时间,降低大豆有效成分的消耗。但一定要视大豆性质而定,纯碱多加了会造成点浆困难,用少了效果不明显。纯碱一定要事先调和好。

浸泡大豆标准的鉴别,如无化验设备,则可按季节的不同,以感官鉴别。夏季搓开豆瓣中间稍有凹坑,中心色泽稍暗;冬季两瓣应平心,周围乳白色,中心呈浅黄色为宜。也可以在化验室检测大豆的含水量,在 60% 左右则视为浸豆适当。

4. 磨浆

磨浆也称磨豆,其目的是借助机械进行研磨,破坏大豆中包在蛋白质外面的一层膜,使大豆可溶性蛋白质及其他水溶性成分溶出,便于提取。

磨浆操作中要控制好以下几点:

(1)磨碎度 大豆蛋白质存在于 5~15μm 的球蛋白体中,蛋白质之间有脂肪球和少量淀粉颗粒,磨浆时要掌握一定的粗细度,不能过粗或过细。过细豆糊发黏,会使一些纤维组织等不溶性成分在浆渣分离时混入豆浆中,使制成的豆腐坯粗糙、无弹性,甚至会堵塞筛孔,影响分离操作,降低出品率。粉碎过粗,颗粒过大,大部分大豆组织膜不能破裂,蛋白质不能充分提取出来,同样降低出品率。

因此,在磨浆操作中一定掌握好磨碎度,要求豆糊不粗不黏,用手捻摸以没有颗粒感为宜。在显微镜下观察,粉碎物呈透明状薄片,颗粒平均粒度在 15μm 左右。

(2)加水量 大豆磨碎的同时要加水制成豆糊,加水不但起到降温作用,防止机械研磨产生的热量导致蛋白质的提前变性;还能促进蛋白质进行水合作用,使大豆组织中的蛋白质溶解出来,提高蛋白质的提取率,使水和大豆蛋白质均匀混合而成为良好的胶体溶液,保证后道工序的浆渣分离顺利进行。同时能对大豆在磨内的活动起润滑作用,便于豆糊流出。

磨豆加水量决定着蛋白质溶出和豆浆的浓度,所以必须准确地加以控制。用水量过少,豆糊温度上升,蛋白质发生变性,黏度增加,影响蛋白质的提取,而且给后道工序的浆渣分离带来很大的困难,豆浆过浓,点脑时凝固剂与蛋白质作用缓慢,阻力过大,阻碍蛋白质凝固。用水量过多,豆浆太稀薄,煮浆时能量消耗过多,蛋白质分子分散,点脑时很难形成较好的网状组织,会造成豆腐坯粗糙易碎,黄泔水也相应增加,使细小豆腐脑随着黄泔水流失而造成原料利用率不高。磨豆时的加水量一般掌握在干豆:水 =1:6 或湿豆:水 =1:3 为宜。

(3)水温 水温高会引起蛋白质变性,从而降低其溶解度,不利于提取。所以磨豆时添加水的温度应该控制在 10℃ 左右为宜。在磨豆中还要做到"二快一低",即磨豆快、滤浆快、浆温低。

(4)pH 为了提高蛋白质的溶解性,达到充分提取蛋白质和提高出品率的目的,生产中豆糊的 pH 应调至 7 或略高于 7,以促进蛋白质的提取。

在磨浆操作中要注意加水、下料要协调一致,不得中途断水或断料,做到磨糊光滑、粗细适度、稀稠合适、前后均匀。磨料应根据需要用多少磨多少,以保证其新鲜。

常用的磨浆设备有石磨、钢磨、砂轮磨以及新型的针磨。石磨是传统的磨豆设备,非常适用于小作坊式的手工操作。钢磨结构简单、维修方便、效率高、体积小,我国南方地区大量使

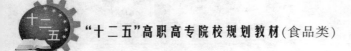

用,但该设备的最大缺陷是大豆磨碎时发热量大,蛋白质易于变性,从而导致出品率不高。目前使用最广泛的是砂轮磨。砂轮磨磨出的豆糊细,蛋白质的溶出多,蛋白利用率高。近年才开发的新型研磨设备有针磨等,其研磨效率更高,蛋白质的利用率也非常高,不足的是造价很高,所以目前尚未普及使用。

5. 滤浆

滤浆就是将豆糊中的水溶性物质与残渣分开,以保证豆浆的纯度,为制造优质豆腐坯打下基础。豆糊制成以后,可以先煮浆后分离豆渣,也可以先分离豆渣后煮浆。在实际生产中多采用先分离后煮浆的办法,因为豆糊煮熟后黏度增大,不利于分离,也会造成能源浪费。

一般采用足式离心机进行浆渣分离。在离心分离过程中,豆渣共分四次洗涤,洗涤的淡浆水作为套用,套用的目的是降低豆渣中的蛋白质含量,提高豆浆的浓度和原料利用率。具体做法是:从豆糊分离出来的是头浆,第二次洗涤分离的称二浆,第三次洗涤的称三浆,第四次洗涤的称四浆。之后就套用,四浆套三浆、三浆套二浆,二浆与头浆合并为豆浆。在洗涤豆渣时,要控制用水量。用水量过多,则冲淡豆浆浓度,对蛋白质凝固不利,会使蛋白质网状组织的结构分散,压榨时容易随黄浆水流失,制成的坯料松脆。用水量过少,豆渣中蛋白质洗涤不净,增加豆渣中残余蛋白质的量,而且豆浆浓度过大,将会造成点浆困难,给上厢压榨带来不便。

离心机使用的尼龙纱网分两种,一次分离需 80~100 目滤网,因为一次分离后便成为豆浆,经加温点脑后便成为豆腐,用高目数滤网过滤出的豆浆制出的豆腐坯质地细腻,否则豆腐坯粗糙;二、三次分离采用 60~80 目滤网就可以了。

豆渣在三次稀释洗涤过程中,总加水量不能过多过少,否则,会使豆浆浓度大小不适宜,不但影响出品率和豆腐坯的质量,也会给后续的工作带来困难。我国一些大型企业对豆浆浓度的要求大致分为两种:特大形(太方)腐乳,豆浆浓度控制在 6°Bé;小块形腐乳(霉香),豆浆浓度控制在 8°Bé。一般生浆工艺添加的水须加温至 80~90℃。水温高有利于提取,可降低豆渣中蛋白质,提高出品率。

6. 煮浆(也称烧浆)

(1)煮浆的目的

①使豆浆中的蛋白质发生热变性,为后一步的点脑打基础。大豆蛋白质分子为球状结构,受热后蛋白质疏水性基团伸展至外部,破坏蛋白质外围水膜,为蛋白质凝固创造条件。

②破坏大豆中有害的生物活性成分。通过煮浆可以消除大豆小胰蛋白酶抑制素、血球凝集素、皂素等对人体有害的因素,减少生豆浆的豆腥味,使豆浆特有的香气显示出来。

③加热能起到杀菌和灭酶的效果,保持豆浆品质,还能提高蛋白质凝固率。

(2)煮浆的工艺条件

加热温度对豆腐坯的坚实度和出品率均有影响。温度过低,点脑后豆腐坯成型困难;温度过高,加热时间过长,又会使蛋白质发生过度变性,蛋白质聚合成更大的分子,降低了在豆浆中的分散性或溶解度,破坏良好的胶体性。一般来讲,煮浆温度应达到 100℃,时间为 5min。温度在 80℃以下,则达不到要求。较理想的煮浆方法是高温瞬时法,如能采用 140~145℃,1~2s完成煮浆更为理想,对去除豆腥味效果也较好。

(3)煮浆设备

煮浆设备有敞口式常压煮浆锅、封闭式高压煮浆锅、阶梯式密闭溢流煮浆罐等,各个企业可根据自身实际情况合理选用。煮浆过程中,豆浆表面会产生起泡现象,造成溢锅,生产中要采用消泡剂来消泡。通常油角的用量为大豆质量的 1%，乳化硅油的用量为每千克大豆 0.05g。有的生产厂家使用甘油脂肪酸酯，用量为豆浆的 1%。

煮浆应快速煮沸至 100℃，反之会影响豆浆质量。豆浆煮沸之后，将熟浆放至震动平筛，通过 96 目尼龙绢丝布除去熟豆渣，其目的是提高豆浆纯洁度。

（4）煮浆注意事项

①煮浆不透和受热不匀。煮浆中由于泡沫增多，易溢出，煮浆温度往往达不到 98℃ 以上。此温度虽然能使蛋白质凝固成形，但制成的豆腐坯中含有少量的生浆成分，在这些生浆中难免含有微生物及有害成分，容易使豆腐坯的内部变质，导致豆腐坯出水发黏，对毛霉菌培养不利，阻碍毛霉菌繁殖与生长，待乳腐成熟后，风味不正，产生异味及酸味。若豆浆受热不匀（俗称夹生浆），使有些蛋白质达不到变性程度，起不到凝固作用，就会随浆水流失。因大豆中本身含有几种水解酶，如果煮浆不透或受热不匀，酶的活力未破坏，豆浆存放时间延长，就会出现发红、发酸、变馊现象。

②煮浆温度过高，会使蛋白质过度变性，造成不溶性物质增多，水溶性蛋白质减少，丧失蛋白质保水性，甚至使豆浆发红，制出的坯子粗糙、发脆。

③豆浆不能反复烧煮。反复煮浆也会使豆浆变性，大豆蛋白质分子遭到破坏，降低豆浆稠度，对蛋白质凝固有一定影响。

7. 点浆

（1）目的和影响因素

点浆，即向豆浆中加入适量的凝固剂，将发生热变性的蛋白质表面的电荷和水合膜被破坏，使蛋白质分子链状结构相互交联，形成网络状结构，大豆蛋白质由溶胶变为凝胶，制成豆腐脑。点浆操作直接决定着豆腐坯的细腻度和弹性。具体操作中要控制好以下几个方面：

①豆浆的浓度：豆浆的浓度必须控制在 5.5 ~ 6°Bé，过稀、过稠对豆腐坯的出品率及质量均有很大影响。

②盐卤的浓度：盐卤浓度过高，下卤时容易使蛋白质快速脱水收缩，其组织紧密坚固，制成的豆腐坯坚硬死板，出品率低。若下卤过头，豆腐过老，质地粗糙，俗称"点杀浆"，也称"过头浆"。盐卤浓度太低，豆浆中蛋白质凝固速度慢，蛋白质凝固不完全，浆水呈乳白色，制坯中热结合差，影响豆腐坯的质量。盐卤浓度取决于豆浆的浓度，一般豆浆浓度在 5.5 ~ 6°Bé 时，盐卤浓度应掌握在 15 ~ 16°Bé。

③点浆的温度：点浆的温度高，凝固过快，脱水强烈，豆腐坯松脆，颜色发红；温度过低，蛋白质凝固缓慢，凝固不完全，坯子易碎，蛋白质流失过多，影响出品率和蛋白质利用率。点浆温度一般控制在 85 ~ 90℃ 比较适合。

④pH：豆浆的 pH 低，即偏酸性，加凝固剂后蛋白质凝固快，豆腐脑组织收缩多，质地粗糙。豆浆的 pH 高，偏碱性，蛋白质凝固缓慢，形成的豆腐脑就会过分柔软，持水太多，不易成形，有时凝固不完全。豆浆在凝固时应控制 pH 在 6.6 ~ 6.8，pH 高于 7.0，可用酸浆水调节，pH 低于 6.5，可用 1.0% 的氢氧化钠溶液调节。

（2）点浆操作

在点浆操作中最关键的是保证凝固剂与豆浆的混合接触。操作过程如下：豆浆灌满缸后，待品温达到 85 ~ 90℃ 时，先搅拌，使豆浆在缸内上下翻动起来后再加卤水，卤水量要先大后小，搅拌也要先紧后慢，边搅拌边下卤水，缸内出现脑花 50% 时，搅拌的速度要减慢，卤水流量也应该相应减少。脑花量达80%时,结束下卤,当脑花游动缓慢并且开始下沉时停止搅拌。然后再把盐卤轻轻地甩在豆腐脑面上,使豆腐脑表面凝固得更好。值得注意的是,在搅拌过程中,动作一定要缓慢,避免剧烈的搅拌,以免使已经形成的脑被破坏掉。从点脑到全部凝固成型,一般应掌握在2min左右。

8. 蹲脑

也称养花。点浆以后必须静止15~20min,保证热变性后的大豆蛋白质与凝固剂的作用能够继续进行,联结成稳定的空间网络,俗称蹲脑。一定要保证蹲脑时间,如果时间过短,凝固物内部结构还不稳定,蛋白质分子之间的联结还比较脆弱,压榨时,因受到较强的压力,已联结的大豆蛋白质组织容易破裂,制成的豆腐坯质地粗糙,保水性差;但时间过长,温度过低,豆腐坯压榨有困难。只有凝固时间适当,制出的豆腐坯结构才会细腻,保水性才好。蹲脑期间,仍需注意保温。

传统的手工操作点浆及蹲脑在陶缸中进行,现代化的操作使用凝固机。凝固机主要由豆浆定量部件、传动部件、制脑部件、送脑部件等部分组成,工作原理是动点浆,静凝固。

9. 压榨

压榨的目的是为了使豆腐脑内部分散的蛋白质凝胶更好地接近及黏合,使制品内部组织紧密,同时排出豆腐脑内部多余的水分。影响压榨的三个因素是压力、温度和时间。在压榨成型时,豆腐脑温度在65℃以上,加压压力在15~20kPa,时间为15~20min为宜。压榨出的豆腐坯,感官要求为:薄厚均匀、软硬合适,不能过软汤心,不能有大麻面和蜂窝,要两面有皮、断面光,有弹性能折弯。规格按产品品种要求决定,含水量71%~74%。所有品种的豆腐坯其蛋白质含量应在14%以上。

豆腐压榨成型设备目前有两种:一种是间歇式设备;另一种是自动成型设备。间歇式设备压榨成型箱有木制的,也有铝板的,四周围框及底板都设有出水孔,压上盖板加压之后,豆腐中多余的水从出水孔中流出。自动成型设备则是所有工序全部自动化。

10. 划块

划块有热划及冷划两种。压榨出来的整板豆腐坯,品温一般为60℃左右,如果趁热划块,则划块体积要适当放大,使划成的豆腐坯冷却收缩后其大小正符合规格。冷划是待整板豆腐坯冷却后再划块,此时豆腐坯的水分已散发,体积已缩小,故可按原定的大小规格划块。对缺角、发泡、水分高、烂心、厚度不符合标准等的次品要严格剔出。划坯设备有多刀式的豆腐坯切块机、把手式切块刀以及木棍式划块刀等。

成品豆腐坯应及时使用,若不能及时使用,应放于卫生、凉爽处暂存。豆腐坯的质量标准因品种不同而异,感官要求块行整齐,无麻面,无蜂窝,符合本品种的大小规格,手感有弹性,含渣量低,水分含量为68%~72%,蛋白质含量大于14%。

三、豆腐乳发酵

(一)豆腐乳发酵理论

腐乳发酵包括前期发酵(也称培菌)和后期发酵两个阶段。前期培菌阶段是在豆腐坯上接入毛霉或根霉菌,使其充分繁殖,在豆腐坯表面形成一层韧而细致的白色皮膜。同时积累大量的酶类,如蛋白酶、淀粉酶、脂肪酶等,以便在后期发酵过程中使蛋白质等物质进行水解。后期发酵是一个嫌气发酵过程,也是腐乳的成熟过程。在这个时期,由于霉菌、酵母菌、细菌等多种微生物的共同作用,并有人工添加的各种辅料的配合,使蛋白质水解、淀粉糖化、有机酸发酵、酯类生成等生化反应同时进行,从而形成了豆腐乳所特有的色、香、味、体以及成品腐乳细腻的质地和柔糯滑爽的口感。

1. 豆腐乳发酵常见微生物

豆腐乳发酵现在虽然已用纯菌种接种于豆腐坯上,但由于是在敞口条件下培养,外界的微生物难免侵入,加上配料中也有微生物,所以豆腐乳发酵中的微生物种类十分复杂。

豆腐乳发酵中,应用最多的是毛霉,因为毛霉的菌丝高大,能包围在豆腐坯的表面,以保持豆腐乳的外形,常用的菌株有 AS3.25(五通桥毛霉)、AS3.2778(放射状毛霉)等。根霉的菌丝也高大,虽然没有毛霉的菌丝柔软细致,但它能耐夏季高温,可使豆腐乳常年生产,近年来也有不少厂家使用。还有些厂家是利用细菌(如小球菌)生产豆腐乳的。

2. 豆腐乳色、香、味、体的形成

(1)色 豆腐乳按颜色可以分为红腐乳、白腐乳、青腐乳和酱色腐乳。红腐乳表面呈紫红色;白腐乳表内颜色一致,呈黄白色或金黄色;青腐乳呈豆青色或青灰色;酱色腐乳内外颜色相同,呈棕褐色。腐乳的颜色由两方面的因素形成:一是添加的辅料决定了腐乳成品的颜色。如红腐乳,在生产过程中添加了红曲;酱腐乳在生产过程中添加了大量的酱曲或酱类,成品的颜色因酱类的影响,也变成了棕褐色。二是发酵作用使颜色有较大的改变,因为腐乳原料大豆中含有一种可溶于水的黄酮类色素,在磨浆的时候,黄酮类色素便会溶于水中,在点浆时,加凝固剂于豆浆中使蛋白质凝结时,小部分黄酮类色素和水分便会一起被包围在蛋白质的凝胶内。在后期发酵的长时间内,在毛霉(或根霉)以及细菌的氧化酶作用下,黄酮类色素也逐渐被氧化,因而成熟的腐乳就呈现黄白色或金黄色。生产实践证明,如果要使成熟的腐乳具有金黄色泽,应在前发酵阶段让毛霉(或根霉)老熟一些。腐乳在汤汁中时,氧化反应较难进行。当腐乳离开汁液时,会逐渐变黑,这是毛霉(或根霉)中的酪氨酸酶在空气中氧的作用下,氧化酪氨酸使其聚合成黑色素的结果。为了防止白腐乳变黑,应尽量避免离开汁液而在空气中暴露。有的工厂在后期发酵时用纸盖在腐乳表面,让腐乳汁液封盖腐乳表面,后发酵结束时将纸取出,再添加封面食用油脂,从而减少空气与腐乳的接触机会。青腐乳的颜色为豆青色或灰青色,这是硫的金属化合物形成的,特别是硫化钠就是豆青色的,是由脱硫酶产生的硫化氢作用生成。

(2)香 豆腐乳的香气主要是在发酵后期产生的,香气的形成主要有两个途径:一是生产中所添加的辅料对风味的贡献,另一个是参与发酵的各微生物的协同作用。腐乳发酵主要依靠毛霉(或根霉)蛋白酶的作用,但整个生产过程是在一个开放式的自然条件下进行,在后期发酵过程中添加了许多辅料,各种辅料又会把许多微生物带进腐乳发酵中,使参与腐乳发酵的微生物十分复杂,如霉菌、细菌、酵母菌等。它们协同作用形成了多种醇类、有机酸、酯类、醛类等,这些微量成分与人为添加的香辛料一起构成腐乳特殊的香气。

(3)味 豆腐乳的味道也是在发酵后期产生的。味道的形成有两个渠道:一是生产中所添加的辅料而引入的味,如咸味、甜味、辣味、香辛料味等。另一个来源于参与发酵的各微生物的协同作用,如腐乳鲜味主要来源于蛋白质的水解产物氨基酸的钠盐,其中谷氨酸钠盐是鲜味的主要成分;另外霉菌、细菌、酵母菌菌体中的核酸经有关核酸酶水解后,生成的 5′-鸟苷酸及 5′-肌苷酸也增加了腐乳的鲜味。淀粉经淀粉酶水解生成的葡萄糖、麦芽糖形成腐乳的甜味。发酵过程中生成的乳酸和琥珀酸会增加一些酸味。青腐乳的味道与红、白、酱腐乳有很大的不同,青腐乳是"闻着臭、吃着香"。闻着臭是鼻腔的感觉,而吃着香是口腔的感觉,这两种感觉综合起来,许多人会体会到青腐乳带来的享受。若是我们抛开臭味而只尝味道,也就是用舌面的味蕾来分辨,则会觉得青腐乳的味道鲜咸浓厚并且后味绵长,与众不同。红腐乳的谷氨酸含量最高,因此红腐乳的鲜味纯正浓厚,而青腐乳中谷氨酸含量低而丙氨酸含量高,所以青腐乳的鲜甜味道是由丙氨酸决定的,丙氨酸具有甜味而且浓度高时有酯香味。青腐乳的臭味是一种很独特的味道。

(4)体　豆腐乳的体表现为两个方面:一是要保持一定的块形;二是在完整的块形里面要有细腻、柔糯的质地。这两者要实现,首先在腐乳的前期发酵过程中,毛霉生长良好,菌丝生长均匀,不老不嫩,能形成坚韧的菌膜,将豆腐坯完整地包住,在较长的后期发酵过程中豆腐坯不碎不烂,直至产品成熟,块形保持完好。前期发酵产生的蛋白酶,在后期发酵中将蛋白质分解成氨基酸。氨基酸的生成率要控制在一定的范围内。因为氨基酸生成率过高,腐乳中蛋白质就会分解过多,固形物分解也多,造成腐乳失去骨架,变得很软,不易成形,不能保持一定的形态。相反,生成率过低,腐乳中蛋白质水解过少,固形物分解也少,造成了腐乳成品虽然体态完好,但会偏硬、粗糙、不细腻,风味也很差。可见腐乳前期培菌阶段是一个十分重要的阶段,既要掌握毛霉菌的生长情况,又要控制这些菌丝在后期发酵中的作用。由细菌发酵的腐乳由于没有菌丝体的包裹,成熟后外形不易保持,但质地非常细腻、柔糯。豆腐乳发酵成熟后腐乳中的各种成分及其百分比决定了腐乳的体态,特别是蛋白质发酵后的变化非常关键。

(二)前期发酵

豆腐乳的前期发酵过程就是豆腐坯发霉生长菌丝的过程,此过程可通过自然发酵和人工纯培养两种形式完成。自然发酵是我国传统发酵方法,是利用自然界中存在的毛霉进行腐乳生产。下面以毛霉纯培养为例,介绍豆腐乳的发酵工艺。

1. 试管菌种的培养

试管菌种培养可选用豆汁培养基。其制法是:将大豆用清水浸泡后,加水3倍,煮沸1h,滤出豆汁,加2.5%饴糖和2.5%琼脂,分装试管,高压灭菌,摆斜面,冷却凝固即成斜面培养基。在无菌条件下,将毛霉菌种接种到斜面上,于20~22℃培养箱中培养2~3d,待长出白色菌丝即为毛霉试管菌种。

2. 克氏瓶培养

取豆腐渣与大米粉质量比为1:1混合,装入克氏瓶中,以20~30mm厚度为宜,每瓶约装250g。加塞灭菌冷却至室温后接种,于20~25℃培养3~4d,即得克氏瓶菌种。

3. 接种

(1)菌种准备　按每100kg大豆使用2只克氏瓶菌种的比例(夏天加倍),取生长良好的新鲜克氏瓶菌种,每瓶加入冷开水750~1000mL,用接种环洗下孢子,用纱布过滤后,制成孢子悬液。也可将固体克氏瓶菌种风干后破碎成粉,按1:2~2.5的比例与大米粉混合,制成菌粉,备用。

(2)接种　若使用固体菌粉作菌种时,需待豆腐坯降温至20~30℃,均匀地将菌粉粘在白坯的六面,然后装入笼格;若为液体种子,则先将豆腐坯装入笼格内,再将菌液用喷雾法均匀喷洒到白坯的表面。接种量要掌握适度,不可过多或过少。如菌液量过大,就会增加豆腐坯表面的含水量,在夏季就会增加污染杂菌的机会,影响毛霉的正常生长。装笼格时,要将豆腐坯侧面竖直摆放,均匀排列,块与块之间留有 2cm 的空隙。还要防止在搬动时豆腐坯倒下,以保证豆腐坯之间通风顺畅,起到调节温度和排除 CO_2 的作用。

接种时应使用新鲜的菌液,特别是夏季菌液不能放置过久。使用前要认真检查菌丝生长是否旺盛,是否有杂菌污染,如发现有异常现象,则不能使用。菌液使用前应充分摇匀,只有孢子呈悬浮状态,才能接种均匀。

4. 培养

摆好块的豆腐坯必须立即送进发酵室进行培养。将豆腐笼格码放起来,笼格堆码的层数要根据季节与室温变化而定,上面的笼格要用苫布盖严,以便保温、保湿,防止坯子风干,影响毛霉生长。

发酵室要控制好温度和湿度,温度要控制在 20 ~ 25℃,最高不能超过 28℃,干湿温差保持 1℃左右。夏季气温高,必须利用通风降温设备进行降温。为了调节各笼格中豆腐坯的品温,发酵过程中要进行倒笼、错笼。一般在 25℃ 室温下,22h 左右时菌丝生长旺盛,产生大量呼吸热,此时进行第一次倒笼,以散发热量,调节品温,补给新鲜空气。到 28h 时进入生长旺盛期,品温增长很快,这时需要第二次倒笼。36h 左右,菌丝大部分已近成熟,此时可以将笼格错开,摆成品字形,以促使毛坯的水分挥发和降低品温。在正常情况下,一般 45h 菌丝开始发黄,生长成熟的菌丝如棉絮状,此时即可散开笼格,进行降温。

降温时间应掌握在菌种全面长好的情况下进行,过早将影响菌丝的生长繁殖,过晚则因温度升高而影响质量。降温一方面使菌丝成熟,增强酶的活力,另一方面可迅速冷却,延长产酶期,同时可将发酵中的霉气散发掉。

前期发酵阶段的注意事项:

(1)要根据不同季节合理选择使用菌种。

(2)培菌时所用的用具,如笼格、苫布、接种工具等,使用前都要严格消毒灭菌,以减少杂菌感染。

(3)合理掌握接种量。

(4)培养过程中要严格控制品温。使用毛霉菌,品温不要越过 30℃;使用根霉菌,品温不能超过 35℃。因为品温过高,会影响霉菌的生长及蛋白酶的分泌,最终会影响腐乳的质量。

(5)注意控制好湿度。毛霉菌的气生菌丝是十分娇嫩的,只有湿度达到 95% 以上,毛霉菌丝才正常生长。

(6)合理掌握培养时间。在培菌期间,注意检查菌丝生长情况,如出现起黏现象,必须立即采取通风降温措施。当菌丝生长成熟、略带黄褐色时,应尽快转入搓毛工序。前期培菌时间的长短由室温及菌丝生长情况决定。室温若在 20℃ 以下,培菌时间需 72h;在 20℃ 以上,约 48h 可完成。

5. 搓毛

培养结束,长满菌丝的毛坯要及时搓毛。搓毛是将长在豆腐坯表面的菌丝用手搓倒,使棉絮状的菌丝将豆腐坯紧紧包住,有利于保持产品的外形。同时,将块与块之间粘连的菌丝搓断,把豆腐坯一块块分开。搓完毛的毛坯整齐地码入特制的腌制盒内进行腌制。要求毛坯六个面都长好菌丝并都包住豆腐坯,保证正常的不黏不臭毛坯。

(三)后期发酵

豆腐乳后期发酵阶段发生着及其复杂的生物化学变化,前期发酵阶段产生的各种酶催化

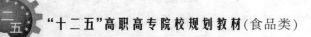

蛋白质水解成为低分子含氮化合物和氨基酸,淀粉发生糖化并进一步发酵生成酒精、其他醇类和有机酸,同时,加入的辅料也共同参与合成复杂的酯类等多种风味物质,并最终形成豆腐乳特有的色泽、香气、体态和滋味。

1.腌坯

(1)腌坯的作用

毛坯经搓毛之后,即可加盐进行腌坯,其作用是:

①使豆腐毛坯渗透盐分,析出水分,通过腌制后,腐乳坯体收缩,坯子变得较硬,菌丝在坯子外面形成了一层皮膜,保证后期发酵不会松散。水分由70%下降至54%左右,这样在长期的后发酵中不会过快酥烂。

②食盐具有防腐能力,可以防止后发酵期间因杂菌感染而引起腐乳的腐败变质。

③高浓度的食盐对蛋白酶活力有抑制作用,使蛋白质水解缓慢进行,从而不致在未形成香气之前腐乳发生糜烂。有利于保持豆腐乳体态的完整性。

④食盐能为豆腐乳带来适当的咸味,还能起到助鲜作用,使腐乳鲜味增加。

(2)腌坯加盐量和腌制时间

腌坯时,用盐量及腌制时间对产品品质有较大影响,必须严格控制。食盐用量过多,腌制时间过长,会造成成品过咸和蛋白酶的活性受到抑制导致后期发酵延长。食盐用量过少,腌制时间过短,会造成腐败的发生和由于各种酶活动旺盛导致腌制过程中发生糜烂,很难保住块型。一般要求腌坯平均含盐量达到16%左右。已经被细菌感染较严重的毛坯,在夏季腌制时盐要多些而腌制时间要短些,才能保住坯的块型。我国各个地区的腌坯时间差异很大,有些地区冬季13d,春秋季11d,夏季8d;有些地区冬季7d左右,春、秋、夏季5d。腌坯时间要结合当地气温等因素综合考虑。

(3)腌坯操作

传统腌坯有缸腌和箩腌两种。缸腌是在离缸底18~20cm处铺放圆形木板一块,中心有直径约15cm的孔,把豆腐毛坯放在木板上沿缸壁外周逐渐排至中心,每圈相互排紧。在排列时,未长菌丝的一面应靠边,勿朝下,以防成品变形。操作时,先在底部木板上撒上一薄层食盐,再采用分层加盐与逐层增加办法,即码一层坯撒一层盐,用盐量逐渐增大,最后到缸面时撒盐应稍厚。因为腌制过程中食盐被溶化后会流向下层,致使下层盐量增大,因而会导致下层盐坯含盐高而上层含盐低。食盐的用量是按每万块(4.1cm×4.1cm×1.6cm)春秋季为60kg,冬季为57.5kg,夏季为62.5~65kg。腌坯3~4d后要压坯,即加入食盐水(或好的毛花卤,即腌坯后的盐水),超过腌坯面,以增加上层咸度。

箩腌是把腐乳毛坯平放在箩筐内,腌坯受盐面大,所以腌制时间短,毛花卤淋掉,口味好,但操作繁琐,用盐量大。目前从机械化考虑已开始采用池腌的方法。

目前有些厂家使用塑料方盒进行腌坯。大缸或水泥池虽然投资少,但占地面积大、劳动强度大、卫生条件差。塑料盒造价稍高些,但盒子小、质量轻、使用方便、劳动强度低、工作环境好。另外,使用塑料盒时,腌制与搓毛工序一同进行,边搓边腌。搓毛操作人员将腌制盒放在身边,码放一层毛坯,按标准撒一层盐。这样干净、卫生,占地面积也不大,充分体现了食品工厂的文明生产。目前,一般每只塑料盒可装毛坯1280~1300块,用盐量:酱豆腐大约为3.0kg/盒,臭豆腐为3.0kg/盒,一般在盒中腌制5d左右;腌制后的豆腐坯含盐量:酱豆腐14%~17%,臭豆腐11%~14%。

腌制结束后打开缸的下放水口,放出咸汤,或把盒内盐汤倒去即成盐坯。

2. 装坛(瓶)与配料

配料与装坛是豆腐乳后熟的关键。成品豆腐乳的特色风味很大程度上取决于汤料的特点,因此,汤料在豆腐乳后期发酵中起了十分重要的作用。豆腐乳的品种很多,各地区主要是根据豆腐坯的厚薄以及配料的不同,而制成不同的品种。

配料前先把腌制好的咸坯取出,块块分开,再点计块数装入洗净干燥的坛内,并根据不同品种要求给予配料。

装坛时既不能装得过紧,装得过紧会影响后期发酵,使发酵不完全,中间有夹心;又不能装得歪斜,装得歪斜,造成空隙大,卤汤也用得多,增加了用酒量。瓶装时如装得歪斜,就会直接影响外观。腌制后咸坯装坛(瓶),国内一般采用手工,然后加酒料封口进行后发酵。

下面介绍几种豆腐乳的配料及装坛操作方法。

(1)小红方

每万块(4.1cm×4.4cm×1.6cm)配料为:黄酒(酒精含量15%~16% V/V)100kg,面曲2.8kg,红曲4.5kg,糖精15g。

染坯红曲卤配制:红曲1.5kg,面曲0.6kg,黄酒6.5kg,浸泡2~3d,磨细成浆后再加入黄酒20kg,搅匀备用。

装坛红曲卤配制:红曲3kg,面曲2.2kg,黄酒12.5kg,磨细成浆后再加入黄酒61kg,糖精15g(用热开水化开),搅匀备用。

装坛方法:咸坯是先在染坯红曲卤中染红,块块分开,要求六面染到,不留白点。染好后装入坛内,一般每坛装280块,再将装坛红曲卤灌入,液面要高出腐乳约1cm。每坛按顺序加入面曲150g,荷叶1~2张,封面食盐150g,最后加封封面土烧酒150g。

(2)小白方

毛坯直接在坛内腌坯4d,每坛装350块,腌坯用盐量0.6kg,灌卤盐水和新鲜毛花卤加冷开水配成8~8.5°Bé,灌至坛口为宜,每坛加封封面黄酒0.25kg。卤的配制一定是毛花卤,鲜味好,但容易使腐乳色青带臭味,如盐水多则腐乳色亦成白色,但鲜味较差。

(3)青方

在装坛时不灌含酒类的汤料,而是根据口味每坛或瓶中加花椒少许后,灌入7°Bé盐水。盐水是加盐的豆腐黄浆水,或者是腌制毛坯后剩余的咸汤调至7°Bé,灌入坛或瓶中进行后期发酵。青腐乳只靠食盐量控制发酵,在较低的食盐环境中,除了蛋白酶作用外,细菌中的脱氨酶和脱硫酶类都在起作用,从而使青腐乳含有硫化物和氨的臭味。

3. 包装与贮藏

豆腐乳按品种配料装入坛内后,擦净坛口,加盖,再用水泥或猪血封口,也可用猪血拌石灰粉,搅成糊状,刷纸盖几层,十分牢固。由于地区的差异、腐乳品种不同,后期发酵的成熟期也有所不同。

腐乳的后期发酵方法有两种,即天然发酵法和人工保温发酵法。

(1)天然发酵法:是利用气温较高的季节使腐乳进行后期发酵。豆腐乳封坛后即放在通风干燥之处,利用户外的自然气温进行发酵。但要避免雨淋和日光曝晒。在常温情况下,一般6个月即可成熟。青方腐乳成熟较快,2~3个月可成熟。天然发酵虽然时间较长,但由于是自然气温,经过日晒夜露,品温也就白天高晚上低,形成白天水解晚上合成的发酵作用,生产出来的

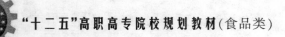

腐乳在风味和品质上十分优良。

(2)人工保温发酵法:人工保温发酵法一般在气温较低的地区或季节使用。尤其在深秋和冬季生产的豆腐坯放入特设的发酵室里,靠保温进行后发酵。室温一般控制在 25～30℃,温度过低会延长后发酵时间;温度过高会抑制坛中微生物的分解作用,豆腐坯变硬,而且色素的形成比较快,腐乳的颜色变成深棕或棕黑色而成为废品。所以在人工保温发酵中,一定要严格控制温度。

4. 成品

豆腐乳贮藏到一定时间,当感官鉴定细腻而柔糯,理化检验符合标准要求时,即为成熟产品。

第四节　豆腐乳的质量控制

一、豆腐乳生产中常见的质量问题

在腐乳的生产过程中,若操作技术不当,就会出现各种质量问题。

(一)制坯工序中的质量问题

1. 豆腐坯无光泽

大豆浸泡之前必须将大豆中的各种异物全部除掉,特别是灰泥及发霉变黑的大豆必须去除。否则既会影响白坯的卫生质量,又会导致白坯色泽差、无光泽。

2. 豆腐坯过硬与粗糙

从生产实践来看,造成豆腐坯硬、粗的主要因素是:

(1)豆浆纯洁度低。浆渣分离过程中使用的筛网规格不妥,造成豆渣混入豆浆中,使豆浆中含有较多的豆渣。这些豆渣随蛋白质凝固混于豆腐白坯中,使白坯中豆渣纤维太多,形成了较大的拉力,减弱了蛋白质的弹性,从而使白坯发硬。

(2)豆浆浓度小。豆浆浓度小,蛋白质含量少,在下盐卤时大量凝固剂与少量蛋白质接触,导致蛋白质过度脱水,形成鱼籽状,俗称"点煞浆",从而造成白坯发硬与粗糙。

(3)煮浆与点浆温度控制不当。煮浆温度过高,会使蛋白质过度变性,造成不溶性物质增多,水溶性蛋白质减少,丧失蛋白质保水性,甚至使豆浆发红,制出的坯子粗糙、发脆。

若点浆温度过高,产生热运动,则会加快凝固,使蛋白质固相包不住液相的水分,从而制成的白坯粗糙结实。

(4)盐卤浓度大。盐卤浓度大,促使蛋白质凝固加快,导致白坯结构粗糙,质地坚硬,保水性差。

(5)上榨速度慢。由于上榨速度太慢,使豆脑温度降低,达不到豆腐热结合的温度要求,从而使白坯质地松散发硬。

(二)培菌工序中的质量问题

在培菌过程中最容易发生的问题是杂菌污染。常见杂菌有嗜温性芽孢杆菌及黏质沙雷氏菌。

1."黄衣"

"黄衣"也称"黄身",豆腐坯接种入房后,经 4～6h 培养,坯身表面就会慢慢出现黄汗,发亮,且有一股刺鼻味,6h 后杂菌已占绝对生长优势。由于杂菌大量繁殖,抑制了毛霉的生长发育,故使坯身发黏。发生这种现象主要是豆腐坯被嗜温性芽孢杆菌所污染,一般由下列因素造成。

豆腐坯入房后,由于热气、水分都不能充分挥发,品温又高,在这样的条件下,嗜温性芽孢杆菌具有极强的分解蛋白质能力,所以它就能很快地附在豆腐坯表面生长繁殖,生成各种氨基酸,其中有些 β–氨基酸遇热时易失去一分子氨,而成不饱和烯酸。随着时间的延长,pH 不断升高,可达 9～10 以上,室内也充满了游离氨味。而毛霉适宜 pH 是 4.7,由于 pH 的升高,毛霉生长繁殖受到抑制。

为了防止豆腐坯在培养时产生"黄衣",应注意以下几点:

(1)发酵房要有专人管理,做好调温、排湿、卫生工作,为毛霉生长繁殖创造一个有利条件。

(2)豆腐坯不能过热进入发酵房,待降温至 30℃ 左右再入发酵房,以使其热量和水分充分挥发,有利于毛霉培养。

(3)毛霉菌种要新鲜、健壮、有力,繁殖力强,生长速度快,在腐乳坯上尽快生长,以抵制杂菌污染。

(4)豆腐坯的表皮五面要接种均匀,以防止杂菌侵入。

2. 红色斑点

在毛霉培养过程中,约 24h 左右有时会出现红色的污染物,使豆腐坯发黏,其品温略高于一般,有异味。这主要是被沙雷铁菌属的细菌所污染。在豆腐坯表面所见到的红色,就是沙雷铁菌属的细菌所分泌的灵菌素色素,是非水溶性色素。在生产中发现污染这种细菌,要立即停止使用受污染的用具,及时进行彻底消毒,防止蔓延,特别要注意工厂平时的卫生,室内、生产用具等要经常清洗消毒。在消毒时,也不能长期使用硫磺熏蒸的办法,一直使用它,会使杂菌产生耐药性,造成消毒效果差。硫磺本身对真菌杀死能力强,而对细菌杀死能力弱。沙雷铁菌是细菌,广泛存在于环境的水、空气及食物中,在较高的湿度情况下,容易污染。故在灭菌中应交替使用硫磺和甲醛,这样消毒效果好。甲醛的一般用量为 $15mL/m^3$,密闭 20～24h 以上。硫磺的用量为 $25g/m^3$,密闭 20～24h 以上。

3. 毛坯产生气泡

在正常生产情况下,菌膜应紧密粘附在豆腐坯表面上。但有时发现菌膜与豆腐坯之间产生气泡,严重时甚至脱壳,其数量虽然不多,但对质量影响却很大。气泡的产生主要是由下列因素造成的。

(1)菌种不纯。使用不纯的菌种,在前发酵期内容易产生气泡。纯粹的菌种菌丝应呈白色,瓶边能见到淡灰色孢子,生长茂密无倒毛,开启棉塞闻之有清香气。不纯的菌种菌丝发黄或有倒毛,开启棉塞闻之有氨臭气,或目视能检出杂菌。

(2)豆腐坯含水分过多。豆脑凝聚后在成型过程中品温太低,压块时水分难于挤出,划块后水分在 75% 以上;豆腐坯在接种前表面水分未吹干,热气又未散发,在接种时表面喷洒溶液又过多,造成豆腐坯和表面水分均过大。含水分过多时,容易生长杂菌而产生气泡。

(3)含渣过多。原料粉碎过细,特别是豆饼原料用小钢磨粉碎太细,一些纤维等不溶性成分随蛋白质一起过滤到豆浆中,随点浆凝聚而混合在豆腐中。生产实践证明,含渣过多的豆饼原料就容易产生气泡。

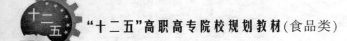

(4)豆腐坯的数量不适当。每只笼格内豆腐坯的数量应固定,冷天所放的数量应比热天多些。当气温转暖时,笼格所放数量如不减少,笼格堆集又过高,毛霉在繁殖过程中又会产生热量,如未能适时翻笼凉花,使笼内品温过高,不但产生气泡,同时还会产生氨气。

(三)后期发酵中的质量问题

在后期发酵过程中常会出现如下质量问题。

1."腌煞坯"

用盐量过大或腌制时间太长,会使坯子中氯化物含量太高,造成口味咸苦。同时,由于氯化钠浓度大,使坯身中蛋白质过度脱水收缩变硬,不利于蛋白酶的作用。这样造成的硬度,统称"腌煞坯"。"腌煞坯"坯子咸度高,在后发酵中酶的水解作用减弱,影响了蛋白质分解,造成腐乳粗硬、咸苦不鲜。在腌制过程中,要严格按操作规程和工艺要求进行操作。腌期一般为8d,咸坯食盐的含量控制在16%左右。

2.白腐乳的褐变

褐变多见于白腐乳。离开汁液的腐乳暴露于空气中便逐渐褐变,颜色从褐到黑逐步加深。这是由于毛霉中的儿茶酚氧化酶在游离氧分子存在下催化各种酚类氧化成醌,再经聚合成为黄色素所致。

因儿茶酚氧化酶催化酪氨酸形成黑色素的反应必须要有游离分子氧的参与,故隔绝氧气是防止褐变的必要条件。所以,在后发酵和贮存、运输、销售过程中,腐乳容器的密封性是很重要的。有的工厂在后发酵时用纸盖在腐乳表面,让腐乳汁液经常封盖腐乳表面,后发酵成熟时将纸取出,添加封面食用油脂,以防腐乳变黑,其道理就在于此。

(四)腐乳白点及表面结晶物

腐乳成熟后,其表面常生成一种无色硬质片状结晶体及白色小颗粒。尤其是白腐乳更为明显,它大部分附在表面的菌丝体上,也有在卤汁中的,这种无色结晶和颗粒小白点,一般称为腐乳结晶物及白点,它严重影响腐乳的外观质量。

1.腐乳白点产生的机理

腐乳白点是我国腐乳生产中的老大难问题。那么,腐乳白点的化学本质是什么呢?对于这个问题,迄今尚未得出统一结论。有人认为白点的化学本质是酪氨酸。他们认为白点的形成是腐乳在后期发酵阶段中,大豆蛋白质受毛霉中蛋白质水解酶系催化,水解释出酪氨酸,进一步积集的结果。游离态的酪氨酸在水中溶解度仅为0.045%,因此是难溶于水的氨基酸。在腐乳后熟过程中,酪氨酸含量增高,并游离析出,而且发酵时间越长,酪氨酸积累越多。

由于白点是蛋白酶水解大豆蛋白的产物,因此合理控制毛霉蛋白酶的水平,是减少腐乳白点出现率的一项基本措施。但是,蛋白酶的形成与毛霉生长条件密切有关。毛霉培养时间越长,蛋白质水解酶系中酞酰酪氨酸酶积聚越多,因而释放出的酪氨酸也越多,白点形成的也越多。因此,加速腐乳前期发酵进程,对于降低白点生成率无疑是有效的。但是过分缩短毛霉生长时间,以防止白点出现,也是不可取的。因为优质的腐乳,需要毛霉具有相当强的蛋白质分解能力。若培养时间过短,毛霉蛋白质水解酶系活力不高,蛋白质消化程度差,成品腐乳的鲜味必然达不到质量要求。而且培菌时间过短,毛霉的儿茶酚氧化酶活力不高,成品腐乳色泽过淡,也难符合质量标准,因为毛霉儿茶酚氧化酶活力是随毛霉生长过程而提高的。因此,掌握毛霉生长的最适条件,是解决白点问题的一项重要措施。另外,根据酶生物合成的产物阻遏机理,可以设想在培养基中添加酪氨酸,以阻遏毛霉中酰酰酪氨酸水解酶的合成,来进行毛霉菌株的酪氨酸驯育,以获得较优良的纯培养物投入前期发酵。

综上所述,根据毛霉生长条件与蛋白酶及儿茶酚氧化酶活力消长的关系,恰如其分地控制好发酵的温度、湿度、培养时间等,是防止腐乳出现白点的关键所在。据广州调味品所的研究结果,认为前期发酵时间宜控制在 45h 左右,室温宜在 26 ~ 28℃,室内相对湿度宜在 90% 以上。这样的前期发酵条件较为理想,制成的产品质量基本符合要求。

2. 腐乳表面的无色结晶物

白腐乳转入容器内进行后期发酵时,腐乳层的上面盖上一张白纸,以防止腐乳遏变产生黑斑。发酵成熟后,在这张纸的上面,特别是在没有汁液浸没着的纸张边缘上,经常发现有无色或浅琥珀色的透明单斜晶体,紧贴在纸张的上面,有时偶然存在于汁液中。如果这些结晶物不彻底清除,残留在成品内,致使消费者误认为是玻璃碎屑而望之生畏。

目前,经袁振远等人对腐乳汁液中结晶物的化学分析,初步确认这些结晶物为磷酸铵镁 $[Mg(NH_4)PO_4]$ 和磷酸镁 $[Mg_3(PO_4)_2]$ 的混合物,并推测其混合分子比约为 6:2。由于在长期的后期发酵过程中,腐乳盖面纸上面的汁液逐渐蒸发浓缩,其中的 $Mg(NH_4)PO_4$ 和 $Mg_3(PO_4)_2$ 即结晶析出。此两种化合物都不溶于水,也不溶于碱,而可溶于酸。同时,由于食盐中的微量铁及在生产过程中混入的微量铁离子成为碱式有机酸盐,例如碱式醋酸铁 $[Fe(OH)(Ac)_2]$ 等,而使上述结晶染上轻微的琥珀色。其次在发酵成熟的腐乳中,瓶内表层有大小不等结晶物。最大的有 4mm,呈淡棕色,用镊子取出,用水洗去表面卤汁,干燥后样品进行处理,取上清液用日立 835-80 型氨基酸分析仪上柱分析,其结果是游离氨增多。

造成腐乳游离氨增多的主要原因,从生产实践来看,是由于"白坯"水分超标,加上室温高,为杂菌生长繁殖创造了条件,特别是适应高温菌枯草杆菌的生长。随着发酵时间延长,pH 不断上升,毛坯中氨气浓度也随之增加,通过后期发酵的 pH 变化和时间延长,使游离氨析出所致。从以上结晶形成的机理来看,腐乳汁液中结晶物质的生成几乎是不可避免的。但是只要控制结晶物的生成量,不使结晶析出,其影响大多是可以消除的。

在实际生产中,主要是严格操作,防止原辅材料的污染,特别是酿造用水中的 Mg^{2+} 含量要低。另外,还必须尽量使用高纯度的精制盐,因为粗劣的非精制盐总是含有较多的 KCl、$MgCl_2$、$CaCl_2$ 等杂质,增加了结晶生成的机会。如果已经发现容器中有结晶析出,那么就不得不采取补救的办法,进行逐坛清理,再行装坛,以清除结晶。

3. 减少腐乳"白点"与棕色结晶的措施

(1)合理掌握毛霉培养时间。毛霉培养时间越长,蛋白质水解酶系中肽酰酪氨酸酶产生越多,而释出的酪氨酸也越多,形成的白点也越多。酿造白腐乳的毛霉培养时间以 42 ~ 48h 为佳。

(2)品温控制。毛霉培养的最佳温度,一般要求在 28 ~ 32℃,这样可加速毛霉生长,抑制酪氨酸酶的产生,这是降低白点生成的有效途径之一。

(3)控制悬浮液 pH。在配制毛霉菌种悬浮液时,宜将菌种悬浮液的 pH 调至 4.6。这样既有利于毛霉生长,又能抑制杂菌生长,对减少白点有一定的作用。

(4)白坯水分控制和室温控制。白坯水分应控制工艺标准范围之内:红方坯 70% ~ 73%,白方坯 72% ~ 74%,青方坯 66% ~ 69%,酱方坯 70% ~ 73%。室温应控制在 22 ~ 26℃,室内干湿度在毛霉发芽期应在85%左右。这样利于毛霉发芽生长，抑制杂菌繁殖，减少氨气生成。

（5）防止毛霉未老先衰。在毛霉进入旺盛期时要调节发酵室的湿度，控制相对湿度为95%，以利于毛霉充分生长，使毛霉白嫩。如培菌房湿度不够，菌丝缓慢生长，就会使毛霉菌丝细短呈灰褐色，并过早产生孢子，导致毛坯表面的菌丝未老先衰。

（6）驯育菌种。腐乳生产中的蛋白质水解酶主要来于毛霉。根据酶生物合成产物阻遏原理，在毛霉扩大培养基中添加酪氨酸进行毛霉菌种的驯化，以阻遏毛霉中肽酰酪氨酸酶的水解合成。

（五）腐乳"产气"问题

腐乳是经微生物发酵而成一种富有营养的食品，极容易招致微生物的感染，导致产品"产气"和变质。腐乳在生产过程中的制浆、制坯、培菌、腌制及装坛（瓶）都处于敞开式操作，环境和生产环节均有杂菌存在，感染杂菌是难免的。细菌感染的密度与生产环节中卫生条件有着密切联系。生产环节卫生好，杂菌密度较低；环境差，感染杂菌数量就多，造成产品"产气"的机会就多。细菌来源主要有空气、灰尘、设备、用具、容器、包装物及操作人员的双手等途径。在感染的杂菌中由于种类的不同，发酵代谢产物也各有不同，如醭酵母会"生白"；醋酸菌会"生酸"；大肠杆菌会"产气"。当然，"产气"不止大肠杆菌一种，有酵母菌、中温芽孢杆菌、中温梭状芽孢杆菌、不产芽孢杆菌、丁酸菌、乳酸菌、葡萄球菌及荚膜菌等，均能作用排泄出 CO_2，使产品胀气。

控制腐乳"产气"的措施：

1. 生产环境控制

生产环境包括周围环境和车间环境，如空气、灰尘、地面、墙壁、天花板及水源等，其中存在着大量的微生物，这些种类繁多的微生物就有可能通过各种途径污染产品，并利用产品中营养成分进行生长繁殖，导致产品"产气"、腐败变质。为此在生产过程中，应保持环境卫生良好，达到控制微生物生长繁殖、减少污染的目的。

2. 生产环节卫生

腐乳生产环节中的容器、磨具、管道、榨床、划刀、接种器皿、发酵格箱、操作台等，都容易被微生物污染。对这些容器、工具、管道等的清洗非常重要，每班结束后要将豆浆管道及磨具拆卸清洗，桶、缸、工具及榨床应刷洗干净，对包布、竹垫、豆腐板、筐、划刀用水洗后晾干，以便下次使用。这样才能防止微生物污染，是减少腐乳"产气"的主要措施之一。其次要重视操作人员手的卫生，在生产过程中，操作人员双手是污染产品的途径之一，因为双手接触面广，容易被污染，污染的微生物有大肠菌群、沙门氏菌、志贺氏菌、霉菌及球菌等。在操作时应经常洗手，通过洗手能除去大部分细菌，除菌率最少达到80%，最高能达到99.7%。

3. 辅料的质量控制

腐乳的辅料根据各地特色风味而定。但有些是相同的，如红曲、面曲、辣椒、米酒均为共有的辅料，由于地方风味不一定，故在配料时用量也不一样，各有千秋，但对辅料的质量要求基本是一致的，应以降低各种辅料中的含菌率为目的。

二、豆腐乳的质量标准及生产技术指标

（一）豆腐乳质量标准和检验方法

豆腐乳的质量标准和检验方法详见标准 SB/T10170—2007。下面简要介绍腐乳的感官质

量标准和理化标准。

1. 感官质量标准

豆腐乳的感官标准如表 4 - 1 - 1 所示。

表 4 - 1 - 1　豆腐乳的感官标准

项　目	要　求			
	红腐乳	白腐乳	青腐乳	酱腐乳
色泽	表面呈鲜红色或枣红色,断面呈杏黄色或酱红色	呈乳黄色或黄褐色,表里色泽基本一致	呈豆青色,表里色泽基本一致	呈酱褐色或棕褐色,表里色泽基本一致
滋味、气味	滋味鲜美,咸淡适口,具有红腐乳特有之气味,无异味	滋味鲜美,咸淡适口,具有白腐乳特有香味,无异味	滋味鲜美,咸淡适口,具有青腐乳特有之气味,无异味	滋味鲜美,咸淡适口,具有酱腐乳特有之香味,无异味
组织形态	块形整齐,质地细腻			
杂质	无外来可见杂质			

2. 理化指标

豆腐乳的理化指标如表 4 - 1 - 2 所示。

表 4 - 1 - 2　豆腐乳理化指标

项　目		要　求			
		红腐乳	白腐乳	青腐乳	酱腐乳
水分/%	≤	72.0	75.0	75.0	67.0
氨基酸态氮(以氮计)/(g/100g)	≥	0.42	0.35	0.60	0.50
水溶性蛋白质/(g/100g)	≥	3.20	3.20	4.50	5.00
总酸(以乳酸计)/(g/100g)	≤	1.30	1.30	1.30	2.50
食盐含量(以氯化钠计)/(g/100g)	≥	6.5			

3. 卫生指标

豆腐乳的卫生指标如表 4 - 1 - 3 所示(符合 GB 2712—2003 规定)。

表 4 - 1 - 3　豆腐乳卫生指标

项　目		要　求			
		红腐乳	白腐乳	青腐乳	酱腐乳
砷含量/(mg/kg)	≤	0.5			
铅含量/(mg/kg)	≤	1.0			
食品添加剂		符合 GB 2760—2007 的规定			
黄曲霉毒素 B_1 含量/(pg/kg)	≤	5			
大肠菌群/(个/100g)	≤	30			
致病菌(肠道致病菌及致病性球菌)		不得检出			

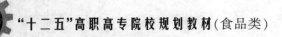

（二）豆腐乳的主要生产技术指标

1. 豆腐乳出品率

出品率是指每1kg大豆原料经加工后,制得成品豆腐坯的质量(kg),计算公式为:

$$豆腐乳出品率 = \frac{成品收得量}{原料投入量} \times 100\%$$

原料大豆的种类、含水量不同,蛋白质含量也不同,因此该公式只能粗略估算大豆原料的利用率,不能科学地反映生产的技术水平和管理水平。

2. 豆腐乳原料利用率

豆腐乳的原料利用率可用蛋白质利用率来表示。蛋白质利用率是指豆腐坯蛋白质总量占大豆原料蛋白质总量的百分数,即大豆原料所含蛋白质转移到豆腐坯中的比例,计算公式为:

$$蛋白质利用率 = \frac{豆腐坯质量(kg) \times 豆腐坯蛋白质含量(\%)}{大豆原料质量(kg) \times 大豆原料蛋白质含量(\%)} \times 100\%$$

蛋白质利用率可以较科学地反映生产技术水平。

 本章小结

豆腐乳又称腐乳等,是以大豆为主要原料,经过制坯、前期培菌(前期发酵)、腌制、后期发酵而成,是我国著名的传统酿造调味品之一。

豆腐乳起源于我国,具有悠久的历史。但长期以来,我国的豆腐乳生产沿续传统的生产模式,设施简陋,受季节限制,生产率很低,发展较慢,处于一种较为落后的状态。建国后腐乳生产得到党和政府的重视关心,作坊式生产逐步向工业机械化生产迈进,工艺技术和生产设施不断进行了更新和改造,劳动条件得到了改善,新产品开发也取得了丰硕的成果。

我国豆腐乳的生产遍及大江南北,由于制作方法和产品特色不同,豆腐乳的种类也各不相同。如红腐乳、白腐乳、青腐乳、酱腐乳、花色腐乳等。

豆腐乳是经过多种微生物共同作用生产的发酵性豆制品,除其风味独特外,它还含有丰富的营养成分。如蛋白质、脂肪、氨基酸、碳水化合物、维生素和矿物质元素等,而且不含胆固醇。除此之外,豆腐乳中还含有一些生物活性物质,已有研究证实,它们具有降胆固醇和降血压以及抗氧化性等保健功能。

我国豆腐乳种类繁多,由于对豆腐乳产品特色及风味要求不同,各地所使用的原辅材料也不同。豆腐乳生产常用的原辅材料有大豆、脱脂大豆、食盐、水、消泡剂、凝固剂以及在后期发酵中添加的各种辅料,如红曲、面曲、酒类、香辛料等。

豆腐乳的生产工艺十分复杂,从大的方面可以分为豆腐坯制造和豆腐乳发酵两个阶段。豆腐坯制造主要包括原料的选择与去杂、浸泡、磨浆、滤浆、煮浆、点浆、蹲脑、压榨、划块等工序。豆腐乳发酵根据其作用不同又可分为前期发酵和后期发酵两个阶段。由于没有严格按照操作规程操作,原辅材料质量差,生产环境卫生条件差等原因,在豆腐乳生产过程中往往会出现一些质量问题。所以,生产中的每一个环节都要严格把关,严格按照操作规程进行操作,确保豆腐乳产品质量。

思 考 题

1. 按照产品特色及风味不同,豆腐乳可分为哪些类型?
2. 豆腐乳生产常用的原辅材料有哪些? 其作用是什么?
3. 大豆浸泡的作用是什么? 对泡豆水有什么要求?
4. 怎样才能制出符合要求的豆腐坯?
5. 豆腐乳发酵分为哪两个阶段? 其作用是什么?
6. 豆腐乳生产中常见的异常现象主要有哪些? 应如何防止?

 阅读小知识

豆腐乳琐谈

一、豆腐乳的由来

豆腐乳别名腐乳或菽乳,是我国的传统发酵食品,滋味鲜美,营养丰富,是深受人们喜爱的"佐餐佳品",始于何时,有不少的传说。相传清朝康熙年间,北京前门外延寿街有个开豆腐坊的王致和,有一次他的豆腐没有卖完,舍不得扔掉,用盐腌了起来,过些时候取出一尝味道鲜美,出售很受顾客欢迎,从此,王致和豆腐乳远近闻名。四川省丰都县酿造厂生产的"二仙牌"豆腐乳也很有名气。据说很早以前,丰都有一位卖豆腐的小伙子,喜欢下棋,有一天他挑着豆腐筐子沿街叫卖,行至二仙楼前,见有两位鹤发童颜的老人在下棋,不觉停立观看,待一局终了筐里的豆腐已长满了霉,小伙子叫苦连天,两位老人却哈哈大笑,俯耳对小伙子说了几句话后飘然不见了,小伙子情知遇仙喜出望外,回家后按照老人指点,把霉豆腐腌了起来,数月后竟成为美味可口的豆腐乳了。传说未必可信,但它却说明豆腐乳是在豆腐生产发展中衍生出来的产品。明朝李时珍《本草纲目》中说:"豆腐之法始于前汉淮南王刘安",因此豆腐乳的问世当在刘安之后。五世纪魏代古书中有"干豆腐加盐,成熟后为腐乳"之说;《本草纲目拾遗》中也有"腐乳又名菽乳,豆腐腌过酒糟或酱制者味咸甘心。"从这些记载可以看出最早生产豆腐乳是不经过"发霉",制作豆腐乳的记载始见于明朝李日华的《蓬栊夜话》中有"黔县人善于夏秋之间醃腐,令变色生毛随拭之,俟稍干……"黔县在今安徽祁门地区,相传那里产腐乳很有名。

由此可见我国腐乳生产历史悠久,相传至今各地都有生产。由于我国幅员广大,各地气候不同,饮食习惯各异,因此形成种类繁多的生产工艺和豆腐乳品种。

二、营养丰富最宜病人

腐乳是大豆的加工制品,祖国医学认为,大豆有"宽中下气,利大肠,消肿毒"的功效,大豆制品亦有疗效。《延年秘录》中载"服食大豆可令人长肌肤、益颜色、填骨髓、加气力、补虚能食。"民间常用大豆及其制品治疗贫血、神经衰弱、高血压、高血脂及糖尿病等。

现代科学研究表明,大豆含蛋白质40%左右,其中人体必需的八种氨基酸种类齐全,比例恰当,是植物性食物中蛋白质含量最高、蛋白质能效较好的一类食品。蛋白质是人体细胞组织及新陈代谢中各种酶和激素的构成物质,一旦缺乏,健康就会受到阻碍。大豆含20%左右的脂肪,多为不饱和脂肪酸,临床验证,大豆及大豆油有降低胆固醇的作用,对于防止血管硬化、高血压和冠心病大有好处。

大豆制成腐乳后,保留了大豆中的营养成分,去除了大豆中对人体不利的溶血素和胰蛋白酶抑制物,发酵后水溶性蛋白及氨基酸增多,且醋香浓郁、滋味鲜美,增食欲,助消化,营养成分更易为人体吸收。王世雄在《随息居饮食谱》中说:"腐干造而为腐乳"是符合科学道理的。大豆在制作豆腐乳的过程中,蛋白质变性凝聚而成豆腐,此时豆腐中水溶性蛋白含量为3.61%,碱溶性蛋白含量为91.25%,经过培菌阶段,毛霉或根霉繁殖产生蛋白酶,豆腐中的蛋白质开始被水解为水溶性蛋白质,培菌结束坯中水溶性蛋白质增至55.54%,碱溶性蛋白质则下降到29.30%,说明腐乳比豆腐容易消化。

在发酵过程中,脂酶将脂肪水解成甘油与脂肪酸,甘油进一步转化为有机酸,这些有机酸与配料中的酒精成分合成各种酯类,构成腐乳诱人食欲的特殊香气。发酵中蛋白酶水解蛋白为氨基酸,其中谷氨酸和天门冬氨酸赋予腐乳以鲜味,此外微生物菌体自溶后降解生成核苷酸,又增加了腐乳的鲜味。在发酵过程中,由于微生物作用而产生了相当多量的核黄素和维生素 B_{12},据分析腐乳中的营养成分为:水分67%~70%,蛋白质1%~12%,氨基酸氮0.5%~0.7%,钙38~40mg/100g,硫胺素0.05~0.09mg/100g,核黄素0.32~0.36mg/100g,维生素 B_{12} 1.77~22.3μg/g。因此豆腐乳不但是膳食中很好的蛋白质来源,也是其他营养素的很好来源。此外大豆还含有多种维生素和钙、磷、铁等微量元素。

第二章　豆酱生产工艺

【知识目标】

1. 了解豆酱定义及发展概况。
2. 了解豆酱的分类、理化性质。
3. 掌握豆酱加工技术及制作要点。
4. 掌握豆酱质量控制。

第一节　豆酱生产的原料及处理

豆酱(soybean paste)是以大豆为主要原料制成的酱,利用以米曲霉为主的微生物,经过自然发酵而制成的半流动状态的发酵食品。豆酱又称黄豆酱、大豆酱、黄酱,我国北方地区称大酱。其色泽为红褐色或棕褐色,鲜艳,有光泽;有明显的酱香和醋香,咸淡适口,呈黏稠适度的半流动状态。豆酱不仅可以调味,而且营养丰富,极易被人体吸收。豆酱与酱油相似,都保持着自己独有的色、香、味、形,是一类深受我国各地人民欢迎的传统嗜好性发酵调味品。

一、原料

(一)大豆

黄豆、黑豆、青豆统称为大豆,酿制大豆酱最常用的为黄豆,故常以黄豆为大豆的代表,其粒状有球形及椭圆形之分。我国各地均栽培大豆,其中东北大豆质量最优。大豆中的蛋白质含量最多,以球蛋白为主,还有少量的清蛋白及非蛋白质含氮物质。大豆蛋白质经过发酵分解成氨基酸,是豆酱产生色、香、味的重要物质。

酿制豆酱应选择优质大豆,要求大豆干燥,相对密度大且无霉烂变质;颗粒均匀无皱皮;种皮薄,有光泽,无虫伤及泥沙杂质;蛋白质含量高。

(二)面粉

面粉是酿制豆酱的辅助原料,可分为特制粉、标准粉和普通粉,生产豆酱一般用标准粉。若选用普通粉为原料,则因其含有微细麦麸,且麦麸中含有五碳糖,而五碳糖又是生成色素和黑色素的主要物质,因此生产的豆酱色泽为黑褐色,不光亮,味觉差。选用特制粉和标准粉生产的豆酱呈棕红色,光亮,味道鲜美。

面粉的主要成分是淀粉,它是豆酱中糖分来源的重要物质。应选择新鲜的面粉,变质的面粉会因脂肪分解,产生不愉快的气味,影响豆酱的成品质量。

(三)食盐

食盐是生产豆酱的重要辅料,它既是豆酱咸味的主要来源,也是豆酱的风味主体之一。豆

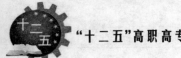

酱属于直接入口食品,因此应该选择精盐;若选择大盐配制,应先将盐水沉淀24h后,取上层清盐水使用。

（四）水

一般酱类中含有53%～56%的水,因而水也是生产豆酱的主要原料,制酱用水应符合饮用水标准。另外在原料处理及工艺操作中,也需要用大量的水。

二、制曲

（一）制曲工艺流程

面粉

大豆→清选→浸泡→蒸熟→混合→冷却→接种→蒸熟→厚层通风培养→蒸熟

（二）制曲原料处理

1. 清选

应选取豆粒饱满、鲜艳、有光泽、无霉变的大豆,并将之洗净,除去泥土杂物及上浮物。

2. 浸泡

将大豆放入缸或桶内,加水浸泡,也可直接放入加压锅内浸泡。开始豆粒表皮起皱,经过一定时间豆肉吸水膨胀,表皮皱纹逐渐消失,直到豆内无白心,用手捻之易成两瓣最为适度。浸泡时间与水温关系很大,一般采用冷水浸泡,夏天4～5h,春秋季8～10h,冬天15～16h。浸泡后沥去水分,一般质量增至2.1～2.15倍,容量增至2.2～2.4倍。

3. 蒸豆

若采用高压蒸豆,则将浸泡后控干水分的大豆装入锅内,关好锅门,开汽蒸豆,当气压达到0.05MPa时排冷空气一次,再开汽到0.1MPa维持3min,关汽后立即排汽出锅;若采用常压蒸豆,则将锅内竹箅子和包布铺好,箅子底下通入蒸汽,把浸泡后控干水分的大豆一层一层地装入锅内(见汽撒料),全部装完后,盖好锅盖,待全部上汽后蒸1h关汽,再焖料10min。不管采用哪种蒸豆方法,都要保证大豆熟而不烂,手捻豆内稍有硬心,以保证大豆蛋白适度变性。

4. 面粉处理

过去对面粉处理,采用焙炒的方法,但由于焙炒面粉时,劳动强度高,劳动条件差,损耗大,因此现在改用干蒸法,或加少量水后蒸熟,但蒸熟后水分会增加,不利于制曲,所以现在许多厂家直接利用面粉而不予处理。

（三）制曲

制曲时原料配比为:大豆100kg,标准粉40～50kg。蒸煮后的大豆含水量较高,拌入面粉可降低其含水量,有助于制曲。要求豆粒表面粘一薄层面粉,否则影响发酵。

待曲料冷却至37℃左右,接入0.1%的纯种沪酿3.042米曲霉种曲,或0.4%自己培养的种曲(带麸皮)(以大豆及面粉总原料质量计)。

现在大中型工厂都采用厚层通风制曲,将出锅的熟豆送入曲池摊平,通风吹冷至40℃以下,按比例洒入含种曲的面粉,用铲和耙翻拌均匀。保持品温在 30~32℃约 30h,待品温升至 36~37℃通风,品温在 33~35℃下,保持 30~40h,制曲期间翻曲两次,直至成品曲呈黄绿色,有曲香,制曲时间为 4d 左右。

三、制酱

豆饼的发酵方法有很多种,有传统的天然晒露法、速酿法、固态低盐发酵法及无盐发酵法等。采用传统的天然晒露法,成品质量风味好;固态低盐发酵法具有发酵周期短、管理方便等许多优点,目前在城市的大中型企业都采用这种方法。

$$水→食盐→溶化→澄清$$

成曲→入发酵池→自然升温→第一次加盐水→保温发酵→第二次加盐水→成品

每 100kg 大豆加入辅料面粉后制成的曲约 165kg。先将成品曲倒入发酵容器内,耙平表面,稍稍压实,曲料很快会升温至 40℃左右,再将所需盐水(每 100kg 成品曲需 14.5°Bé 盐水 90kg)加热到 55~60℃,慢慢浇至成曲面上,使之逐渐渗入曲内,注意盐水与曲料要均匀接触,使面层的曲料也充分吸足盐水,最后在表面覆盖塑料薄膜,四周封以食盐,并加盖保温。夹层水浴槽内预先升温至 50~55℃,要求品温达到 45℃,不得低于 40℃,否则会造成酸败。每天检查 1~2 次,10d 后酱醪成熟,按配比补加 24°Bé 盐水及细盐(每 100kg 成曲补加 24°Bé 盐水 45kg 及细盐 5kg),再用耙或翻酱机充分翻搅,使细盐全部溶化,继续保温 4~5d 即得成品。若要求成品色泽较深,可在发酵后期提高品温到 50℃以上,并适当增加翻酱次数,或适当延长后发酵期,最后添加防腐剂苯甲酸钠 0.01%。

第二节　传统豆酱生产工艺

一、工艺流程

传统豆酱的生产工艺有两种类型。一种是以大豆为原料生产豆酱的工艺;另一种是以豆片为原料生产豆酱的工艺。

大豆→除杂→浸渍→蒸熟→混合→冷却→接种→制曲→发酵→成品(水、面粉、水、食盐)

大豆→除杂→升温→压片→拌水→混合→接种→制曲→发酵→成品(蒸熟面粉、水、食盐)

二、操作要点

(一)原料处理

大豆(或豆片)100 份,标准粉 40~60 份。用整粒大豆为原料生产豆酱时,先将大豆洗净,再浸渍,浸渍时间:冬季 4~5h,夏季 2~3h,以豆粒胀起无皱纹为度,淋干备用。大豆润水要

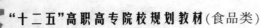

透,否则蛋白质吸水不够,蒸料时很难蒸熟,影响蛋白质完成一次变性,从而降低成品质量和原料利用率。用豆片生产豆酱,需先将大豆清除杂质,升温至60~70℃,使其软化,然后加压,呈片状。用豆片生产豆酱省去了洗豆、浸豆工艺及设备。另外,豆片组织较松软,易于吸水,对以后的蒸煮、制曲及发酵均有利,过去生产豆酱使用的面粉需先焙炒,目前则改用干蒸或加少量水蒸熟,也有工厂用生面粉。

(二)蒸煮

大豆蒸煮程度要适当,在大豆含水量一定的条件下,蒸料压力和时间需确定适宜数值。如果蒸料压力小,时间短,大豆蒸不熟,有未变性蛋白质存在。反之,蒸料压力大,时间又过长,大豆中的蛋白质发生过度变性。未变性和过度变性的蛋白质都不能被蛋白酶所分解,最终降低出品率,也使豆酱的质量低劣。对蒸料的要求是,在适当的水分、压力、时间条件下,尽可能使大豆蒸熟蒸透,蛋白质全部成一次变性。一般常压蒸料4~6h,或在150~200kPa下蒸料40min。蒸煮适度的大豆熟透而不烂,用手捻时豆皮脱落,豆瓣分开为宜。蒸煮豆片时每100kg豆片加80℃以上热水50kg,充分拌匀,置150kPa加压蒸锅内蒸料30min。也可以将豆片送入旋转式加压蒸煮锅,先通入蒸汽干蒸,压力至50~75kPa时停止,排汽完毕,每100kg豆片再加水60~70kg,一边旋转,一边润水,约20min。最后升压至100kPa维持5min即可。蒸熟的豆片呈棕黄色。

(三)冷却及拌和

将蒸熟的大豆或豆片冷却至80℃,与面粉拌和。

当熟料降温至38~40℃时,接入种曲,接种量为0.3%~0.5%,接种后要拌和均匀。为了使豆酱中不含麸皮,种曲最好分离出孢子后再使用。

曲料水分要适宜,水分过小,米曲霉生长困难;水分过大,会引起杂菌污染,且制曲过程中,有效成分损失过多。曲料水分,冬季47%~48%,春秋季48%~50%,夏季50%~51%为适宜。

(四)制曲

为了给米曲霉繁殖创造最佳条件,使其分泌大量的酶类,作为发酵的动力,需要制曲。制曲是我国酿造行业一项传统技术,目前有通风制曲和制盒曲两种形式。通风制曲用机械通风代替人工倒盒,劳动强度低,曲质量也较稳定,被大多数工厂所采用,小型工厂则用木盘、竹匾等制盒曲,曲室要求有保温、降温、保湿措施,还要定期灭菌。曲料接种完毕,接入曲槽,进行培养。曲室温度为26~28℃,干湿差1~2℃。曲料入槽品温30℃左右,料层厚度约30cm,入槽培养8~10h,为米曲霉生长的孢子发芽期,此时期静止培养,当品温升至36~37℃时,通风降温至品温35℃以下。培养14~16h,米曲霉生长进入菌丝生长期,应连续通风,使品温不超过35℃。曲料出现结块时进行第一次翻曲,此后,米曲霉生长进入菌丝繁殖期,品温上升迅速,应连续通风使品温不超过35℃。当曲料面层产生裂缝全部发白时,可进行第二次翻曲。培养20~22h,米曲霉开始着生孢子,进入孢子着生期。此时期内,米曲霉蛋白酶分泌最为旺盛。为了不影响蛋白酶的分泌,严格控制品温不超过35℃,还要求通湿风(相对湿度90%左右),或者用喷雾器喷洒一定量的凉开水,并要连续通风。此时期品温应尽量控制不超过孢子着生期进行两次铲曲。此后,米曲霉逐渐成熟,品温下降至 30 ~ 32℃,孢子呈淡绿色。总的培养时间为 30 ~ 36h,可以出曲。

(五)制盒曲

制盒曲使用的工具主要有木盘(规格为 45cm × 40cm × 5cm)和竹匾(直径 90cm)。使用木盘空气流通不畅,容易生长杂菌,使用竹匾对米曲霉生长更为有利。将曲料与种曲拌匀后,分装曲盒(或匾),厚度为 2.5cm 左右,入曲室培养。曲室温度 28 ~ 30℃,干湿差 1℃。培养初期,曲盒直立堆码,以保持品温。经约 8 ~ 10h,米曲霉孢子发芽,可将曲盒倒换上下位置,使品温不超过 35℃。在米曲霉的菌丝繁殖期,由于品温上升很快,可用排风扇或开启门窗降温,使室温维持在 25℃左右,曲盒的堆码应改为品字形。至孢子着生期,品温不再上升,保持室温 30 ~ 32℃(能做到后期品温不超过 30℃最好),使之上黄。当菌丝上密密地长满黄绿色孢子,曲子成熟,可以出曲。制曲时间 48 ~ 60h。

制曲需精细操作,接种时,种曲和曲料一定要拌匀。入槽时,料层厚薄也应均匀。装槽还要做到曲料疏松均匀。这样,使米曲霉生长一致,品温较易控制。另外,翻曲、铲曲也要细致,目的是排除二氧化碳,散发热量,供给新鲜空气。注意池底和边角的曲料要全部翻动,要求翻松、翻匀、摊平,操作迅速。成曲质量要求菌丝丰满,密密着生黄绿色孢子,无杂菌,无夹心,具有曲特有的香气,无霉味及其他杂味。

(六)发酵

豆酱的发酵过程是利用米曲霉及其他微生物所分泌各种酶的生理作用,在适宜条件下,使原料中的物质进行一系列复杂的生物化学反应,形成豆酱特有的色、香、味。小型工厂使用缸、桶,都应有保温设施,大型工厂可采用有水浴保温的水泥池。发酵分高盐发酵和低盐发酵两种。高盐发酵(豆片曲制酱)豆片曲 100kg,19% 盐水 150kg 先将盐水预热至 40℃加入豆片曲,拌匀。发酵容器底部预先加入盐水少量,以免酱醅粘底变质。成曲拌盐水时,底部盐水量可少一些,以后逐渐增多,最后把剩余盐水全部浇至面层,使其缓慢渗入。酱醅耙平,轻轻压实,再用塑料布封口,加盖。此后,开始保温发酵。初期发酵 1 ~ 5d,品温维持 44 ~ 46℃,主要是蛋白质水解酶水解蛋白质。第 5 天,进行第一次翻醅。发酵 6 ~ 10d,品温升至 46 ~ 48℃仍以蛋白质进行第一次分解为主,也伴有淀粉水解作用。第 10 天进行第二次翻醅。发酵 11 ~ 15d,品温升至 50 ~ 52℃,此期间,主要是淀粉水解作用。15d 以后,酱醅发酵成熟,加入 0.1% 苯甲酸钠,再翻拌均匀,即得成品。

低盐发酵(大豆曲制酱)时,大豆曲 100kg,14.5% 盐水 90kg,24% 盐水 40kg,再制盐 10kg,将大豆曲倒入发酵容器内,耙平,轻轻压实,使成曲自然升温至 40℃左右。将 14.5% 盐水加热至 60 ~ 65℃,浇至面层,使盐水慢慢渗入曲料内部。加盐水后,酱醅品温为 45℃左右。酱醅表面加盖面盐,最后将容器口盖好,保温发酵。10d 以后,酱醅发酵成熟,再补加 24% 盐水和剩余食盐,翻拌均匀。使食盐全部溶化。置室温下再发酵 4 ~ 5d,以改善风味。此方法操作方便,成品风味和色泽都较好。发酵时,水分和温度非常重要。水分过小,温度过高,使酱醅产生焦糊味。酱醅水分含量在 53% ~ 55% 较适宜。发酵前期品温 42 ~ 45℃,适合于蛋白酶作用,后期品温升至 50 ~ 52℃较适宜。适合于淀粉酶作用。如果发酵前期品温过高,会影响豆酱的鲜味和口感。发酵过程中,翻醅可以使酱醅各部分酶浓度、水分、温度均匀,排除不良气味及有害物

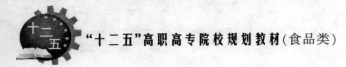

质,增加氧含量,防止厌氧腐败细菌生长。

（七）后酵

为改善豆酱风味,最好把成熟酱醅降温至 30～35℃,人工添加酵母培养液,后熟发酵一个月。

第三节 酶法豆酱生产工艺

传统的豆酱生产,都是先将原料制曲,再发酵制酱。这种方法操作麻烦,劳动强度大,原料中的营养成分在制曲过程中损耗较多。近年来,有的工厂利用微生物所分泌的酶来制酱,可以大大简化工序,提高原料利用率。

一、酶制剂的制备

（一）酶制剂制备工艺

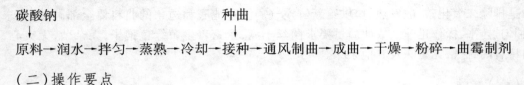

碳酸钠　　　　　　　　　种曲

原料→润水→拌匀→蒸熟→冷却→接种→通风制曲→成曲→干燥→粉碎→曲霉制剂

（二）操作要点

原料配比:麸皮 30 份,玉米粉 30 份,原料按 75% 加水润湿,水中预先添加 2% 的碳酸钠,将原料与水充分拌匀,在 100kPa 压力下蒸煮 20min。熟料迅速冷却至 40℃,接入种曲 0.3%～0.4% 拌匀。曲料接种后,移入曲室的通风曲槽内,通风培养。室温 28～30℃,曲料起始品温 30～32℃。当培养 8～10h 后,品温上升至 35～37℃,可间歇通风,使品温维持在 30～32℃。经 14～15h 培养,曲料表面已明显生长白色菌丝,形成结块,应连续通风,使品温不超过 32℃。此期间可翻一次。当培养 20～22h,菌丝生长旺盛,应再次翻曲。这个时期应给曲霉补充水分,将凉开水先用氢氧化钠调至 pH8～9,然后把水均匀地喷洒在曲料上,充分拌和,使曲料水分达到 48%～50%。此期间仍需连续通风,品温维持在 30～32℃。培养至 32～34h,应铲曲一次,通入相对湿度 90% 的湿风,地上浇水,保持曲室湿度,使曲料无干皮、松散,菌丝生长旺盛。经 46～48h 培养,测定其中性蛋白酶活力达 5000 单位/g 以上,可以出曲;在 40℃ 以下低温干燥,把成曲粉碎成粉末状。曲酶制剂应保存于低温干燥之处备用。

二、酶法豆酱生产工艺

（一）酶法豆酱工艺流程

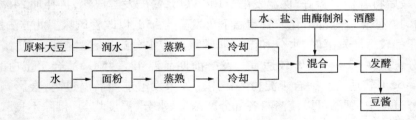

（二）酶法豆酱工艺操作要点

原料配比为大豆 100kg,面粉 40kg,食盐 37.3kg,水 106.7kg。将大豆压扁,加热水 45%（按大豆重量计）,一边搅拌,一边注入加压蒸煮锅,以 100kPa 压力蒸煮 30min 后迅速冷却至 50℃以下,备用。面粉（取 3% 作酒醪）按 30% 加水（按面粉重量计）拌匀,常压蒸料 15 ~ 20min,迅速冷却至 50℃以下,备用。

面粉总量的 3% 用来制作酒醪。先将面粉加水调浆,浓度为 20%,同时添加氯化钙 0.2%,调 pH6.2。按每 1g 原料加入 10 活力单位 α - 淀粉酶,搅匀。将面糊浆升温至 85 ~ 90℃,液化 15 ~ 20min,再升温至 100℃,灭菌。灭菌后,醪液降温至 65℃加入黑曲 7%,糖化 3h。醪液糖化后,再降温至 30℃接入 5% 酒母,维持 30℃发酵 3d,即制成酒醪。

将熟豆片、面糕、盐水、酒醪及曲酶制剂（按 1g 原料加入中性蛋白酶 350 个单位计）,充分拌和,入水发酵池中发酵,开始 1 ~ 5d,品温维持 45℃;6 ~ 10d,品温维持 50℃,10 ~ 15d,品温维持 55℃。发酵期间隔天翻醅一次,15d 后酱醅成熟。酱醅降温至 30 ~ 35℃,再后熟 1 个月得成品豆酱。

第四节 豆酱的质量控制

豆酱既是调味品又是副食品,一般都是由消费者经过烹调后才食用,因此习惯上将发酵成熟的豆酱不再经过加热杀菌等工序而直接出售。但对产品的质量和卫生要求在出厂前仍须按下列标准严格控制。

一、感官指标

色泽:红褐色有光泽。

香气:有酱香和酯香,无其他不良气味。

滋味:有鲜味,有豆酱特有滋味,无苦、酸、焦糊等异味。

体态:黏稠适度,无霉变和杂质。

二、卫生指标

铵盐含量（以氮计）:不超过氨基酸含量的 27%。

大肠杆菌群（最近似值）:不超过 30 个/100g。

致病菌:不得检出。

砷含量:不超过 0.5mg/kg。

铅含量:不超过 1mg/kg。

三、理化指标

水分:60% 以下。

氯化物含量:12% 以上。

氨基酸含量:0.6% 以上。

总酸含量:2% 以下。

糖分:3% 以上。

本章小结

　　豆酱是以大豆为主要原料制成的酱,利用以米曲霉为主的微生物,经过自然发酵而制成的半流动状态的发酵食品。

　　豆酱工艺主要分制曲和制酱两部分;传统包括:浸渍、蒸料、混合、冷却、接种、制曲、发酵等工序。本章主要介绍了传统豆酱工艺和酶法豆酱工艺。

 思　考　题

　　1.豆酱生产主要原料都有哪些?
　　2.制曲都有哪几种形式?
　　3.豆酱都需要控制哪些指标?

 阅读小知识

豆酱介绍

　　豆酱是用蚕豆、食盐、辣椒等原料酿制而成的酱。产于四川、安徽。味鲜稍辣,主要原料是蚕豆。蚕豆又名胡豆、佛豆、罗汉豆、倭豆等,为一年生或越年生草本植物,属豆科植物,是豆类蔬菜中重要的食用豆之一,它既可以炒菜、凉拌,又可以制成各种小食品,是一种大众食物。蚕豆中含有大量蛋白质,在日常食用的豆类中仅次于大豆,蚕豆中含有大量钙、钾、镁、维生素 C 等,并且氨基酸种类较为齐全,特别是赖氨酸含量丰富。

　　豆酱有很高的营养价值:
　　(1)豆酱可补充各种营养成分,改善胃肠道菌群。
　　(2)蚕豆中含有调节大脑和神经组织的重要成分钙、锌、锰、磷脂等,有增强记忆力的健脑作用。
　　(3)蚕豆中的钙,有利于骨骼的吸收与钙化,能促进人体骨骼的生长发育。
　　(4)蚕豆中的蛋白质含量丰富,且不含胆固醇,可以提高食品营养价值,预防心血管疾病,如果你是正在应付考试或是个脑力工作者,适当进食蚕豆可能会有一定功效。
　　(5)蚕豆中的维生素 C 可以延缓动脉硬化。
　　(6)蚕豆皮中的膳食纤维有降低胆固醇、促进肠蠕动的作用。
　　(7)蚕豆也是抗癌食品之一,对预防肠癌有作用。

第三章　豆豉生产技术

【知识目标】

1. 了解豆豉定义及发展概况。
2. 了解豆豉的分类、理化性质。
3. 掌握豆豉加工技术及制作要点。
4. 掌握豆豉质量控制。

第一节　豆豉的分类

豆豉是一种用黄豆或黑豆泡透蒸(煮)熟,发酵制成的食品,是我国传统发酵豆制品。古代称豆豉为"幽菽",也叫"嗜"。最早记载见于汉代刘熙《释名·释饮食》一书中,誉豆豉为"五味调和,需之而成"。公元2至5世纪的《食经》一书中还有"作豉法"的记载。古人不但把豆豉用于调味,而且用于入药,对它极为看重。《汉书》、《史记》、《齐民要术》、《本草纲目》等都有此记载。据记载,豆豉的生产最早是由江西泰和县流传开来的,后经不断发展和提高,使豆豉独具特色,成为人们所喜爱的调味佳品,并传到海外。我国台湾人称豆豉为"荫豉",日本人称豆豉为"纳豉",东南亚各国也普遍食用豆豉。

豆豉以黑褐色或黄褐色、鲜美可口、咸淡适中、回甜化渣、具豆豉特有豉香气者为佳。豆豉含有丰富的蛋白质(20%)、脂肪(7%)和碳水化合物(25%),且含有人体所需的多种氨基酸,还含有多种矿物质和维生素等营养物质。豆豉还以其特有的香气使人增加食欲,促进吸收。我国在抗美援朝战争中,曾大量生产豆豉供应志愿军食用。

豆豉不仅能调味,而且可以入药。中医学认为豆豉性平,味甘微苦,有发汗解表、清热透疹、宽中除烦、宣郁解毒之效,可治感冒头痛、胸闷烦呕、伤寒寒热及食物中毒等病症。

豆豉一直广泛使用于中国烹调之中。可用豆豉拌上麻油及其他作料作助餐小菜;用豆豉与豆腐、茄子、芋头、萝卜等烹制菜肴别有风味;著名的"麻婆豆腐"、"回锅肉"等均少不了用豆豉作调料。广东人更喜欢用豆豉作调料烹调粤菜,如"豉汁排骨"、"豆豉鲮鱼"和焖鸡、鸭、猪肉、牛肉等,尤其是炒田螺时用豆豉作调料,风味更佳。

豆豉用陶瓷器皿密封盛载为宜,这样可保存较长时间,香气也不会散发掉。但忌生水入侵,以防豆豉发霉变质。

我国较为有名的豆豉有:广东阳江豆豉、开封西瓜豆豉、广西黄姚豆豉、山东八宝豆豉、四川潼川豆豉、湖南浏阳豆豉和永川豆豉等。

一、按制曲的微生物种类划分

(一)霉菌型豆豉

1. 毛霉型豆豉

利用天然的毛霉菌进行豆豉的制曲,一般在气温较低的冬季(5~10℃)生产。以四川的三台、潼川、永川豆豉为代表。

2. 曲霉型豆豉

利用天然或纯种接种的曲霉菌进行制曲,曲霉菌的培养温度可以比毛霉菌高,一般制曲温度在 26~35℃,因此生产时间长。如广东的阳江豆豉是利用空气中的黄曲霉进行天然制曲;上海、武汉和江苏等地采用接种米曲霉进行通风制曲。

3. 根霉型豆豉

又名天培、丹贝。一种起源于印度尼西亚的大豆发酵食品。利用天然或纯种的根霉菌在脱皮大豆上进行制曲,30℃左右生产。以印度尼西亚的田北豆豉为代表。

4. 脉孢菌型豆豉

利用花生或榨油后的花生饼,也有用大豆为原料的,接种好食脉孢菌培养而成。以印度尼西亚的昂巧豆豉为代表。

(二)细菌型豆豉

利用天然或纯种细菌在煮熟的大豆或黑豆表面繁殖,制曲时温度较低。以山东临沂豆豉及日本拉丝豆豉(纳豆)为代表。我国云、贵、川一带民间制作的家常豆豉也属于这种类型豆豉。

二、按原料划分

黑豆豆豉:江西豆豉、浏阳豆豉、临沂豆豉以及潼川豆豉等,均采用本地优质黑豆为原料进行生产。

黄豆豆豉:广东的阳江豆豉以及上海、江苏一带的豆豉等,均采用黄豆生产。

花生豆豉:采用花生或榨油后的花生饼为原料生产豆豉。如印度尼西亚的昂巧豆豉。

三、按豆豉中含水量划分

干豆豉:发酵好的豆豉再进行晒干,即成为干豆豉,成品的含水量为 25%~30%。干豆豉多产于南方,豆粒松散完整、油润光亮,如湖南豆豉和四川豆豉。

湿豆豉:湿豆豉多产于北方及一般家庭制作,因发酵时加入水分或调味液较多,成品含水量较高,豆豉柔软,相互粘连。

水豆豉:不经晒干的原湿态豆豉称为水豆豉,成品含水量较高。水豆豉多产于北方,由一般家庭制作,豆粒柔软粘连。

团块豆豉:团块豆豉是以豆泥做成团块,制曲和发酵同时进行,并配合以适当烟熏,成品为团块,风味独特,有豆豉味和烟熏味,以刀切碎经蒸炒后食用,非常爽口。

四、按发酵时是否添加食盐划分

淡豆豉:发酵后不加盐腌制的豆豉称为淡豆豉,它的口味较淡,如传统的浏阳豆豉。

咸豆豉:发酵后的豆豉在搅拌时加入盐水腌制,便成为咸豆豉,它的口味较重,大部分豆豉属于这类产品。

五、根据辅料的不同分类

根据添加的主要辅料不同分为:酒豉、姜豉、椒豉、茄豉、瓜豉、香豉、酱豉、葱豉、香油豉等。

第二节　豆豉生产工艺

豆豉富含蛋白质、各种氨基酸、乳酸、磷、镁、钙及多种维生素,色香味美,具有一定的保健作用,我国南北部都有加工食用。但若不注意加工工艺,会致使品质下降,甚至霉变,造成经济损失。以曲霉豆豉生产工艺为例介绍豆豉生产工艺。

一、工艺流程

大豆→清选→浸泡→蒸煮→冷却→接种→制曲→洗曲→搅拌发酵→豆豉

二、操作要点

(一)原料处理

1. 清选

以大豆为原料,黑豆、黄豆、褐豆均可,以黑豆为佳。生产曲霉型豆豉应选择成熟充分、颗粒饱满均匀、无虫蚀、无霉烂变质、新鲜且含蛋白质高的大豆,用少量水多次洗去大豆中混有的砂粒杂质等。

2. 浸泡

浸泡的目的是促使大豆吸收一定水分,以便在蒸料时迅速达到适度变性;使淀粉质易于糊化,溶出霉菌所需要的营养成分;供给霉菌生长所必需的水分。

用清水浸泡豆粒,加水量以超出豆面 30cm 为宜。浸泡的时间随气温变化而异,气温低,则浸泡时间长。一般以浸至豆粒90%以上无皱纹为适当,此时水分含量在45%左右。浸泡后大豆的含水量与制曲及产品质量密切相关:若大豆含水量低于40%,则不利于微生物的生产繁殖,发酵后豆豉坚硬,俗称"生硬";若含水量高于55%,则难以控制制曲品温,常出现"烧曲"现象,即生长杂曲,使曲料酸败发黏,发酵后的豆豉味苦,表皮无光,不油润。因此,浸泡后大豆的含水量以45%～50%为宜。

3. 蒸煮

蒸煮大豆可以软化大豆组织蛋白,使之适度变性,以利于酶的分解作用。蒸煮大豆还可以杀死附在大豆上的杂菌,提高制曲的安全性。

古时大豆用水煮,后改为蒸,至今民间制作时仍用水煮豆。大豆用常压蒸 4h 左右,亦可以采用旋转式加压蒸锅在 100kPa 压力下蒸 45min。蒸煮好的大豆有豆香味,豆粒柔软,豆皮能用手搓破,咀嚼时无豆腥味;若大豆未蒸好,则豆粒生硬,表皮多皱纹;若蒸煮过度,则大豆组织过软,豆粒脱皮。

4. 冷却、接种

豆粒冷却至 35～38℃时,接入占原料质量0.3%～0.4%的沪酿种曲。

(二)制曲

1. 通风制曲

将豆坯在曲箱内摊平,厚度约 30cm,保持室温 27～28℃,品温 28～30℃;静置 12h 后,品温逐渐上升,达到 35～37℃,开始通风,保持品温 32～34℃;再隔 6h 左右,曲料四周开始裂缝,表面布满白色菌丝并结块,此时进行第一次翻曲,打散结块,使曲料松散;再隔 2h,曲料四周又裂缝,再次结块,此时进行第二次翻曲;当温度再次升高,曲料又产生裂缝时,进行第三次翻曲,孢子逐渐转黄,品温下降,即可出曲。通风制曲的全过程为 36～40h,制成的曲应疏松、有曲香。

2. 曲盘制作

将豆坯装入曲盘,要求中间厚度为 2cm,周边厚度为 4cm,室温保持在 28～30℃;18h 后,表面会出现白色斑点;经过 24～28h,品温达到 31℃,豆粒略有结块;4h 后,品温升高至 36～37℃,豆粒表面布满菌丝并结块,此时第一次翻曲,打散曲块,交换曲盘上下位置;当豆粒出现嫩黄色的孢子时,进行第二次翻曲;以后品温保持在 28～30℃,至 96h 左右,孢子呈暗黄绿色,即可出曲。成曲含水量为 21% 左右,有曲香,豆粒表面有皱纹且松散。

(三)洗曲

用清水淘洗成熟豆曲表面的曲霉菌分生孢子和菌丝,保留豆粒内的菌丝体,此操作成为"洗曲"。洗曲的目的是保持豆粒完整、分散、表皮油润且具有特殊风味。因此要控制蛋白质等的水解程度,避免过分水解导致组织柔软,既不容易保持颗粒完整,又会使外表暗淡无光。

洗曲的方法有手工法和机械法两种,洗曲操作要求轻且快,以免豆粒吸水过多破坏豆皮。洗曲后,堆集 1～2h,保持豆粒含水量在 45%～50% 为宜。

(四)拌料发酵

1. 黑豆曲坯配料

黑豆曲 100kg,食盐 18kg,白酒(酒精体积分数大于 50%)1.0kg,开水 10～15kg。

2. 黄豆曲坯配料

黄豆曲 100kg,食盐 18kg,白酒(酒精体积分数大于 50%)3.0kg,甜酒(1kg 糯米制成)4.0kg,冷开水 5～10kg。将配料拌匀,保持颗粒分散,装入陶瓷坛或塑料桶后层层压实。装满后,用食用塑料膜密封坛口并加盖,保持室温 35℃,使其发酵,7d 后便可成熟;若在 50℃ 条件下,成熟期可缩短一半。为了延长其保质期,成熟的豆豉要放在日光下晒干或风干,成品的含水量在 20% 左右为宜。

三、豆豉的缺陷

在豆豉生产的中后期,豆粒表面往往会出现无数白色小圆点,严重影响豆豉的感官质量,豆豉白点的形成是因为制曲时,毛霉培菌时间过长,致使毛霉分泌的酰酪氨酸酶积聚过多,在后发酵中,由于盐及其他添加剂的加入,抑制了其他酶系的协同作用,而酰酪氨酸酶在 10% 左右的食盐存在下,仍有较高的活性,将豆中蛋白分解成过多的酪氨酸,酪氨酸的溶解度较小,极易结晶析出,从而产生了豆豉白点。

采取缩短毛霉培养时间和增加无盐发酵时间的方法均可有效预防豆豉白点的出现,但工序必须配合适当,方能保证产品质量。

四、质量标准

(一)感官指标

1. 色泽:黑褐色、油润光亮。
2. 香气:酱香、酯香浓郁,无不良气味。
3. 滋味:鲜美、咸淡可口,无苦涩味。
4. 体态:颗粒完整、松散、质地较硬。

(二)理化指标

水分:不低于18.54%;蛋白质:27.61g/100g;氨基酸:1.6g/100g;总酸(以乳酸计)3.11g/100g;盐分(以氯化钠计)14g/100g;非盐固形物:29g/100g;还原糖(以葡萄糖计):2.09g/100g。

五、传统优质豆豉

(一)潼川豆豉

四川三台县,古名潼川府,以生产潼川豆豉(又名三台豆豉)闻名全国,距今已有300多年的历史。相传明末清初时,江西省太和县有一姓邱的小官吏,学得一手生产豆豉的工艺,被充军放逐来川后,专以酿造豆豉为主。潼川知府曾以豆豉作为贡物,帝王尝试后称好,故名潼川豆豉,并被列为调味珍品。潼川豆豉的特点是:鲜香回甜,油润发亮,色黑粒散,滋润化渣。

2008年6月7日,重庆市永川区的"永川豆豉酿制技艺"和四川省绵阳市三台县的"潼川豆豉酿制技艺"作为"豆豉酿制技艺"的代表,被国务院公布为国家级非物质文化遗产(传统技艺类)。

1. 原料配比

黑豆1000kg,食盐180kg,白酒(50°以上)10kg,水60~100kg(不包括浸渍和蒸料时加入的水量)。按上述配料可产豆豉成品1650~1700kg。

2. 操作过程

潼川豆豉以黑豆为原料,除去虫蛀豆、伤痕豆及杂豆类,无杂物。浸渍原料豆用水量以没过原料30cm为宜。水温40℃,浸泡时间5~6h,冬季水温低时,可适当延长浸泡时间。当全部豆粒均无皱时,将大豆捞出,沥干。此时豆粒含水量50%左右。在常压下蒸料约5h。潼川豆豉大豆蒸煮分前、后两甑操作。一般先在前甑蒸2.5h。移甑时,前甑上层的大豆移至后甑底层,下层大豆转入甑面,上下对翻,可以保证甑内所有的原料蒸熟蒸透。蒸料后,熟料水分56%左右。熟料出甑后,移至箩筐内,自然冷却到30~35℃。冷却后的熟料移至簸箕或晒席上,入曲室制曲,曲料堆积厚度2~3cm,要求厚薄均匀。

本工艺为自然接种,常温制曲,也就是不接种人工纯培养的种曲,利用空气中的毛霉菌自然繁殖。制曲品温通常为5~10℃,曲室温度为2~5℃(一般冬季生产)。曲料入室培养,表面开始生长白色霉点。8~12d后菌丝生长整齐并将每粒豆坯紧紧包被,已有少量浅褐色孢子生长。培养16~20d后,毛霉菌丝逐渐由白色转为浅灰色,质地紧密,直立,高度约为0.3~0.5cm。同时在浅灰色菌丝下部有少量暗绿色菌丝体,紧贴豆粒表面生成。制曲时间为15~

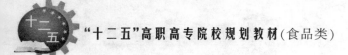

21d,因气温不同而有所差异。一般100kg原料可制豆曲125～135kg。

将豆曲倒入箩筐或拌曲池内,打散,以原料大豆计算,大豆每100kg加食盐18kg,50°白酒1kg,水1～5kg,混合拌匀。豆曲与食盐等辅料拌匀后,装入浮水罐中,要求装满但又不压紧,豆曲较松散,在靠罐口部位压紧。用无毒塑料膜封口,罐缘加水,每月换水3次,以保持清洁。封罐后,可将罐移至室外,接受阳光照射。在梅雨季节移入室内,避免雨水进罐,发生变质。发酵周期12个月,中间不翻罐。发酵成熟的豆豉可直接食用,存放时也应选择凉爽卫生之处。

(二)永川豆豉

永川豆豉产于四川省永川县,距今已有300多年的历史。它是以黄豆为原料生产的毛霉豆豉,选用的辅料比较多。

1. 原料配比

黄豆1000kg,食盐180kg,白酒(50°以上)50kg,做料槽用糯米20kg,水50～80kg(拌料时加入,不包括浸渍和蒸料时加入的水量)。按上述配料可产豆豉成品1650～1700kg。

2. 操作过程

选择颗粒饱满、无虫蛀、无伤痕豆,除去杂物的黄豆为原料。用35℃温水浸渍黄豆90min左右,测定其含水量约50%为适宜。用常压蒸料,圆汽后维持4h,中间不翻甑。也可采用高压蒸料,用旋转式高压蒸煮锅,100kPa压力维持1h,蒸料后,要求熟料水分为40%～47%。熟料冷却至35～36℃,可进行制曲。永川豆豉制曲采取簸箕制曲和通风制曲两种形式。簸箕制曲是当曲料冷却至30～35℃时,装簸箕,曲料厚度3～5cm,送入曲室。曲室温度2～6℃,曲料品温6～12℃,制曲周期15d,中间翻曲一次。成熟的豆曲应有明显的曲香味,每粒豆坯均有浓密的菌丝包被,菌丝高度,呈灰色,菌丝上长有少量黑褐色孢子。菌丝下部紧贴豆粒表层,有大量暗灰色菌体生成。豆坯内部呈浅牛肉色。通风制曲是当曲料品温降至35℃左右时,送入曲室通风槽中,料层厚度18～20cm,曲室温度2～7℃,曲料品温7～10℃。入室培养1～2d,曲料表面生长白色霉点。培养4～5d后,菌丝生长整齐,并将豆坯完全包被,同时紧贴豆球表面有少量暗绿色菌体生长。此时间内应翻曲一次,加强通风,控制品温。培养5～7d,菌丝生产旺盛,可再翻曲一次,加强通风。7～10d毛霉成熟,菌丝体由白色变为浅灰色,高度约0.8～1.0cm,其上有少量黑色孢子生长,在浅灰色菌丝下部,豆粒表层,有暗绿色菌体生长,高度0.1～0.3cm。制曲周期10～12d,中间翻曲两次。

簸箕制曲是传统的制曲方式,其优点是曲子质量好;特别是成品风味及豆豉的松软度均好于通风制曲。它的缺点是手工操作,劳动强度较大。通风制曲则采用了旋转式加压蒸煮锅蒸料,螺旋式绞龙送料,通风曲槽制曲,这使豆豉生产工艺向机械化方向大大迈进一步,改善了劳动条件,缩短了制曲周期。但曲子质量不如传统簸箕曲。

将豆曲按比例加入食盐及40℃温开水,浸焖一昼夜。浸焖后的豆曲再加入定量的白酒、醪糟等辅料,簸箕曲入浮水罐发酵;通风制曲的槽曲入水泥池发酵。发酵品温20℃左右,中间不翻醅,发酵周期10～12个月。成品可直接食用,存放于阴凉卫生处。

(三)阳江豆豉

阳江豆豉是广东省的知名产品之一,历史悠久,远销东南亚、南美及北美等30多个国家。阳江豆豉属于曲霉型豆豉,其特点是:豆粒完整,乌黑油亮,鲜美可口,豉味醇香,松软化渣,别具一格。

1. 原料配比

黑豆 1000kg，食盐 160～180kg，硫酸亚铁 2.5kg，五倍子 150g（硫酸亚铁及五倍子的作用，是为了增加豆豉的乌黑程度），水 60～100kg。

2. 操作过程

选取本地优质黑豆为原料，外地黑豆、黄豆等均不理想。除去虫蛀豆、伤痕豆、杂豆及杂物。浸豆用水须没过豆粒面层约 30cm，浸泡时间随季节而异。一般冬季浸豆 4～5h 后，有80% 的豆粒表面无皱皮，可放出浸水，至 6h 左右，全部豆粒表面无皱皮。夏季气温较高，当浸泡 2～3h 后，已有 65%～70% 的豆粒表面无皱皮。浸渍适度的豆粒含水分在 46%～50% 左右。常压蒸料 2h 左右，当嗅到有豆香时，观察豆粒形状，松散而不结团，用手搓豆粒则呈粉状，说明豆已蒸熟。用风机吹风或自然冷却，使熟料温度降至 35℃ 以下。

将曲料移入曲室，装入竹匾。装竹匾的曲料四周可厚一些，约 3cm 厚度，中间薄一些，厚度为 1.5～2cm。制曲方式为人工控制天然微生物制曲。曲室温度 26～30℃，曲料入室品温 25～29℃。培养 10h 后，霉菌孢子开始发芽，品温慢慢上升。培养 17～18h，品温达 31℃ 左右，曲料稍有结块现象。约经 44h 培养，室温升至 32～34℃，曲料品温升至 37～38℃（最好品温不超过38℃），菌丝体布满豆粒而结饼，进行第一次翻曲。翻曲时用手将曲料所有结块都轻轻搓散。此时，还要倒换竹匾上下位置，使品温接近。翻曲后，品温可降至 32℃ 左右。再经 47～48h 培养，品温又上升为 35～37℃，可开窗透风，使品温下降至 33～34℃。培养至 67～68h 曲料再一次结块并长出黄绿色孢子，可进行第二次翻曲。第二次翻曲后，品温自然下降，以后保持品温28～30℃，培养至 120～150h 出曲。成熟豆曲水分 21% 左右，曲豆表面有皱纹，孢子呈略暗的黄绿色。

用清水将豆曲表面的曲霉菌孢子、菌丝体及黏附物洗净，露出曲豆乌亮滑润的光泽，只留下豆瓣内的菌丝体。洗霉后，豆曲水分为 33%～35%。洗霉后的豆曲，需分次地洒水，并堆放1～2h，使豆曲吸水为 45% 左右为宜。为了调味和防腐，吸水后的豆曲中，按比例添加食盐，使氯化钠含量达 13%～16%。此时还要添加硫酸亚铁（俗称青矾）和五倍子，以增加豆曲乌黑程度。添加的方法是：先将五倍子用水煮沸。取上清液与硫酸亚铁混合，使之溶解，再取上清液与食盐一起浇到豆曲中。拌匀后的豆曲装入陶质坛中，每坛装 20kg 左右。装坛时要把豆曲层层压实，最后用塑料薄膜封口，加盖，进行发酵。发酵温度 30～45℃ 较适宜，可在室外日晒条件下自然发酵，30～40d 豆豉成熟。将发酵成熟豆豉从坛中取出，在日光下曝晒，使水分蒸发。要求豆豉水分含量为适宜。成品豆豉应存放于干燥阴凉之处。

（四）开封西瓜豆豉

开封西瓜豆豉是河南省开封市的特产，它是在酿制豆豉的基础上用西瓜瓤汁拌醅，更新工艺而得名的。西瓜豆豉属于黄曲霉型豆豉，色鲜质嫩，呈新鲜的浅酱褐色，豆粒饱满，外包糊状酱膜。该豆豉最大的特点是具有浓郁的醇香和酱香，口感软，香鲜甜，后味绵长，余香不绝，被冠以"香豉"美称。

1. 原料配比

黄豆 1000kg，面粉 750kg，食盐 330kg，陈皮丝 60g，西瓜瓤汁 165kg，生姜 20kg，小茴香 60g。

2. 操作过程

选择无虫蛀、无霉烂的黄豆为原料,除去杂豆及夹杂物。先用清水将黄豆洗净,再浸泡使豆粒吸水。常压蒸料 3～4h,蒸至嗅到豆香味,用手指能将豆粒捏成饼状,无硬心。蒸熟豆粒出锅,自然冷却降温,将面粉均匀地包裹于热豆粒表层。将曲料移至曲室内,平摊于苇席上,厚度3cm 左右。曲室温度 28～30℃,曲料品温 30℃左右。培养 24～25h,曲料结成块状,进行第一次翻曲。培养至 30～32h,进行第二次翻曲,曲料品温控制在 35～37℃左右。总的制曲时间为72h 左右。成熟豆曲嗅之有曲香。豆坯表面全部长满黄绿色菌丝。成曲在烈日下晒干。发酵,按比例将西瓜瓤汁与食盐、生姜丁、陈皮丝、小茴香等混匀,再拌入干豆曲,入缸密封,自然发酵。发酵温度 30～45℃,时间为 40～45d,豆豉成熟。成品豆豉放于阴凉卫生之处。

(五)八宝豆豉

八宝豆豉是山东省临沂的传统调味品,距今已有 130 多年的历史,它以豆粒明显、光泽黑亮、口感醇厚、清香爽口等特点在鲁南和苏北一带享有较高声誉。在八宝豆豉生产中,添加的辅料种类较多,发酵周期较长,这些都使它形成自己独特的风味。

1. 原料配比

大黑豆 1000kg,茄子 1250kg,鲜姜 100kg,杏仁 30kg,紫苏叶 20kg,鲜花椒 30kg,香油300kg,食盐 250kg,50°白酒(酒精体积分数 50%)300kg。上述配料可产豆豉成品 3000kg.

2. 操作过程

选择无霉烂、无虫蛀的新鲜黑豆为原料,去掉杂质。常压煮料 3～4h,要求煮熟。大豆煮熟以后取出,稍晾一下,除去浮水。熟豆入发酵室,堆积发酵 7d。发酵后的豆曲,放入凉开水中浸泡,15min 恢复原来形状。浸渍后的豆曲再略加晾干,使水分含量调到 30% 左右。加食盐将豆曲腌制。腌制好的豆曲再浸泡 15min。拌料时,先将茄子洗净,每 100kg 加食盐 3kg 腌制,每天翻拌一次,连续翻 10d,腌好备用。将鲜花椒、紫苏叶、鲜姜洗净,同样方法进行腌制,备用。杏仁煮熟、去皮,备用。将以上辅料及香油、白酒等,按比例与豆曲入缸拌匀。把拌和均匀的豆曲装坛,坛口密封,自然发酵 10～12 个月,即成熟。成品豆豉存放于阴凉卫生处。

 本章小结

豆豉是一种用黄豆或黑豆泡透蒸(煮)熟,发酵制成的食品,是我国传统发酵豆制品。豆豉可按菌种类型、发酵原料、含水量、是否添加食盐、辅料不同进行分类。

豆豉一般生产工艺包括清选、浸泡、蒸煮、冷却、接种、制曲、洗曲、搅拌发酵、成品豆豉等工序。还简单介绍了地方特色豆豉如潼川豆豉、永川豆豉、阳江豆豉、开封西瓜豆豉和八宝豆豉的生产工艺。

 思 考 题

1. 豆豉分类方法都有哪些?
2. 简述一般豆豉的加工工艺。

3.蒸煮的目的是什么?

4.地方特色的豆豉都有哪些?试举例?

 阅读小知识

　　豆豉是以大豆或黄豆为主要原料,利用毛霉、曲霉或者细菌蛋白酶的作用,分解大豆蛋白质,达到一定程度时,加盐、加酒、干燥等方法,抑制酶的活力,延缓发酵过程而制成。

1.豆豉营养

(1)豆豉中含有很高的尿激酶,尿激酶具有溶解血栓的作用。

(2)豆豉中含有多种营养素,可以改善胃肠道菌群,常吃豆豉还可帮助消化、预防疾病、延缓衰老、增强脑力、降低血压、消除疲劳、减轻病痛、预防癌症和提高肝脏解毒(包括酒精毒)功能。

(3)豆豉还可以解诸药毒、食毒。

2.豆豉药用历史

(1)《本草纲目》:黑豆性平,作豉则温。既经蒸署,故能升能散;得葱则发汗,得盐则能吐,得酒则治风,得薤则治痢,得蒜则止血;炒熟则又能止汗,亦麻黄根节之义也。

(2)《本草经疏》:豉,惟江右谈者治病。《经》云,味苦寒无毒,然详其用,气应微温。盖黑豆性本寒,得蒸晒之气必温,非苦温则不能发汗、开腠理、治伤寒头痛、寒热及瘴气恶毒也。苦以涌吐,故能治烦躁满闷,以热郁胸中,非宣剂无以除之,如伤寒短气烦躁,胸中懊憹,饿不欲食,虚烦不得眠者,用栀子豉汤吐之是也。又能下气调中辟寒,故主虚劳、喘吸,两脚疼冷。

(3)《本草汇言》:淡豆豉,治天行时疾,疫疠瘟瘴之药也。王绍隆曰:此药乃宣郁之上剂也。凡病一切有形无形,壅胀满闷,停结不化,不能发越致疾者,无不宣之,故统治阴阳互结,寒热迭侵,暑湿交感,食饮不运,以致伤寒寒热头痛,或汗吐下后虚烦不得眠,甚至反复颠倒,心中澳憹,一切时灾瘟瘴,疟痢斑毒,伏痧恶气,及杂病科痰饮,寒热,头痛,呕逆,胸结,腹胀,逆气,喘吸,脚气,黄疸,黄汗,一切沉滞浊气搏聚胸胃者,咸能治之。倘非关气化寒热时瘴,而转届形藏实热,致成痞满燥实坚者,此当却而谢之也。

(4)《本经疏证》:豆豉治烦躁满闷,非特由于伤寒头痛寒热者可用,即由于瘴气恶毒者亦可用也。盖烦者阳盛,躁者阴逆,阳盛而不得下交,阴逆而不能上济,是以神不安于内,形不安于外,最是仲景形容之妙,曰反复颠倒,心中澳憹。惟其反复颠倒,心中懊憹,正可以见上以热盛,不受阴之滋,下因阴逆,不受阳之降,治之不以他药,止以豆豉栀子成汤,以栀子能泄热下行,即可知豆豉能散阴上逆矣。

(5)《别录》:主伤寒头痛寒热,瘴气恶毒,烦满闷,虚劳喘吸,两脚疼冷。

(6)《药性论》:治时疾热病发汗;熬末,能止盗汗,除烦;生捣为丸服,治寒热风,胸中生疮;煮服,治血痢腹痛。

(7)《日华子本草》:治中毒药,疟疾,骨蒸;并治犬咬。

(8)《珍珠囊》:去心中懊憹,伤寒头痛,烦躁。

(9)《本草纲目》:下气,调中。治伤寒温毒发癍,呕逆。

(10)《本经逢原》:以水浸绞汁,治误食鸟兽肝中毒。

(11)《会约医镜》:安胎孕。

第四章 几种著名发酵豆制品

【知识目标】

1. 了解纳豆、丹贝和味噌三种发酵豆制品的特点。
2. 熟悉纳豆、丹贝和味噌的发酵工艺。

第一节 纳 豆

一、简介

(一)纳豆的起源

纳豆是一种传统大豆发酵食品,在日本已有一千多年的历史。纳豆最初是利用稻草上自然的枯草菌发酵,在寺庙的厨房制造,因为寺庙的厨房叫"纳所",由此得名纳豆。纳豆当时是素食的僧侣们重要的营养来源,也是日本皇室、僧侣、贵族、武士经常食用的食物。纳豆类似于中国的豆豉。特别是咸纳豆,大约在奈良、平安时代由禅僧传入日本。日本也曾称纳豆为"豉",与现代中国人食用的豆豉相同。纳豆传入日本后,根据日本的风土发展了纳豆,如日本不用豆豉而用大酱,或用酱油不用豉汁。而且由于系禅僧从中国传播到日本寺庙,所以纳豆首先在寺庙得到发展。例如大龙寺纳豆、大德寺纳豆、一休纳豆、大福寺的滨名纳豆、悟真寺的八桥纳豆等,均成为地方上寺庙的有名特产。日本人喜欢食用纳豆。他们主要食用咸纳豆与拉丝纳豆,关西人喜欢前者,关东人则爱吃后者。拉丝纳豆由于发酵方法不同,而出现一种黏丝,是不放盐的。由于纳豆种类很多,也可能不同的起源代表着不同种类的纳豆。

(二)纳豆的营养价值

近几年来,日本的医学家、生理学家研究得知,大豆的蛋白质具有不溶解性,而做成纳豆后,变得可溶并产生氨基酸,而且纳豆中还会出现由于纳豆菌及关联细菌产生的各种酵素,这些物质能够帮助肠胃消化吸收。纳豆的成分是:水分61.8%、粗蛋白19.26%、粗脂肪8.17%、碳水化合物6.09%、粗纤维2.2%、灰分1.86%,作为植物性食品,粗蛋白、脂肪最丰富。从其成分也可以看出,纳豆系高蛋白滋养食品,纳豆中含有的醇素,食用后可排除体内部分胆醇、分解体内酸化型脂质,使异常血压恢复正常。

除此以外纳豆还有一定的保健功能,这主要与纳豆中含有的纳豆激酶、纳豆异黄酮、皂青素、维生素 K_2 等多种功能因子有关。纳豆中富含皂青素,能改善便秘,降低血脂,预防大肠癌、降低胆固醇、软化血管、预防高血压和动脉硬化,抑制艾滋病病毒等功能;纳豆中含有游离的异黄酮类物质及多种对人体有益的酶类,如过氧化物歧化酶、过氧化氢酶、蛋白酶、淀粉酶、脂酶等,它们可清除体内致癌物质、提高记忆力、护肝美容、延缓衰老等有明显效果,并可提高食物的消化率;摄入活纳豆菌可以调节肠道菌群平衡,预防痢疾、肠炎和便秘,其效果在某些方面优于现在常用的乳酸菌微生态制剂;纳豆发酵产生的黏性物质,被覆在胃肠道黏膜表面上,因而可保护胃肠,饮酒时可缓解酒醉的作用。

最新的研究还表明,纳豆对可引起大规模食物中毒的病原性大肠杆菌发育具有很强的抑制作用。这一新学说是由被誉为"纳豆博士"的日本宫崎医科大学须见洋行教授发表的。在仅限于研究室的实验结果,但尚未搞清纳豆能抑制大肠杆菌发育原理的前提下,须见洋行教授指出,纳豆所含有的食用菌对许多菌种都有阻碍生育繁殖的作用,因此应当对大肠菌也有抑制作用。

二、制作工艺

日本纳豆是经细菌发酵而成的豆制品之一。传统上用稻草把浸泡并蒸煮过的大豆包扎起来,置于温暖处两天。稻草具有多种功能,如可提供发酵所需的微生物;部分地吸收发酵过程中释放出来的使人生厌的氨臭,并具有调节温度和湿度的作用,与酱油生产中添加麸皮的作用有些相似。纳豆的生产比较简单,主要工序包括浸泡、蒸煮、冷却、接种和发酵。一般1kg大豆可以生产出2kg的纳豆产品。

(一)生产流程

大豆→清洗→浸泡→蒸煮→冷却→接种→包装→发酵→成品

(二)操作要点

1. 大豆的选择

一般选用个体小,大小均匀,表面光滑的大豆,无异物。

2. 洗豆与浸泡

精选过的大豆用洗豆机洗净,除去附着于豆表面的沙土、尘埃和有机物,浸渍的目的为了使水分被吸收到原料大豆的子实中,软化组织,容易蒸煮,以便纳豆菌容易利用大豆成分。浸渍度一般以重量比来计算,达原来重量2.3~2.4倍即可。浸渍时间依大豆品种和大小而异,但最有影响的是水温。在10℃水温要浸渍23~24h,15℃时17~18h,20℃时13~14h,25℃以上时7~8h。

3. 蒸煮

蒸煮的目的是杀死大豆表面的土壤微生物,软化大豆组织,使子实体可溶成分浸到豆皮表面,这样纳豆菌接种后容易摄取营养成分,同时纳豆菌产生的外酵素也容易进入大豆内部,分解大豆成分。

蒸煮时将浸泡好的大豆放进蒸锅内蒸上1.5~2.5h,或用高压锅煮10~15min。在实验室也可用普通灭菌锅在充分放汽后,121℃高温高压处理15~20min,以豆子很容易用手捏碎为宜,宜蒸不宜煮,煮的水分太多。

4. 冷却接种

大豆蒸熟后,以无菌的方式将其转移到灭好菌的容器中,立即加盖,以免杂菌污染。等大豆的温度降到80℃左右时接入纳豆菌孢子。

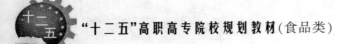

纳豆菌属于枯草芽孢杆菌属纳豆芽孢杆菌种,从纳豆制品中或从自然界的稻、谷上面分离得到。1921 年半泽博士培养分离出了纯纳豆菌,使纳豆菌商品化。孢子型纳豆菌是具有耐酸、耐热特性的有益菌,在胃酸下 4h 存活率为 100%,同时具有强力的病原菌抑制能力,是各种益菌当中,对环境耐受力最好、可以直达小肠的菌种之一,口服后可改变人体肠道菌丛生态,帮助消化道机能正常化,以使排便顺畅,维持体内生理平衡。纳豆菌还能产酸,调节肠道菌群,增强动物细胞免疫能力。还能生成多种蛋白酶(特别是碱性蛋白酶)、糖化酶、脂肪酶、淀粉酶,降解植物性饲料中某些复杂的碳水化合物,从而提高饲料的转化率。

接种时可以使用 5% ~ 10% 的新鲜纳豆,也可以接种纳豆菌孢子,一般以孢子悬液的形式添加,接种量为 1×10^3 个孢子/kg 大豆。接种要求均匀,可采用喷雾方式。

5. 装放充填

对纳豆生产不熟悉的人可能以为纳豆产品是把完成品装入容器内市售。实际上是接种纳豆菌于蒸煮大豆,再装入容器内,于发酵室发酵使其变为纳豆,可说是一粒粒的纳豆上面有繁殖力的纳豆菌,不愧为一种艺术品。

装放充填操作所使用的容器是商品计划中预先决定的。现在市售制品的大部分装在浅盘或纸杯中。机械填充时靠机械部件(容器供应器,充填机的原料供给装置以及运送轨道)的各自调换而成为万能型自动填充机。

在少量人工生产时,以有柄定量杯子将原料装放在容器内。自动充填机出现于 20 世纪70 年代。之前都是用手工作业,但是要把全部量放好在发酵室内,再开始发酵,费时良久。这样难免有参差不齐的产品,充填作业的要领为考虑到纳豆菌是好气性菌,要使纳豆菌繁殖旺盛及容易发散水分,不能把煮豆压太紧,而徐缓充填使粒子间有适当空间,才能顺利进行发酵。

6. 发酵

在纳豆制作过程中最重要的环节就是发酵,如众所知,纳豆为短期熟成型产品,在短短 15h内质量已被决定。其要点为在发酵前期,使蒸煮大豆表面的纳豆菌充分繁殖,而在发酵后期,纳豆菌的酵素作用能充分发挥效果,造出纳豆特有的芳香和美味。所以在纳豆发酵的管理上,要先熟悉纳豆菌特性和发酵机能,之后才能操作好纳豆的生产。

现在的发酵室具备很多个温度和湿度计测器,可测定发酵室内的温度、湿度以及原料大豆的温度。一般纳豆的发酵条件为 40 ~ 42℃,发酵 16 ~ 18h。纳豆生产过程中对空气循环、温度、湿度等因素十分敏感,发酵时条件不同,发酵结果也会有所不同。其中空气循环主要是控制氧气情况,如果发酵中氧气不足,做出的纳豆会有苦味,如果氧气太多,纳豆表面会过干,不利于充分发酵。发酵环境的湿度高一些更有利。

如果是机械化生产要求设备有加温、冷却、加湿、除湿、供给气体、排气等机能。在自动控制盘上面可设定全部发酵工程的形式以获得理想的纳豆。另外它可自动做好全部过程的记录,提供质量管理的数据。发酵进行前首先需要设定自动操控装置的程序,也就是要进行理想的前期、中期、后期各阶段发酵的阶梯式参数设定。

7. 冷藏熟成

发酵成熟的纳豆要在 5℃ 以下低温熟成。经过一周的后熟,纳豆便可呈现特有的黏滞感、拉丝性、香气和口味。要增进纳豆的口味,必须经过后熟,但时间不能过长,否则产生过多的氨基酸,进而结晶,从而使纳豆质地有起沙感。纳豆成熟后应该进行分装冷冻保藏。

由于纳豆中含有大量的纳豆菌,纳豆的货架期一般为冰箱内存放 1 周左右。

第二节　丹　贝

一、简介

(一)丹贝的起源

丹贝又名天贝、田北、天培等,是印度尼西亚的一种传统发酵食品,尤其是在印尼的爪哇更为普遍,那里的居民每天都要食用一定量的丹贝。在 1976 年全印尼丹贝产量约 75 000 吨,消耗印尼大豆产量约 14%。

在印度尼西亚,居民制作丹贝是以枯萎的香焦叶包裹蒸煮的大豆,在室温下天然发酵而成。近代丹贝的制作是以预处理的豆瓣接种根霉菌在半无菌状态下,经短期发酵而成,新鲜丹贝是真菌菌丝覆盖的饼状物,外观白色、光泽,富有弹性,无任何豆腥味,并具特有的清香。

丹贝的制作与食用尽管在印尼已有好几个世纪了,但真正进行丹贝的科学研究始于1895 年,科学家开始致力于丹贝真菌的分离和鉴定。丹贝在发酵过程中,真菌生长产生的酶使大豆分子组织分解,同时也使大豆类黄酮发生了很大的改变。丹贝具有很好的食用价值、食用安全性和一定保健功能,因此相继在欧洲、日本、澳洲等一些国家开展研究和工厂生产。我国起步较晚,始于 20 世纪 90 年代初,由北京食品工业研究所和南京农业大学最早开展了研究,迄今取得了很好的进步,我们不仅分离筛选和鉴定了发酵的生产菌,指出众多的根霉可以发酵丹贝,但最好的品种是少孢根霉制作丹贝,还对其后加工做了大量细致的工作。对于丹贝中的生物活性物质丹贝异黄酮进行了深入的研究。丹贝也越来越多地被全世界人民接受和喜爱。

(二)丹贝的营养价值

丹贝的生产过程是多种微生物共同生长、发酵的过程,这些微生物的生长会产生多种酶,在这些酶的作用下,经过蒸煮的大豆原料发生了很多的生物化学变化,不仅赋予丹贝特殊的风味和口感,也给予了丹贝相当高的营养价值。有研究表明,将丹贝与鸡蛋的成分相比较,在粗蛋白质、粗脂肪、能量等方面丹贝与鸡蛋相差不大,但是丹贝脂肪和胆固醇含量要低一些,这更符合现代人的饮食结构和需求。

同时,丹贝中氨基酸和维生素含量也很丰富。丹贝中游离氨基酸的含量为总氨基酸含量的 76%,是发酵前水泡过大豆的 6 倍。丹贝中芋酸、核黄素、泛酸和维生素 B_{12} 的含量都比发酵前大豆多,尤其是维生素 B_{12} 的含量增加更为明显,是原来的 60 倍左右。我国人民的膳食多以植物性食品为主,长期食用植物性食品将会引起贫血症。在我国贫血症中有相当一部分人是由于缺乏维生素 B_{12} 而引起的。根据我国的国情,如果平均每人每天食用 100g 天然发酵的丹贝,就可以满足维生素 B_{12} 的最低需要量。因此,利用我国丰富的大豆资源制取廉价的丹贝食品,对于我国人民的健康有着重要的现实意义。

二、制作工艺

传统的丹贝制作方法是先将大豆用水浸泡12h以上,使子叶吸足水,用水搓下豆皮,把去皮的大豆用水煮熟,控去水,晾至豆瓣表面不带水,而后裹进香蕉叶子里,任毛霉及根霉在上面生长,属于自然发酵过程。随着现代生活对丹贝需求量的增加和食用安全性要求的提高,丹贝的生产也越来越规范。

(一)生产流程

大豆→清洗、沥干→部分蒸煮→去皮→浸泡→清洗→加热→冷却→接种→包装→发酵→成品

(二)操作要点

1. 原料的选择

丹贝的生产大多以大豆为原料,也可以其他豆科类植物为原料。

2. 去皮

以干法脱皮或湿法脱皮是生产丹贝的必需过程,因为真菌菌丝不能穿透豆壳,不能在整粒大豆上生长,但真菌丝可侵入到豆瓣内。

湿法去皮是将大豆浸泡过夜,然后通过踩踏或机械方法将大豆外皮去除,再通过悬浮法将皮分离掉;干法去皮是直接通过机械摩擦法去皮,然后通过气流将皮分离掉。纯培养所用的大豆要经过机械破碎成小块,每块的大小约是整粒大豆的1/8~1/10。把大豆碎块去皮后再进行浸泡。

3. 接种

培养丹贝所使用的菌种一般为根霉属,包括有米根霉、无根根霉、匍匐根霉、少孢根霉,生产中多采用少孢根霉。菌种要求活力好,孢子发芽率高,生长快,这样使在短期内形成菌群优势,达到发酵食品的自身防御,抑制杂菌的生长。

将经过蒸煮的大豆冷却到40℃即可接种,由于该菌是好氧菌,接种之后要在大豆表面覆盖3~5cm厚的塑料薄膜,并在上面打孔,以利于微生物的生长。

4. 发酵

接种后的原料放进带小孔的培养盒中,在31℃、相对湿度70%~80%条件下培养,经过22~23h发酵完毕,酿成的丹贝便可以加工食用。发酵不宜过头,如果过头,或供氧过多,丹贝表面出现灰黑点,尤其是在供氧过多的部位,灰黑色是形成孢子的缘故,这种产品会有苦味。

在大规模生产中,丹贝培养室必须严格地控制温度、湿度,且通风要良好。从目前国外使用的培养设备看,均匀发酵和较快发酵的最佳温度范围是31~32℃,最佳空气湿度为70%~85%。在31~32℃下,丹贝培养时间需要22~23h;在34~35℃下需20h。丹贝在25~37℃下进行培养,如果湿度和通风得当,都能取得满意的结果。只是培养时间随着温度的升高而缩短,随着温度的降低而延长。

丹贝可以直接食用,还可将丹贝成品添加一定量的食盐进行后发酵,形成丹贝发酵调味品;还可将丹贝调味品加入诸如干辣椒、芝麻、麻油等配料,经过磨酱、配料、后熟等操作制成丹

贝调味料,可谓是营养丰富、使用方便。

第三节 味噌

一、简介

(一)味噌的起源

味噌是一种调味品,也叫日式大豆酱,以营养丰富味道独特而风靡日本。味噌以大豆、大米、大麦、食盐等为主要原料,是一种调味料,也被用作汤底。味噌最早发源于中国或泰国西部,它与豆类通过霉菌繁殖而制得的豆瓣酱、黄豆酱、豆豉等很相似。也有一种说法,味噌是由唐朝鉴真和尚传到日本的,还有一种说法是通过朝鲜半岛传到日本。

(二)味噌的分类

味噌的种类繁多,简单地说,味噌是以黄豆为主原料,再加上盐以及不同的种曲发酵而成,大致上可分为米曲制成的"米味噌"、麦曲制成的"麦味噌"、豆曲制成的"豆味噌"等,其中米味噌的产量最多,占味噌总产量的八成,比较著名的有白味噌、西京味噌、信州味噌等,都是米味噌的一种。若以口味来区别,则可略分为"辛口味噌"及"甘口味噌"两种,前者是指味道比较咸的味噌,后者则是味道比较甜、比较淡的味噌,这种口味上的差异是因为原料比例不同所造成的,通常曲的比例较重口味,做出来的味噌也较咸,名气颇响亮的"信州味噌",便是这类口味味噌的代表;至于关西及其他较温暖的地方,因为平日饮食清淡,制作出的味噌口味也较淡,关西的白味噌及九州味噌,都是颇具代表性的甘味噌。

就颜色而言,可分为"赤色味噌"及"淡色味噌"两大类,味噌颜色的深浅主要是受制曲时间的影响,制曲时间短,颜色就淡,时间拉长,颜色也就变深,"仙台味噌"是较具代表性的赤色味噌。

当今,味噌在日本主要分为三大类:米、麦蒸后,通过霉菌繁殖,再与蒸煮的大豆、盐混合制得的米味噌、麦味噌,以及直接在蒸好的大豆上使霉菌生长而制得的豆味噌。因地区不同,大豆和米、麦比例及颜色的不同,构成了富有地方特色、种类繁多的味道。每种味噌都有各自的特色。

大豆、米、麦通过酶分解产生的鲜味(氨基酸类)、甜味(糖类)与生产过程中添加的咸味充分地调和起来,加上酵母、乳酸菌等发酵生成的香气及酸、酯、醇等,使得味噌的味道更醇厚,香气更丰富,更能增进人的食欲。

(三)味噌的营养价值

味噌中含有较多的蛋白质、脂肪、糖类以及铁、钙、锌、维生素 B_1、B_2 和尼克酸等营养物质。日本广岛大学伊藤弘明教授通过对动物实验证明,常吃味噌能预防肝癌、胃癌和大肠癌等疾病,此外,还可以抑制或降低血液中的胆固醇,抑制体内脂肪的积聚,有改善便秘、预防高血压、糖尿病等功效。

（四）味噌的用途

味噌的用途相当广泛,可依个人喜好将不同种类的味噌混拌,运用到各式料理中;除了台湾人最熟悉的味噌汤外,凡腌渍小菜、凉拌菜的淋酱、火锅汤底、各式烧烤及炖煮料理等,处处都可见到味噌活跃的踪迹。由于味噌不耐久煮,所以煮汤时通常最后才加入味噌,略煮一下便要熄火,以免味噌的香气流失;若用味噌炖煮食物,可分两次加入味噌,先将2/3的味噌融入煮汁中使食材入味,起锅前再加入其余的味噌提香。

二、制作工艺

味噌的种类繁多,制作原料、制作方法都有一定的区别,现以常见的大米/大豆味噌为例介绍味噌的制作工艺。

（一）生产流程

大米→清洗→浸泡→蒸煮→加入发酵剂→冷却→接种→发酵→成曲→混合准备好的大豆→发酵→味噌

（二）操作要点

1. 原料的选择　一般选用个体大、颜色淡黄、种脐小的大豆。

2. 大豆的处理　将大豆洗净煮熟、沥干水分。将其粉碎,做成豆坯。再把豆坯晾置于清洁的容器中一段时间,准备接种。

3. 制曲　味噌与我国酱类的制作一样,也需要制曲的过程,制曲中使用的微生物为米曲霉,发酵温度为30～35℃,发酵时间为48h。

味噌的制作工艺与我国的酱类很相似,但是对于淀粉质原料的使用有所不同,我国制酱会使用淀粉质原料(如面粉或是玉米粉),而日本的味噌则只是在制曲时才使用大米、大麦等淀粉质原料,生产原料中没有淀粉质原料,完全用豆类发酵而成。另外,使用淀粉质原料的种类也不同,我国多用面粉、小麦和玉米粉,而日本多用大米或大麦。总的来说,味噌与中国东北的大酱非常相似,尤其是大麦和大米味噌。

 本章小结

本章主要介绍纳豆、丹贝和味噌三种代表性的国外著名发酵豆制品的相关知识,其中包括其来源、种类、营养价值、制作工艺等内容。从这些内容的学习,可以看出三种豆制品的生产工艺与前面章节中介绍的酱油、酱类的生产既有相似之处,又有自己的独到之处。

 思 考 题

1. 简述纳豆的营养价值和主要生产工艺。

2. 简述丹贝与纳豆工艺有哪些区别。

3. 简述味噌的生产工艺中关键操作点有哪些。

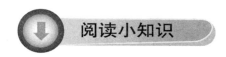
阅读小知识

纳豆的家庭自制

模仿日本进行家庭制作,这样既能满足普通人的需求,又能达到鲜纳豆的新鲜度,发挥纳豆的最佳功效。

1. 需要的器皿和材料

大豆500g、纳豆菌5g、高压锅、不锈钢盆、泡沫饭盒等浅容器、泡沫箱子、2L长方形塑胶瓶子或暖水袋、温度计。

2. 泡豆蒸豆

将大豆充分洗净后,加入3倍量的水浸泡一夜后,倒掉水放进高压锅内蒸到大豆用手捏碎的程度,大约45min。如没有高压锅,煮水时一次不要放得太多。为了保持大豆的原汁原味,最好是蒸。

3. 接种纳豆菌

将纳豆菌用50mL热水(温度最好38~45℃,温度太高会杀死纳豆菌)溶解后,均匀地加入到热大豆中(温度最好38~45℃,温度太高会杀死纳豆菌),迅速搅拌均匀,分装在7个泡沫饭盒里,厚度大约2cm,上面苫上纱布或者在饭盒与饭盒盖之间架上一双筷子,使其充分接触空气。因纳豆菌是嗜氧菌,接触空气是很重要的。但发酵好以后,要盖好盖,用胶带封住口,避免接触空气利于长期保存。

4. 保温培养

在干净的大泡沫箱内放入几瓶装满50℃热水的长方形塑胶瓶子,把已接种上纳豆菌的泡沫饭盒摆在瓶子上,箱内理想温度是42℃。如箱内温度降到38℃时,瓶内重新换入50℃的热水。如此反复更换瓶内热水,发酵14~36h,大豆表面产生了白膜,有黏丝出现后,大豆就变成了纳豆。如没有泡沫箱子,也可使用大纸盒,四周包上棉被和电褥子,或者箱内插入一只45℃的电灯泡等方法来保持箱内恒温。注意多接触空气。

5. 后熟

在38~42℃的恒温下发酵14~36h,然后放在冰箱内低温熟成数小时后,做好的纳豆无论是外观还是口感都会更好。因此建议纳豆做好后,先放入冰箱内低温熟成数小时以后再食用或长期保存。

6. 注意问题

注意保持38~42℃的恒温;纳豆菌要接种到热的大豆中,温度最好38℃到45℃之间,温度太低生长缓慢,温度太高会杀死纳豆菌。

日式味噌

在日本,主要以味噌汤的方式食用味噌,此外在蒸鱼、肉、蔬菜时加入味噌、糖、醋等拌和的调味料,能使菜的味道更鲜美,经常食用有利于身体健康。

据说日本人的长寿就与经常食用味噌有关。味噌中含有较多的蛋白质、脂肪、糖类以及铁、钙、锌、维生素 B_1、B_2 和尼克酸等营养物质。日本广岛大学伊藤弘明教授等人通过对动物实验证明,常吃味噌能预防肝癌、胃癌和大肠癌等疾病,此外,还可以抑制或降低血液中的胆固醇,抑制体内脂肪的积聚,有改善便秘、预防高血压、糖尿病等功效。

日本人对味噌的喜爱程度可以说到了如痴如醉的地步。如果缺少味噌,日本料理的风味会逊色不少。如日本面条(包括餐馆就餐和方便面在内)每年销售在 100 亿份以上,有50%是味噌风味。日本调味品市场有着世界各地的调味料,但味噌对日本人而言是不可缺少的。

随着全球经济一体化的日趋明显和中日食品文化交流的日益深入,现在,日本味噌逐渐进入中国。日本一些著名的食品制造企业在中国建立了合资企业,生产味噌产品,如日本的神谷酿造食品株式会社,在中国杭州味精厂建立了西湖神谷酿造食品有限公司,日本"丸三爱"株式会社派了多名味噌制造专家,长期在中国杭州进行技术指导及开发。中国一些大城市的宾馆、饭店利用味噌烹制出了一道道美味佳肴,中国一些食品制造工厂还利用味噌生产了多种食品和调味品。在中国,味噌正日益为人们所接受。

第五篇 发酵乳制品生产工艺

第一章 酸乳生产技术

【知识目标】

1. 掌握酸乳的定义及基本分类。
2. 掌握酸乳原辅料的选择和前处理。
3. 了解常见酸乳生产工艺流程及质量控制。

第一节 绪 论

一、酸乳定义及酸乳发展概况

(一)发酵乳

发酵乳制品是指乳在发酵剂(特定菌)的作用下发酵而成的乳制品。它包括:酸乳、开菲尔、酸乳油、乳酒(以马奶为主)、发酵酪乳、干酪等。

发酵乳的名称是由于牛奶中添加了发酵剂,使部分乳糖转化成乳酸而来的。在发酵过程中还形成 CO_2、醋酸、丁二酮、乙醛和其他物质,从而使产品具有独特的滋味和香味。用于开菲尔和乳酒制作的微生物还能产生乙醇。

(二)酸乳

酸乳是最具盛名的,也是在世界上最流行普及的发酵乳制品,在地中海地区、亚洲和中欧地区的国家消费量最大。

酸乳是指在添加(或不添加)乳粉(或脱脂乳粉)的乳中,由于保加利亚乳杆菌和嗜热链球菌的作用进行乳酸发酵制成的凝乳状产品,成品中必须含有大量相应的活菌。

(三)国内外酸乳市场概况

在欧美及其他发达国家,乳品是人们摄取动物蛋白的最主要食品之一,这些国家的人均消费量约为 300kg 每年。根据 FAO 的统计数据:2000 年世界的人均乳品消费量约为每年 100kg,亚洲人均乳品消费量(不包括中国)约为每年 40kg,日本、韩国、中国台北地区和印度的人均消费量均已超过每年 60kg。世界乳品的需求每年按 2% 的速度在增长,发达国家的增长率大约是 1%,而酸乳的增长速度超过 5%,从全世界范围来看,酸乳也是发展最快的乳制品,每年乳制品的新品种中有约 7% 是酸乳,每年约有近千种酸乳新产品问世。

尽管目前我国的乳业市场不断扩大,乳品消费观念在不断提高,但我国年人均乳制品不足

20kg的消费量与世界人均100kg、发达国家人均140kg的消费量相比还有较大差距。中国的乳品消费在整体上并没有进入完全理性的轨道。由于营养知识的欠缺,许多人不了解乳品对改善营养、平衡膳食、补钙和增强体质的重要作用,包括对酸乳的认识也不够,因而市场占有率也不太高,不过随着人们对酸乳营养价值的认识,人们对酸乳的态度发生了改变,市场占有份额也逐年增加。表5-1-1为近几年城镇居民人均乳及乳制品消费增长情况。

表5-1-1　城镇居民人均乳及乳制品消费增长情况　　　　　　　　　%

乳品类别	2002年较2001年增长量	2003年较2002年增长量	2004年较2003年增长量
鲜乳品	0.197	0.218	0.188
奶粉	0.02	0.1	0.018
酸乳	0.214	0.338	0.39

　　由表5-1-1可以看出,酸乳在所有的乳制品中的增长速度最快。据不完全统计,随着我国居民生活水平和消费观念的转变,酸乳的消费在以后的较长时间内仍会保持迅速的增长势头,这种超常的增长速度在全球酸乳发展史上是非常罕见的,市场前景极为广阔。

二、酸乳的分类

1. 按成品的组织状态分类

(1)凝固型酸乳,在包装容器中发酵和冷却。

(2)搅拌型酸乳,在罐中发酵,包装以前冷却。

(3)饮料型酸乳,类似搅拌型,但包装前凝块被"分解"成液体。

2. 按成品的口味分类

(1)天然纯酸乳,(2)加糖酸乳,(3)调味酸乳,(4)果料酸乳,(5)复合型或营养健康型酸乳,(6)疗效酸乳,包括低乳糖酸乳、低热量酸乳、维生素酸乳或蛋白质强化酸乳。

3. 按发酵的加工工艺分类

(1)浓缩酸乳,(2)冷冻酸乳,(3)充气酸乳,(4)酸乳粉。

4. 按菌种组成和特点分类

(1)嗜热菌发酵乳　包括:①单菌发酵乳,②复合菌发酵乳。

(2)嗜温菌发酵乳　包括:①经乳酸发酵而成的产品,②经乳酸发酵和酒精发酵而成的产品:如酸牛乳酒、酸马奶酒。

三、酸乳的营养价值

　　饮用酸乳制品对身体有很多益处,乳中许多成分具有很高的营养价值,而且微生物菌群产生的许多代谢产物对人体也极为有益。

(一)营养作用

　　牛奶中乳糖经乳酸菌发酵,其中20%~30%被分解为葡萄糖和半乳糖。前者进一步转化为乳酸或其他有机酸,这些有机酸有益于身体健康;后者被人吸收利用,可参与幼儿脑苷脂和神经物质的合成,并有利于提高乳脂肪的利用率。牛奶中的蛋白质经发酵作用后,乳蛋白变成微细的凝乳粒,易于被人消化吸收。酸乳中的磷、钙和铁易被吸收,有利于防止婴儿佝偻病和老人骨质疏松病。牛奶中的脂肪经乳酸菌作用后,发生解离或酯键被破坏,易于被机体吸收。

发酵过程中,乳酸菌还会产生人体所必需的维生素 B_1、维生素 B_2、维生素 B_6、维生素 B_{12}、烟酸和叶酸等营养物质。

(二)缓解乳糖不耐症

乳酸菌产生的乳糖酶能降解牛奶中的乳糖,因此乳糖不耐症患者饮用酸乳就不会出现饮用牛奶时发生的不良反应,如腹胀、腹痛、肠道痉挛、下泻等。

(三)整肠作用

人体肠道内存在有益菌群和有害菌群。在人体正常情况下,前者占优势;当人患病时,有害菌群占优势。饮用酸乳可以维持有益菌群的优势。

(四)抑菌作用

嗜热乳杆菌和双歧杆菌不受胃液和胆汁的影响,可以进入肠道,在肠道内存留较长时间。这两种乳酸菌以及在这些乳酸菌影响下生长起来的肠道中其他乳酸菌,可以产生嗜热乳菌素等抗菌物质,这些物质大都对大肠杆菌、沙门氏菌和金黄色葡萄球菌等有明显的抑菌作用。

(五)改善便秘作用

进入肠道中活的乳酸菌能产生乳酸、醋酸等有机酸。这些有机酸有刺激肠道,加强蠕动的作用,故可以改善便秘。

(六)降低胆固醇

牛乳中的乳清酸、乳糖和钙,以及酸乳中存在的羟基戊二酸都有降低胆固醇的作用。

(七)抗癌作用

酸乳有抑制 3 种酶的活性作用,这些酶能引起癌变。另外,酸乳还能激活巨噬细胞,抑制肿瘤细胞,从而起到抗癌作用。

第二节　酸乳发酵剂

发酵剂是指用于制造酸乳、开菲尔等发酵乳制品以及制作奶油、干酪等乳制品的细菌培养物。发酵剂添加到产品中,在一定控制条件下繁殖。发酵的结果,细菌产生一些能赋予产品特性如酸度(pH)、滋味、香味和黏稠度等的物质。当乳酸菌发酵乳糖成乳酸时,引起 pH 下降,延长了产品的保存时间,同时改善了产品的营养价值和可消化性。

一、酸乳发酵剂的分类

(一)按发酵剂制备过程分类

1. 乳酸菌纯培养物
即一级菌种的培养,一般多接种在脱脂乳、乳清、肉汁或其他培养基中,或者用冷冻升华法制成一种冻干菌苗。

2. 母发酵剂

即一级菌种的扩大再培养,它是生产发酵剂的基础。

3. 生产发酵剂

生产发酵剂即母发酵剂的扩大培养,是用于实际生产的发酵剂。

(二)按使用发酵剂的目的分类

1. 混合发酵剂

这一类型发酵剂含有两种或两种以上的菌,如保加利亚乳杆菌和嗜热链球菌按1:1或1:2比例混合的酸乳发酵剂,且两种菌比例的改变越小越好。

2. 单一发酵剂

这一类型发酵剂只含有一种菌。

二、发酵剂的主要作用

分解乳糖产生乳酸;产生挥发性的物质,如丁二酮、乙醛等,从而使酸乳具有典型的风味;具有一定的降解脂肪、蛋白质的作用,从而使酸乳更利于消化吸收;酸化过程抑制了致病菌的生长。

三、发酵剂的选择

菌种的选择对发酵剂的质量起着重要作用,应根据生产目的不同选择适当的菌种。选择发酵剂应从以下几方面考虑:产酸能力和后酸化作用;滋气味和芳香味的产生;黏性物质的产生;蛋白质的水解性。

四、发酵剂的制备

发酵剂的制备是乳品厂中最困难也是最主要的工艺之一。因为现代化乳品厂加工量很大,发酵剂制作的失败会导致重大的经济损失。因此,厂家必须慎重地选择发酵剂的生产工艺及设备。

一般乳品厂都是从专门的实验室购买已经混合好的发酵剂——商品发酵剂。这些实验室做了大量的研究和开发工作来组合某一产品的特殊发酵剂,如:酸乳油、干酪和许多发酵乳制品。因此乳制品厂所取得的是经过筛选的,具有特殊产品特性的,如:组织状态,风味和黏稠度等的发酵剂。

乳品厂可以买到各种各样形式的商品发酵剂:液态,为培养母发酵剂(目前很少);深冻,浓缩发酵剂,为培养生产发酵剂;粉状的,冻干的,浓缩发酵剂,为培养生产发酵剂;易溶的,深冻、超浓缩发酵剂,直接用于生产。

近几年,浓缩发酵剂已直接用于制作生产发酵剂或直接用于生产。将来,在乳品厂对发酵剂的要求是不需要任何进一步繁殖,可直接用于生产的经特殊设计、浓缩的发酵剂。然而,许多乳品厂仍然需要通过几个连续的步骤把母发酵剂培养繁殖成自己的生产发酵剂。见图5-1-1。

(一)发酵剂制备的卫生条件

发酵剂制备要求极高的卫生条件。要把可能传染的酵母菌、霉菌、噬菌体的污染危险降低

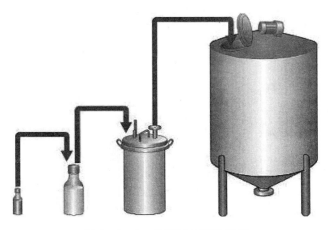

图 5 - 1 - 1   发酵剂的逐级培养

到最低限度,母发酵剂应该在有正压和配备空气过滤器的单独房间中制备。对设备的清洗系统也必须仔细地设计,以防清洗剂和消毒剂的残留物与发酵剂接触而污染发酵剂。中间发酵剂和生产发酵剂可以在离生产近一点的地方或在制备母发酵剂的房间里制备,发酵剂的每一次转接最好在无菌条件下操作。

（二）发酵剂制备工艺中的各个阶段

发酵剂的制备包括以下步聚(图 5 - 1 - 2 为发酵剂制备):

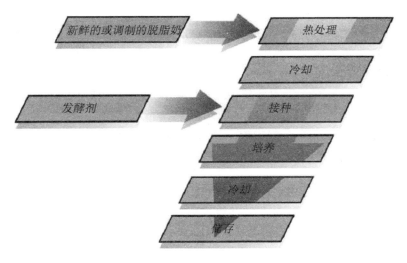

图 5 - 1 - 2   发酵剂制备流程

1. 培养基的热处理

制备发酵剂最常用的培养基是脱脂乳,但也可用特级脱脂乳粉按 9% ~ 12% 的干物质(DM)制成的再制脱脂乳替代。用新鲜的或再制脱脂乳做培养基的原因是发酵剂风味方面的反常现象更易表现出来。某些乳品厂也使用精选的高质量鲜乳做培养基。

用具有恒定成分的、无抗生素的再制脱脂乳做培养基比用普通脱脂乳做培养基更可靠。

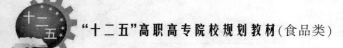

发酵剂制备的第一个阶段是培养基的热处理,即把培养基加热到 90～95℃,并在此温度下保持 30～45min。热处理能改善培养基的一些特性:

(1)破坏了噬菌体。
(2)消除了抑菌物质。
(3)蛋白质发生了一些分解。
(4)排除了溶解氧。
(5)杀死了原有的微生物。

2.冷却至接种温度

加热后,培养基冷却至接种温度。接种温度根据使用的发酵剂类型而定。重要的一点是按照商品发酵剂生产商推荐的温度或是根据经验决定最适温度。在培养多菌株发酵过程中,即使与最适温度有很小的偏差,也会对其中一种菌株的生长有益而对其他种不利,结果是使成品不能获的理想的典型特征。

常见的接种温度范围:嗜温型发酵剂为 20～30℃;嗜热型发酵剂为 42～45℃。

3.接种

经过热处理的培养基,冷却至所需温度后,再加入定量的发酵剂,这就要求接种菌确保发酵剂的质量稳定,接种量、培养温度和培养时间在所有阶段——母发酵剂、中间发酵剂和生产发酵剂中都必须保持不变。

与温度一样,接种量的不同也能影响会产生乳酸和芳香物质的不同细菌的相对比例。因此接种量的变化也经常引起产品的变化。所以每个生产厂家必须找出最适合实际情况的特殊生产工艺。

4.培养

当接种结束,发酵剂与培养基混合后,细菌就开始增殖——培养开始。培养时间是由发酵剂中的细菌类型,接种量等决定。发酵时间为 3～20h。最重要的一点是温度必须严格控制,不允许污染源与发酵剂接触。

在培养中,细菌增殖很快,同时发酵乳糖成乳酸。如果该发酵剂含有产香菌,在培养期间还会产生芳香物质,如:丁二酮、醋酸和丙酸、各种酮和醛、乙醇、酯、脂肪酸、二氧化碳等。

在培养期间,制备发酵剂的人员要定时检查酸度发展情况,并随程序要求检查以获得最佳效果。发酵乳生产中发酵剂的仔细处理是非常重要的,因此这一工作必须由技术熟练的人员去完成。

5.冷却

当发酵剂达到预定的酸度时开始冷却,以阻止细菌的生长,保证发酵剂具有较高活力。当发酵剂在接着的 6h 之内使用时,经常把它冷却至 10～20℃即可。如果贮存时间超过 6h,建议把它冷却至 5℃左右。

在大规模生产或在一班以上的生产中,为方便起见,最好每隔一定时间,如 4h,制备一次发酵剂,这样随时都有活力较强的发酵剂可用,也容易安排以后的工作,而且能始终保证高质量的成品。

6.贮存

为了在贮存时保持发酵剂的活力,已经进行了大量的研究工作,以便找出处理发酵剂的最好办法。普遍采用的方法是冷冻,温度越低,保存得越好。用液氮冷冻到 -160℃ 来保存发酵剂,效果很好。以下是常见的冷冻保存类型。

①冻干超浓缩发酵剂(直接用于生产);②深冻发酵剂;③冻干超浓缩发酵剂(为制备生产发酵剂);④深冻浓缩发酵剂(为制备生产发酵剂);⑤冻干粉末发酵剂(为制备母发酵剂)。

五、发酵剂的质量要求

1. 凝块应有适当的硬度,均匀而细滑,富有弹性,组织状态均匀一致,表面光滑,无龟裂,无皱纹,未产生气泡及乳清分离等现象。

2. 具有优良的风味,不得有腐败味、苦味、饲料味和酵母味等异味。

3. 若将凝块完全粉碎后,质地均匀,细腻滑润,略带黏性,不含块状物。

4. 按规定方法接种后,在规定时间内产生凝固,无延长凝固的现象。测定活力(酸度)时符合规定指标要求。

第三节　酸乳的生产工艺

一、原料

用于酸乳生产的牛乳必须具有最高卫生质量,细菌含量低,无阻碍酸乳发酵的物质,牛乳不得含有抗生素,噬菌体,CIP 清洗剂残留物或杀菌剂。因此乳品厂用于制作酸乳的原料奶要经过选择,并对原料乳进行认真的检验。

根据 FAO/WHO 准则,牛乳的脂肪和固形物含量通常要标准化。基本原则如下:

(一)脂肪

酸乳的含脂率范围可以在 0 ~ 10% 的范围内,而 0.5% ~ 3.5% 的含脂率是最常见的。

(二)固形物

根据 FAO/WHO 标准,最小非脂乳固体含量为8.2% ,总干物质的增加,尤其是蛋白质和乳清蛋白比例的增加,将使酸乳凝固得更结实,乳清也不容易析出。

二、辅料

(一)脱脂乳粉(全脂奶粉)

质量高,无抗生素、防腐剂,一般添加量为 1% ~ 1.5% 。

(二)稳定剂

亲水性胶体能结合乳,它们能增加酸乳的稠度,防止乳清析出。稳定剂的类型和添加的比例必须由每个生产厂家通过试验和经验来决定,如果稳定剂使用错误或过量,会导致产品成为坚硬的橡胶状胶体。

正常情况下,天然酸乳不需要添加稳定剂,因为它会自然形成具有高黏度的、结实的、稳定的胶体,在果料酸乳里可加稳定剂,而巴氏杀菌酸乳则必须添加稳定剂。酸乳中最常用的稳定

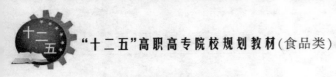

剂有:果胶、明胶、淀粉、琼脂等,用量为 0.1% ~0.5%。

（三）糖及果料

一般用蔗糖或葡萄糖作为甜味剂,其添加量一般以 6.5% ~8% 为宜。

果料的种类很多,如果酱,其含糖量一般在 50% 左右。

三、原辅料的预处理

（一）脱气

用于发酵乳制品的牛乳中空气含量越低越好,然而,如果为增加非脂乳固形物含量而添加乳粉时,混入一些空气是不可避免的,所以添加乳粉后应该脱气。

（二）均质

对以制作发酵乳制品的牛乳进行均质的目的主要是为了阻止奶油上浮,并保证乳脂肪均匀分布。即使脂肪含量低,均质也能改善酸乳的稳定性和稠度。均质和随后的热处理(一般是 90 ~95℃)对发酵乳的黏稠度有很好的效果。

均质所采用的压力以 20 ~25MPa 为好。

（三）热处理

牛奶在接种发酵剂以前需要进行热处理,这是为了:

1. 改善作为细菌培养基的牛奶的性能。

2. 保证成品酸乳的凝块结实。

3. 防止成品乳清析出。

原料奶经过 90 ~95℃(可杀死噬菌体)并保持 5min 的热处理效果最好。

四、生产工艺

不同类型酸乳的生产工艺相差较大,常见的凝固型、搅拌型、饮料型酸乳生产步骤如图 5 –1 –3。

（一）搅拌型酸乳

图 5 –1 –4 是搅拌型酸乳典型的连续性生产线,产量相对较大。

1. 培养

接种是造成酸乳受微生物污染的主要环节之一,因此严格注意操作卫生,防止细菌、酵母、霉菌、噬菌体及其他有害微生物的污染。接种时充分搅拌,使发酵剂与原料乳混合均匀。

典型的搅拌型酸乳生产的培养时间为 2.5 ~3h,42 ~43℃。

产品的温度应在 30min 内从 42 ~43℃冷却至 15 ~22℃。

冷冻和冻干菌种直接加入酸乳培养罐时培养时间在 43℃,4 ~6h(考虑到其迟滞期较长)。

发酵终点判定:观察发酵乳表面的状态,只要表面呈均匀的凝固样,并且有少量乳清析出,即可初步判断接近发酵终点,再测定 pH4.6 时即可停止发酵。

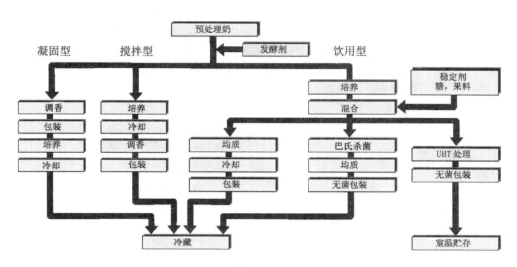

图 5 - 1 - 3　凝固型、搅拌型、饮用型酸乳生产步骤图

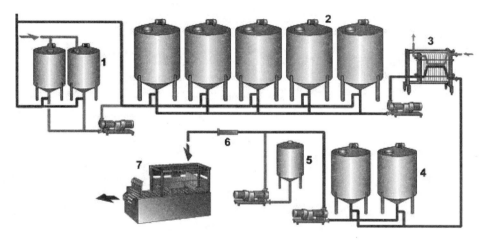

图 5 - 1 - 4　搅拌型酸乳的生产线

1—生产发酵剂罐;2—发酵罐;3—片式冷却器;4—缓冲罐;5—果料/香料;6—混合器;7—包装

2. 冷却

破碎凝胶体,使凝胶体的粒子直径达到 0.01 ~ 0.4mm,并使酸乳的硬度和黏度及组织状态发生变化。搅拌速度不可过快,时间不宜过长。

冷却目的是抑制乳酸菌的生长、降低酶的活性、防止产酸过度、使酸乳逐渐凝固、降低和稳定脂肪上浮和乳清析出的速度。将发酵乳迅速降温至 15 ~ 20℃。

3. 调味

冷却到 15 ~ 22℃以后,准备包装。果料和香料可在酸乳从缓冲罐到包装机的输送过程中加入(图 5 - 1 - 5)。

果料应尽可能均匀一致,并可以加果胶作为增稠剂,果胶的添加量不能超过 0.15%,相当于在成品中含 0.05% ~ 0.005% 的果胶。

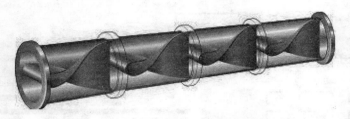

图 5 - 1 - 5   安装在管道上的果料混合装置

4. 包装、冷藏

采用相应灌装机进行灌装后的成品置于 0 ~ 5℃冷藏 12 ~ 24h,进行后熟,以产生良好的风味。

(二)凝固型酸乳

图 5 - 1 - 6 是凝固型酸乳典型的连续性生产线。

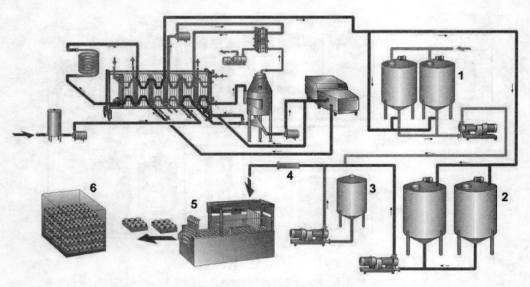

图 5 - 1 - 6   凝固型酸乳的生产线
1—生产发酵剂罐;2—缓冲罐;3—香精罐;4—混合器;5—包装;6—培养

1. 调味

冷却到 15 ~ 22℃以后,准备包装。果料和香料可在酸乳从缓冲罐到包装机的输送过程中加入。

果料应尽可能均匀一致,并可以加果胶作为增稠剂,果胶的添加量不能超过 0.15%,相当于在成品中含 0.05% ~ 0.005% 的果胶。

2. 包装

市场上的产品包装体积也各不相同,生产要求包装能力与巴氏杀菌容量要匹配,以便使整个车间获得最佳生产条件。

3. 培养

灌装后的包装容器放入敞口的箱子里,互相之间留有空隙,使培养室的热气和冷却室的冷气能到达每一个容器。箱子堆放在托盘上送进培养室。在准确控制温度的基础上,能够保证质量的均匀一致。

4. 冷却

当酸乳发酵至最适 pH(典型的为 4.5)时,开始冷却,正常情况下降温到 18~20℃,这时的关键是要立刻阻止细菌的进一步生长,也就是说在 30min 内温度应降至 35℃ 左右,在接着的 30~40min 内把温度降至 18~20℃,最后在冷库把温度降至 5℃,产品贮存至发送。

冷却的效果要参照包装个体的大小、包装的设计和材料、包装箱堆放的高度、每一个箱子之间的空间和箱子的设计等。如果堆放的高度为 1m,那么垛间的空十字部分通风面积必须占总面积的 25% 以上,空十字部分越小,需要的气流越大,消耗的能量也越大。

在培养期间,托盘(箱子)是静止的,它们被放在发酵间里,放置的原则是先进先出。一般培养时间为 3~3.5h,非常重要的一点是在最后的 2~2.5h 期间,产品不能遭受机械扰动,因为这时最容易出现乳清分离。冷却能力应该能充分达到上述温度要求。

以下作为一个参考:

小包装(0.05~0.2kg/体积)总冷却时间大约 60~70min;

大包装(0.5kg/体积)总冷却时间大约 80~90min。

最终,不管培养/冷却室是什么类型,凝固型酸乳在冷库里要冷却在 5℃ 左右。

(三)饮用型酸乳

现在在许多国家流行一种低黏度,可饮用的酸乳,正常情况下脂肪含量低。三种常见的生产流程见图 5-1-7。

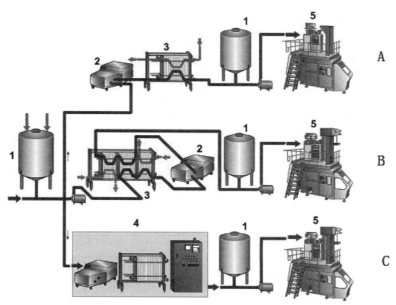

图 5-1-7　饮用型酸乳的生产线

1—发酵罐/缓冲罐;2—均质机;3—冷却器/巴氏杀菌器;4—UHT 设备;5—包装

三种可选流程特点及货架期如下：

A. 均质→冷藏→灌装,货架期:冷藏 2 ~ 3 周。

B. 均质→巴氏杀菌→无菌灌装,货架期:冷藏 1 ~ 2 月。

C. 均质→ UHT →无菌灌装,货架期:室温数月。

饮用酸乳生产中,酸乳用普通方法制作,接下来进行搅拌,冷却至 18 ~ 20℃,然后再送到缓冲罐,这是要在图中所示生产流程以前完成,在罐里,稳定剂和香精与酸乳混合。酸乳混合可用不同的方法,取决于产品需要的货架期。

第四节 酸乳的质量控制

一、原料乳的质量控制

生乳应符合国家标准 GB 19301—2010 中的规定。如表 5 - 1 - 2 表所示:

表 5 - 1 - 2 原料乳的国家标准

项　　目		指　　标
脂肪含量/%		3.1
相对密度(20℃/4℃)	≥	1.028
酸度(以乳酸计)/%	≤	0.162
杂质度/(mg/kg)	≤	4
汞含量/(mg/kg)	≤	0.01
三聚氰胺含量/(mg/kg)	≤	2.5

二、酸乳的质量控制

酸乳应符合国家标准 GB/19302 中的规定,如下所示。

(一)感官指标

呈乳白色或稍带淡黄色,具有清香纯净的乳酸味,凝块稠密结实均匀,无气泡,允许少量乳清析出。

(二)理化指标

酸乳的理化指标见表 5 - 1 - 3。

表 5 - 1 - 3 酸乳理化指标

项　　目		指　　标
脂肪/%	≥	3.10
酸度(以乳酸计)/%		0.63 ~ 0.99
汞(以 Hg 计)/(mg/kg)	≤	0.01

（三）微生物指标

酸乳的微生物指标见表5-1-4。

表5-1-4　酸乳的微生物指标

项　　　目		指　　标
大肠菌群/（个/mL）	≤	90
致病菌（系指肠道致病菌及致病性球菌）		不得检出

（四）酸乳的成分标准

酸乳的成分标准见表5-1-5。

表5-1-5　我国酸乳成分标准

项　　　目		纯酸乳	调味酸乳	果料酸乳
脂肪含量	全脂≥	3.1	2.5	2.5
	部分脱脂	1.0~2.0	0.8~1.6	0.8~1.6
	脱脂≤	0.5	0.4	0.4
蛋白质含量	≥	2.9	2.3	2.3
非脂乳固体	≤	8.1	6.5	6.5

三、酸奶常见的质量缺陷

（一）砂化

从酸奶的外观看，出现粒状组织。产生砂化的原因有：
（1）发酵温度过高。
（2）发酵剂（工作发酵剂）的接种量过大，常大于3%。
（3）杀菌升温的时间过长。

（二）风味

常见的风味缺陷有：
（1）无芳香味。
（2）酸乳的不洁味。
（3）酸乳的酸甜度。
（4）原料乳的异臭。
风味不佳的原因：
（1）保加利亚乳杆菌和嗜热乳杆菌的比例不适当。
（2）生产过程中污染了杂菌。
（3）酸甜比例不适当。

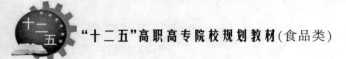
（三）表面有霉菌生长

酸乳贮藏时间过长或温度过高时,往往在表面出现有霉菌。黑斑点易被察觉,而白色霉菌则不易被注意。这种酸乳被人误食后,轻者有腹胀感觉,重者引起腹痛下泻。

（四）口感差

优质酸乳柔嫩、细滑,清香可口。但有些酸乳口感粗糙,有砂状感。原因:生产酸乳时,采用了高酸度的乳或劣质的乳粉。

（五）乳清析出

原因:
(1)原料乳的干物质含量过低。
(2)生产过程中震动引起,另外是运输途中道路太差引起。
(3)蛋白质凝固变性不够,是由于缺钙引起。

（六）发酵不良

原因:原料乳中含有抗生素和磺胺等药物,以及病毒感染。
控制措施:用于生产发酵乳制品的原料乳,必须作抗生素和磺胺等抑制微生物生长繁殖的药物的检验。

 本章小结

酸乳又名酸牛乳或酸奶,作为众多的发酵乳产品中当今最为流行的乳制品。近几年来,酸乳消费呈现良好的增长趋势,市场前景广阔。

本章介绍了酸乳的定义、分类、营养价值及市场情况,并重点介绍了几种产量较大、市场占有率较高的酸乳生产工艺,原料处理、发酵剂制备两个环节各类型酸乳相差不大,但是不同类型酸乳,发酵、罐装、调香的工艺相差很大,造成成品酸乳的口感、货架期相差较大。生产中要根据需要科学选择工艺条件。

 思 考 题

1.酸乳按照生产工艺可以分为几种? 各自的特点是什么?
2.发酵剂在酸乳的制备过程中起到了什么作用?
3.酸乳的原料是什么? 有什么要求?
4.凝固型酸乳和搅拌型酸乳工艺上有什么不同之处?
5.列举常见的酸乳产品缺陷。

阅读小知识

现在酸奶已是一种流行于全世界的乳制品,为广大消费者所喜爱。我国酸奶年产已达42万吨,全球年产超过800万吨。由于酸奶独特的风味、细腻的质构和营养保健功能越来越引起人们关注。不过酸奶并非新产品而是一种古老的乳制品,其发源地在欧亚分界的土耳其。

酸奶与伊斯兰教紧密相关。其发明者是古代土耳其伊斯兰教圣徒。酸奶被古代伊斯兰教徒叫做约古特,是供奉天主天使以及星月的圣洁乳品。土耳其传统的酸奶是以脂肪含量高的羊奶为原料制成,乳脂肪可以在制好了的酸奶表面上浮一层,状如稀奶油,口感细腻,具有浓厚的乳香。如果将这种酸奶用1%浓度的食盐水等量混合稀释,即形成一种饮用液体酸奶,称为"爱兰"。而将酸奶盛入布袋中吊起自然除去乳清,又可得到一种叫"陶尔巴"的酸乳凝块,也称为过滤酸奶。将陶尔巴压榨,加5%食盐拌匀,然后自然风干10日左右,就成为库鲁特。

冬季酸奶,也可叫做保藏酸奶。通常是在夏季制作,冬季食用。这是因为土耳其古时都采用绵羊奶制酸奶,而冬季绵羊不产奶,必须在夏秋季节大量制作。它制作方法是将酸奶在搅拌中加热,再加2%～3%食盐,然后放在陶罐中,上面用橄榄油覆盖后保藏。

还有一种叫土勒母酸奶。是用羊皮袋盛装羊奶,每日向里面注加羊奶。经过2～3日,再加一些食盐,在袋中发酵而成。这是在土耳其农民家中常用的一种处理剩余羊奶的方法。

第二章 干酪的生产技术

【知识目标】

1. 了解干酪的定义及发展概况。
2. 了解干酪的分类及营养成分。
3. 掌握干酪加工技术及制作要点。
4. 掌握干酪的质量控制。

第一节 绪 论

一、干酪定义及发展概况

干酪是指在乳(牛乳、羊乳及其脱脂乳、稀奶油等)中加入适量的乳酸菌发酵剂和凝乳酶,使乳蛋白(主要是酪蛋白)凝固后排除乳清,并将凝块压成所需形状而制成的产品。制成后未经发酵成熟的产品称为新鲜干酪;经长时间发酵成熟而得到的产品称为成熟干酪。

据文献记载,干酪食品于公元前 6000～7000 年起源于伊拉克的幼发拉底河和底格里斯河区域,以牛、羊乳作为干酪的生产原料。早期的游牧民族以动物皮装牛羊乳,由于天气炎热,乳糖发酵使乳变酸产生凝乳,他们将凝乳排出乳清或加盐以延长其保质期,即形成干酪的雏形。原料奶自然发酵变酸形成凝乳,用布袋等工具排出乳清后形成固态凝乳,加盐后成为干酪。随着人们对乳的进一步认识,在制作干酪过程中常用皱胃酶、无花果树汁和醋作为凝乳剂,随后又发展到用蓟花、番红花籽、百里香和菠萝提取物凝乳。

由于游牧民族的习性或瘟疫、冲突、战乱等导致人们大量迁徙,把一方的干酪加工技术带到了其他地方,使干酪得到较快的推广。到 19 世纪中期,美国农场开始出现专门制造干酪的作坊,农场主将过剩的牛奶制成大量干酪,以备保存。英国于 1870 年建立了首家干酪加工厂。至 19 世纪末才开始对干酪的加工工艺进行科学研究,最早一部系统介绍干酪加工技术的论著发表于 1899 年(由 F. J. Llogd 著),论著系统介绍了地理、降雨量、牧场、管理、干酪加工缺陷和已有的加工系统。

进入本世纪干酪加工有了较迅猛的发展,目前在发达国家生乳近半数以奶酪形式消费,是乳制品中总耗奶量最大的产品,世界范围内干酪产量逐年上升,受到世界各族人民的喜爱,其发展势头超过其他乳制品。

我国乳制品工业是食品工业的重要组成部分,已成为增长最为强劲的食品工业之一。干酪作为乳制品中附加值最高的产品,随着我国经济进一步发展,市场前景非常广阔,潜力巨大。

二、干酪的分类

干酪的种类繁多,随着新产品开发,干酪的种类每年都在增加。许多干酪根据出产地而命名,导致一种干酪在不同国家和不同时间有不同名称或是几种完全不同的干酪却拥有同一个名称,人们很难按其实际意义进行分类。干酪的分类方法随干酪质地、脂肪含量、成熟情况、外观形状等而异。

(一)按干酪的成分和质地分类

按干酪的成分和组成可将干酪分为如下类型,见表 5-2-1 所示。其中普通硬质干酪最受人们喜爱,其产量占到干酪生产总量的90%以上。

表 5-2-1　按干酪的成分和组成分类

干酪类型	非脂成分中水分含量/%	干基脂肪含量/%
超硬(高脂型)	<41	>60
硬质(全乳型)	49~55	45~60
半硬(半脂型)	53~63	25~45
半软(低脂型)	61~68	10~25
软质(脱脂型)	>67	>10

注:非脂成分中水分含量(%)=干酪中的水分重量/(干酪重量-干酪中的脂肪重量)

干基脂肪含量(%)=干酪中的脂肪重量/(干酪重量-干酪中的脂肪重量)

(二)按干酪是否成熟分类

按干酪的成熟特征可将干酪分为成熟干酪和未成熟干酪。成熟干酪是指生产出来后不能马上食用,而是在一定的温度、湿度下贮存一定时间,通过一系列的生理生化反应而制得的干酪。未成熟型包括新鲜干酪,指生产后不久就可以食用的干酪。

(三)按照凝乳方法不同分类

按照凝乳方法不同可将干酪分为酸凝干酪和酶凝干酪。酸凝干酪是指在 30~32℃ 条件下,使用酸进行凝乳,而不添加凝乳酶的干酪。通常使用乳酸菌发酵剂产酸,也有的添加葡萄糖内酯来进行酸化。酶凝干酪只添加凝乳酶,不添加乳酸菌发酵剂。所得干酪成品 pH 偏高,为了保证产品质量,贮藏保鲜过程中对卫生状况及冷藏条件要求较严格。

(四)国际分类

目前国际最普遍的分类方法通常把干酪分为:天然干酪、融化干酪和干酪食品。

1. 天然干酪

天然干酪是以乳、稀奶油、部分脱脂乳、酪乳或它们的混合物为原料,添加乳酸菌、凝乳酶使之凝固后切块,排除乳清,再经压榨成型、盐渍等工序制得的新鲜或成熟的产品。允许添加部分天然香辛料。

2. 融化干酪

融化干酪也称加工干酪,是把一种或混合两种以上的天然干酪,添加(或不添加)食品卫生标准允许的添加剂,经粉碎、加热熔化,加乳化剂,搅拌使之乳化,浇灌包装而制成的产品。含

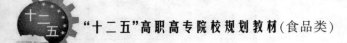

乳固体40%以上。允许添加稀奶油、奶油或乳脂来调整脂肪含量;允许添加调味料或其他食品进行调味,但添加量必须控制乳固体的1/6以内;不得添加脱脂奶粉、全脂奶粉、乳糖、干酪素以及不是来自于乳中的脂肪、蛋白质、碳水化合物。

3. 干酪食品

用一种或一种以上的天然干酪或融化干酪,添加(或不添加)食品卫生标准允许的添加剂,经粉碎、混合、加热融化而制成的产品。产品中干酪数量占50%以上。添加不是来自于乳中的脂肪、蛋白质、碳水化合物时,添加量不得超过产品的10%。

三、干酪的营养价值

干酪含有丰富的蛋白质、脂肪、氨基酸、维生素、矿物质等成分,是一类营养价值很高的发酵乳制品。干酪中蛋白质含量为20%~35%,由于在成熟过程中蛋白发生一系列生化反应,因而易于在人体内消化,消化率为92.6%~97.5%,而全脂牛奶中蛋白质的消化率只有91.9%。大多数干酪脂肪含量30%左右,但胆固醇含量很低,通常低于0.1%。干酪中富含钙、磷等矿物质,每100g干酪含钙800mg,是牛奶的6~8倍,并且富含维生素A、B_2、B_{12}和叶酸。干酪富含多种营养成分,容易消化吸收,且不易导致肥胖,因此被营养学家认为是理想的食品。

干酪可促进儿童和青少年生长发育,抗龋齿,防止老年人骨质疏松,并有利于维持人体肠道内正常菌群的平衡和稳定,增进消化功能,防止腹泻和便秘,具有降低血液内胆固醇及防癌等作用。

第二节 干酪的生产工艺

一、天然干酪的生产工艺

(一)天然干酪的一般工艺流程

天然干酪的生产工艺基本相同,只是在个别工艺环节上有所差异。生产一些特殊品种干酪时,可采用一些特殊的处理方法。干酪生产工艺流程如下。

原料乳→预处理→标准化→杀菌→冷却→加发酵剂→发酵→调整酸度→加氯化钙

成熟←盐渍←压榨成型←排除乳清←加温←搅拌←凝乳切块←加凝乳酶←加色素

上色挂蜡

(二)天然干酪工艺操作要点

1. 原料乳的预处理

生产干酪的原料必须是健康牛产的新鲜优质的牛乳,经过感官检查、酸度测定或酒精试验,必要时进行抗生素试验,不得使用近期注射过抗生素的奶畜分泌的乳。检查合格后,进行相应原料乳的预处理。生产干酪对原料乳的品质要求如表5-2-2所示。

表 5 - 2 - 2　生产干酪对原料乳的品质要求

项　目	指　标
感官质量(色泽、滋味、气味)	色泽正常,无异味
酸度	<18°T
酒精试验	72%酒精试验呈阴性
抗生素	呈阴性
乳成分	总固形物≥11.2%,脂肪≥3.1%
细菌总数	≤500 000 CFU/mL

　　(1)净乳　净化的目的是为了从乳中除去杂质。某些形成芽孢的细菌,在巴氏杀菌时不能杀灭,对干酪的生产和成熟造成很大危害。如丁酸梭状芽孢杆菌在干酪的成熟过程中产生大量气体,破坏干酪的组织形态,且产生不良风味。用离心除菌机进行净乳处理,不仅可以除去乳中大量杂质,而且可以将乳中90%的细菌除去,尤其对菌体芽孢特别有效。通常不用均质,因为均质会导致水分大幅度上升,很难生产硬质和半硬质类型的干酪。

　　(2)标准化　原料奶中的含脂率直接影响干酪中脂肪的含量。为了保证每批干酪的质量均一、组成一致、偏差减少,在加工之前要对原料乳进行标准化处理。生产干酪时对原料乳的标准化,首先要准确测定原料乳的乳脂率和酪蛋白的含量,调整原料乳中的脂肪和非脂乳固体之间的比例,使其比值符合产品要求。一般用稀奶油和脱脂乳调整使酪蛋白与脂肪的比例控制在 0.7 左右。

　　(3)原料乳的杀菌　杀菌的目的是为了消灭乳中的致病菌和有害菌,使酶类失活,使干酪质量稳定安全;加热杀菌的过程中可使部分白蛋白凝固,留存于干酪中,可以增加干酪的产量。杀菌温度高低直接影响干酪的质量,杀菌温度过低杀菌效果差,干酪在成熟过程中容易变质;杀菌温度过高,时间过长,受热变性的蛋白质增多,破坏乳中盐类平衡,会使凝乳酶产生的凝块松软,收缩作用变弱,形成水分过高的干酪。因此,在实际生产中多采用63℃、30min 的保温杀菌或71～75℃、15s 的高温短时杀菌。为了确保杀菌效果,防止和抑制丁酸菌等产气芽孢菌,在生产中常添加适量的硝酸盐(硝酸钠或硝酸钾)或过氧化氢,但过多的硝酸盐能抑制发酵剂的正常发酵,还会影响干酪的成熟速度、色泽和成品风味。

　　2. 添加发酵剂和预酸化

　　通过添加发酵剂,发酵乳糖产生乳酸,提高凝乳酶的活性,缩短凝乳时间;促进切割后凝块中乳清排除;更重要的是发酵剂在成熟过程中,利用本身的各种酶类促进干酪成熟;防止杂菌繁殖。用于生产干酪的乳酸发酵剂,随干酪种类而异。最主要的菌种有乳酸链球菌、乳油链球菌、干酪杆菌、丁二酮链球菌、嗜酸乳杆菌、保加利亚乳杆菌,以及噬柠檬酸明串珠菌等。通常选取其中两种以上的乳酸菌配成混合发酵剂,加入杀菌乳中。

　　原料乳经杀菌后,直接泵入干酪槽中,干酪槽具有加热和冷却功能。将干酪槽中的牛乳冷却到 30～32℃,根据干酪产品的质量和特征,选择合适的发酵剂种类和组成,然后按操作要求加入活化好的发酵剂,加入量为原料的 1%～2%,边加入边搅拌,并在 30～32℃条件下充分搅拌 3～5min。为了促进凝固和正常成熟,加入发酵剂后应进行短时间的发酵,保证充足的乳酸菌数量,此过程称为预酸化。发酵 30～60min 后,最后酸度控制在 0.18%～0.22%即可。发酵剂的添加量应根据具体情况反复试验确定,如原料奶的情况、发酵时间长短、干酪达到的酸度和水分等等。

3. 加入添加剂

为了抑制原料乳中的杂菌,改善凝固性能,提高产品质量,在生产过程中需要添加添加剂。

(1)氯化钙 原料乳的凝结需有足够的钙离子存在,钙离子不足时,凝块松散,切割后将产生大量的细粒,导致部分蛋白质流失,脂肪损失也很严重,凝块收缩能力差,且残留乳清排放不好,有大量残留,发酵后可能使干酪变酸。钙离子浓度也不能过高,否则形成的凝块太硬,难以切割。一般情况下100kg的原料乳添加5～20g氯化钙(可先配成10%的溶液),以调节盐类平衡,促进凝块的形成。

(2)盐酸(调整酸度) 添加发酵剂并经过30～60min发酵后,酸度为0.18%～0.22%,但该发酵酸度很难控制稳定一致。为使干酪成品质量一致,生产上一般用1mol/L的盐酸调整原料乳的酸度,一般调整到0.21%左右。但具体的酸度值应根据干酪的品种而定。

(3)硝酸盐 干酪原料乳中含有大量产气菌,会发生异常发酵,可通过添加硝酸盐(硝酸钠或硝酸钾)来防止和抑制这些菌的生长和繁殖。但添加量应精确计算,不宜过多,因为过多添加硝酸盐会抑制发酵剂中的菌种生长,影响干酪的成熟。一般100kg的原料乳添加20g硝酸盐。

(4)色素 牛乳的色泽会随季节和所喂饲料的不同而变化。为了使产品的色泽一致(即微黄色),需在原料乳中加适量的色素,现多使用胭脂树橙的碳酸钠浸出液,用量随季节而定,通常每1000kg原料乳中加30～60g浸出液。

4. 添加凝乳酶和凝乳的形成

凝乳是干酪加工的一个重要环节,一般添加皱胃酶或胃蛋白酶进行凝乳。通常按凝乳酶的活力测定值和原料重量计算出酶的用量。用1%的食盐水将酶配成2%的溶液,加入到原料乳中,充分搅拌2～3min加盖,并在28～30℃下保温约30min,使乳凝固并达到要求。

添加凝乳酶后在32℃条件下静置30min左右,即可使乳凝固,形成凝乳。

5. 凝块切割

静置凝乳时间一般为30min左右,乳凝固后,凝块达到适当硬度时,使用干酪刀将凝乳切割成0.7～1.0cm³的小立方体,称为凝块切割。

可通过以下方法判断切割开始时间:用刀在达到适当硬度的凝乳表面切割出深约为2cm、长约为5cm的小口,用食指斜向从切口的一端插入凝块中约3cm,当手指向上挑时,如果切面整齐平滑,指上无小片凝块残留,且渗出的乳清澄清透明时,即可开始切割。时间过早过晚对干酪的得率和质量均会产生不良影响。

切割时须用干酪刀,干酪刀分为水平式和垂直式两种,钢丝刀刃间距一般为0.79～1.27cm。干酪刀的间距越大,干酪凝块越大,最终成品的水分越高;反之,干酪刀的间距越小,凝块越小,最终成品的水分就越低。因此可以说,切割的目的是为了增大凝块的表面积,加快乳清的排出速度,控制最终成品水分。切割时先沿着干酪槽长轴用水平式刀平行切割,再用垂直式刀沿长轴垂直切割,再沿短轴垂直切割,使其切成0.7～1.0cm³的小立方体。

6. 凝块的搅拌及加温

凝块切割后凝块具有相互相集的倾向,为了促进干酪颗粒中乳清的排放,要对切割后的凝块进行搅拌及加温,同时加热过程中,一些产酸杂菌的生长和繁殖也受到了抑制。

可用酪耙或干酪搅拌器轻轻搅拌,由于凝块较脆弱,操作时注意动作轻稳,防止将凝块碰碎。经过 15min 后,搅拌速度可稍微加快。同时,在干酪槽的夹层中通入热水,使温度逐渐升高并进行严格控制,初始时每 3~5min 升高 1℃,当温度升至 35℃ 时,则每隔 3min 升高 1℃。当温度达到最终要求(具体由干酪的品种而定),停止加热并维持一段时间,并继续搅拌。例如,契达干酪从 30℃ 升到 39℃,需要的时间是 45~60min,而保温时间也是 45~60min。在整个升温过程中,应不停地搅拌,以促进凝块的收缩和乳清的渗出,防止凝块沉淀或粘连。但升温的速度不宜过快,否则干酪凝块收缩过快,表面形成硬膜,导致颗粒内外硬度不一致,影响乳清的渗出,使成品水分含量过高;在升温过程中还应不断地测定乳清的酸度,以便控制升温和搅拌的速度。

7. 排除乳清

在搅拌升温的后期,乳清的酸度达 0.17%~0.18%,凝块收缩至原来的一半大小,干酪粒已达到一定硬度,这时可根据经验用手检查凝乳颗粒的硬度和弹性来决定是否马上排出乳清。若乳清酸度未达到就过早排放,会影响后序的干酪成熟;而酸度过高则产品过硬,并带有酸味。排放乳清时要防止凝块的损失,排乳清有多种方式,不同的方式得到的干酪组织结构不同。常用的方式有捞出式、吊带式和堆积式三大类。

乳清排出后,将干酪粒堆积在干酪槽的一端或专用的堆积槽内,上面用带孔木板或木锈钢板压 5~10min,压出部分乳清使其成块,这一过程称为堆积。此操作应按干酪品种的不同而采取不同的方法。

排除的乳清脂肪含量一般约为 0.3%,蛋白质含量为 0.9%。若脂肪含量在 0.4% 以上,证明操作不理想,应将乳清回收,作为副产物进行综合加工利用。

8. 压榨成型

压榨是指对装在模中的凝乳颗粒施加一定的压力。压榨可进一步排掉乳清,使凝乳颗粒成块,使干酪成形,同时表面形成坚硬的外皮。压榨可利用干酪自身的重量来完成,也可用专门的干酪压榨机来进行。将堆积后的干酪块切成方砖形或小立方体,装入干酪压榨机的成型器中进行压榨。干酪成型器的形状和大小据干酪的品种而定,成型器周围设有小孔,便于乳清渗出。压榨的压力与时间也随干酪的品种各异。先进行预压榨,一般压力为 0.2MPa~0.3MPa,时间为 20~30min。预压榨后视情况,可再进行一次预压榨或直接正式压榨。将干酪反转后装入成型器内,在 0.4MPa~0.5MPa 的压力下压榨 12~24h,温度控制在 10~15℃(有的品种要求在 30℃ 左右)。压榨结束后所得的干酪称为生干酪。为保证干酪质量的一致性,压力、时间、温度和酸度等参数在生产每批干酪的过程中都必须保持恒定。

9. 加盐

加盐可以改变干酪的风味、组织状态和外观,延缓乳酸发酵的进程,抑制腐败微生物的生长,同时排出内部乳清或水分,增加干酪硬度,起到控制干酪成品中水分的作用。加盐的量应按成品含盐量确定,一般在 1%~3%。干酪加盐的方法有:

(1)干盐法:在定型压榨前,将所需的食盐撒布在干酪粒中,并在干酪槽中混合均匀,此法干酪的含水量增高,质地柔软,乳清含盐量高,不利于乳清处理;将食盐涂布在压榨成型后的干酪表面,此法会阻止眼孔的形成,耗时,不容易定量。

(2)湿腌法:将压榨成型后的生干酪置于盐水池中腌渍。盐水的浓度第一天到第二天为 17%~18%,以后保持在 20%~23% 的浓度。为了防止干酪内部产生气体,盐水的温度应保持

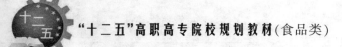

在8℃左右。腌渍时间一般为4~6天。

(3)混合法:是指在定型压榨后先涂布食盐,过一段时间后再浸入食盐水中的方法。

10. 干酪的成熟

将生鲜干酪置于一定温度和湿度条件下,经一定时期,在乳酸菌等有益微生物和凝乳酶的作用下,干酪发生一系列物理和生物化学变化的过程,称为干酪的成熟。成熟的主要目的是改善干酪的组织状态、外观和营养价值,增加干酪的特有风味。成熟干酪一般局限于用凝乳酶凝乳制成的干酪。

新鲜干酪如农家干酪和稀奶油干酪一般是不需成熟的,而契达干酪、瑞士干酪等则需要成熟。不同干酪成熟时要求的温度、湿度和时间长度差别很大。干酪的成熟通常在成熟室内进行,一般为5~15℃,相对湿度65%~80%,软质干酪达90%;一般成熟时间为1~4个月,而硬质干酪长达6~8个月。成熟时低温比高温产品风味要好,但所需时间较长。

在成熟过程中,干酪凝块中的微生物和酶水解蛋白质、乳糖以及其他成分,使不溶性的蛋白质转变成可溶性的多肽形式,部分脂肪转变成脂肪酸和甘油,形成柔软、有韧性的质地和清香风味。成熟过程中,干酪内部的氧很快被微生物耗尽,在大约两周之内乳糖被转变成其他成分,使成熟干酪中乳糖的含量急剧下降。成熟过程会有大量活性物质产生,如肽、氨基酸、脂肪酸以及羰基化合物等,这些成分以一定数量和比例存在,从而构成了成熟干酪典型的风味。

11. 上色挂蜡

成熟的干酪,为了防止水分损失、避免外界污染、抑制霉菌生长和增加美观,需要进行包装。将成熟后的干酪清洗干净后,将掺有食用色素的石蜡在160℃的高温下进行挂蜡,如我国生产的荷兰硬质干酪用红色石蜡涂色。为了食用方便和防止形成干酪皮,半硬干酪和软质干酪常用食用塑料膜进行热缩密封或真空包装。

12. 贮藏

多数成品干酪在5℃及相对湿度80%~90%的条件下贮藏。

(三)干酪常见缺陷

干酪的常见缺陷可分为物理性、化学性及微生物性缺陷。

1. 物理性缺陷

(1)质地干燥:干酪中水分排出过多所致,凝乳切割过小,搅拌时温度过高,酸度过大,处理时间较长及原料乳含脂率低等都会导致制品干燥。对此除改进加工工艺外,可采用石蜡或塑料包装等。

(2)组织疏松:组织疏松即凝乳中存在裂缝。当酸度不够,乳清残留于凝块中压榨时或最初成熟时温度过高,均能引起这种缺陷。可采用充分加压及低温成熟加以防止。

(3)脂肪渗出:由于脂肪过量存在于凝乳块中而产生。

(4)斑点:操作不当引起。在不同阶段的搅拌应严格控制转速及时间。

(5)发汗:即在成熟过程中干酪渗出液体。由于干酪内部的游离液体及压力过大所致。

2. 化学性缺陷

(1)金属性黑变:由铁、铅等金属离子引起产生黑色硫化物。干酪质地的不同而呈现绿、灰、褐等颜色。操作时保持设备、模具的清洁,还要注意外部污染。

(2)桃红或赤变:使用色素时,色素与干酪中的硝酸盐结合而成颜色更浓的有色化合物,应注意色素的选用及其添加量。

3. 微生物性缺陷及其防止方法

（1）酸度过高：由发酵剂中的微生物引起。防止酸度过高可采用降低发酵温度并加入适量食盐以抑制发酵剂菌种的生长；将凝乳切成更小的颗粒或高温处理，以迅速排除乳清，缩短制造时间。

（2）干酪液化：干酪中存在液化酪蛋白的微生物，使干酪液化。

（3）发酵产气：由微生物引起干酪产生大量气孔。在成熟前期产气是由于大肠杆菌污染，后期产气则是由于梭状芽孢杆菌、丙酸菌及酵母菌繁殖产生气体。可将原料乳离心除菌或使用产生乳酸链球菌肽的乳酸菌作为发酵剂，也可添加硝酸盐，调整干酪水分和盐分等。

（4）苦味生成：产生苦味的乳酸菌或非发酵剂菌及酵母都可能引起干酪苦味。此外，高温杀菌也易产生苦味，其原因为凝乳酶向干酪中转移的较多所致。凝乳酶添加量大及成熟温度高也可能导致产生苦味。

（5）恶臭：干酪中如存在厌气性芽孢杆菌，会分解蛋白质生成硫化氢、硫醇、亚胺等物质产生恶臭味。生产过程中要防止这类菌的污染。

（6）酸败：由污染微生物分解乳糖或脂肪等产酸引起。污染菌主要来自原料乳、牛粪及土境等。

二、融化干酪的生产工艺

将同一类或不同种类两种以上的天然干酪，经粉碎、加乳化剂、加热搅拌、充分乳化、浇灌包装而制成的产品叫融化干酪，又称再制干酪或加工干酪。它是由瑞士在20世纪初首先生产的，目前这种干酪的消费量占世界干酪总量的60%～70%。

从质地上来看，融化干酪可以分为块型和涂布型两类。前者质地较硬，酸度高，水分含量低；后者则质地较软，酸度低，水分含量高。此外，融化干酪加工中还可以添加多种调味成分，如胡椒、辣椒、火腿、虾仁等，因此具有多种不同的口味。融化干酪的脂肪含量通常占总固体物的30%～40%，蛋白质含量20%～25%，水分为40%左右。

融化干酪具有以下特点：①将不同组织和不同成熟度的干酪适当配合，制成质量一致的产品；②由于在加工过程中进行加热杀菌，食用安全、卫生，并且具有良好的保存特性；③集各种干酪为一体，组织和风味独特；④大小、重量、包装能随意选择，并且可以添加各种风味物质和营养强化成分，较好地满足消费者的需求；⑤包装材料密封良好，贮藏中重量损失少。

（一）融化干酪的一般工艺流程

融化干酪的加工工艺流程如下所示：
原料选择→原料预处理→切割→粉碎→加水→加乳化剂→添加色素→加热融化
出厂←检验←成熟←静置冷却←浇灌包装

（二）融化干酪的工艺操作要点

1. 原料干酪的选择
一般选择成熟的硬质干酪如荷兰干酪、契达干酪和荷兰圆形干酪等作为原料。对于原料的要求与直接食用的干酪相同,但表面颜色、组织状态、大小和形状有缺陷的干酪也可以用,有异味、腐败变质的干酪绝对不能使用。

选用原料要注意各种干酪之间的搭配,如质地、成熟度、水分含量、风味等。为满足融化干酪制品的风味及组织结构,一般成熟 7 ~ 8 个月的干酪(此种原料干酪风味较浓)占原料干酪的20% ~ 30%,为了保持制品组织滑润,成熟 2 ~ 3 个月的原料干酪占 20% ~ 30%,搭配中间成熟度的干酪约 50%,使平均成熟度一般在 4 ~ 5 个月,含水分 35% ~ 38%,可溶性氮 0.6% 左右。过熟的干酪由于容易结晶析出氨基酸或乳酸钙,最好不用。

2. 原料干酪的预处理

预处理包括去掉干酪的包装材料,削去表皮,清拭表面、洗涤等,要在预处理车间进行。

3. 切割粉碎

先将原料干酪切成块状,用混合机混合,然后用粉碎机粉碎成 4 ~ 5cm 的面条状,再在磨碎机中处理。

4. 熔融、乳化

一般在融化锅中进行,在融化锅中加入适量的水,通常为原料干酪重的 5% ~ 10%。成品含水量为 40% ~ 55%,但还应防止加水过多造成脂肪含量的下降。按配料要求加入适量的调味料、色素等,然后加入预处理粉碎后的原料干酪,开始进行加热。当温度达 50℃ 左右,加入1% ~ 3% 的乳化剂,如磷酸钠、柠檬酸钠、偏磷酸钠和酒石酸钠等。这些乳化剂可以单用也可以混用,其中磷酸盐能提高干酪的保水性,可形成光滑的组织状态;柠檬酸钠有保持颜色和风味的作用。将温度升至 60 ~ 70℃,保温 20 ~ 30min,使原料干酪完全融化。加热融化时应保持一定的真空度,以除去不良风味,同时调整最终产品的水分含量。如需调整酸度,可以用乳酸、柠檬酸、醋酸等调节 pH 到 5.6 ~ 5.8 之间,不得低于 5.3。

在此过程中应保持杀菌的温度,一般为 60 ~ 70℃、20 ~ 30min,或 80 ~ 120℃、30s 等。加热应速度快,同时保持搅拌,使乳化更完全并防止结焦。乳化终了时,应检测水分、风味等,然后抽真空进行脱气。

5. 充填、包装

经乳化杀菌后的干酪,应该趁热进行充填包装。包装材料多选用玻璃纸、涂蜡玻璃纸、铝箔、偏氯乙烯薄膜等。对块状干酪,采用缓慢冷却法,以形成坚实质地;对涂布型的干酪则需要迅速冷却,最好通过冷却隧道,以保证良好的涂布性。冷却后在 0 ~ 5℃ 的条件下贮存。

6. 贮藏

包装后的成品融化干酪,应静置在 10℃ 以下的冷藏库中定型和贮藏。

(三)融化干酪的缺陷及防治方法

1. 砂状结晶

砂状结晶中 98% 是磷酸三钙为主的混合磷酸盐。这种缺陷产生的原因是混入粉末乳化剂时分布不均匀,乳化时间短等;当原料干酪的成熟度过高或蛋白质分解过度时,容易产生难溶的氨基酸结晶。

防止方法:乳化剂全部溶解后再使用、乳化时间充分、乳化时搅拌均匀、追加成熟度低的干酪等措施可以克服这种缺陷。

2. 脂肪分离

表现为干酪表面有明显的油珠渗出。主要原因为乳化时处理温度低,乳化时间短;原料干酪成熟过度,脂肪含量高;原料干酪水分含量低,pH 低,脂肪容易分离;长时间存放,组织发生变化;过度低温贮放,导致干酪冻结引起脂析出。

防止方法:加工过程中提高乳化温度和时间,添加低成熟度的原料干酪,增加水分和提高 pH,防止贮存温度过低。

3. 过硬或过软

过硬是由于所用的原料干酪成熟度低,酪蛋白的分解量少,补加水分少和 pH 过低,以及脂肪含量不足,熔融乳化不完全,乳化剂的配比不当等;过软是由于原料干酪的成熟度、加水量、pH 及脂肪含量过高而产生的。

防止方法:原料干酪的平均成熟度控制在 4~5 个月,成品含水量在 40%~55%,调整最终产品的 pH 在 5.6~5.8 之间。

4. 膨胀和产生气孔

干酪刚加工之后产生气孔,是由于乳化不足引起的;保藏中产生的气孔及膨胀,主要是污染了酪酸菌等产气菌。因此应尽可能地使用高质量的干酪作为原料,提高乳化温度,采用可靠的灭菌手段。

5. 异味

产生异味的主要原因是原料干酪质量差,加工工艺控制不严格,保藏措施不当。因此,在加工过程中,要保证不使用质量差的原料干酪,正确掌握工艺操作,成品在冷藏条件下保藏。

第三节　干酪的质量控制

一、干酪的质量标准

干酪的品种很多,其质量标准也各不相同,一般依据我国现有的 GB 5420—2010《食品安全国家标准　干酪》执行,该标准适用于以牛乳为原料,经杀菌、添加发酵剂、凝乳、成型、发酵等过程而制得的产品。

用于制造凝乳硬质干酪的原料乳、发酵剂、凝乳酶、食盐、色素、食品添加剂、石蜡等均应符合相应标准的要求。

(一)感官指标

感官指标包括滋味及气味、组织形态、纹理图案、色泽、外形和包装,根据其特征按照百分制评定,最终得出感官指标的评分,评分标准见表 5-2-3 所示。感官评分在 87 分以上为特级干酪(其中滋味气味最低得分 42 分),感官评分在 75 分以上为一级干酪(其中滋味气味最低得分 35 分)。

表5-2-3 硬质干酪感官指标评分标准

项 目	分数	特 征	得 分
滋味气味	50	具有该种干酪特有的滋味和气味,香味浓郁	50
		具有该种干酪特有的滋味和气味,香味良好	49~48
		滋味和气味良好,香味较淡	47~45
		滋味和气味合格,香味较淡	44~42
		具有饲料味	41~38
		具有异常酸味	44~40
		具有霉味	41~38
		具有苦味	41~35
		氧化味	41~32
		有明显的其他异味	41~35
组织形态	25	质地均匀,软硬适度,组织极细腻,有可塑性	25
		质地均匀,软硬适度,组织细腻,可塑性较好	24
		质地基本均匀,稍软或稍硬,组织较细腻,有可塑性	23
		组织粗糙,较硬	22~16
		组织状态疏松、易碎	20~17
		组织状态呈碎粒状	19~15
		组织状态呈皮带状	15~20
纹理图案	10	具有该种干酪正常的纹理图案	10
		纹理图案略有变化	9~8
		有裂痕	7~5
		有网状结构	6~5
		契达干酪具有孔眼	4~7
		断面粗糙	5~3
色泽	5	色泽呈白色或黄色,有光泽	5
		色泽略有变化	3~4
		色泽有明显变化	1~2
外形	5	外形良好,具有该种产品正常的形状	5
		干酪表皮均匀、细致,无损伤,无粗厚表皮层,有石蜡混合物涂层或塑料膜真空包装	5
		无损伤但外形稍差者	4
		表皮涂蜡有散落	4~3
		表皮有损伤	4~3
		轻度变形	4~3
		表面有霉菌者	3~2
包装	5	包装良好	5
		包装合格	4
		包装较差	3~2

（二）理化指标

硬质干酪的理化指标如表 5 - 2 - 4 所示。

表 5 - 2 - 4　硬质干酪的理化指标

项　目	指　标
水分	≤42%
脂肪	≤25%
食盐	1.5% ~ 3.5%
汞	按鲜乳折算≤0.01mg/kg

（三）微生物指标

硬质干酪的微生物指标如表 5 - 2 - 5 所示。

表 5 - 2 - 5　硬质干酪的微生物指标

项　目	指　标
大肠杆菌（近似数）	每 100g 中的个数≤40
霉菌数	每 1g 中的个数≤50
致病菌	不得检出

　　凡感官、理化和微生物指标等某一项或两项以上指标不合格，又不至于作为废品处理时，可作为等外品或作为融化干酪的原料。凡带有腐败味、霉味、化学药品味和石油产品味等异味或检出致病菌的产品，均作为废品处理。

二、干酪的质量控制措施

　　1. 原料要求：对原料乳严格验收，确保原料乳的成分及微生物指标符合生产的要求。

　　2. 生产要求：按照生产工艺要求进行操作，严格控制工艺指标，保证产品的感官、理化和微生物指标均符合相应的标准。

　　3. 生产设备：设备要符合生产需求，及时对设备、器具进行清洗消毒，防止微生物污染。

　　4. 包装贮藏：包装应安全、卫生、方便；贮藏条件应符合规定指标。

　　5. 生产环境：确保清洁的生产环境，防止外界因素造成产品污染。

 本章小结

　　干酪是在乳（牛乳、羊乳及其脱脂乳、稀奶油等）中加入适量的乳酸菌发酵剂和凝乳酶，使乳蛋白（主要是酪蛋白）凝固后排除乳清，并将凝块压成所需形状而制成的产品。国际通常把干酪分为：天然干酪、融化干酪和干酪食品。

　　本章重点介绍了天然干酪和融化干酪的加工工艺及其质量控制。

思考题

1. 什么是干酪？国际上对干酪是怎么分类的？
2. 天然干酪的加工工艺及操作要点？
3. 天然干酪成熟过程中都有哪些变化？
4. 天然干酪常见的缺陷都有哪些？怎样来防止这些缺陷的产生？
5. 融化干酪的加工工艺及操作要点？
6. 融化干酪的缺陷及防止方法有哪些？
7. 干酪的质量控制指标有哪几类？

 阅读小知识

世界上著名的干酪品种及特性

1. 农家干酪　这种干酪是以脱脂乳、浓缩脱脂乳或脱脂奶粉的还原乳为原料加工制成的一种不经成熟的新鲜软质干酪。成品水分含量80%以下(通常70%~72%)。成品中常加入稀奶油、食盐、调味料等,作为佐餐干酪,一般多配制成色拉或糕点。以美国产量最大,法、英也有生产。

2. 契达干酪　这种干酪原产于英国的Cheddar村,是以牛乳为原料,经细菌成熟的硬质干酪。现在美国大量生产,成品水分39%以下,脂肪32%,蛋白质25%,食盐1.4%~1.8%。

3. 荷兰干酪　原产于荷兰的Gouda村,是以全脂牛乳为原料,经细菌成熟的硬质干酪。目前各干酪生产国都有生产,其口感、风味良好,组织均匀。成品水分在45%以下。

4. 荷兰圆形干酪　是荷兰北部Edam市所生产的一种硬质干酪,目前许多国家都有生产。它是以全脂牛乳和脱脂牛奶等量混合而产生的一种细菌成熟硬质干酪,成熟期在半年以上,成品水分含量35%~38%。

5. 法国浓味干酪　原产于法国的Camembert村,是世界上最著名的品种之一,属于表面霉菌成熟的软质干酪,内部呈黄色,根据不同的成熟度,干酪成蜡状或稀奶油状。产品口感细腻,咸味适中,具有浓郁的芳香风味。成品中水分43%~54%,食盐2.6%。

6. 瑞士干酪　是以牛奶为原料,经细菌发酵成熟的一种硬质干酪。产品富有弹性,稍带甜味,是一种大型干酪。由于丙酸菌的作用,成熟期间产生大量的CO_2,在内部形成许多小孔。含水40%以下。该产品美国产量很大,丹麦、瑞典都有生产。

7. 帕尔玛干酪　是原产于意大利Parmesan市的一种细菌成熟的特硬质干酪。一般为2次成熟,需要3年左右的时间。水分25%~30%,保存性良好。

8. 法国羊乳干酪　原产于法国的Roquefort村。是以绵羊乳为原料制成的半硬质干酪。属于霉菌成熟的青纹干酪。美国、加拿大、英国、意大利等也生产类似产品。

9. 稀奶油干酪　以稀奶油或稀奶油与牛乳混合物为原料而制成的一种浓郁、醇厚的新鲜非成熟软质干酪。成品中添加食盐、天然稳定剂和调味料等。一般水分48%～52%,脂肪33%以上,蛋白质10%,食盐0.5%～1.2%。可以用来涂布面包或配制色拉和三明治等,主要产于英国、美国等。

10. 比利时干酪　这种干酪具有特殊的芳香味,是一种细菌表面成熟的软质干酪。成品水分含量在50%以下,脂肪26.5%～29.5%,蛋白质20%～24%,食盐1.6%～3.2%。

11. 德拉佩斯特干酪　原产于南斯拉夫,又称修道院干酪。以新鲜全脂牛乳制造,有时也混入少量的绵羊乳或山羊乳,是以细菌成熟的半硬质干酪。成品内部呈淡黄色,风味温和。水分45.9%,脂肪26.1%,蛋白质23.3%,食盐1.3%～2.5%。

12. 砖型干酪　起源于美国,是以牛乳为原料的细菌成熟的半硬质干酪,成品内部有许多圆形或不规则形状的孔眼。水分44%以下,脂肪31%,蛋白质20%～23%,食盐1.8%～2.0%。

第三章　几种新型发酵乳制品生产工艺

【知识目标】

1. 了解益生菌定义及发展概况。
2. 了解益生菌制品。
3. 掌握双歧酸奶的制作技术及生产过程控制。
4. 了解大豆酸奶的工艺流程。

第一节　益生菌制品的生产

　　益生菌是通过改善宿主肠道微生物菌群的平衡而发挥作用的活性微生物制剂,又称微生态调节剂、生态制品、活菌制剂。由一种或几种微生物组成,存在于温血动物的肠道,并抵御肠道疾病。这种菌群的组成受膳食和环境因素的影响。益生菌具有改善肠道菌群结构,抑制病原菌,生成营养物质,提高机体免疫力,消除致癌因子,降低胆固醇和血压,改善乳糖消化性等功能。因此,益生菌对于人类的营养和健康具有重要的意义。益生菌及其制品正日益受到人们的重视,并成为乳品微生物研究的热门课题。但由于肠道内缺乏足够的益生菌基质,这种调节能力非常短时、有限,而益生元能促进它们的生长。

　　益生元是通过选择性刺激肠道内一种或几种有益细菌活性或促进其生长的不可消化食品(配料)。益生元包括不可消化的低聚半乳糖、低聚果糖、菊粉、转半乳糖苷低聚糖等,广泛存在于普通食物中,如低聚果糖就广泛存于小麦、洋葱、香蕉、蜂蜜、大蒜、韭菜等。益生元不仅能促进益生菌生长、提高其活性,而且还具有膳食纤维功能,能调节脂肪等代谢。益生菌和益生元结合在一起形成共生元,即产品同时包括低聚果糖和双歧杆菌。

　　在一些生态制剂中,既含益生菌又有益生元,这种制剂优点显著,使益生作用更显著持久。国际上将这一类产品定名为合生素。合生素是今后发展的一个方向。

　　随着对益生菌不断深入地研究,益生菌的应用日益广泛。在乳制品中主要用于酸奶、奶酪、奶油、干酪、微生态制剂等的生产。酸奶的发酵菌种以保加利亚乳杆菌和嗜热链球菌为最优组合。随着加工技术的发展,传统意义上的酸奶已有更为广泛的内涵,如干制酸奶、冷冻酸奶、杀菌酸奶均属于酸奶的范畴。新型酸奶以及多种发酵乳制品不断涌现。芬兰、挪威、荷兰等上市的新型功能性酸奶、干酪、乳杆菌酸奶已上市销售,双歧杆菌酸奶、嗜酸乳杆菌酸奶已被消费者接受。酪乳类制品、浓缩酸奶制品和酵母发酵产品正成为开发热点。

一、益生菌的种类

　　目前,国内外常用的益生菌菌种多为乳酸菌,包括双歧杆菌、乳酸杆菌和一些球菌等。此外,还有明串珠菌属、足球菌属、丙酸杆菌属、芽孢杆菌属的一些菌种也可用于益生菌。乳品中常用的益生菌主要有:

（一）双歧杆菌属

在人体肠道众多微生物菌群中双歧杆菌是典型的益生菌。迄今为止,已发现30余种。目前,常用于微生态制剂的双歧杆菌包括青春双歧杆菌、两歧双歧杆菌、婴儿双歧杆菌、长双歧杆菌和短双歧杆菌等。

（二）乳杆菌属

乳酸杆菌中常用的益生菌有保加利亚乳杆菌、干酪乳杆菌、嗜酸乳杆菌、植物乳杆菌、发酵乳杆菌和乳酸乳杆菌等。

（三）球菌

乳品生产中用到的球菌有链球菌属中的嗜热链球菌,乳球菌属中的乳酸乳球菌乳亚种。

二、益生菌制品

近年来,全球功能性食品中有65%左右强化益生菌,其产品涉及乳制品(包括鲜牛乳和发酵牛乳)、果汁、干酪、乳粉、功能食品、冰淇淋和乳制品甜点等。日本规定产品的益生菌含量达到 $1 \times 10^7 CFU/g$(或 CFU/mL)以上才能成为益生菌制品。

（一）益生菌酸牛乳

传统酸牛乳发酵剂不能定殖在肠道中,添加益生菌到酸牛乳中能弥补这个缺憾。目前,益生菌酸牛乳已经成为最主要的益生菌制品。生物酸牛乳是含有益生菌的酸牛乳,含有嗜酸乳杆菌和双歧杆菌的酸牛乳,又称为 AB 酸牛乳。

AB 酸牛乳的加工工艺流程:全脂/低脂/脱脂牛乳(蛋白含量3.6%~3.8%)→均质(65~75℃)→加热杀菌(80~90℃,5min)→冷却(40~45℃或37℃)→接种2%、发酵(45℃、3.5h或37℃、9h)→发酵结束、冷却、灌装(4℃)

（二）益生菌干酪

用于生产干酪的益生菌需要具备的条件:益生菌在生产加工过程中要保持足够活菌数,在长达2年的老化时间内能够保持活性,不引起任何不利影响(包括组分、风味和组织状态等方面),菌株能顺利通过人体消化系统而不被胃酸、胆汁酸和酶等抑制或杀死。

乳酸双歧杆菌和嗜酸乳杆菌可用于加工荷兰干酪,也可用作一种半软质的羊乳干酪发酵菌种。

（三）功能性食品

功能性食品一般都添加了益生菌、益生元、维生素和矿物质等营养或功能性物质。益生菌被严格限制用于以下产品:①含有活的益生菌产品(如冻干粉、保鲜或发酵类产品);②改善人体或动物体健康(包括促进动物生长)的产品;③影响宿主黏膜表面的产品,包括用于口腔和胃肠道(如食品、药丸和胶囊)、上呼吸道(如喷雾胶)等方面的相关产品。

三、益生菌在液态奶中的应用

含嗜酸乳杆菌和双歧杆菌的牛乳称为 AB 牛乳。含益生菌的乳制品主要是酸乳、干酪和发酵黄油等发酵产品。目前,也有将益生菌直接加入到中性牛乳中的,例如健能牌益菌乳(中国上海光明乳业股份有限公司)、芬兰的 Gefilus、克罗地亚的 BioAktiv 和意大利的 ViviVivo 等。益生菌牛乳的最大优点就是容易保证益生菌的活性。发酵类乳制品由于酸度偏低,反而会影响益生菌的生存活性。

AB 牛乳的加工工艺:全脂/低脂/脱脂牛乳(蛋白含量 3.6%~3.8%)→均质(65~75℃)→加热杀菌(巴氏消毒、HTST 等)→冷却(4~7℃)→接种 A、B 菌→灌装→冷藏(4℃)

对牛乳、乳饮料、发酵乳和乳酸菌饮料中的双歧杆菌进行的测试(10℃保存)表明,牛乳、乳饮料中双歧杆菌数为 10^7 个/mL,1 周后贮存含量基本不变;发酵乳在生产 4d 后双歧杆菌数量可达 10^4~10^7 个/mL;在其他许多制品中,4d 后无法检出双歧杆菌。因此选用牛奶作为 A、B 菌的载体,可以提高其存活率。双歧杆菌与嗜酸乳杆菌存在协同作用,可以促使双方存活下来。

双歧杆菌以乳制品(特别是牛乳)作为载体最为适宜。这是因为双歧杆菌通过消化道时,乳成分的缓冲作用优于其他食品,故以乳制品形式摄入的双歧杆菌经胃酸后死亡率最低;乳成分在肠道提供双歧杆菌优质的营养成分。

第二节　双歧酸奶的生产

双歧杆菌最初是由法国巴斯德研究所的 Henry Tissier(1899)从母乳喂养婴儿粪便中分离得到的。双歧杆菌在婴儿和成人肠道菌群的平衡方面发挥重要作用,能产生抑制非有益菌的有机酸,刺激肠道蠕动,调节肠道菌群的代谢;具有抗肿瘤作用;增强机体的非特异性和特异性免疫功能;具有营养功能;能控制内毒素血症和降低血清胆甾醇水平等作用。

由于认识到双歧杆菌对人体的有益作用,人们很早就开始从事双歧杆菌制品的开发和研究,德国早在 20 世纪 40 年代已将双歧杆菌制剂用于婴儿消化道疾病的防治。日本的第一个双歧杆菌制品是由森永乳业公司于 1971 年开发的,日本已成为世界上最大的双歧杆菌制品生产国,已生产的约有 70 多个品种,其中 50 种以上是乳制品,包括发酵乳、乳饮料、干酪、奶粉、酪乳、酸性稀奶油等。在法国、美国、印度、英国等许多国家双歧杆菌制品生产的增长都很快。前苏联还将双歧杆菌制成保健食品,供长期从事太空飞行的宇航员使用。双歧杆菌还被应用于发酵肉制品、蔬菜汁的制造及畜牧兽医领域,制成饲料添加剂用于小猪、犊牛、犬腹泻的预防和治疗。

双歧杆菌和其生长促进因子被用于婴儿食品和药品的加工以及发酵乳制品的生产。添加双歧增殖因子的婴儿食品已实现工业化生产;含两歧双歧杆菌和嗜酸乳杆菌的冷冻干燥物被用于治疗胃肠紊乱;含双歧杆菌的乳或酸奶或其他发酵制品越来越多;双歧增殖因子——功能性低聚糖已形成了较大的市场和产业。

双歧杆菌酸奶和普通酸奶的生产存在一定差异:①双歧杆菌在乳中的培养一般较为困难;②接种量和酵母发酵剂的用量大;③产品具有温爽口味;④产品凝结性差,黏度低;⑤双歧杆菌在低 pH 下贮存死亡速度快;⑥培养时间较长,产酸速度慢,需要较严格的灭菌处理等。

双歧酸奶除发酵剂、发酵条件不同于一般酸奶外,对原料要求、净乳、标准化、均质、杀菌均和一般酸奶相同。

一、发酵菌种和发酵剂

(一)纯双歧杆菌菌种的检验和选择

最常用的双歧杆菌菌种是两歧双歧杆菌,在许多情况下也应用长双歧杆菌。

1. 产酸能力

产酸速度(乳酸和醋酸)是双歧杆菌的重要特征之一。在产酸方面,不同菌株间存在较大的差异,在发酵过程中测定发酵剂的酸度和发酵时间的关系即产酸的速度。

2. 后发酵

后发酵是指在冷却和冷藏过程中酸奶继续产酸的过程,对后发酵有以下要求:

(1)酸奶的最终 pH 依所用菌种而明显不同,如最终 pH 可为 4.0 ~ 3.7、3.5 和 3.3。为防止酸奶在冷却和长时间贮存过程中过度酸化,选择的菌株最终 pH 不得低于 4.3。

(2)选用的双歧杆菌在低于 15℃时最好无代谢活性。

(3)双歧杆菌酸奶具有特征性的口味和风味,温和、芳香、稍辣,不同于普通酸奶风味,一般风味较普通酸奶差。所选用的双歧杆菌要不产生二乙酰、乙醛和 3 - 羟基丁酮等物质,而产生醋酸和乳酸。为了选用较优良的菌株必须进行感官鉴定。

(4)生长介质的要求。双歧杆菌菌株在牛乳中没有添加其他物质的情况下能够繁殖。

(5)选用的双歧杆菌发酵菌株具有一定的产黏性,能产生黏性物质,改善最终产品的黏度和均匀性。

(6)所选择的菌株可由生物技术特征(如最小、最适、最大生长温度;最低、最适、最高生长 pH;加工中最少的接种量;测定挥发性脂肪酸等)来判定是否用作生产菌种。

(二)菌种和母发酵剂的提供和保存

1. 生长的培养基

最常用的生长促进因子是酵母提取物和酵母自溶物,添加量在 0.1% ~ 0.5% 之间具有良好的生长促进作用,对发酵乳风味无不良影响。1% ~ 5% 的葡萄糖和酵母提取物一起添加可缩短凝固时间。添加 20% 胰蛋白酶消化乳可促进双歧杆菌的繁殖。

2. 双歧杆菌的培养

双歧杆菌的培养即发酵剂制备,主要是获得大量的菌体细胞并具有良好的产酸能力,为了防止菌体细胞和产酸能力的破坏,pH 不能低于 4.7 ~ 5.0,菌数至少达 10^8/mL。

二、发酵工艺条件的确定

(一)发酵剂接种量的选择

纯双歧发酵乳的生产采用 10% 的大接种量来进行直接接种,此法不需制备母发酵剂或中间发酵剂,也不需要进行母发酵剂的传代和保持;可防止混合发酵剂中杂菌的生长;发酵剂可免受污染,防止噬菌体生长和危害;发酵剂的活力高。

（二）发酵条件的选择

接种时菌浓度为 10^8 CFU/mL，pH 为 4.7。

1. 接种温度

接种温度的选择依赖双歧杆菌生长的最适温度、发酵时间、发酵物的终止酸度、菌种繁殖速度、所用的冷却设备等因素。

2. 培养时间

培养时间的选择依赖接种量、菌的繁殖能力、发酵酸化的速度和密度、接种温度、对数周期和传代时间等因素，要求在培养时间内至少获得 $10^7 \sim 10^8$ CFU/mL 的菌数，其次为防止杂菌生长应缩短培养时间。

3. 培养过程中发酵菌的繁殖

在酸奶加工过程中一般菌数达 10^9 CFU/mL，采用纯双歧杆菌发酵剂或混合发酵剂，发酵乳中双歧杆菌的量可达 $10^7 \sim 10^8$ CFU/mL。如果双歧杆菌的数量过少可能是由于菌种生长速度慢、发酵条件不是双歧杆菌生长的最适条件、培养时间相对较短、在混合发酵剂中缺乏同酸奶发酵剂的共生菌等。

4. 双歧发酵乳的冷却

双歧发酵乳在冷却过程中发生过度酸化的几率较少，双歧乳产酸慢于酸奶产酸，如果选择合适的菌株（pH 最小值4.3），不会发生过度产酸现象。

5. 双歧杆菌发酵乳的贮存

双歧发酵乳的贮存品质是由发酵剂、贮存温度、污染程度、污染菌的生长速度和包装质量等决定的。卫生状况、产品的后发酵和产品的最终 pH 和保质期密切相关，纯双歧发酵其后发酵较弱。

三、双歧杆菌酸奶常见缺陷

双歧杆菌酸奶常见缺陷发主要有以下几个方面；

（一）外观缺陷

表面有气孔、乳清析出现象。

（二）风味缺陷

太酸或太淡、酵母味、干酪味、酸败味、苦味、醋味和芳香味不足是其常见的风味缺陷。风味也受添加的生长因子的影响。

（三）质构缺陷

乳清析出、汤状，沙感或黏液状是常见的质构问题。

（四）卫生缺陷

大量污染微生物如大肠杆菌、酵母、霉菌的生长。

第三节　大豆酸奶的生产

大豆酸奶的生产由于原料和生产工艺不同,主要有两种生产方式,工艺流程如下所示。

豆酸奶产品→于 pH4.2～4.6、25℃浸泡大豆,溶解大豆中的部分糖、矿物质、酶类→用 pH9.0、55℃水溶液过滤和处理残留固形物→去除固体、分离清液→调 pH 至 6.7(有机酸调整)加糖、植物油、稳定剂、卵磷脂→均质→杀菌 116℃、4min→冷却至 40℃、接种→发酵 40℃、16h→冷却、产品 pH4.2～4.4

酸奶饮料→配料:酸奶浓缩液、大豆蛋白、蔗糖、水、氨基酸→杀菌 60～65℃、30min→冷却至 37℃、加发酵剂和果酱(料)→31℃培养、6h→冷却得 1.27%乳酸产品

本章小结

益生菌是通过改善宿主肠道微生物菌群的平衡而发挥作用的活性微生物制剂,益生菌主要包括双歧杆菌属、乳杆菌属、肠球菌属和其他一些菌种。益生菌产品涉及乳制品(包括鲜牛乳和发酵牛乳)、果汁、干酪、乳粉、功能食品、冰淇淋和乳制品甜点等方面。

双歧杆菌和其生长促进因子被广泛用于婴儿食品和药品的加工以及发酵乳制品的生产。双歧酸奶是双歧杆菌制品中的一种代表产品,双歧酸奶除发酵剂、发酵条件不同于一般酸奶外,对原料要求、净乳、标准化、均质、杀菌均和一般酸奶相同,生产双歧酸奶主要是发酵菌种和发酵剂、发酵条件的选择对酸奶中菌量及菌活性的影响。

大豆酸奶的生产由于原料和生产工艺的不同,主要有两种生产方式。

思考题

1. 益生菌的生理功能有哪些?
2. 益生菌都有哪些种类?
3. 益生菌都可以应用到哪些制品当中?
4. 双歧杆菌菌种检验与选择的标准是什么?
5. 双歧杆菌发酵工艺条件都包括哪些?

阅读小知识

益生菌小常识

目前市面上的益生菌产品主要有含益生菌的酸奶、酸奶酪、酸豆奶以及口服液、片剂、胶囊、粉末剂等。最方便的当算是饮品类。一般来说,每天喝 1 瓶(约 100ml,以每瓶 100 亿个活

性乳酸菌计)活性乳酸菌饮品就足以满足人体所需。

益生菌产品必须低温冷藏保存,这样才能最大限度地保持其中活性益生菌的数量。一般冷藏温度控制在 2~10℃左右,保质期在 1 个月内。益生菌的活性会随着温度升高而升高,并进入到发酵过程,长时间常温保存会引起制品中的活菌过度发酵,造成产品口味变化。当温度超过 60℃时,益生菌会进入衰亡阶段,因此要避免在温度太高或者直射光下保存,而且益生菌产品最好是在冷藏条件下取出后直接食用,避免高温加热。

益生菌产品虽然也可以单独食用,但以饭后食用为最佳。因为食物中和了部分胃酸,有利于活菌顺利到达肠道发挥其作用。胃酸过多的人、胃肠道手术后的病人、心内膜炎和重症胰腺炎患者不宜多喝益生菌酸奶,最好事先咨询医生;其他人则可以尽情享用。一般出生 3 个月后的婴幼儿即可开始逐渐补充一些含有益生菌的乳制品。对于孕期容易产生便秘等问题的孕妇,补充益生菌也是非常有帮助的。一般随着年龄增加,肠内有害菌增多,所以成年人及老年人适当补充益生菌是非常有益的。

第六篇　发酵果蔬制品生产工艺

第一章　绪　论

【知识目标】

1. 了解果蔬制品的发展概况。

2. 了解果蔬制品的分类。

3. 了解果蔬的营养组成成分。

一、果蔬制品发展概况

在日常生活中,果蔬可以说是人们赖以生存的主要食品。各种各样的水果蔬菜以它们独特的色、香、味、质地和它们所含有的营养成分来满足广大消费者的不同需要,特别是维生素、矿物质以及人们近年来所认识的食物纤维。在果蔬的加工贮藏过程中,其化学成分会发生各种各样的变化,有些变化是我们所需要的,但有些变化则对原料的保藏、产品的质量极为不利。这些不利因素的变化带来的结果是保质期的缩短、腐败变质的发生、营养成分的损失、风味色泽的变差及质地的变劣。在果蔬加工过程中,应该防止食品腐败变质,最大限度地保存食品中的营养成分,降低加工和贮藏过程的色、香、味和质地变化。因此,了解和掌握果蔬中的化学成分及其在加工中性质的变化,对合理选用加工工艺和参数具有重要意义。

近20年来,中国的果蔬加工业发展迅速,具有一定的技术水平和生产规模,取得了巨大的成就,果蔬加工业在农产品贸易中占据了重要地位。目前,中国果蔬产量已达7亿吨,跃居世界第一,产量不仅能满足国内消费者多元化的需求,还为国际市场提供了更多的选择。同时,中国的果蔬加工业已具备了一定的技术水平和较大的生产规模,外向型果蔬加工产业布局已基本形成。

目前,我国果蔬产品出口基地大都集中在东部沿海地区,近年来产业正向中西部扩展,"产业西移转"态势十分明显。我国的脱水果蔬加工主要分布在东南沿海省份及宁夏、甘肃等西北地区,而果蔬罐头、速冻果蔬加工主要分布在东南沿海地区。在浓缩汁、浓缩浆和果浆加工方面,我国的浓缩苹果汁、番茄酱、浓缩菠萝汁和桃浆的加工占有非常明显的优势,形成非常明显的浓缩果蔬加工带,建立了以环渤海地区(山东、辽宁、河北)和西北黄土高原(陕西、山西、河南)两大浓缩苹果汁加工基地;以西北地区(新疆、宁夏和内蒙)为主的番茄酱加工基地和以华北地区为主的桃浆加工基地;以热带地区(海南、云南等)为主的热带水果(菠萝、芒果和香蕉)浓缩汁与浓缩浆加工基地。直饮型果蔬及其饮料加工则形成了以北京、上海、浙江、天津和广州等省市为主的加工基地。而发酵型果蔬加工则形成了以四川、湖北、福建等省市为主的加工基地。

在果蔬汁加工领域,高效榨汁技术、高温短时杀菌技术、无菌包装技术、酶液化与澄清技术、膜技术等在生产中得到了广泛应用。果蔬加工装备,如苹果浓缩汁和番茄酱的加工设备基本是从国外引进的最先进设备。在直饮型果蔬汁的加工方面,中国的大企业集成了国际上最先进的技术装备,如从瑞士、德国、意大利等著名的专业设备生产商,引进利乐、康美包、PET 瓶无菌灌装等生产线,具备了国际先进水平。

在果蔬罐头领域,低温连续杀菌技术和连续化去囊衣技术在酸性罐头(如橘子罐头)中得到了广泛应用;引进了电脑控制的新型杀菌技术,如板栗小包装罐头产品;包装方面 EVOH 材料已经应用于罐头生产;纯乳酸菌的接种使泡菜的传统生产工艺发生了变革,推动了泡菜工业的发展。脱水果蔬领域:尽管常压热风干燥是蔬菜脱水最常用的方法,但我国能打入国际市场的高档脱水蔬菜大都采用真空冻干技术生产。另外,微波干燥和远红外干燥技术也在少数企业中得到应用。我国研制的真空冻干技术设备取得了可喜的进步,一些国内知名冻干设备生产厂家的技术水平已达到国际 20 世纪 90 年代同类产品的先进水平。

在速冻果蔬领域,近些年,我国的果蔬速冻工艺技术有了许多重大发展。首先是速冻果蔬的形式由整体的大包装转向经过加工鲜切处理后的小包装;其次是冻结方式开始广泛应用以空气为介质的吹风式冻结装置、管架冻结装置、可连续生产的冻结装置、流态化冻结装置等,使冻结的温度更加均匀,生产效益更高;第三是作为冷源的制冷装置也有新的突破,如利用液态氮、液态二氧化碳等直接喷洒冻结,使冻结的温度显著降低,冻结速度大幅度提高,速冻蔬菜的质量全面提升。在速冻设备方面,我国已开发出螺旋式速冻机、流态化速冻机等设备,满足了国内速冻行业的部分需求。

在发酵果蔬领域中,随着生活节奏的加快,市场需求的增加,中国泡菜都由原有的家庭式生产发展为工业化生产,泡菜的工业化生产除了生产工艺更加标准、统一,具有一定规模外,重要的一点是使用了纯种发酵,即将从泡菜中分离出来的乳酸菌作为发酵剂用于泡菜的发酵,根据感官实验的结果,这样制作的泡菜风味和总体接受程度都有所提高。

在果蔬物流领域,主要果蔬,如苹果、梨、柑橘、葡萄、番茄、青椒、蒜薹、大白菜等贮藏保鲜及流通技术的研究与应用方面基本成熟,MAP 技术、CA 技术等已在我国主要果蔬贮运保鲜业中得到广泛应用。

我国的果蔬罐头产品已在国际市场上占据绝对优势和市场份额,如橘子罐头占世界产量的 75% ,占国际贸易量的 80% 以上;蘑菇罐头占世界贸易量的 65% ;芦笋罐头占世界贸易量的 70% 。蔬菜罐头出口量超过 120 万吨,水果罐头超过 42 万吨。我国脱水蔬菜出口量居世界第一,年出口平均增长率高达 18.5% 。2003 年,我国脱水蔬菜出口 21.39 万吨,出口创汇 4.46 亿美元。出口的脱水蔬菜已有 20 多个品种。

速冻果蔬以速冻蔬菜为主,占速冻果蔬总量的 80% 以上,产品绝大部分销往欧美国家及日本,年出口平均增长率高达 31% ,年创汇近 3 亿美元。我国速冻蔬菜主要有甜玉米、芋头、菠菜、芦笋、青刀豆、马铃薯、胡萝卜和香菇等 20 多个品种。

发酵果蔬以韩国泡菜为例,泡菜出口到美国、日本、德国等 33 个国家,其中多数出口到日本。出口的泡菜中辣泡菜占 92.3% ,萝卜类占 7.1% ,其他占 0.6% 。每年韩国泡菜出口创汇高达一亿多美元。

我国已在果蔬汁产品标准方面制定了近 60 个国家标准与行业标准(农业行业、轻工行业和商业行业),这些标准的制定以及 GMP 与 HACCP 的实施,为果蔬汁产品提供了质量保障;在果蔬罐头方面,已经制定了 83 个果蔬罐头产品标准,而对于出口罐头企业则强制性规定必须进行 HACCP 认证,从而有效保证了我国果蔬罐头产品的质量;在脱水蔬菜方面,我国已制定

NY 5184《无公害食品脱水蔬菜》等标准,以保证脱水蔬菜产品的安全卫生;在速冻果蔬方面,我国已制定了一批速冻食品技术与产品标准,包括无公害食品速冻葱蒜类蔬菜、豆类蔬菜、甘蓝类、瓜类蔬菜及绿叶类蔬菜标准,并正在大力推行市场准入制;在果蔬物流方面,与蔬菜有关的标准目前已制定了 269 项,其中蔬菜产品标准 53 项,农残标准 52 项,有关贮运技术的标准10 项。

我国是世界上果品和蔬菜生产大国,果蔬产业是我国农业种植中的第一大产业,果蔬加工由简单人工加工发展到精深加工,由单一品种发展到多营养搭配复合生产品种。打造具有国际竞争优势的现代化果蔬加工产业,是我国政府调整农业结构、增加农民收入的方式之一。

二、果蔬制品的分类

目前,随着经济的不断发展,相关技术日益提高,果蔬制品的种类也越来越多样化,其主要包括以下几种类型:

(一)果蔬的罐藏制品

1. 糖水水果罐头

水果处理后注入糖液制成,制品较好地保持了原料固有的形状和风味。常见的产品有糖水橘子、糖水菠萝、糖水龙眼、糖水枇杷、糖水荔枝、糖水葡萄、糖水染色樱桃、糖水桃(黄、白)、糖水洋梨、糖水杏、糖水海棠、糖水芒果、糖水草莓、什锦水果、糖水哈密瓜、干装苹果等。

2. 果酱类罐头

通常分泥状和块状两种。将果实去皮、去核(芯)、软化、磨碎或切成块状(草莓整粒),加入砂糖熬煮(含酸及果胶量低的水果可适量加酸及果胶),经加热浓缩至可溶性固形物达 65% ~70%。

3. 蔬菜罐头

常见蔬菜罐头有清渍类、醋渍类、调味类、盐渍类、番茄制品等。

(二)果蔬的冻藏制品

速冻保藏是将经过预处理的果蔬原料用快速冷冻(−25 ~ −35℃)的方法,将其温度迅速降低到冻结点以下的某一预定温度,使果蔬中的大部分水分形成冰晶体,然后在 −18 ~ −20℃的低温下贮藏。速冻保藏目的是尽可能地保存果蔬的风味和营养素(保持其新鲜特性)。

(三)果蔬的干制品

干制方法可分为自然和人工干燥两大类。大部分果蔬均可干制(除芦笋、黄瓜、番茄等)。对原料的总体要求:果品干物质含量高,纤维素含量低,风味好,核小皮薄;蔬菜原料要求肉质厚,组织致密,粗纤维少,新鲜饱满,色泽好,废弃部分少。不同的果蔬种类和品种原料选择和处理方法不同。

(四)果蔬的腌制品

制作方式主要有糖渍和盐腌两种。腌制保藏原理:高浓度的食盐或食糖溶液降低水分活度,提高渗透压,从而选择性控制微生物的活动和发酵,抑制腐败菌的生长。产品主要包括:果脯蜜饯、泡菜、酸菜、咸菜和酱菜等。

1. 果脯蜜饯

蜜饯加工的主要工序是加糖煮制,作用是使糖分充分渗透至果实中,煮制时间与加糖浓度和次数因品种而异,煮制技术直接影响产品品质和产量。分常压和真空煮制,常压又分一次和多次煮制。

2. 泡菜

利用食盐的高渗透压作用、微生物发酵作用、蛋白质分解作用以及其他的生物化学作用,变化复杂且缓慢。常见的有益发酵类型有:乳酸发酵、酒精发酵、醋酸发酵。有害的发酵及腐败有:丁酸发酵、不良乳酸发酵、细菌腐败、有害酵母、好氧旋生霉腐败。

三、果蔬的组成成分

果蔬的化学成分十分复杂,按在水中的溶解性质可分为两大类:一类为水溶性成分,另一类为非水溶性成分。

水溶性成分:糖类、果胶、有机酸、单宁物质、水溶性维生素、酶、部分含氮物质、部分矿物质等。

非水溶性成分:纤维素、半纤维素、原果胶、淀粉、脂肪、脂溶性维生素和色素、部分含氮物质、部分矿物质和有机酸盐等。

(一)碳水化合物

碳水化合物主要包括糖、淀粉、纤维素、半纤维素、果胶等。

1. 糖类

主要是蔗糖、葡萄糖、果糖。仁果和浆果类中还原糖较多,核果类中蔗糖含量较高,坚果类中糖含量较少,蔬菜中(除甜菜之外)糖的含量较少。在较高的 pH 或较高温度下,蔗糖会生成羟甲基糠醛、焦糖等,还原糖易与氨基酸和蛋白质发生美拉德反应,生成黑色素,使果蔬制品发生褐变,影响产品质量。

2. 淀粉

蔬菜中薯类的淀粉含量最高(20%),水果基本不含(除了香蕉)。淀粉糊化,影响淀粉含量高的原料加工成清汁类罐头或果蔬汁(引起沉淀,甚至汁液变成糊状)。糊化的淀粉会进一步老化(凝沉),可利用淀粉酶将淀粉水解。

3. 果胶物质

果胶是构成细胞壁的主要成分,也是影响果实质地的重要因素。果实的软硬程度和脆度与原料中果胶含量及存在形式密切相关。果胶溶液黏度较高,一方面,果胶含量高的原料生产果汁时,取汁困难,措施:水解果胶,提高出汁率;另一方面,对于浑浊型果汁具稳定作用,对果酱具增稠作用

4. 纤维素与半纤维素

纤维素是植物细胞壁的主要成分,对果蔬的形态起支持作用。不能被人体消化,但能促进肠的蠕动。在加工中影响产品的口感,使饮料和清汁类产品产生浑浊。

(二)有机酸

果蔬中主要的有机酸有:柠檬酸、苹果酸、酒石酸,通称为果酸。果蔬原料及果蔬加工中主

要使用有机酸,其中酒石酸酸性最强。酸感的产生与酸的种类和浓度有关,还与体系的温度、缓冲效应和其他物质的含量有关。体系缓冲效应增大,可增大酸的柔和性(加工过程中同时使用有机酸及其盐类)。糖和酸的含量及糖酸比影响果蔬制品的风味。

酸与加工工艺的选择和确定关系密切:影响酶褐变和非酶褐变;影响花色素、叶绿素及单宁色泽的变化;与铁、锡反应,腐蚀设备和容器;加热时,促进蔗糖和果胶等水解;是确定罐头杀菌条件的主要依据之一。

（三）含氮物质

主要是蛋白质和氨基酸,果实中的含量较少。

蛋白质和氨基酸的存在是美拉德反应的基础。控制措施:pH、还原糖含量、温度、蛋白质和氨基酸含量、亚硫酸盐。酪氨酸不参与美拉德反应,是酶促褐变的重要底物。蛋白质在加工中易发生变性而凝固、沉淀,尤其是在饮料和清汁类罐头加工中。控制措施:适当的稳定剂、乳化剂及酶法改性,蛋白质与单宁物质产生絮凝。蛋白质和氨基酸与果蔬制品的风味密切相关,尤其对饮料口味的影响。

（四）单宁物质

单宁(鞣质)是具有涩味、能产生褐变及与金属离子产生褐变的物质,属于酚类化合物,其结构单体主要是邻苯二酚、邻苯三酚及间苯三酚。单宁与果蔬及其制品的风味和色泽的变化关系密切。

（五）色素物质

通常可以分为脂溶性色素和水溶性色素两种类型。脂溶性色素主要包括叶绿素、类胡萝卜素(胡萝卜素、叶黄素、番茄红素);水溶性色素主要包括类黄酮色素(花青素、花黄素)。果蔬的色泽影响产品的外观质量,果蔬加工中应尽量保持原有的色泽,防止变色。

（六）维生素

主要是维生素 C(抗坏血酸)、维生素 B_1(硫胺素)和维生素 A(视黄醇)。

1. 维生素 C(抗坏血酸)　在酸性溶液和浓度较大的糖溶液中较稳定,碱性条件下不稳定,受热易破坏,也容易被氧化,高温和有 Cu^{2+}、Fe^{2+} 存在下更易被氧化。

2. 维生素 B_1　酸性稳定,中性及碱性条件下易氧化,耐热,但受氧、氧化剂、紫外线作用很易破坏。$pH>4$ 时,金属离子(如 Cu^{2+})及亚硫酸根可使其降解。

3. 维生素 A　植物性食品中只含有胡萝卜素。维生素 A 耐热,仅在有较强氧化剂存在,或光照时氧化。

（七）芳香物质

种类很多,含量极少。芳香性成分均为低沸点、易挥发的物质,果蔬的成熟及加工过程中的温度对其风味的影响很大。

（八）矿物质

果蔬中含有各种矿物质,以硫酸盐、磷酸盐、碳酸盐或与有机物结合的盐类存在,对构成人体组织与调节生理机能起重要作用。

（九）酶

果蔬中酶的种类主要包括两种：氧化酶类和水解酶类。氧化酶类有多酚氧化酶、维生素 C 氧化酶、过氧化氢酶及过氧化物酶等；水解酶类有果胶酶、淀粉酶、蛋白酶等。

 本章小结

近 20 年来，中国的果蔬加工业发展迅速，具有一定的技术水平和生产规模，取得了巨大的成就，果蔬加工业在农产品贸易中占据了重要地位。目前，果蔬制品主要包括果蔬的罐藏制品、果蔬的冻藏制品、果蔬的干制品和果蔬的腌制品等类型。果蔬的化学成分十分复杂，按在水中的溶解性质可分为两大类：一类为水溶性成分，另一类为非水溶性成分。水溶性成分：糖类、果胶、有机酸、单宁物质、水溶性维生素、酶、部分含氮物质、部分矿物质等。非水溶性成分：纤维素、半纤维素、原果胶、淀粉、脂肪、脂溶性维生素和色素、部分含氮物质、部分矿物质和有机酸盐等。

 思 考 题

1. 果蔬制品可分为哪几种类型？

 阅读小知识

我国是世界上果品和蔬菜生产大国，果蔬产业是我国农业种植中的第一大产业，果蔬加工由简单人工加工发展到精深加工，由单一品种发展到多营养搭配复合生产品种。打造具有国际竞争优势的现代化果蔬加工产业，是我国政府调整农业结构、增加农民收入的方式之一。

第二章　酸菜的生产工艺

【知识目标】

1. 了解酸菜生产的原料及处理。
2. 理解酸菜加工原理。
3. 掌握不同酸菜的加工工艺。
4. 掌握酸菜腐败的类型。

第一节　酸菜生产的原料及处理

国内外被称为酸菜的产品种类很多,欧美地区的酸菜一般是指以卷心菜为原料发酵而成,很多人称之为德国酸菜(sauerkraut)。我国东北、华北、陕北以及华中一些地区(湖北)的酸菜是以白菜为原料,另外一种腌制较普遍的酸菜是以芥菜为原料,如湖北的武汉酸白菜、四川酸菜、贵州的独山盐酸菜和苗家酸菜、潮州的酸咸菜、闽东酸菜等,此外,还有陕西、山西地区一种称为小菜的酸菜,是用胡萝卜、蔓菁、芹菜、菊芋的块根、块茎等腌制而成。虽然都称为酸菜,但由于所用原料不同,生产工艺不同,以及所处地域不同,进行发酵的微生物种类不同,各地酸菜风味各异,各具特色。以白菜和卷心菜为原料制作的酸菜是把白菜或卷心菜经过适当修剪,切割,加少量盐,然后经自然发酵而成的一种产品。成品酸菜的酸含量一般低于1.5%(以乳酸计)。

我国北方常用白菜为原料,而欧美地区则以卷心菜为原料。这与当地资源具有密切关系,白菜原产我国,它是我国北方最普通、最肥美的重要冬季蔬菜,而卷心菜起源于欧洲地中海地区,是西方人最为重要的蔬菜之一。

选取新收获的白菜/甘蓝,去除残次的蔬菜,清洗,切丝、切半或整棵不切割,放入坛内或缸内。由于地域不同,具体使用白菜或卷心菜的品种也不同,因此,发酵而成的最终产品也不同。如卷心菜宜选择口味淡爽、偏甜的白色品种,它的菜头偏重,外面的绿叶较少,含可发酵性糖的浓度大约为5%,其中果糖和葡萄糖含量几乎相同,蔗糖含量较少,这样制作的酸菜口味较好。

一般来讲,多数白菜、卷心菜都可以进行正常的乳酸发酵,但也有少数品种无法进行正常乳酸发酵,致使产品质量差。这主要是由于这些品种的原料中含有某些抑制乳酸菌生长的成分,或者缺乏乳酸菌生长所必需的营养成分。

第二节　酸菜的生产工艺

酸菜的生产流程如下:

原料→清洗、修剪→整棵/切丝/切半→加盐→加水(没过菜体)→发酵→成品→包装

一、加盐

盐对蔬菜的乳酸发酵有重要影响，首先对细菌具有筛选作用，加盐后由于渗透压升高，可以抑制有害菌类的生长。第二，加盐还有利于蔬菜营养成分的释放，从而促进乳酸菌的生长。另外，加盐也可提高发酵蔬菜的适口性。盐浓度为 1.8% ~ 2.25%，可以使乳酸菌按照自然顺序生长，发酵结束时产品的酸含量和盐含量适合，产品口感好。盐含量高于 3.5% 对于肠膜明串珠菌生长不利。盐浓度过高会使产酸速度降低，发酵成的酸菜盐和酸的比例不当，口味较差。如果盐浓度低于 2%，会由于产酶菌的活动而使得终产品软化。

二、发酵

蔬菜放入容器，加盐后，将容器口封好或加水，使水没过蔬菜。使蔬菜处于无氧环境，抑制好氧菌的生长，使乳酸菌进行无氧发酵。发酵温度一般为 20 ~ 25℃，发酵时间 4 ~ 6 周，最终酸度为 1.5% 左右（乳酸），pH 4.1 以下。

第三节　酸菜腐败的类型

一、变色

酸菜的颜色变化分为变红/粉和褐变。这两种颜色变化对酸菜造成的经济损失极大。酸菜出现淡红色通常发生在发酵中期或是暴露在空气中，不但颜色改变，而且组织较软，还带有腐败性气味。酸菜变红主要是由酵母菌（红酵母）引起的，一般盐含量在 3% 以上即可能生长该菌。变红的酸菜中一般酵母菌数量很多，而乳酸菌数量则较低。由于酵母菌的生长，致使乳酸菌得不到代谢所需的糖类，不能进行正常的乳酸发酵，从而使产品酸度低（一般变红的酸菜pH 在 5.5 以上），同时还导致了其他腐败菌的生长。有人认为粉色的来源是无色花青素。另外，短乳杆菌与红色色素的形成也有关。

酸菜褐变通常出现在发酵温度较高或贮藏温度较高，褐变的酸菜洗涤后褐色可以减轻，酸菜味道基本正常。有人认为，酸菜褐变不是微生物引起的，而是由美拉德反应和抗坏血酸褐变引起的，为了防止这种现象，可以将酸菜在较低温度下贮藏。

二、软化

酸菜的软化是由于加盐量不足，造成了能产生果胶分解酶的腐败菌的生长，加盐量适合可以促进有益乳酸菌的生长，抑制腐败菌的生长。

三、腐烂

酸菜的腐烂是由于不良菌的存在造成的。霉菌，尤其是分解果胶能力强的菌，能引起蔬菜组织的软化而酿成腐败现象。为了防止这些腐败菌的生长，需要创造无氧环境，从而抑制好氧的细菌、酵母菌和霉菌的生长。创造无氧环境的措施包括正确地包装、包装袋内注水等。

四、异味

异味与发酵温度过高，发酵过快有关。好气性酵母菌和霉菌也会引起异味，产生异味的酸菜一般乙酸、乙醇和酯的含量都较低。

第四节　其他酸菜的生产

酸菜的生产与当地资源密切相关,除了以上介绍的以白菜或卷心菜为原料的酸菜之外,另外一种在我国腌制较广的酸菜就是以芥菜为原料的酸菜。芥菜原产我国,分布于长江以南各省,类型和品种很多,有芥子菜、叶用芥菜(雪里红、大叶芥、包心芥等)、茎用芥菜、根用芥菜等,用于腌制酸菜的多为叶用芥菜。虽然这类酸菜的生产从工艺分类上属于盐渍菜类(盐浓度较高,腌制过程中不另外加水),而不是盐水渍菜,但一般还是称为酸菜。

酸菜也属于发酵性腌菜。同泡菜相比,酸菜腌制时的用盐量更低,有的甚至不加盐。酸菜在腌制过程中乳酸发酵明显,产酸量也更多,如欧美酸菜,其酸分含量按乳酸计可达到 1.2% 以上。腌制酸菜一般不需要特殊容器,腌菜缸、水泥池、木桶等都可用来腌制酸菜。酸菜的加工多集中在秋冬季节,且腌制时间较长,一般在 1 个月以上,此外,其贮存和食用的时间也较长,一般达 2～3 个月以上。

一、北方酸菜的制作

北方酸菜多在秋冬季节制作,其原料一般为大白菜、甘蓝等。原料收获后晾晒 1～2d,去掉老叶、菜根,株形大的将其划 1～2 刀,洗净后放在沸水中烫 1～2min。热烫时先烫叶帮,然后将整株菜放入,烫完后捞出放入发酵容器中,一层层压紧,放满后加压重石,并灌入凉水或 2%～3% 的盐水,使菜完全浸在水中,自然发酵 1～2 个月后成熟。成品菜帮呈乳白色,叶肉黄色,存放在冷凉处,其保存期可达半年左右。

除北方酸菜外,四川北部也有川北酸菜,其制作方法同上,但其原料多为叶用芥菜。

二、湖北酸菜

在华中地区,秋冬季节多以大白菜为原料制作酸菜。原料采收后,去掉菜根和老叶并进行充分晾晒。当 100kg 菜晾晒至 60～70kg 时进行腌制。腌制时按晾晒后的菜重,加入 6%～7% 的食盐,腌制时放一层菜撒一层盐,直至装满腌制容器,加上重物压紧,然后加入凉水,使菜完全淹没于水中,任其自然发酵 50～60d 即成熟。成品为黄褐色。

三、欧美酸菜

在欧美国家也有制作酸菜的传统,其原料多为甘蓝丝或黄瓜丝,腌制容器多为木桶,产品除有酸菜的鲜香味外,还有橡木的特殊香味。欧美酸菜的加盐量一般在 2.5% 左右,产品产酸较高,以乳酸计,其产酸量一般在 1.2% 以上。

四、闽东芥菜酸菜

在福建和华南一带制作酸菜时多以芥菜为原料,其加工方法与湖北酸菜相似。原料采收后经过整理后进行充分晾晒,至 100kg 鲜菜晾晒至 60～70kg 时进行腌制,腌制的用盐量为晾晒菜重的 6% 左右。腌制时一层菜一层盐,装满容器后用重物压紧,不加水,到第二天,腌制时渗出的菜汁即可将菜完全淹没,形成水封闭层,任其自然发酵,3 周左右即为成品。

传统酸菜虽然操作简便,但发酵时间长,容易污染杂菌,且随着工业化程度的提高,越来越不能满足其社会需要。国外从 20 世纪 20～30 年代开始,就有人尝试用纯培养的方法来生产酸菜。最初是从乳制品当中分离得到了一株乳杆菌,用它来作为酸菜发酵的种子发酵剂,后来,人们又开始从发酵产品中分离乳杆菌以外的其他乳酸菌。并将乳杆菌与其他乳酸菌混合用于酸菜的生产。目前国外酸菜的生产早已实现了工业化,采用的技术就是纯培养技术。

我国酸菜在 20 世纪 90 年代前,一直延续着传统的自作自食的家庭式生产。80 年代后期开始有人尝试使用人工接种技术发酵甘蓝,来提高发酵速度,改善产品品质,后来该领域的研究包括不同乳酸菌株的组合对酸菜品质的影响,影响酸菜发酵的因素,酸菜发酵期间微生物菌群的变化情况及发酵酸菜的优良菌株的选育等,这些研究都为工厂采用接种工艺进行生产奠定了基础。目前东北地区酸菜的工业化程度较高,相关企业较多。虽然有的仍使用传统发酵技术,但大多数为人工接种技术。使用的菌株有嗜酸乳杆菌、植物乳杆菌,基本为单一菌种发酵。

虽然我国的酸菜工业化近几年来发展迅速,但仍存在一些问题。第一,缺乏供酸菜生产的专用品种。酸菜生产的原料问题一直被忽视,目前各地酸菜加工厂原料购进的随意性很大,随着农民白菜生产品种不断变化,导致酸白菜产品质量不稳定,甚至不合格,应重视大白菜品种选择及加工适应性的研究;第二,发酵工艺有待进一步改进和完善,虽然纯种发酵可以缩短发酵时间,但产品口味较为单一,应加大多菌种组合发酵工艺的研究,使生产出的酸菜营养价值和感官质量都得到提高。

酸菜中工业化程度较高的是以白菜、卷心菜为原料的酸菜,而对于其他类型的酸菜,工业化程度还较低,即便摆脱了家庭作坊式生产,具有一定生产规模,但仍然沿用传统方式发酵,而对于这些酸菜的微生物种类及纯培养的研究则较少。

 本章小结

国内外被称为酸菜的产品种类很多,虽然都称为酸菜,但由于所用原料不同,生产工艺不同,以及所处地域不同,进行发酵的微生物种类不同,各地酸菜风味各异,各具特色。以白菜和卷心菜为原料制作的酸菜是把白菜或卷心菜经过适当修剪、切割,加少量盐,然后经自然发酵而成的一种产品。成品酸菜的酸含量一般低于 1.5%(以乳酸计);酸菜腐败常见的几种类型:变色、软化、腐烂以及异味等;还有其他酸菜的相关生产工艺。

 思 考 题

1. 酸菜的生产工艺如何?
2. 酸菜中常见的腐败类型有哪些?

阅读小知识

　　传统方法腌渍酸菜,使用的是大缸等开放容器,靠附着在容器和菜叶上少量的乳酸菌自然发酵,在乳酸菌繁殖的同时,其他杂菌也生长,其中有些杂菌能产生亚硝酸,有些能合成胺,二者发生反应生成亚硝胺,实验证明,亚硝胺能致癌。随者科学技术的发展,腌酸菜生产工艺也发生了质的变化。工业化生产的酸菜采用纯乳酸菌接种,控温发酵,能抑制杂菌生长,所以不含有杂菌合成的致癌物质"亚硝胺"。因此,吃纯乳酸菌发酵的酸菜不会致癌。

第三章 泡菜的生产工艺

【知识目标】

1. 了解泡菜生产的原料及处理。
2. 理解泡菜的加工工艺。
3. 掌握四川泡菜、韩国泡菜的制作原理以及区别。

第一节 泡菜生产的原料及处理

泡菜是将几种或多种新鲜蔬菜及佐料、香料浸没在低浓度的盐水中,依靠乳酸发酵而腌制成的一种以酸味为主,兼有甜味及一些香辛料味道的泡制成熟后可以直接食用的发酵制品。在发酵工艺上,泡菜与酸菜有许多相似之处,都可以归为盐水渍菜,但区别也很明显。第一,酸菜的原料单一,只使用一种原料,而泡菜多为几种原料混合使用。第二,酸菜基本不使用辅料(独山盐酸菜除外),而泡菜都使用佐料、香辛料等辅料。第三,成品的食用方式不同,酸菜一般需进一步加工才能食用,如与肉、鱼或其他食品一起炖或炒;而泡菜则不需要再加工,成品泡菜即可直接食用,基本作为佐菜食用。泡菜起源于中国,其制作工艺可以追溯到 2000 多年前,并于唐朝传入日本,于 1300 年前传到朝鲜,于 17 世纪传入欧洲。世界范围内,以地域划分,著名的泡菜有韩国泡菜、以四川泡菜为代表的中式泡菜、日本泡菜及西式泡菜,但日本泡菜和西式泡菜没有乳酸发酵过程。

我国湖南、湖北、广东、广西、四川等地都保持着传统的泡菜加工方法,其中四川泡菜是泡菜中体系较完整、较有代表性的一种,在国内外享有很高的赞誉。四川,尤其是成都平原,由于其独特的地理环境和气候条件,为泡菜生产提供了良好条件,四川泡菜以其酸鲜纯正、脆嫩芳香、清爽可口的特性而享有盛誉。

泡菜制作需要的原辅料包括菜品、食盐、佐料和香料。

一、菜品

适于制作泡菜的蔬菜很多,茎根类、叶菜、果菜、花菜等均可作为泡菜原料,但以肉质肥厚、组织紧密、质地脆嫩、不易软化者为佳。要求原料新鲜,鲜嫩适度,无破碎、霉烂及病虫害现象。

(一)根菜类

这类蔬菜以个体肥大、色泽鲜艳、不皱皮、无腐烂、无病虫害者为优。如萝卜、胡萝卜、根用芥菜、儿菜、姜、洋姜等,并以红萝卜为佳。但制作白色泡菜只能用白皮萝卜、胡萝卜和根用芥菜,成熟度要适中,过嫩、过老都会影响产品质量。特点是质地脆嫩、不干缩。部分原料还具有芳香辣味。

（二）茎菜类

这类蔬菜以质地脆嫩、不萎缩、表皮光亮、润滑无病斑者为优。如莴苣茎要粗壮，以春莴苣为宜，夏莴苣茎细长，质地粗，食味也差，不宜泡制。蒜薹以大批上市时的品质为优。其他品种包括草石蚕（又名宝塔菜、甘露子、地环）、土豆、芋艿、地瓜、洋葱、菜头（榨菜）、藕、藠头等。

（三）绿叶菜类

这类蔬菜以鲜嫩、不枯萎、无腐烂叶、无干缩黄菜者为优。适宜于制作泡菜的有大白菜、甘蓝、油菜、芹菜、雪里蕻、青菜（芥菜）、卷心菜、莲花白（白菜）、芹菜、瓢菜帮等。特点是鲜嫩多汁。小白菜、菠菜不适于泡制。

（四）果蔬菜类

这类蔬菜包括嫩茄子、辣椒（鲜红辣椒、牛角椒、鸡心椒、甜椒）、青番茄、嫩黄瓜、嫩冬瓜、嫩南瓜、苦瓜、冬瓜、豇豆、青豆、四季豆、香瓜、木瓜等。选料时要求果实成熟适度、色泽鲜艳、无腐叶、无病虫危害。特点是具有该品种特有的味道、成熟饱满、色泽鲜艳。

（五）菜花类

这类蔬菜主要是指菜花，特点是组织紧密，水分充足。

一般为了形成良好的风味，可根据当地食用的习惯选用其中的三、五种。

二、食盐

（一）泡菜食盐的要求

食盐在泡菜制作过程中起着重要的作用，它使所泡制原料入味，追出多余的水分，同时又起杀菌、定形作用。选用的食盐要求品质良好，苦味物质（硫酸镁、氯化镁）少，而氯化钠含量至少在95%以上。

常用的食盐有海盐、井盐和岩盐。最宜制作泡菜的是井盐，比如自贡井盐，这种盐不仅杂质含量少，而且颗粒细小、色泽洁白。海盐、加碘盐不宜用来制作泡菜。目前，市场上已有专用的泡菜盐销售，它是在井盐中加入少量的钙盐，以增加泡菜的脆性，如氯化钙、碳酸钙、硫酸钙和磷酸钙等。

（二）四川泡菜的盐水制作及质量要求

泡菜盐水是指经调配后，用来泡制成菜的盐水。泡菜盐水对泡菜的品质影响极大，而泡菜盐水质量的优劣，往往取决于其选用的主料、佐料和香料。泡菜盐水包括老盐水、洗澡盐水、新盐水和新老混合盐水。泡菜盐水的正常含盐量一般为20%～25%，长期泡菜的盐水浓度应保持在20%，新盐水与洗澡盐水浓度在25%～28%。

1. 老盐水

老盐水是指使用两年以上的泡菜盐水，其中栖息着大量优良的乳酸菌株，乳酸菌数量可达10^8以上。pH约为3.7。这种盐水内常泡有辣椒、蒜苗杆、酸青菜、陈年萝卜等蔬菜以及香料、佐料，色、

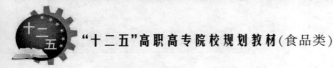

香、味俱佳。这种盐水多用于接种(接种量为3%~5%),即作为配制新盐水的基础盐水,故亦称为母子盐水。由于配制、管理诸方面的原因,老盐水质量也有优劣之分,其鉴别方法见表6-3-1:

表6-3-1 四川泡菜老盐水优劣鉴别

盐水等级	鉴 别 方 法
一等	色黄红,似茶水,清澈见底,香气醇香扑鼻,闻之舒畅,味浓郁芳香
二等	曾一度轻微变质,但尚未影响盐水色香味,经救治而变好
三等	不同类别、等级的盐水混合在一起
四等	盐水变质,经救治后其色香味仍不好看(应弃去)

2. 洗澡盐水

洗澡盐水是指经短时间泡制即食用的泡菜使用的盐水。一般以凉开水配制浓度为28%的盐水,再掺入25%~30%的老盐水,并根据所泡的原料酌加佐料、香料。洗澡盐水的pH一般在4.5左右。由于此法成菜,时间较快,断生即食,故盐水咸度稍高。

3. 新盐水

新盐水是指新配制的盐水。其配制方法为配制浓度为25%的新盐水,再掺入20%~25%的老盐水,并根据所泡的原料酌加佐料、香料。pH约为4.7。

4. 新老混合盐水

新老混合盐水是将新、老盐水各一半配合而成的盐水,pH约4.2。

三、佐料

泡菜制作中常选用的佐料有白酒、料酒、甘蔗、醪糟汁、红糖、干红辣椒等。白酒、料酒、醪糟汁具有辅助渗透盐味、杀菌、保嫩脆等作用;甘蔗具有吸收异味、防变质作用;红糖起和味、提色作用;干红辣椒则具有去除异味、提辣味的作用。泡菜盐水为1000g时,佐料配比见表6-3-2。

表6-3-2 四川泡菜盐水佐料配比表

佐料	质量/g	佐料	质量/g
白酒	10	醪糟汁	20
料酒	30	干红辣椒	40
红糖	30		

四、香料

泡菜盐水常用的香料一般有白菌、排草(又名香草)、八角、山奈、草果、花椒、胡椒等。香料在泡菜盐水中起着增香味、除异味、去腥味的功效。胡椒一般仅在泡鱼辣椒时采用,用它来除去腥臭气味,山奈具有保持泡菜鲜色的作用,在不宜使用八角、草果的情况下使用。泡菜盐水为1000g时,香料配比见表6-3-3。

表6-3-3 四川泡菜盐水香料配比表(1000g盐水)

香料	质量/g	香料	质量/g
八角	1	白菌	10
花椒	2	排草	1

第二节 泡菜的生产工艺

一、四川泡菜的生产工艺

四川泡菜的生产流程如下:

(一)清洗

将市购蔬菜浸入水中淘洗,以去除污泥及各种杂质。

(二)整形

用刀去除不可食用的部分,并根据各类蔬菜的不同特点纵向或横向切割为条块状或片状。如萝卜、胡萝卜、莴苣及一些果菜类等可切成厚0.6cm、长3cm的长条,辣椒整个泡制,黄瓜、冬瓜等剖开去瓤,然后切成长条状,大白菜、芥菜剥片后切成长条。

(三)晾晒/出坯

家庭式小作坊生产采用晾晒。将切割的蔬菜置于干净通风处晾晒3h左右,至表面无水珠。若菜面有水,入坛后易发霉变质。

工业化生产中,为了便于管理,一般在原料表面清洗之后再进行腌制,又称为出坯,出坯工序为泡头道菜之意,其目的是利用食盐的渗透压除去菜体中的部分水分、浸入盐味和防止腐败菌孳生,同时保持正式泡制时盐水浓度。将整形好的蔬菜放入配制好的高盐(25%)水池中,盐水需浸泡没过蔬菜,再压实密封。盐渍时间约为15d,盐渍完成后盐水含盐量为15%左右。盐渍结束后将蔬菜捞出,投入清水池中浸泡1~2d,要求捞出脱盐后盐水含量为4%左右。但出坯时间不宜过长,以免使原料的营养成分丧失。

(四)入坛泡制

将脱盐捞出的蔬菜投入坛泡制。入坛有三种方法,一是干法装坛,二是间隔装坛,三是盐水装坛。干法装坛适合一些本身浮力较大,泡制时间较长的蔬菜,如泡辣椒类,在菜品装至八成满后再注入盐水;间隔装坛法是为了使佐料的效益得到充分发挥,提高泡菜的质量,如泡豇豆、泡蒜等,把所要泡制的蔬菜与需用佐料互相间隔装至半坛,放上香料包,接着又装至九成满,将其余佐料放入盐水中搅匀后,徐徐灌入坛中;盐水装坛法适合茎根类蔬菜,这类蔬菜泡制时能自行沉没,所以,直接将它们放入预先装好泡菜盐水的坛内。

不管哪种方法,都要加一半时,再加香料包。装到离坛口6~8cm时,用竹片将原料卡住,再加入盐水淹没原料。盐水加到液面距离坛口3~5cm为止,切忌原料露出液面,否则易变质。

泡制 1~2d 后,原料因水分渗出而下沉,这时可再补加原料。四川泡菜制作必须有泡菜坛,这是其工艺独特之处。泡菜坛为陶土制成,口小肚大,在距坛口边缘 6~16cm 处设有一圈水槽,称之为坛沿,槽缘稍低于坛口,坛沿里放满水,坛口放一菜碟,可以防止生水侵入。通常发酵15d 左右,即可取用。发酵完成后蔬菜盐水的含盐量应为 5% 左右。

泡菜的品质要求如下:清洁卫生,保持蔬菜固有色泽或近似色泽,带有原料的本味,咸酸适宜(含盐量 2%~6%,含酸量 0.4%~0.8%),组织细腻,有一定的甜味和酸味。

另外,在泡菜腌制过程中应注意以下事项:蔬菜入坛泡制时,放置应有次序,切忌装得过满,坛中一定要留下空隙,以备盐水热涨;菜坛宜置于阴凉处;坛沿水(菜坛水槽内的水)要经常更换,并保持清洁,以保持洁净。如果坛沿水少了,要及时添满,坛沿水也可加入适量食盐;揭坛盖时,勿把生水带入坛内;取泡菜时,要用专用工具,严防油污;经常检查盐水质量,发现问题及时处理等。

否则会造成泡菜的腐败,常见的腐败现象及其相应控制措施如下:软化,是泡菜生产中的一个严重问题,它是由于食盐浓度较低,植物原料本身或微生物分泌的软化酶所致。最常见的软化酶是果胶酶,它能分解果胶使泡菜软化。另外,聚半乳糖醛酸酶也是一种软化酶,它能使果实种子发生软化(软心)。适当提高食盐浓度可防止泡菜软化。不同蔬菜由于本身所含软化酶活力和抵抗微生物软化酶侵袭能力不同,故防止软化所需的食盐浓度不同。虽然高盐会抑制软化酶活力,但考虑到高盐的诸多不利,故目前常用添加钙盐或增大泡菜水硬度等措施来保脆。

此外,加强卫生管理和保证密封也很重要;生花,是泡菜常见变质现象,表现为在泡菜水表面生一层白色菌膜,主要是由于腌制过程中密封不严,产膜酵母和酒花菌繁殖所致。预防生花的关键在于保持厌氧环境并注意卫生。如泡菜已生花,可采取以下方法进行补救:

1. 生花较轻,可先去除生花层,加入少量白酒、姜、大蒜、洋葱、红皮萝卜之类的蔬菜,这些物质当中都含有微生物的抑制成分,可以杀死产膜菌。

2. 坛内花较多,可将坛口倾斜,徐徐灌入盐水、使之逐渐溢出。

3. 生花严重又有霉烂味,应将菜及时倒掉,并清洗泡菜坛,彻底杀菌;产气性腐败,泡菜在腌制过程中常常由于一些产气微生物的影响而出现膨胀等现象。这些产气微生物包括酵母菌、异型发酵的乳酸菌及大肠杆菌,大肠杆菌通常在食盐浓度小于 5% 或 pH 较高(4.8~8.5)时发生。因此,可以适当提高盐浓度和酸浓度来防止该现象的发生。

4. 其他腐败现象,如果操作不当,卫生条件较差,某些芽孢杆菌、粉红色酵母、丁酸菌、大肠杆菌等还会导致泡菜变色、发黏、产生异味等。预防措施包括适当漂烫,提高盐浓度(20%以上),调节 pH 等。

(五)四川泡菜的发酵

1. 四川泡菜中的微生物

从传统四川泡菜中分离出的乳酸菌有肠膜明串珠菌(*Leuconostoc mesenteroides*)、植物乳杆菌(*Lactobacillus plantarum*)、干酪乳杆菌(*Lactobacillus casei*)、短乳杆菌(*Lactobacillus brevis*)、物乳链球菌(*Streptococcus lactis*)。分离得到的主要酵母菌有酿酒酵母(*Saccharomyces cerevisiae*)、黏红酵母(*Rhodotorulaglutinis*)、粗状假丝酵母(*Candida valida*)、异变酒香酵母(*Torulopsis-glabrata*)和汉逊酵母(*Hansenula anomala*)。

2.四川泡菜的发酵阶段

泡菜入坛后进行乳酸发酵,这个过程也称酸化过程。根据微生物的活动和乳酸积累量多少,大致分为三个阶段。

(1)第一阶段(发酵初期) 原料装坛后,表面带入的微生物会迅速活动,开始发酵。由于溶液的 pH 较高(一般在 5.5 以上),原料中还有一定空气,一些繁殖速度快但不耐酸的肠膜明串珠菌、片球菌及酵母利用糖和蔬菜中溶出的汁液开始生长,并迅速进行乳酸发酵及微弱的酒精发酵,产生乳酸、乙醇、乙酸及 CO_2。此时的发酵以异型乳酸发酵为主,溶液的 pH 下降至 4.5～4.0,CO_2 大量排出,坛内形成嫌气状态,腐败菌的生长受到抑制。这一阶段一般为 2～3d,泡菜的含酸量可达到 0.3%～0.4%。

(2)第二阶段(发酵中期) 由于乳酸的积累,pH 降低和厌氧状态的形成,属于同型乳酸发酵的植物乳杆菌的活动甚为活跃,数量可达(5～10)×10^7 个/mL,乳酸积累可达 0.6%～0.8%,pH 下降至 3.5～3.8,大肠杆菌、不耐酸的细菌大量死亡,酵母菌的活动也受到抑制,时间为 5～9d。此期为泡菜的晚熟阶段。

(3)第三阶段(发酵后期) 同型乳酸发酵继续进行,乳酸积累可达 1.0% 以上,进入过酸阶段。当乳酸含量达 1.2% 以上时,植物乳杆菌也受到抑制,菌数下降,发酵速度减慢乃至停止。

二、韩国泡菜

韩国泡菜风味独特,既有酸味、辣味、调味料的味道,还有甜味及 CO_2 的感觉,而且口感香脆,极具民族特色,堪称韩国"第一菜"。泡菜在韩国人的饮食中具有极其重要的地位,几乎每餐必食。韩国泡菜中有 70% 以白菜为原料(辣白菜),20% 以切片的萝卜为原料,其他原料占 10%。

泡菜的商业生产开始于 20 世纪 60 年代,70 年代开始增加。泡菜是 1988 年汉城奥运会、1992 年巴塞罗那奥运会和 1996 年亚特兰大奥运会官方指定食品之一。1988 年的汉城奥运会之后,韩国泡菜的国际贸易开始稳步增加,年增幅达 25%～30%。泡菜出口到美国、日本、德国等 33 个国家,其中多数出口到日本。出口的泡菜中辣白菜占 92.3%,萝卜类占 7.1%,其他占 0.6%。每年韩国泡菜出口创汇高达 1 亿多美元。

(一)韩国泡菜的分类及所用原、辅材料

根据所用原料及加工方法,原料的收获季节,地理位置,泡菜种类极多。尽管白菜和萝卜在泡菜中使用最广泛,其他蔬菜在泡菜中也有使用。由于韩国北方气温较低,而南方气温温和,北方的泡菜含盐就较低,而南方的泡菜为了获得比较长的保质期而含盐量较高。另外,海边附近的居民喜欢将鱼类制品加入泡菜。

根据泡菜所用的主要原料、次要原料,可以将韩国泡菜分为 8 大类 161 种:第一大类为白菜类泡菜(整颗的,切块的,即食的),共有 12 种;第二大类为小萝卜类泡菜,共有 17 种;第三大类为萝卜块类泡菜,共有 25 种;第四大类为萝卜 + 白菜 + 水芹菜,共有 20 种;第五大类为绿叶蔬菜及茎类,共有 27 种;第六大类为果菜类及根菜类,共有 27 种;第七大类为葱蒜类,共有 14 种;第八类为肉、鱼及海产类,共有 19 种。

韩国泡菜常用主要原料有大白菜、萝卜、黄瓜、大葱、生菜、卷心菜、韭菜、青椒等。韩国泡

菜常用辅助原料有香辛类,红辣椒、大葱、大蒜、姜、芥末、黑胡椒、洋葱和肉桂;调味料,盐(干盐或盐溶液)、腌制的海产品(凤尾鱼、小虾、蛤、带鱼和黄乌鱼)、其他调味料(芝麻、豆酱、味精、玉米糖浆);其他材料,蔬菜(豆瓣菜、胡萝卜、西芹、雪菜)、水果与坚果(梨、苹果、枣、柠檬、松仁)谷物(大米、大麦、面粉、淀粉)、海产品和肉制品(虾、鳕鱼、鱿鱼、牡蛎、猪肉、牛肉)等。最常用的蔬菜是大白菜、萝卜、黄瓜等。常用的香辛料包括大葱、大蒜、红辣椒粉、姜、韭葱、芥末、黑胡椒、洋葱和肉桂。常用的调味料包括盐、腌渍及发酵的虾、凤尾鱼、黄豆酱、醋、化学调味剂、甜味剂、芝麻及芝麻油、牡蛎等,这些调味料根据具体情况选择添加,以改善及改变产品风味和口感。其他的辅料有水果(茼蒿、银杏、松仁、栗子、苹果、橘子等)、谷物(抛光大麦、糯米、面粉及麦芽)、海产品(牡蛎、鱿鱼、虾、鳕鱼)和肉类。添加鱼类、肉类可以改善泡菜的风味,添加谷物可以增强乳酸发酵。

(二)韩国泡菜的加工

泡菜的具体加工方法因所用原料及地区的不同而异。主要步骤包括:原料的盐渍,各种成分的混合,填充,包装和发酵。原料的预处理包括分级、清洗和切割。其他成分也要经过分级、清洗、切割/切片等。工艺流程如下(以白菜为原料):

白菜(主料)→修剪,切割→清洗→腌渍→清洗→沥干┐
├盐渍白菜→填充
辅料+调味料+香辛料+其他材料→预处理→混合→混合的辅料┘
装坛
发酵
成品

(三)典型韩国泡菜的配方

如前所述,韩国泡菜的种类多达161～187种,其中最流行的是以白菜为原料制成的辣白菜,萝卜泡菜也较常见。三种常见泡菜的典型配方如下:

辣白菜的典型配方:大白菜质量比为76.3%、小萝卜质量比为13%、大葱质量比为2.0%、红辣椒粉质量比为3.5%、大蒜质量比为1.4%、姜质量比为0.6%、发酵凤尾鱼汁液质量比2.2%、糖质量比为1.0%。

切块萝卜的典型配方:小萝卜质量比为82.2%、大葱质量比为5.1%、红辣椒粉质量比为3.9%、大蒜质量比为2.3%、姜质量比为1.0%、发酵虾及汁液质量比4.1%、糖质量比为1.4%。

带汤汁小萝卜的典型配方:小萝卜质量比为92.1%、大葱质量比为3.3%、大蒜质量比为1.0%、姜质量比为0.3%、发酵青椒质量比3.3%。

三、四川泡菜与韩国泡菜的比较

韩国泡菜与四川泡菜有很多相似之处,第一,都是蔬菜的乳酸发酵产品,发酵阶段相近。第二,所用原料丰富,除了多种蔬菜之外,都使用了香辛料。第三,发酵过程中都使用食盐。

韩国泡菜与四川泡菜的不同之处除了具体使用菜品、香辛料等辅料种类和添加方法不同之外,最大的不同是制作工艺,韩国泡菜在制作上以腌渍为主,发酵坛内并不加入水,因而菜坛内的发酵并不是严格的厌氧,而是兼性厌氧型的;而四川泡菜在制作上则讲究浸泡,是真正意义上的"泡",泡菜坛内要注入盐水,由于泡菜坛的特点,其乳酸发酵过程是纯厌氧型的。由于以上不同,韩国泡菜和四川泡菜发酵的具体微生物种类及代谢产物都有所不同,因而形成了各自独特的风味。

泡菜含有维生素 A、维生素 B_1、维生素 B_2、维生素 C 以及钙、磷、铁、胡萝卜素、辣椒素、纤维素、蛋白质等多种丰富的营养成分。其中绿色蔬菜和辣椒里含有的大量维生素 C 和胡萝卜素,能起抗癌作用。蔬菜中的纤维素可预防便秘和抑制大肠癌,预防高血压,动脉硬化等成人循环系统的病症有疗效。泡菜中的辣椒、蒜、姜、葱等刺激性作料可起到杀菌,促进消化酶分泌的作用。

四、泡菜的工艺现代化

随着生活节奏的加快,市场需求的增加,无论是中国的泡菜还是韩国的泡菜,都由原有的家庭式生产不同程度地发展为工业化生产,泡菜的工业化生产除了生产工艺更加标准、统一,具有一定生产规模外,重要的一点是使用了纯种发酵,即将从泡菜中分离出来的乳酸菌作为发酵剂用于泡菜发酵。从四川泡菜中分类获得的优良菌株包括植物乳杆菌、干酪乳杆菌、短乳杆菌、肠膜明串珠菌肠膜亚种,这些菌株单独或混合发酵生产泡菜都获得了良好效果,还有人发明了四川泡菜的直投式发酵剂,即将植物乳杆菌、短乳杆菌、肠膜明串珠菌、酵母菌按 $(2 \sim 3):(1 \sim 2):(1 \sim 2):(0.5 \sim 1)$ 的比例复配后得到泡菜直投式菌剂,再将此菌剂按 $0.02\% \sim 0.1\%$ 的量接入泡菜坛中,进行泡菜发酵。用于韩国泡菜发酵的菌种包括植物乳杆菌、短乳杆菌、啤酒片球菌和明串珠菌,有的为单一菌株,有的为多菌株混合。将这些纯菌种接种到泡菜中后,发酵速度会增加,而且,根据感官实验的结果,这样制作泡菜的风味和总体接受程度也都有所提高。另外,传统韩国泡菜的一个特点就是低温发酵,因此,有人建议,为了获得良好风味,可以采用逐步低温的方法,在 20℃ 发酵 48h,或者 15℃ 发酵 72h 之后将温度降低到 0℃。

 本章小结

泡菜是将几种或多种新鲜蔬菜及佐料、香料浸没在低浓度盐水中,依靠乳酸发酵而腌制成的一种以酸味为主,兼有甜味及一些香辛料味道的泡制成熟后可以直接食用的发酵制品。我国湖南、湖北、广东、广西、四川等地都保持着传统的泡菜加工方法,其中四川泡菜是泡菜中体系较完整、较有代表性的一种,在国内外享有很高的赞誉。韩国泡菜风味独特,既有酸味、辣味、调味料的味道,还有甜味及 CO_2 的感觉,而且口感香脆,极具民族特色,堪称韩国"第一菜"。韩国泡菜和四川泡菜发酵的具体微生物种类及代谢产物都有所不同,因而形成了各自独特的风味。

 思 考 题

1. 四川泡菜的生产工艺如何?
2. 韩国泡菜的生产工艺如何?
3. 四川泡菜和韩国泡菜的区别?

 阅读小知识

制作泡菜必不可少的自然是泡菜坛。泡菜坛是以陶土为原料,两面上釉烧制而成,是制作泡菜的主要容器。泡菜坛的形状是两头小、中间大、坛口外有坛沿,为水封口的水槽。腌制泡菜时,在水槽里加水再加扣上坛盖,可以隔绝外界空气,并防止微生物入侵;泡菜发酵过程中产生二氧化碳气体,可以通过水槽中以气泡的形式排出,使坛内保持良好的通气条件,其中腌制品可以久藏不坏。泡菜坛的规格有大有小,小的可装 1 到 2 千克,大的可装数百千克。泡菜坛质地的好坏,可直接影响泡菜的质量。因此,使用时应选择火候老、釉彩均匀、无裂纹、无砂眼、内壁光滑的坛体,并根据加工的数量确定规格大小。

第四章　其他发酵蔬菜

【知识目标】

1. 理解梅干菜、酸黄瓜的加工工艺。
2. 了解酸辣椒、酸橄榄的加工工艺。

第一节　梅干菜

梅干菜是我国典型传统酱腌菜,为盐渍的干制品,是用茎叶、芥菜或雪里蕻腌制发酵后,再经晒干的成品。其味鲜而清香,味咸略甜,色泽黄亮。以梅干菜烹调的佳肴,如梅菜扣肉,独具特色,享誉中外。梅干菜主产于浙江绍兴、萧山、桐乡等地和广东惠阳、惠州一带,江苏、安徽、福建、湖南、台湾等地亦产。

一、原料

梅干菜一般以各类芥菜为原料,但不同地区,具体使用品种不同,如浙江梅干菜以雪里蕻为原料,萧山梅干菜以鸡冠芥为原料,绍兴梅干菜和湖南梅干菜以大叶芥为原料,广东的梅干菜以梅菜(芥菜的变种)为原料。

芥菜为我国原产,栽培历史悠久,遍及全国。加工梅干菜时,应选用高矮基本一致、茎粗叶肥、质地鲜嫩的芥菜作为原料。

二、加工工艺

各地梅干菜制作工艺类似,但具体加工工艺并不完全相同。各地梅干菜加工工艺如下:

(一)湖南梅干菜

湖南地区梅干菜的制作,以大叶芥为主要原料,以酱色、酱油和茶油为主要辅料,食盐的添加量为4%,不进行堆存。具体工艺:

鲜菜→第一次晾晒(1~2d,失水30%)→腌制(5~10d)→第二次晾晒→拌料→蒸→拌料→成品

(二)萧山梅干菜

浙江地区梅干菜的制作,以鸡冠芥为主要原料,食盐的添加量为12%,通常不添加其他辅料,并不进行堆存。具体工艺:

鲜菜→第一次晾晒(1~2d)→切片→第二次晾晒→腌制→晒干→成品

(三)绍兴梅干菜

浙江地区梅干菜的制作,以大叶芥为主要原料,通常不添加其他辅料,进行堆存。具体

工艺:

鲜菜收割→晾晒(田间1d)→整理堆叠(6~7d)→腌制(1个月)→晾晒→蒸(0.5~1h)→凉透→成品

(四)浙江梅干菜

浙江地区梅干菜的制作,以雪里蕻为主要原料,食盐的添加量为7%,通常不添加其他辅料,进行堆存。具体工艺:

鲜菜→第一次晾晒(1~2d,失水30%)→堆放(发酵)→腌制→漂洗→第二次晾晒→回潮→打捆→成品

(五)惠阳梅干菜

广东地区梅干菜的制作,以梅菜为主要原料,食盐的添加量为10.5%,通常不添加其他辅料,不进行堆存。具体工艺:

鲜菜→第一次晾晒→劈片→第二次晾晒→装缸→揉压→换缸→第三次晾晒→成品

(六)惠州梅干菜

广东地区梅干菜的制作,以梅菜为主要原料,食盐的添加量为21%,通常不添加其他辅料,不进行堆存。具体工艺:

鲜菜→第一次晾晒(2d)→整理→第二次晾晒→腌制→倒缸→第三次晾晒→成品

(七)霉干菜

台湾地区霉干菜的制作,以芥菜叶为主要原料,食盐的添加量为9%~15%,通常不添加其他辅料,不进行堆存。具体工艺:

鲜菜→晾晒→盐渍→密封→翻缸→密封2~6个月→劈片→晾晒→取叶部分→晾晒→打捆→成品

(八)福(覆)菜

台湾地区福(覆)菜的制作,以芥菜茎为主要原料,食盐的添加量为9%~15%,通常不添加其他辅料,不进行堆存。具体工艺:

鲜菜→晾晒→盐渍→密封→翻缸→密封2~6个月→劈片→晾晒→取茎部份→切小段→入罐或玻璃瓶→密封→成熟2个月→成品

从上面可以看出,除了湖南梅干菜制作中使用酱油、酱色等辅料外,其他各地梅干菜均不使用辅料,主要的工艺包括晾晒、腌制、再晾晒,腌制采用干盐腌制,不加水,腌制时的装缸方式基本相同,都有揉压过程,利用揉菜挤出的菜汁将菜覆盖菜面,造成厌氧环境,在腌制过程中进行微生物的发酵作用。各地梅干菜加工工艺最明显不同之处就是腌制时食盐含量不同,从4%到21%不等,晾晒的时间和次数也不相同,有的晾晒2次,有的晾晒3次,另外,浙江梅干菜在腌制之前有堆积发酵的过程,而广东梅干菜则没有这个过程。与大陆梅干菜相比,我国台湾地区梅干菜的生产周期更长,需要2~6个月,而大陆梅干菜生产周期一般为1~2个月左右。

下面以浙江梅干菜为例,具体说明梅干菜的生产工艺。

三、梅干菜发酵过程中的微生物学

无论是腌制之前是否具有堆存过程,梅干菜的制作中都涉及发酵过程,有堆存过程的,在堆存过程中积累了一些微生物,更有利于腌制过程中发酵的进行,没有堆存过程的,在腌制过程中同样有微生物的发酵过程。梅干菜发酵中涉及的微生物同其他发酵蔬菜一样,也是乳酸菌类,比如肠膜明串珠菌、乳杆菌及片球菌。梅干菜的发酵由肠膜明串珠菌引发,由其他乳酸菌继续。由于梅干菜中使用食盐浓度较高,其乳酸菌生长顺序及代谢过程与其他发酵蔬菜会有所不同,当盐浓度超过 18% 时,乳酸菌的生长受到抑制。

随着发酵的进行,大量微生物开始活动。初始阶段,乳酸菌与其他微生物竞争可发酵性糖,最终乳酸菌占优势,随着酸度的增加,pH 下降,不良菌被抑制。腌制时使用盐浓度不同,最终 pH 不同,如食盐含量分别为 6%、9%、12%、15%、18% 时,初始 pH5.3,经 30d 之后,pH 分别为 3.5、3.5、4.8、5.0、5.2。当食盐含量为 15% 和 18% 时,可发酵性糖、粗纤维、粗蛋白、游离氨基酸及水溶性维生素的含量都比食盐含量为 9% 和 12% 的菜坯高,说明高盐下发酵不如低盐完全。分别以 6% 和 9% 食盐腌制发酵 20d,最高菌数分别为 3.2×10^7 和 1.2×10^7 CFU/mL,以 12%、15%、18% 的盐腌制发酵 30d,微生物总数分别为 5.0×10^7 CFU/mL、4.6×10^7 CFU/mL、4.7×10^7 CFU/mL。除了乳酸菌,梅干菜腌制过程中还有一些耐盐的 helophilic 酵母菌,它们可以利用可发酵性糖产生乙醇,不但有抑制腐败作用,还可以增进产品风味。

四、梅干菜生产工艺的改进

几百年来,梅干菜一直采用家庭作坊式生产,不但生产周期长,产量低,而且标准化程度较低。近年来对梅干菜的工艺改进主要集中在以下两方面。

(一)腌制工艺的改进

传统工艺使用干盐腌制,发酵周期长,需要 2~6 个月,改用盐溶液腌制后,发酵周期缩短为大约 1 个月,具体做法是,按照菜重配制 9%~12% 的盐溶液,将原料于发酵容器中浸泡 3d,然后以同样的盐溶液将容器填满,密封,室温下发酵。

(二)低盐发酵工艺的研究

传统梅干菜的生产一般要使用大量盐,不但高盐对健康不利,生产产生的废盐水对环境也造成一定污染。低盐发酵的具体做法为:将原料以 9% 的干盐腌制 1 周,将未腌制的原料以水力挤压,使之失重 60%。然后将腌制脱水后的原料切成丝,加入 3% 干盐密封,于室温下发酵 6 个月。另外,还有人利用接种凝结芽孢杆菌(Bacillus coagulans)的方法生产低盐雪菜,使该菌在腌渍初期迅速生长,快速产酸并降低腌菜体系中的 pH,抑制腐败菌的生长,且该菌生长时消耗腌菜中的氧气,造成厌氧环境,为腌菜中的天然乳酸菌生长创造有利的生长环境,从而得到良好质量的腌雪菜,同时,还可以抑制杂菌生长,降低盐分,缩短腌渍时间,降低生产成本。

第二节　酸黄瓜

酸黄瓜分为两种,一种不经发酵,以醋酸(0.5%~0.6%)泡制,并加入洋葱、芥菜籽等调味品,经巴氏杀菌而成,另外一种是发酵酸黄瓜,是在低浓度盐水中加香辛料发酵而成。我国酸黄瓜生产工艺是从原苏联传入,经过改进,现已在我国开花结果,哈尔滨、上海等地均有工厂进行批量生产。

一、原料

腌制的黄瓜需要未成熟时就采摘下来,一般规格在 12 ~ 16cm 最好,因为成熟后的黄瓜果实过大,颜色、形状都会改变,而且含有大量种子,不利于工业生产。

二、原料及辅料配比

小黄瓜 100kg、食盐 6kg、辣椒粉 0.8kg、鲜香草 0.65kg、丁香粉 60kg、胡椒粉 100kg、辣根 0.8kg、蒜头 3.5kg、鲜芹菜 0.8kg、肉桂叶 30kg、防腐剂 100g。

三、生产工艺

新鲜黄瓜→分选→粗制→精制→包装→成品
酸黄瓜的生产工艺分粗制和精制两个阶段。

(一)粗制

1. 打孔

因黄瓜表皮有蜡质,不易渗透,泡制前必须打眼,以使汤汁能够及时渗入瓜内,使瓜体下沉。黄瓜洗净后,在每条瓜身上打 6 ~ 8 个孔,然后浸泡。

浸泡溶液(亚硫酸钠氯化钙)的配制:凉开水 100kg,溶解亚硫酸钠和氯化钙各 100g,每次 100kg 混合溶液可浸泡打孔后的黄瓜 100 ~ 150kg,每次浸泡 1h,捞出后沥干。该溶液可连续使用 3 次。第二次使用前,补加亚硫酸钠和氯化钙各 50g,第三次使用前,补充亚硫酸钠和氯化钙各 30g。

2. 装坛

先在坛底撒入混合香辛料一薄层,然后码一层黄瓜,再撒一层香辛料,再铺一层黄瓜,直到装满。

3. 灌汤

清水 600kg,加溶解食盐 6kg,苯甲酸钠 50g,加热煮沸,趁热淋浇在坛内黄瓜上。

4. 封坛口

在坛口上加油纸和牛皮纸各一层,用绳捆牢,再用水泥和黄沙封坛口。从灌汤到封坛口要在 2h 以内完成,时间越短越好,否则容易产酸产气。

5. 后熟

室温 30d 左右发酵成熟,即可食用。

(二)精制

经过粗制以后的小黄瓜,本来已是酸黄瓜的成品,但是为了使其滋味更加鲜美,便于长期保管,粗制完成后还要进行精制。精制与粗制基本相同,只是将食盐减至 3kg,大蒜减至 1.31kg。然后将辅料集中装入布袋中,加水 27kg,煮沸 0.5h,取出用 4 层纱布过滤、去渣。添加果醋 3kg,冷却后即为新汤。然后将粗制黄瓜捞出,沥干,重新装坛,灌入新汤,封坛口。

目前我国的酸黄瓜生产工艺经过改进之后与原来欧洲的生产工艺差别较大,主要表现在食盐浓度和所用香辛料方面。我国酸黄瓜腌制的食盐含量为6%左右,而欧洲的生产工艺为开始食盐含量是5%,在发酵过程中盐浓度逐渐增加,到发酵结束时,盐的含量达到16%。由于食盐浓度较高,在发酵结束后有一个脱盐过程,而我国目前所采用工艺则不需脱盐。欧洲酸黄瓜使用香辛料为茴香(莳萝草),而我国酸黄瓜则采用辣椒粉、丁香粉、辣根、蒜头、肉桂等具有中国地域特色的香辛料。

四、酸黄瓜生产中常见问题

自然发酵中,黄瓜常见的腐败现象是上浮、果实内形成空洞。这主要是由于发酵过程中积累的CO_2造成的。黄瓜自身的呼吸,加上啤酒片球菌和植物乳杆菌能够产生足够多的CO_2气体,造成黄瓜的上浮。为了解决这一问题,可以对植物乳杆菌进行诱变,改变其代谢途径,并和正常植物乳杆菌混合培养,这样可以降低CO_2产生量。

酸黄瓜的另外一个问题是软化,这主要是由于果胶分解酶使黄瓜组织降解的缘故。这些酶的来源可能是黄瓜内外的微生物。为了解决这一问题,需要对发酵进行控制,具体措施包括,对盐水进行氯化处理,控制盐水为25°Bé,加入乙酸进行酸化,以调整pH到4.5以下,抑制革兰氏阴性菌的生长,加速乳酸菌的生长,接种啤酒片球菌和植物乳杆菌,使腐败菌较快受到抑制。还可以往盐水中加入山梨酸钾(0.035%),来防止真菌生长和黄瓜的软化。

当盐含量为5%,温度为20~27℃时,发酵可以快速进行,可发酵物质几乎全部转化为乳酸。发酵过程通常在2~3周完成,发酵结束时,乳酸含量为1.1%,最终pH为3.3~3.5。

出于技术及产品品质上的考虑,目前市面销售的酸黄瓜以非发酵型为主。

第三节　酸辣椒

酸辣椒为墨西哥的传统发酵制品,以当地盛产的墨西哥辣椒(Jalapeno pepper)为原料经发酵而成。发酵工艺比较独特,既有发酵过程,又有人工添加醋酸的过程。在我国湖南、湖北、四川、江西等地也有类似的乳酸发酵的辣椒制品,又称为剁辣椒,但所用原料为当地所产的鲜红辣椒。现将墨西哥酸辣椒生产工艺简要介绍如下。

生产工艺如下:

其他蔬菜、香辛料、盐
↓
原料→预处理→发酵→脱盐→分级→装瓶/罐→密封→杀菌→贮藏
↑
醋

一、原料处理

原料处理包括清洗、挑选和分级,然后要在表面穿孔或将表面划伤,这样有助于盐的渗透,因为辣椒表面为蜡质层,盐液不易渗透。

二、发酵

发酵前需要加盐10%,加糖0.5%~1%,然后人工接种植物乳杆菌。由于随着泡制时间的延长,辣椒中会不断有汁液渗出,而使盐浓度降低,因此,发酵第一周需要每天加盐1%,1周之后每周加盐3次,以保证发酵液盐浓度保持在18%~20%,发酵过程中要保证辣椒在水面以下。发酵时间为4~6周。发酵结束时乳酸含量为0.8%~1.5%,产品为橄榄色,并变得透明。

三、灌装

脱盐之后要加入其他经过漂烫的蔬菜,如胡萝卜、洋葱及一些香辛料,仍然要加入3%的盐,同时加入3%以下的醋。这样既可调节风味又有助于延长货架期,包装容器为玻璃瓶或金属罐。

第四节　酸橄榄

在有历史记载以前,橄榄就成为地中海文化中的一部分。世界上5个最大的橄榄生产国都位于地中海,它们是西班牙、土耳其、意大利、摩洛哥和希腊。美国加州是世界第六大橄榄产地。

橄榄的发酵类似酸菜,只是在盐渍之前橄榄需在1.6%~2.0%的碱液当中浸泡4~7h(21~25℃),碱处理的目的是除去橄榄的苦味物质。碱液浸泡后以清水洗涤,然后进行盐渍,盐的浓度为5%~15%,根据橄榄的品种和大小而定。橄榄发酵过程中最先占据生长优势的乳酸菌是乳球菌类,包括明串珠菌和啤酒片球菌,然后是乳杆菌,包括植物乳杆菌和短乳杆菌。碱处理对微生物菌群会有所影响。发酵过程较长,一般会持续6~10个月,最终产品酸含量为0.18%~1.27%,pH 3.8~4.0。

 本章小结

除了酸菜、泡菜以外,梅干菜、酸黄瓜、酸辣椒、酸橄榄也是我国典型传统酱腌菜。梅干菜是用茎叶、芥菜或雪里蕻腌制发酵后,再经晒干的成品,其味鲜而清香,味咸略甜,色泽黄亮;酸黄瓜分两种,一种不经发酵,以醋酸(0.5%~0.6%)泡制,并加入洋葱、芥菜籽等调味品,经巴氏杀菌而成,另外一种是发酵酸黄瓜,是在低浓度盐水中加香辛料发酵而成;酸辣椒发酵工艺比较独特,既有发酵过程,又有人工添加醋酸的过程;酸橄榄的发酵工艺过程类似酸菜。

 思 考 题

1. 除了酸菜、泡菜以后,其他的发酵蔬菜有哪些?
2. 梅干菜的生产工艺如何?
3. 酸黄瓜的生产工艺如何?

阅读小知识

　　梅菜也是惠州传统特产,色泽金黄,香气扑鼻,清甜爽口,不寒不燥不湿不热,被传为"正气"菜而久负盛名,据说它与盐焗鸡、酿豆腐同时被称为"惠州三件宝"。"梅菜扣肉"据传还有一段美好的传说,北宋年间,苏东坡居惠州时,专门选派两位名厨远道至杭州西湖学厨艺,两位厨师学成返惠后,苏东坡又叫他们仿杭州西湖的"东坡扣肉",用梅菜制成"梅菜扣肉",果然美味可口,爽口而不腻人,深受广大惠州市民的欢迎,一时,成为惠州宴席上的美味菜肴。

第六篇　发酵果蔬制品生产工艺

第五章　蔬菜发酵中亚硝酸盐的产生及预防

硝酸盐、亚硝酸盐广泛存在于人类环境中,它是自然界最普遍的含氮化合物。硝酸盐对人类并没有多大危害,但很多细菌能将硝酸盐还原为亚硝酸盐,而亚硝酸盐则会对人类健康造成威胁。1907 年,Richardon 首先报道蔬菜、谷物中存在硝酸盐,1943 年,Wilson 指出,蔬菜的硝酸盐被细菌还原成亚硝酸盐,使动物中毒,特别是 1956 年 Magee 证明亚硝胺致癌,作为构成亚硝胺前体的亚硝酸盐更加引起人们的重视。

一、蔬菜中的硝酸盐和亚硝酸盐

蔬菜在生产中要合成必要的植物蛋白就要吸收硝酸盐。有机肥料和无机肥料中的氮,由于土壤中的硝酸盐生成菌的作用,转变为硝酸盐。被植物吸收的硝酸盐,在酶的作用下,在体内还原成氨,并与光合作用合成的糖结合生成氨基酸、核酸,进而高分子化而构成植物体。但当这一连串的植物生理反应不能顺利进行时,植物体内就将积蓄下多余的硝酸盐。

蔬菜中硝酸盐的含量与蔬菜的种属、生长期、栽培条件、蔬菜部位及区域性等因素有关。蔬菜中硝酸盐的含量依叶菜类、根菜类、果实类的顺序递减。植物在生长期硝酸盐含量较多,因此,一般嫩菜中硝酸盐含量较多,而成熟后含量相对减少一些。茎根部位硝酸盐含量较高,绿叶部位含量较低,例如,菠菜叶部硝酸盐含量为 $147 \sim 481 \mu g/g$,而根部为 $106 \sim 926 \mu g/g$。

关于硝酸盐在蔬菜中的最大允许量,卫生学家并没有给出统一规定。由于硝酸盐可能引起直接中毒,高铁血红蛋白症和抑制消化酶的活性,而且硝酸盐又是合成致癌的 N - 亚硝基化合物的前体,所以必须降低硝酸盐在植物食品中的允许含量标准。

二、亚硝酸盐生成的原因

蔬菜发酵主要是乳酸菌的作用,从乳酸菌的生化特性来看,几乎所有乳酸菌都不能使硝酸盐还原为亚硝酸盐,因为它不具备细胞色素氧化酶系统。乳酸菌大多不具备氨基酸脱羧酶,因而也不产生胺,所以在纯培养的条件下,是不产生亚硝酸盐和亚硝胺的。但发酵蔬菜中确实含有不同浓度的亚硝酸盐,这些亚硝酸盐是如何产生的呢? 为何发酵蔬菜中的亚硝酸盐含量高于新鲜蔬菜呢? 以下从两方面进行讨论。

(一)植物蛋白合成障碍

高等植物在生长中要合成必要的植物蛋白,就要吸收硝酸盐。植物体内的硝态氮必须还原成氨态氮,才能被植物吸收利用,反应过程如下:

$$HNO_3 \xrightarrow[\text{硝酸还原糖}]{} HNO_2 \xrightarrow[\text{Fe,Cu,Mg}]{\text{亚硝酸还原酶}} HNO \xrightarrow{\text{次亚硝酸还原酶}}$$

$$(\text{硝酸}) \qquad (\text{亚硝酸}) \qquad (\text{次亚硝酸})$$

$$NH_2OH \xrightarrow{\text{羟胺还原酶}} NH_3$$

$$(\text{羟胺}) \qquad (\text{氮})$$

形成的氨与植物光合作用生成的糖结合,生成氨基酸、核酸等物质,进而高分子化构成植物蛋白。但当这一连串的植物生理反应不能顺利进行时,如气候干旱、土壤中水分减少、土壤中缺乏微量元素钼、盐碱地、大量施用氮肥、光照不充分等情况下,植物蛋白的合成就变得缓慢,使剩余的 NO_3^-、NO_2^- 积聚在植物体内,使蔬菜中硝酸盐和亚硝酸盐含量增高。在气候干旱、气温又高的情况下,植物的新陈代谢作用加强,特别是呼吸作用增强,消耗了大量的糖,影响了氮合成蛋白质的过程,致使硝酸的还原过程停滞在 NO_3^- 或 NO_2^- 阶段。

(二)硝酸还原作用加强

蔬菜发酵过程中亚硝酸盐的形成,主要与细菌的还原作用有关。具有硝酸还原酶的细菌是使蔬菜产生大量亚硝酸盐的一个决定性因素。亚硝酸盐是硝酸盐在植物中还原过程的中间产物,在一些寄生菌还原酶的作用下,硝酸盐被还原成亚硝酸盐。

自然界能使硝酸还原的细菌大约有 100 多种,包括大肠杆菌、白喉棒状杆菌、白念珠菌、金黄色葡萄球菌、芽孢杆菌、变形菌、球菌,还有放线菌、酵母菌、霉菌等。这些菌类通常使 NO_3^- 厌氧还原到 NO_2^- 的阶段而终止,使 NO_2^- 积累起来。比如大肠杆菌在 37 ~ 45℃,pH6.8 ~ 8.2 的情况下,会释放出大量的硝酸盐还原酶,迅速将硝酸盐还原为亚硝酸盐和氨,使菜株当中的亚硝酸盐含量急剧升高。

传统方法发酵蔬菜,主要是利用蔬菜自然带入的乳酸菌来发酵,而蔬菜上附有乳酸菌的同时,也必然存在一些有害菌。腌制初期,如果盐浓度较低,酸性环境尚未形成时,一些有害菌类未被抑制,将会出现硝酸还原过程。发酵中期或后期如果条件控制不当,出现非厌氧环境、杂菌污染或温度过高时,也会有大量亚硝酸盐生成。同时,一些细菌、霉菌可以使蔬菜中的蛋白质分解,氨基酸脱氨基形成氨或者脱羧基形成胺,氨再经微生物转化形成大量亚硝酸,进而与胺结合形成亚硝胺。所以,腌制发酵过程中,硝酸的还原作用不可避免,如果条件掌握得好,亚硝酸盐含量就低,或继续还原或被酸性环境分解破坏。

发酵蔬菜中的亚硝酸盐含量普遍高于新鲜蔬菜,这一点可能与发酵蔬菜中水分充足、营养丰富且更易为微生物利用等因素有关。发酵蔬菜中亚硝酸盐含量变化呈抛物线状,最高点被称为亚硝峰。关于亚硝峰的出现,一般解释为发酵初期,乳酸菌迅速繁殖,有害菌的生长亦增强,随着乳酸发酵的旺盛进行,酸度增加,有害菌的生长逐渐受到抑制,硝酸还原作用减弱,已生成的亚硝酸盐还原或被酸性分解破坏,使亚硝酸盐含量逐渐下降。

三、影响发酵蔬菜中亚硝酸盐生成的因素

研究发酵蔬菜中亚硝酸盐生成的规律及影响因素,对于保证产品的卫生质量具有十分重要的意义。影响发酵蔬菜中亚硝酸盐生成的因素有以下几个。

(一)食盐浓度

发酵蔬菜中亚硝酸盐的生成与食盐浓度有关。食盐浓度低,亚硝酸盐生成快,亚硝峰出现早;食盐浓度高,亚硝酸盐生成慢,亚硝峰出现晚。如酸菜的生产中,如果盐含量为 3%,亚硝峰在发酵 6d 以后出现,食盐含量为 5% 时,亚硝峰在发酵 9d 以后出现,而食盐含量为 10% 时,亚硝峰则在发酵 12d 左右出现。

发酵初期,由于酸的生成较少,以食盐对有害菌的抑制为主。如果食盐浓度低,就不能抑

"十二五"高职高专院校规划教材(食品类)

制硝酸还原菌的生长,则硝酸还原作用加强,亚硝酸盐生成较多。如果食盐浓度高,就可以抑制不耐盐的有害细菌,使硝酸还原过程变慢。随着乳酸发酵作用的增强,不耐酸的有害细菌被抑制,亚硝酸盐含量趋于下降。

(二)温度

蔬菜发酵过程中,温度对硝酸盐的生成量及生成期有着显著影响。温度高,亚硝酸盐形成早,最终亚硝酸盐含量低;温度低,亚硝酸盐形成晚,最终含量高。不论蔬菜种属和食盐含量高低,其亚硝峰出现时间都随着温度的上升而提前,随着温度的下降而延迟。亚硝峰值则随着温度的升高而降低。比如,生产酸菜所用的食盐含量为5%,分别在20℃、13℃、10℃、5℃下发酵,亚硝峰出现时间分别为第6天、第7天、第10天和第15天,亚硝峰值分别为1.4 μg/g、10.3 μg/g、9.5 μg/g和11.6 μg/g。

上述现象出现的原因:①在较高温度下,乳酸发酵可以顺利进行,迅速升高的酸度,使硝酸还原菌的活动很快受到抑制;②已生成的亚硝酸盐被旺盛发酵所形成的酸性环境所分解;③温度越高,菜体中亚硝酸盐溶于水的能力越强,致使菜体中含量减少,而发酵液中含量增加。综合以上原因,高温下发酵较低温下发酵亚硝酸盐生成早、含量低、降解快。

发酵温度低,微生物生长繁殖受到限制,发酵产酸速度变慢,虽然硝酸还原菌的活动同样受到限制,但还原过程仍缓慢进行。这种亚硝酸盐分解过程也很缓慢,积累到一定程度而达到高峰。因此,低温发酵不利于亚硝酸盐的分解。

(三)酸度

正常情况下,亚硝酸盐含量与酸度呈互为消长关系,即酸度越高,亚硝酸含量就越低。这主要是由于酸能够抑制有害菌的生长,从而阻止了硝酸还原作用,另外,酸可以分解亚硝酸盐,从而降低其含量。亚硝酸盐与乳酸或醋酸作用,产生游离的亚硝酸,亚硝酸不稳定,分解产生NO。

(四)有害微生物的污染

用于发酵蔬菜的容器、水质等用具和原料不清洁或发酵期间密封不好,长时间与空气接触,都会使亚硝酸盐含量明显上升。这主要是由于污染了有害微生物,使硝酸还原活动加强造成的。

(五)糖的含量

许多研究表明,不同种属的蔬菜及相同种类不同部位腌制而成的产品,其亚硝酸盐含量差异较大,这主要和糖的含量有关。糖含量多,亚硝酸盐含量低,糖含量少,亚硝酸盐含量高。这可能与糖能促进乳酸菌的生长有关。

四、降低发酵蔬菜中亚硝酸盐含量的措施

(一)注意原料的选择和处理

用于发酵的蔬菜,应选用成熟而新鲜的菜株。幼嫩蔬菜含有较多亚硝酸盐,不新鲜和腐烂的蔬菜中也含有较多亚硝酸盐。准备发酵的蔬菜不要久放,更不能堆积。菜要洗净,尽量减少

有害微生物。水质要好,不要使用硝酸盐含量较高的苦井水或湖塘不洁之水。食盐不能使用次品盐。

（二）注意用具、容器、环境卫生

为了防止有害微生物污染,应将发酵容器、用具彻底清洗、消毒,并搞好环境卫生。

（三）保持厌氧环境

厌氧环境下,乳酸发酵能够顺序进行,好氧的有害菌则受到抑制。

（四）发酵初期适当提高温度

这样可以迅速形成酸性环境,抑制硝酸还原菌的生长并能分解破坏部分亚硝酸盐。温度以一般不超过20℃为宜。

（五）人工接种

人工接种乳酸菌发酵的泡菜,亚硝峰不明显,最高值也仅为0.30mg/g。表明人工接种有利于抑制亚硝酸盐的生成,减少亚硝酸盐的积累。

有人研究认为以接种肠膜明串珠菌效果最佳。也有人认为人工接种植物乳杆菌效果好。这主要是由于人工接种会在发酵初期快速产生大量乳酸,从而有效地抑制其他杂菌的活动,缩短发酵时间,降低亚硝酸的生成。

（六）添加抑制亚硝酸盐生成的物质

实验证实,抗坏血酸对亚硝酸钠有直接的消除作用,当抗坏血酸与亚硝酸盐质量之比为100∶1时,可以完全消除亚硝酸盐。异维生素C钠也有一定的阻止硝酸盐还原成亚硝酸盐的作用。抗坏血酸含量与亚硝酸盐的积累呈反相关系。因此,蔬菜发酵过程中添加一定量的维生素C具有防止形成亚硝酸盐的作用。大蒜无论是对自然发酵还是接种发酵,都能极明显地抑制亚硝峰的出现,这是由于其本身所含的巯基化合物与亚硝酸盐结合生成硫代亚硝酸盐酯类化合物而减少了亚硝酸盐的含量。在泡菜中添加姜汁也能有效阻断亚硝酸盐的生成。

 本章小结

硝酸盐、亚硝酸盐广泛存在于人类环境中,它是自然界最普遍的含氮化合物。硝酸盐对人类并没有多大的危害,但很多细菌能将硝酸盐还原为亚硝酸盐,而亚硝酸盐则会对人类健康造成威胁。阐述了发酵蔬菜中亚硝酸盐产生的原因,以及降低发酵蔬菜中亚硝酸盐含量的措施。

 思 考 题

1. 亚硝酸盐生成的原因有哪些?
2. 影响发酵蔬菜中亚硝酸盐生成的因素有哪些?

3.降低发酵蔬菜中亚硝酸盐含量的措施有哪些?

 阅读小知识

　　亚硝酸盐,俗称"硝盐",亚硝酸盐类食物中毒又称肠原性青紫病、紫绀症、乌嘴病,亚硝酸盐主要指亚硝酸钠和亚硝酸钾,是一种白色不透明结晶的化工产品,形状极似食盐。工业盐(又称私盐)因系由化工原料加工制成,含有大量的亚硝酸盐。为白色至淡黄色粉末或颗粒状,味微咸,易溶于水。外观及滋味都与食盐相似,并在工业、建筑业中广为使用,肉类制品中也允许作为发色剂限量使用。由亚硝酸盐引起食物中毒的机率较高。食入$0.3\sim0.5g$的亚硝酸盐即可引起中毒甚至死亡。

第七篇　新型发酵食品生产工艺

第一章　食品添加剂的生产

【知识目标】

1. 了解发酵法生产食品添加剂的意义和生产原理。

2. 掌握几种常见食品添加剂发酵生产的工艺流程和操作要点。

从动植物中萃取食品添加剂的成本高,且来源有限;化学合成法生产食品添加剂虽成本低,但可能危害人体健康。因此,生物技术,尤其是发酵工程技术已成为食品添加剂生产的首选方法,也是现今食品添加剂研究的方向。目前,利用微生物技术发酵生产的食品添加剂主要有色素、酸味剂、酶制剂、防腐剂、甜味剂、维生素和增香剂等产品。

第一节　食用色素的发酵生产

食用色素有化学合成色素和天然色素两大类别。由于化学合成色素的安全性存在隐患,天然色素格外受到人们的重视。虽然大多数天然色素可从植物中抽提生产,但由于气候、产地及运输等种种原因限制,发展不够迅速。而由微生物生产的色素既无气候和产地的影响,又能随时随地大量生产,因而有后来居上之势。目前用微生物发酵生产色素的研究广泛开展,不少产品大有希望成功。其中红曲色素和 β - 胡萝卜素都已进行工业化发酵生产。

一、红曲色素的发酵生产

红曲色素是由红曲霉发酵生产的细胞外色素,它是我国和日本等亚洲国家所喜爱的天然色素,也是目前最廉价的纯天然食用色素。红曲色素因色泽鲜红、着色性好、热稳定性强、安全性高而被广泛用于腐乳、蛋糕、鱼、肉、饮料和配制酒等食品的着色。现代研究还发现红曲中含有一些药用成分,如可用于治疗高血压、腹泻等。用于生产色素的代表性菌株有紫红曲霉、安卡红曲霉和巴克红曲霉等。在生产实践上,主要通过固态发酵生产红曲米,然后再从红曲米中提取红曲色素。但近年来也已采用液体深层发酵法生产红曲色素。

（一）固态发酵法

1. 工艺流程

　　　　水　　　　　　红曲霉种子　　　　　　　　　　　　　乙醇
　　　　↓　　　　　　　↓　　　　　　　　　　　　　　　　　↓
籼米→浸泡→蒸熟→冷却→接种→培养→浸曲→干燥→红曲米→研碎→浸提→调节 pH →离心→干燥→成品

2. 操作方法

（1）菌种制备

①斜面培养

首先制备斜面培养基。6°Bé～8°Bé 饴糖液 100mL，可溶性淀粉 5g，蛋白胨 3g，琼脂 3g。加热调和溶解后，加入冰醋酸 0.2%，分装于试管内。121℃、灭菌 30min，取出趁热摆放成斜面，备用。

接下来进行接种、培养。按无菌操作要求将红曲霉试管原种接入制好的斜面培养基上，于 28～30℃恒温培养 14～20d，即成斜面红曲种子。

②米试管培养

取蒸熟松散的籼米，装入试管约 1/4，另取三角瓶，内盛 0.2% 冰醋酸溶液少许，包扎后，在 0.1MPa 的蒸汽压力下灭菌 30min，冷却后接种。接种的方法是用灭菌的吸管吸取 0.2% 冰醋酸液 5～10mL，注入斜面红曲种子试管中，充分搅匀，然后用无菌粗口吸管吸取 0.5mL 种子液，注入籼米试管中摇匀，于 30～34℃恒温箱中培养。培养期间应经常摇动米管，使米饭分散，以免产生结团及生长不均匀的现象。培养 10～14d 即可。

（2）原料配比与处理

①原料配比

每 100kg 籼米，加冷开水 7kg，冰醋酸 120g～150g，红曲米试管菌种 3 支。

②原料处理

采用上等籼米，用冷水冲洗 4～5 次，洗去米糠及杂物，加水浸泡 4～5h，浸泡程度以用手指搓成粉状为宜，一般吸水量为 25kg/100kg 米。然后将泡好的米捞起放入竹箩内淘洗、沥干，倒入蒸桶内蒸饭。蒸桶的容积以盛放 50kg 米为宜，边开蒸汽边上料，待冒汽后，加盖再蒸 3min，即可出锅。

（3）接种、装袋

①将红曲米试管菌种研细，按配比与冷开水及冰醋酸混合均匀，制成红曲菌液，备用。

②将蒸好的米饭移入木盘内，搓散结块，冷至 42～44℃时（最高不能超过 46℃），接入红曲菌液，迅速拌匀，使每粒米都染上菌液，然后装入灭菌好的麻袋中，将口扎好，放在培养室内堆积保温培养（麻袋中插入一温度计，以便检查品温），在堆积保温期间室温保持在 40℃，并应有足够的湿度，使干湿度相等或相差很小，否则因湿度过小，曲米会出现干粒现象，影响红曲的质量。

（4）培养

进入曲室后，品温开始由原来 36℃下降至 34℃，而后慢慢上升，上升至 47～48℃（约 24h），即可倒包，即将麻袋拆开，倒出曲米饭，散热至 37～38℃左右，再将其堆积起来，上面盖麻袋保温，放在培养室中曲池的一端继续堆积保温培养。此时曲室温度应保持 25～30℃。正常的曲米在倒包时应出现白色菌丝。当温度上升至 48℃时，再把米饭散开，进行翻曲。翻曲后待品温降至 34～36℃，再行堆积保温，如此反复翻曲 3 次，然后将米饭平摊在曲池内，进行通风培养，品温保持在 35～42℃之间，最高温度不要超过 45℃，最低温度不低于 40℃。

（5）浸曲

曲米经通风培养，新陈代谢作用不断加强，致使曲米本身的水分逐渐减少。为了保持红曲霉的生命活力，在培养中间需补加水分，进行浸曲。一般在通风 8h 后便可补加头道水，以后每隔8h需加水一次,共需加水6次。加水时可用喷洒方法,以使其均匀,水量以加够为准,每100kg米每次吃水7～12kg。浸曲水温要求25℃左右。在每次加水时,都要先使品温降至35℃左右再进行,因在高温下加水,易使曲米发霉。加水后的品温控制在37～42℃。

传统的浸曲方法是把曲米装入淘米箩内,放入水缸,浸曲1～2min后取出沥干。该法劳动强度大,现已逐渐改为直接加水浸曲。

(6)干燥

待曲米培养成熟后(约5d),曲米发育到无硬心及白心,颜色发紫时,即可进行加热风干。干燥温度为75℃左右,干燥时间12～14h,即得成品。

成品红曲外观呈紫红色,无白心,饱满不瘪,无白粒,手指捻搓成粉状。水分含量低于10%,糖化力大于300U,红色素大于180 μg/g曲。

(7)提取

将干燥后的红曲米粉碎后放入陶缸内,加入4～5倍量70%的乙醇,于常温下浸泡24h。过滤后滤渣按上法进行第二次、第三次和第四次浸泡并过滤。合并第三次、第四次滤液作为第二批红曲的浸泡料液。合并第一次、第二次滤液于陶缸中静置4h吸出上清液,下层沉淀过滤,滤渣用清水洗涤2次。合并清液和洗液,90℃下蒸馏回收乙醇,并加热至100℃,将其浓缩成胶体状(滴入水中不扩散为止)。经60℃真空干燥6～8h,取出冷却后,研成粉末即为成品,也可进行喷雾干燥。

(二)液体深层发酵法

液体深层发酵法与固体发酵法相比具有劳动强度小、生产周期短、转化率高、品质易控制等优点。因此,液体深层发酵法代表了红曲色素大规模工业化生产的方向。

1. 工艺流程

$$70\% \sim 80\% \text{乙醇}$$
$$\downarrow$$

菌种→斜面培养→种子液培养→种子罐培养→发酵罐培养→板框压滤→浸泡滤渣→再次压滤→真空浓缩(回收酒精)→减压蒸馏→喷雾干燥→成品

2. 操作方法

(1)培养基

①斜面培养基:蛋白胨2g,可溶性淀粉3g,麦芽糖3g,琼脂2.5g,水100mL,pH5.0～5.5。0.1MPa压力,灭菌时间20min。

②种子培养基:淀汾3%,$NaNO_3$ 0.3%,KH_2PO_4 0.2%,$MgSO_4 \cdot 7H_2O$ 0.25%,玉米浆1.5%,黄豆粉1.0%,pH5.5～6.0。0.1MPa压力,灭菌30min。

③发酵培养基:大米粉3%,豆饼粉1.0%,$NaNO_3$ 0.15%,KH_2PO_4 0.25%,$MgSO_4 \cdot 7H_2O$ 0.2%,pH5.5～6.0。0.1MPa压力,灭菌20min。

(2)工艺操作

将活化后的红曲霉菌种移至斜面培养基上,于30～32℃下培养7～8d,再将无菌水加入斜面,搅匀制成红曲霉菌液。吸取菌液移接于旋转式摇瓶中进行液体培养,温度30～32℃,转速160～200r/min,培养周期72h。然后接种于种子罐培养,种子罐50L装培养基30L,搅拌速度240r/min,通风量1:0.6,维持罐压50kPa～80kPa,罐温33～34℃,培养时间29～30h。再进入发酵罐培养,发酵罐500L,装发酵培养基350L,灭菌后待温度冷却至34℃时接入种子3%~4%。控制搅拌速度140~160r/min,通风量1:0.7,罐压49kPa~78kPa,罐温33~34℃,发酵时间为70~80h。

发酵完毕,将发酵液压滤,滤渣用水洗,然后加入5~6倍体积的70%~80%酒精进行浸提,搅拌0.5~1h,静置过滤,滤渣连续浸提3次,每次浸提后压滤,将得到的紫红色滤液合并。减压回收酒精并使溶液浓缩,浓缩液经干燥得成品。

二、β-胡萝卜素的发酵生产

β-胡萝卜素的制取技术有天然提取法、化学合成法和发酵法三种。由于化学合成色素市场份额的锐减和天然提取法的成本昂贵,使得微生物发酵法呈现出明显的优势。利用微生物发酵生产β-胡萝卜素具有产量高,易于大规模培养,不受气候、运输等条件限制等优势,是今后发展的方向。

1. 工艺流程

菌种→斜面培养→一级种子培养→混合种子培养→发酵培养→菌丝体收集→菌丝体干燥→菌丝体破碎→皂化→石油醚萃取→真空浓缩→乙醇结晶→β-胡萝卜素成品

发酵法生产β-胡萝卜素所用的菌种为三孢布拉霉,该菌有两个形态,即正菌株(+)和负菌株(-),它具有生长迅速、生物量高的优点。

2. 生产工艺

(1)斜面菌种培养 培养基为:土豆浸提汁1000mL、葡萄糖20g、$KH_2PO_4$3g、$MgSO_4$1.5g、琼脂20g、维生素B_1微量,27℃培养6d。

(2)一级种子培养 培养基为:葡萄糖1%、玉米浆6%、玉米淀粉3%、$KH_2PO_4$0.5g/L、$MgSO_4$0.25g/L、维生素$B_1$0.5g/L。在2L的三角瓶中装0.4L培养基,在无菌条件下,从培养6d的斜面培养基上分别挑取(+)、(-)菌株两环孢子接种于种子培养基中,置于旋转摇床上,在27℃、150r/min的条件下,培养48h。

(3)混合种子培养 170L的不锈钢发酵罐中装120L的培养基,培养基成分同一级种子培养基,将上面两个一级种子按1:1的比例接入,26℃170r/min,通气8m^3/h培养40h。

(4)发酵培养 500L不锈钢发酵罐装200L培养基,培养基成分:玉米淀粉40g/L,玉米浆40g/L,棉子油50mL/L,$KH_2PO_4$1g/L,$MgSO_4$0.25g/L,维生素$B_1$0.5g/L,pH6.3,121℃灭菌60min。以10%的接种量接入混合种子,26℃、220r/min、通气25m^3/h,发酵培养120h。培养48h后,添加β-紫罗酮1g/L和煤油5mL/L,然后连续添加总量为42mL/L的53%葡萄糖溶液至发酵终了。

3. 产品提取

β-胡萝卜素是胞内产物,因此需要对发酵菌体进行收集、破碎以提取胞内的产品。目前使用较多的是干法提取β-胡萝卜素。

发酵结束后的发酵液,首先进行预处理,可以采取在水浴中煮的方式,破坏发酵液中残存的酶类,以停止酶促生化反应的进行。提取时,先用离心机处理或用助滤剂过滤,收集菌体,收集到的菌体经真空干燥后用搅拌粉碎机粉碎成菌粉,用石油醚等有机溶剂进行萃取后,于40℃、真空度0.1MPa下进行浓缩,直至有部分晶体析出为止。然后加入浓缩液10倍的无水乙醇,在0~5℃的温度下进行结晶。细胞中β-胡萝卜素的稳定性较差,为了提高稳定性,在萃取时添加抗氧化剂（BHT）可提高萃取率。在萃取过程中,萃取剂会将菌体细胞壁中的脂肪酸和其他脂类物质萃取到萃取液中,而且菌体合成的少量类胡萝卜素也会被萃取到萃取液中,采取皂化的方法可将上述杂质转移到水相,而脂溶性类胡萝卜素则留在油相中。

β-胡萝卜素的晶体必须在真空、避光、低温下保存,也可将β-胡萝卜素晶体用玉米油稀释成不同浓度的油树脂,再加抗氧化剂后,低温避光保存。

第二节　食品生物防腐剂的发酵生产

一、概述

天然食品防腐剂,也就是常说的生物防腐剂主要来自动植物组织,或微生物和海洋生物的代谢产物。目前,世界上公认的、安全的、采用微生物发酵法生产的,并在发达国家使用的主要生物防腐剂有:乳酸链球菌素、纳他霉素和ε-聚赖氨酸等。

利用微生物发酵法获得的食品生物防腐剂在生物防腐剂生产中占重要地位,它与一般微生物发酵制品的生产相同,虽然实际的工业过程要复杂得多,但是,总的可以将其分为菌种与种子的培养;原料与培养基的制备;发酵过程与控制以及产物的提取与精制等不同阶段。

二、食品生物防腐剂发酵生产实例——纳他霉素的发酵生产

纳他霉素又称游霉素、匹马霉素或田纳西菌素,它是一种多烯大环内酯,呈白色至乳白色的几乎无臭无味的结晶性粉末。纳他霉素是一种很强的抗真菌物质,能有效抑制酵母和霉菌的生长,阻止丝状真菌中黄曲霉毒素的形成。

纳他霉素的溶解度很低,因此一般作为食品表面处理的防腐剂。纳他霉素是一种高效、安全的新型生物防腐剂,目前已被30多个国家批准用于各种干酪和肉制品的防腐。

（一）纳他霉素的发酵法生产工艺

纳他霉素的工业生产,是以特定的链霉菌为生产菌,以葡萄糖为底物,进行可控发酵,然后从发酵液中提取精制而得。

1. 生产菌种及保存

纳他霉素的生产菌包括,纳塔尔链霉菌和 *Streptomyces chatanoogensis* 等链霉菌。菌株的保存一般采用冷冻干燥法。将微生物接种于蛋白溶液中,或仅将微生物悬浮于其中,装于小针剂瓶中。然后在真空条件下,迅速冷冻干燥。针剂瓶在干燥状态抽空,或填充氮气等惰性气体并封口。冷冻干燥保存的菌株,可维持多年活性不下降。需要使用时再将它打开,在内容物中加水或营养溶液,作为接种之用。

2. 发酵工艺

纳他霉素主要采用深层发酵法生产。培养液的组成主要包括,碳源、氮源以及硫酸盐、磷酸盐等其他营养源。发酵是在有氧条件下进行,发酵温度一般保持在25～37℃。发酵时间一般为2～4d,视具体菌株而定。

纳他霉素的发酵分三阶段进行。第一阶段,搅拌速度约500r/min,可根据具体菌株的发酵速度,来相应提高或降低搅拌速度。第二阶段,随着产物及代谢物的积累,生产速率下降。此

时,应适当提高搅拌速度,以保持发酵罐内的溶解氧水平。同时,要持续抽出发酵罐中的旧培养液,并补充新鲜的培养液,以避免有害代谢物在发酵罐中的过度积累,而提高生产速率。第三阶段,提高流加培养液的浓度,以利于产物的生成,进一步提高产量。

(二)发酵法生产纳他霉素的影响因素

1. 培养基的组成

研究显示,以葡萄糖为碳源时,纳他霉素的产量最高。这可能是由于葡萄糖的渗透性较好,能够直接被菌株所利用的缘故。不同氮源中,以硫酸铵、硝酸钠和牛肉浸膏的效果较好。据报道,牛肉浸膏混合酵母提取物,可有效促进纳塔尔链霉菌合成纳他霉素,产量达 1.5g/L。此外,磷酸盐的存在也十分利于纳他霉素的生产。KH_2PO_4 可有效促进纳塔尔链霉菌发酵产生纳他霉素,其含量为 0.05g/L 时产量达到最高。

2. 培养基中溶解氧水平和菌种的接种形式

研究显示,提高振荡速度,减少容器内培养液的装填体积,均有助于提高纳他霉素的产量。其原因主要在于,培养液中溶解氧浓度的增加,而且,添加可溶性生物高聚物(如海藻酸盐),可降低培养液的溶解氧水平,虽不影响细胞的生长,但却导致纳他霉素产量显著降低;另一方面,接种孢子利于产生较高浓度的纳他霉素,比接种生长细胞高出约 40%。

(三)纳他霉素的提取工艺

多烯类抗生素大部分存在于菌丝体中,在培养液中也有少量存在,可用甲醇从发酵液中提取得到高纯度的纳他霉素,其具体步骤如下:

(1)在培养液(固体悬浮纳他霉素含量不低于 2g/L)中加入甲醇,保持温度 0~25℃,最好不要超过 15℃。

(2)调节 pH1.0~4.5,同时维持温度在 0~25℃,0.5~30h。其中,温度在 15~25℃的时间,最好不要超过 0.5h。

(3)除去固体残渣,得到纳他霉素提取液。

(4)调整提取液 pH 至 6.0~9.0。

(5)沉淀提纯纳他霉素。

第三节 酶制剂的发酵生产

一、概述

酶的生产主要有两种方法,即直接提取法和微生物发酵生产法。早期酶制剂是以动植物作为原料,从中直接提取的,例如,从胰脏中提取蛋白酶,从麦芽中提取淀粉酶。虽然某些动物器官和植物果实确存在较高浓度的某些酶,但若就酶的生产而言,其量的供应便成为工业生产的主要限制;而微生物因为易于大量培养,且菌体的倍增时间亦比动物、植物细胞快得多;另外,现在又可使用重组 DNA 技术及人工诱变等方法,使微生物能生产难以获得的酶或大大提高其酶的产量,因此微生物可以说是酶商业化生产的最佳来源。现在,生产酶制剂所需要的酶大都来自微生物。

微生物酶制剂的生产方法主要可分为固态发酵法和液态发酵法两大类。固态法一般采用麸皮、米糠等为主要原料,另根据需要添加豆饼、玉米粉、无机盐等辅料,再拌入适量水,作为微生物生长和产酶用的培养基。固态法又可分为浅盘法、转鼓法和厚层机械通风法,近年来多采用厚层机械通风法。固态发酵法适用于霉菌发酵。液态法是利用合成的液体培养基在发酵罐内进行发酵的方法,又可分为液体表面发酵法和液体深层发酵法两种,其中后者是目前工业生产中主要的发酵方式。液体深层发酵的机械化程度高,技术条件要求也高,但产酶率高,易回收,质量好,劳动强度小。

二、常用酶制剂发酵生产实例

(一)α-淀粉酶的生产

目前,国内外生产α-淀粉酶所采用的菌种主要有细菌和霉菌两大类,典型的有芽孢杆菌和米曲霉。米曲霉常用固态曲法培养,其产品主要用作消化剂,产量较小;芽孢杆菌则主要采用液体深层通风培养法大规模地生产α-淀粉酶,如我国的枯草杆菌 BF-7658。

1. 米曲霉固态曲法生产α-淀粉酶

(1)工艺流程

斜面菌种→三角瓶种子→种曲

原料→蒸煮→扬冷→接种→发酵→烘干→粗制品

抽提→过滤→沉淀→过滤→烘干→精制品

(2)操作要点

固态法生产α-淀粉酶我国现用的菌种属于米曲霉群的曲霉 602 与 2120,经鉴定认为不生产黄曲霉素,制法如下:

将麸皮、玉米粉和水按 5:1:1 的比例混合,再加盐酸 3 滴,拌匀后,装入 500mL 三角瓶中,每只三角瓶装混合物 30g,120℃灭菌 30min,冷却后接种斜面菌种(菌种培养于麦芽汁或米曲汁斜面)置 32~34℃下培养 3d,每 24h 扣瓶 1 次,以防结块,待菌丝体大量生长及孢子转为黄绿色,即可作为种子用于制备种曲。种曲培养基配料同上,原料蒸热后冷却到 30℃,接入种子 0.5%~1%,拌匀后盛于曲盘,摊厚 1cm 左右,盘上盖以湿布,置 30℃曲房培养。盖布应每隔 8~12h 用水浸湿,以防培养物干结而影响菌体繁殖,每 24h 扣盘 1 次,经 3d 后,种曲成熟,布满黄绿色孢子。

厚层通风制曲:原料为麸皮和谷壳,其配比为 100:5,加 0.1% 稀盐酸 75%~80%,拌匀,常压蒸煮 1h 或在 0.1MPa 下蒸煮 15~20min。出锅后扬冷、过筛,接入 0.5% 的米曲霉种曲,置于曲箱中,前期保持品温 30℃左右,每 2h 通风 20min,当品温升到 30℃以上,则连续通风,保持品温在 36~40℃之间,培养约 28h。品温开始下降,通冷风使品温降到 20℃左右,出箱。

提取方法:①直接把麸曲在低温下烘干,作为酿造工业上使用的粗酶制剂,特点是得率高,制造工艺简单,但酶活低,含杂质较多;②把麸曲用水或稀食盐水浸出后,经过滤或离心除去麸皮及不溶物,然后用酒精沉淀或硫酸铵盐析,酶泥滤出后低温烘干,粉碎后加乳糖为填料,最后制成供作助消化药、酿造等用的酶制剂。它的特点是酶活性单位高,含杂质少,但得率较低,成本较高。

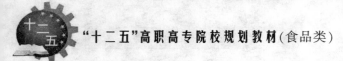

2. 枯草杆菌 BF -7658 液态深层发酵法生产 α - 淀粉酶

枯草杆菌 BF -7658 α - 淀粉酶是我国产量最大、用途最广的一种液化型淀粉酶,其最适 pH6.5 左右,pH 低于 6 或高于 10,酶活显著降低,最适温度 65℃左右,60℃以下稳定。在淀粉浆中酶的最适温度 80~85℃,90℃保温 15min,保留酶活 87%。

(1)工艺流程

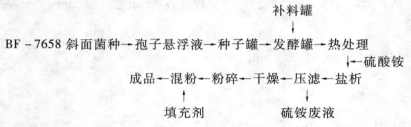

(2)操作要点

1)BF -7658 菌株特性

该菌株为短杆状革兰氏阳性菌,两端钝圆、单独或成链状,在肉汁表面可生成菌膜,在淀粉培养基上呈乳白色,表面光滑湿润,略有光泽,无皱纹,有黏稠性,用碘液检查菌落周围呈透明圈。

将上述菌株接种于马铃薯琼脂或淀粉琼脂斜面,37℃培养 27~28h 后,置于 4℃冰箱保存,2 个月移植 1 次。马铃薯琼脂斜面形成的芽孢多于淀粉琼脂斜面,保存效果较好,两种斜面可交替使用。蜡封马铃薯斜面可保藏 6 个月,若需长期保藏,宜采用沙土管(3~5 年)或冷冻干燥保存。

淀粉蛋白胨培养基:可溶性淀粉 2%,蛋白胨 1%,氯化钠 0.5%,琼脂 2%,pH 6.7~7.0。0.1MPa 灭菌 30min。

马铃薯琼脂培养基:取 200g 去皮马铃薯,加水煮沸 1h,过滤,定容至 1000mL,加 MgSO₄ 5mg,琼脂20g,调 pH 6.7~7.0。0.1MPa 灭菌 30min。

2)扩大培养和发酵

将试管斜面菌种接种到马铃薯三角瓶斜面(20% 马铃薯煎出汁加 MgSO₄·7H₂O 5mg/L,琼脂2%,pH6.7~7.0),37℃培养 3d,然后接入到 500L 种子罐,37℃搅拌 300r/min,通风量为 1.3~1.4VVm(立方米/(立方米·分钟)),培养 12~14h。此时菌体生长进入对数生长期(镜检细胞密集,粗壮整齐,大多数细胞单独存在,少数呈链状,发酵液 pH6.3~6.8,酶活 5~10U/mL),转入 10000L 发酵罐,在 37℃,通风量 0~12h 为 0.67VVm,12h 至发酵结束为 1.33~1.0VVm,搅拌 200r/min,培养 40~48h。中途用 3 倍浓度碳源的培养基补料,体积相当于基础料的 1/3,从培养 12h 开始,每小时 1 次,分 30 余次添加完毕。停止补料后 6~8h 罐温不再上升,菌体衰老,80% 形成空泡,每 2~3h 取样分析 1 次,当酶活不再升高,结束发酵,向发酵液中添加 2% CaCl₂、0.8% Na₂HPO₄,50~55℃加热处理 30min,以破坏共存的蛋白酶,促使胶体凝聚而易于过滤,冷却到 35℃进行提取。

采用中途补料,可避免原料中淀粉降解生成的糖过量堆积而引起分解代谢物阻遏,有利于酶的诱导和 pH 的控制,延长产酶期,提高产量。在原料最终用量相同情况下,中途补料的酶产量比一次性投料高 14%。当 pH 降到 6.5 以下,菌形粗壮时,补料量可酌减,当 pH 高于 6.5,细胞出现衰老现象有空泡时,则补料量酌量增加。种子和发酵培养基组成如表 7 -1 -1。

表 7 - 1 - 1　培养基组成

组成	种子/%	发 酵		
		基础料/%	补料/%	总量
豆饼粉	4	5.6	5.3	5.5
玉米粉	3	7.2	22.3	11
Na_2HPO_4	0.8	0.8	0.8	0.8
$(NH_4)_2SO_4$	0.4	0.4	0.4	0.4
$CaCl_2$	—	0.13	0.4	0.2
NH_4Cl	0.15	0.13	0.2	0.15
α - 淀粉酶	—	100 万 U	30 万 U	—
体积/L	200	4500	1500	6000

3) 提取

① 工业级酶的提取

盐析法:发酵液经热处理,冷却到 40℃,加入硅藻土为助滤剂过滤。滤饼加 2.5 倍水洗涤,洗液同发酵滤液合并后,在 45℃ 真空浓缩数倍后,加 $(NH_4)_2SO_4$ 40% 盐析,盐析物加硅藻土后压滤,滤饼于 40℃ 烘干后磨粉即为成品。按此工艺由酶液到粉状酶制剂的收率为 70%。

乙醇淀粉吸附法:发酵液加 0.7% Na_2HPO_4,1% $CaCl_2$,50 ~ 55℃ 下维持 30min,冷却到 40℃ 压滤除渣。酶液在低温下经刮板薄膜蒸发器浓缩到含 35% ~ 40% 固形物,加入与其干物质等量的淀粉,然后在搅拌的同时缓缓加入 2 倍量的 10 ~ 15℃ 的乙醇,使终浓度达 60% 左右,继续搅拌数分钟,静止数小时,待沉淀完全后,离心分离,沉淀物于 50℃ 热风干燥后磨粉,酶的收率约 60%。

喷雾干燥法:BF - 7658 淀粉酶也可用喷雾干燥法干燥,收率 90% 左右,但制品中含杂质较多,有臭味,妨碍应用,同时蒸汽消耗量大,也易吸湿。

② 食品级酶的提取

食品级 α - 淀粉酶采用乙醇沉淀和淀粉吸附相结合的工艺。具体提取工艺流程是:

Na_2HPO_4、$CaCl_2$　　　　滤饼　　　　　　淀粉、乙醇
　　↓　　　　　　　　↑　　　　　　　　↓
发酵液→预处理→板框压滤→滤液→浓缩→沉淀→板框压滤→湿滤饼→干燥→粉碎→成品

精馏塔回收乙醇←滤液(稀乙醇)

发酵结束后,于发酵罐内添加 Na_2HPO_4、$CaCl_2$ 各 2%,调节 pH6.3,打开夹套蒸汽,升温到 60 ~ 65℃,30min 后用冷水降到 40℃,将料液放到絮凝罐,停留一段时间,发酵液经絮凝作用后,板框过滤,去除培养基残渣和菌体,并用 2 ~ 3 次水洗涤滤饼,将经压滤所得滤液及洗涤液通入沉淀罐内或经浓缩,然后超滤浓缩至含固形物 35% ~ 40%,加入与其干物质等量的淀粉,同时缓缓加入 2 倍量的 10 ~ 15℃ 的酒精,使终浓度达 60%。搅拌一定时间后,压入板框压滤机,过滤结束后,用压缩热空气将酶泥吹干,再将吹干的酶饼放入烘房干燥,最后粉碎即得成品。

（二）蛋白酶的生产

蛋白酶是食品工业中最重要的一类酶。在干酪生产、肉类嫩化、啤酒制造和植物蛋白质改性中都大量使用蛋白酶。早期蛋白酶主要是从高等生物中提取，目前工业用蛋白酶基本都来自微生物发酵。生产微生物蛋白酶的菌种主要是枯草杆菌、黑曲霉和米曲霉等。

蛋白酶按其反应的最适 pH，分为酸性蛋白酶、中性蛋白酶和碱性蛋白酶。下面介绍酸性蛋白酶的生产方法。

1. 生产菌种

酸性蛋白酶在 1954 年首先由吉田在黑曲霉中发现。商品酸性蛋白酶的生产菌，主要是黑曲霉、黑曲霉大孢子变种、斋藤曲霉、根霉、杜邦青霉等少数菌株。

2. 生产方法

（1）固体培养法

麸皮加 $(NH_4)_2SO_4$ 5%，加水 1:1 拌匀，蒸熟后冷却到 30℃接入黑曲霉 NRRL330-5-28（白色变异株）或宇佐美曲霉 A. usamii 3.758 等菌种，在 30℃、相对湿度 90%~100% 下，培养 3d，每克麸曲酶活性 10000~15000U。麸曲用 pH3.0 的水浸泡 1h，滤液用盐析法回收酶。

（2）液体深层培养法（黑曲霉 3.350 酸性蛋白酶）

1）工艺流程

除菌体→刮板式薄膜蒸发器→包装
↑

茄子瓶斜面菌种→种子罐培养→发酵→离心过滤→盐析→滤袋压榨→装盘→烘干→磨粉→包装

2）操作要点

①种子培养

种子培养基配方：豆饼粉 3.65%、玉米粉 0.625%、鱼粉 0.625%、NH_4Cl 1.0%、$CaCl_2$ 0.5%、Na_2HPO_4 0.2%，pH5.5。

将 2 茄子瓶斜面孢子菌种接于 500L 种子罐培养基中，于 (31±1)℃、230r/min 下通风培养 26h，通风量为 0.3VVm。

②发酵

发酵培养基配方：豆饼粉 3.65%、玉米粉 0.625%、豆粉石灰水解物 10%、NH_4Cl 1.0%、$CaCl_2$ 0.2%、Na_2HPO_4 0.2%，pH5.5。

5000L 不锈钢发酵罐装 3000L 发酵培养基，于 (31±1)℃、180r/min 下通风培养，控制通风量 0~24h 为 1:0.25VVm；24~48h 为 1:0.5VVm；48h~结束为 1:1.0VVm，平均 1:0.6VVm 左右。发酵 72h 酶活性一般达 2500~3200U/mL。

③酶的提取

工业用的粗制品酶采用盐析法提取，将培养物滤去菌体，用盐酸调节至 pH4.0 以下，加入硫酸铵至终浓度 55%，静置过夜，倾去上清液，沉淀压滤去母液，于 40℃烘干后磨粉。盐析工艺收率 94% 以上，干燥后收率 60% 以上，酶活性为 20 万 U/g。也可将发酵液滤除菌体后，使用刮板式薄膜蒸发器 40℃浓缩 3~4 倍，直接作为商品。

④酶的纯化

供医药和食品工业使用的酶通常要进一步纯化。纯化方法有以下两种：

离子交换法：将所得的粗酶加水浸泡（pH3.0）、过滤或直接将上述发酵液离心滤除菌体后，用 55% 硫酸铵盐析后压滤，再将酶泥溶于 0.005mol/L pH2.5 乳酸缓冲液，用通用两性一号离子交换树脂进行脱色（收率 93%），用真空薄膜刮板蒸发器于 40℃ 浓缩至 2 倍以上（收率 90%），再用 732 阳离子、701 阳离子树脂混合床脱盐（收率 90%），最后进行喷雾干燥或冷冻干燥、磨粉即成。成品为淡黄至乳白色粉末，酶活性为 40 万 ~60 万 U/g。

单宁酸沉淀法：在搅拌下向发酵滤液（pH5.5 左右）加入 10% 单宁酸，使单宁酸的终浓度达 1% 左右，静置 1h，离心收集酶与单宁酸的复合物。再向此复合物中加入 10% 聚乙二醇（相对分子质量 6000），使聚乙二醇用量相当原酶液的 0.3%~0.5%，不断搅拌，离心去除单宁聚乙二醇聚合物，经此过程，酶液可以浓缩 10 倍，总收率 90% 以上。向浓缩酶液加入糖用活性炭 3%（在 pH4.5 左右）脱色，得到浅黄脱色酶液，酶回收率 90%~95%，脱色酶液用酒精在低温下沉淀，或用硫酸铵盐析制成浅色酶粉，其活性可达 40 万 ~60 万 U/g，总收率 70% 以上。

第四节　酸味剂的发酵生产

酸味剂是以赋予食品酸味为主要目的的食品添加剂，给人爽快的感觉，可增进食欲。一般具有防腐效果，又有助于溶解纤维素及钙、磷等物质，帮助消化，增加营养。

酸味剂分为有机酸和无机酸。食品中天然存在的酸主要是有机酸，如柠檬酸、酒石酸、苹果酸和乳酸等。目前作为酸味剂使用的主要也是这些有机酸。无机酸主要是磷酸，一般认为其风味不如有机酸好，应用较少。

一、柠檬酸的生产

（一）柠檬酸的主要用途

柠檬酸是目前需求量最大的一种有机酸，被广泛用于食品饮料、医药化工、化妆品等领域。其中，60% 的柠檬酸应用于食品工业，作为酸味剂、防腐剂、增溶剂、缓冲剂、抗氧化剂、除腥脱臭剂、螯合剂等应用。

（二）发酵法生产柠檬酸的工艺技术原理

目前，99% 的柠檬酸采用微生物发酵法生产，其工艺技术原理是：淀粉质原料（薯干、玉米）或糖质原料（糖蜜）等经处理后，通过霉菌的糖化和发酵作用，使淀粉分解为糖类；糖类经过糖酵解途径降解为丙酮酸；丙酮酸在丙酮酸脱羧酶和丙酮酸羧化酶的作用下分别形成乙酰 CoA 和草酰乙酸，二者在柠檬酸合成酶作用下合成柠檬酸；最后经过滤提取、浓缩结晶等工艺制成柠檬酸晶体（无水柠檬酸和一水柠檬酸）。

很多微生物都能产生柠檬酸。例如黑曲霉、文氏曲霉、泡盛曲霉、桔青霉、梨形毛霉及假丝酵母等。但至今世界上消费的柠檬酸主要采用黑曲霉、文氏曲霉和解脂假丝酵母等菌种的深层发酵法。现在糖质原料发酵采用黑曲霉，因其柠檬酸产量最高，且可利用多样化的碳源。烷烃和糖质原料发酵也有采用解脂假丝酵母发酵的。

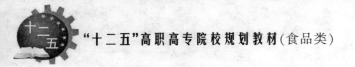

（三）柠檬酸发酵的一般生产工艺

根据发酵原料和发酵方式的不同,柠檬酸发酵生产工艺分为固体发酵和液体发酵两大类,液体发酵又分为表面发酵法和液体深层通气发酵法。

目前世界各国大多采用液体深层通气发酵法进行柠檬酸的发酵生产。现以黑曲霉液体深层通气发酵薯干粉原料生产柠檬酸为例介绍柠檬酸发酵的一般生产工艺。

1. 工艺流程

菌种→活化与扩大培养→种子

薯干→发酵培养基的制备→种子罐二级种子→液体深层通气发酵→提取→浓缩、结晶→干燥→包装→成品

2. 工艺条件与技术控制

（1）菌种的扩大培养

根据黑曲霉在实验室扩大培养阶段获得的是孢子还是菌丝体,其扩大培养分为孢子扩大培养和麸曲扩大培养2种方式。

孢子扩大培养是利用液体或固体表面培养,收集黑曲霉孢子,再进行种子罐扩大培养或直接进行发酵盘液体浅层发酵生产柠檬酸;麸曲扩大培养是利用固体醅培养出黑曲霉菌丝体,再进行种子罐扩大培养或直接进行曲盘固体浅层发酵生产柠檬酸。目前,我国普遍采用麸曲扩大培养方式,其工艺流程如下:

试管斜面培养→克氏瓶固体培养→三角瓶麸曲固体培养→种子罐液体菌种通气培养

1）试管斜面培养　察氏琼脂培养基或麦芽汁琼脂培养基($10°Bé$ 的无酒花麦汁,琼脂2%）或米曲汁琼脂培养基（1份米曲加4份水,55℃糖化3～4h,滤液用水调至$10°Bé$,用碱调pH6.0,加琼脂2%）,加热溶化,分装试管,121℃、30min灭菌后,摆放斜面,冷却后,以无菌操作接入已活化好的黑曲霉试管斜面菌种1～2接种环或0.1mL孢子悬液,32℃培养4～5d,待长满茂盛的黑曲霉孢子即可使用。

2）克氏瓶固体培养　与试管斜面固体培养基相同,加热溶化,分装250～500mL克氏瓶,每瓶4～5cm厚,121℃时30min灭菌、冷却后,采用无菌操作,在试管斜面培养物中加入5mL无菌水,制成孢子悬液,将1mL孢子悬液接入克氏瓶固体培养基中,32℃培养6～7d,待长满茂盛的黑曲霉孢子即可使用。

3）三角瓶麸曲固体培养　按麸皮:水 = 1:1.0～1.3 比例混合后分装1000～2000mL三角瓶,每瓶50～100g,121℃、30min灭菌、冷却后,采用无菌操作,在克氏瓶固体培养物中加入无菌水,制成孢子悬液,将孢子悬液接入三角瓶固体培养基中,30～32℃培养14～16h后,菌丝长满曲料表面,摇瓶1次,疏松结块;继续培养1d,摇瓶2次;再培养3～4d,待长满孢子,制成麸曲即可使用。

4）种子罐液体菌种通气培养　薯干经粉碎,以16%～20%的比例在调浆罐中加水调浆,pH自然5.5;添加0.1%中温型 α - 淀粉酶,0.07MPa液化10～15min;过滤除渣;泵入经0.15MPa、15min灭菌的种子罐中,装料量为种子罐的70%;通过$(NH_4)_2SO_4$计量罐向种子罐中添加0.5%$(NH_4)_2SO_4$,以提高糖化力;搅拌均匀后,实罐0.1MPa、30min灭菌,冷却至35℃;在种子罐中接入黑曲霉孢子或麸曲,接种量为孢子数10^4CFU/mL;培养温度控制在35℃±1℃;

罐压维持 20~50kPa;通风量根据培养阶段而定(以 10m³ 为例):0~6h,孢子吸水膨胀,通风量保持 9~10m³/h;6~10h,为孢子萌发期,通风量保持 18m³/h;10h 后,为菌丝体生长繁殖期,通风量增至 36~72m³/h。种子培养 18~28h,当培养液的 pH 降至 2.0~2.5,滴定酸度为 1.5~2.0mL/100g,而且菌丝球直径为 24μm(不超过 100μm),菌丝球数目达到(1~2)×10⁴CFU/mL 时,种子培养结束。

(2)原料的处理和发酵培养基的制备

薯干经粉碎,以 16%~20% 的比例在调浆罐中加水调浆,pH 自然 5.5;添加 0.1% 中温型 α-淀粉酶,0.070MPa 液化 10~15min;过滤除渣;通过(NH₄)₂SO₄ 计量罐控制并调节培养基中含氮量为 0.2%~0.4%;连续灭菌后,泵入已灭菌的发酵罐中,装料量为发酵罐体积的 85%~90%。

为了满足黑曲霉的生长、繁殖,必须提供足量的碳源、氮源和无机盐;但是,要使黑曲霉大量生成和积累柠檬酸,必须控制营养物质的供给,使菌体生长受限制,处于半"饥饿"和代谢失调状态。黑曲霉大量生成和积累柠檬酸的基本条件为:提供高浓度的葡萄糖和充足的氧,而对磷、锰、铁、锌等无机盐的要求则处于低水平。从柠檬酸生产角度看,葡萄糖、蔗糖、糊精是良好的碳源;工业上为降低生产成本,多采用廉价的甘薯、玉米、小麦及其淀粉、糖蜜等。目前认为高糖浓度是柠檬酸发酵的一大特征。我国采用薯干粉的深层发酵,粉浆浓度为 16%~20%。黑曲霉偏好于无机氮,当有机氮和无机氮同时存在时,它首先利用无机氮。在无机氮中,生理酸性氮比碱性氮好;因为生理酸性氮中的铵离子被利用后,使培养基变酸,可以使发酵中的黑曲霉生长阶段结束,转入产酸阶段,pH 下降到较低水平有利于柠檬酸的积累。简单的有机氮比复杂的有机氮好,如尿素比氨基酸好,氨基酸比蛋白胨好。若原料中有机氮含量过于丰富,菌体生长代谢加快,对缩短发酵周期有利,但产酸率不高。无机盐对柠檬酸发酵的影响是十分复杂的,有的构成菌体,有的促进代谢,有的促进产酸等。国外采用不耐金属离子的柠檬酸产生菌,在发酵中控制微量金属离子水平极为重要。我国采用的菌种能耐很高的金属离子,因此原料和水不经任何处理就可用于发酵。

(3)柠檬酸液体深层通气发酵工艺条件与技术控制

待发酵罐中发酵培养基冷却至 35℃时,利用无菌压缩空气将种子罐中的培养液泵入发酵罐,进行液体深层通气发酵。一般来说,发酵前期(0~18h)为菌丝生长和淀粉糖化阶段(当产酸量与还原糖的总量接近起始可发酵糖总量时,糖化阶段完成);发酵中后期(18~90h)为柠檬酸合成与积累阶段。

1)接种量的控制 在一定范围内,孢子接种量与产酸速率成正比。孢子接种量越大,菌丝球直径越小、越多,产酸率越高。一般接种量为孢子数 10⁴CFU/mL。

2)发酵温度的控制 在黑曲霉液体深层发酵中,温度低于 28℃,导致长菌和产酸缓慢;高于 37℃,导致杂酸形成过量。一般来说,发酵前期(0~18h),温度控制在 36~38℃,甚至可采用 40℃ 高温培养,促进菌丝生长和淀粉糖化;发酵中后期(18~90h),温度降为 35℃±1℃。

3)发酵液 pH 的控制 发酵前期(0~18h),发酵液 pH 控制在 4.0~4.5,促使淀粉糖化;发酵中后期(18~90h),发酵液 pH 降至 2.5 左右,有利于柠檬酸的合成与积累。研究表明,在黑曲霉液体深层发酵中后期(18~90h)的产酸阶段,如果发酵液 pH 在 3.0 以上,容易产生草酸;如果发酵液 pH 值升至 5.0 以上,则容易生成葡萄糖酸。另外,为防止发酵中后期(18~90h)pH 下降过快而导致菌体早衰,一般在发酵 24~48h 后,在发酵液中添加(5~10)g/L 的碳酸钙,以维持发酵产酸阶段正常的 pH 水平。

4）通风供氧和搅拌的控制　柠檬酸发酵是典型好氧发酵,对氧十分敏感。黑曲霉生长期溶氧分压不得低于 1.8kPa,产酸期溶氧分压不得低于 3.2kPa。当发酵进入产酸期时,在一定范围内,产酸速率几乎与溶氧分压成正比,溶氧分压下降到 10kPa 时,产酸速率下降不大;溶氧分压下降到 3.2kPa 时,产酸能力基本丧失;溶氧分压下降到 1.8kPa（临界溶氧分压）以下时,产酸能力完全丧失。通过通风量的控制,使产酸速率保持在（2～3）g/（h·L）的水平,如果产酸速率过快,则造成菌体早衰,柠檬酸的最终产量下降。对于 50m³ 发酵罐而言,发酵前期（0～18h）,通风量控制在 0.08～0.1VVm;发酵中后期（18～90h）,通风量控制在 0.12～0.15VVm。50m³ 箭叶涡轮搅拌桨式发酵罐的搅拌速率控制在 90～110r/min,100m³ 自吸式桨叶低搅拌式发酵罐的搅拌速率控制在 135r/min。整个发酵期间罐压保持 0.1MPa。

5）发酵终点控制　以薯干粉为原料,黑曲霉液体深层通气发酵至 60～90h,当发酵液中总糖含量自 140～160g/L 降至残糖含量为 2g/L 以下,产生的柠檬酸浓度达到 120～155g/L,糖的转化率达到 93%～97% 时,可升温终止发酵,泵至贮罐中,及时进行提取。

（4）柠檬酸的提取（钙盐－离子交换法）

柠檬酸提取的方法有钙盐法、萃取法、离子交换法、电渗析法等。但目前国内大多采用钙盐－离子交换法,其工艺流程为:

发酵醪的预处理→过滤→中和沉淀→酸解→净化脱色

1）发酵醪的预处理　新鲜成熟发酵醪升温至 75～90℃,温度不宜过高,加热时间不宜过长。其原理是杀死柠檬酸生产菌和杂菌,终止发酵,并防止柠檬酸被代谢分解;使蛋白质变性、絮凝和破坏胶体,降低料液黏度,利于过滤;使菌体中的柠檬酸部分释放。加热温度过高或时间过长,会使菌体自溶,释放出蛋白质,使料液黏度增加、颜色变褐,不利于净化。

2）过滤　过滤目的是去除发酵醪中的悬浮物、草酸,尽可能减少滤液的稀释度,把柠檬酸的损失减少到最低限度。过滤效果取决于滤饼的厚度和特性,滤饼达到一定厚度时,才变成真正的过滤介质,为此,开始过滤时流速不宜过大,否则细小颗粒宜穿过介质空隙而未被截留,只有当介质表面积有滤饼时,滤液才变清;由于草酸钙溶解度低于硫酸钙,在一次滤液中加硫酸钙,使生成草酸钙,在复滤时再一并除去。

过滤液质量主要参数:一次滤液柠檬酸（一水）≥9.0g/100mL,悬浮物≤0.1g/100mL;滤饼含水量≤55%～70%,柠檬酸（一水）≤2.5%;复滤液柠檬酸（一水）≥9.0g/100mL,悬浮液≤5mg/L,草酸为 0。

3）中和沉淀　过滤获得了去除菌体、残渣和草酸的澄清柠檬酸液,其中除主要含有柠檬酸外,还含有可溶于水的碳水化合物、胶体、有机杂酸、蛋白质等杂质。

根据在一定温度和 pH 条件下柠檬酸钙在水中的溶解度极小的特性,采用钙盐或钙碱与溶液中的柠檬酸发生中和反应,生成四水柠檬酸钙 $[Ca_3(C_6H_5O_7)_2 \cdot 4H_2O]$ 从溶液中沉淀析出,除去残液后,用 80～90℃ 热水洗涤四水柠檬酸钙沉淀,可最大限度地将可溶性杂质与柠檬酸钙分离,其反应式为:

$$2C_6H_8O_7 \cdot H_2O + 3CaCO_3 \rightarrow Ca_3(C_6H_5O_7)_2 \cdot 4H_2O\downarrow + 3CO_2\uparrow + H_2O$$
$$2C_6H_8O_7 \cdot H_2O + 3Ca(OH)_2 \rightarrow Ca_3(C_6H_5O_7)_2 \cdot 4H_2O\downarrow + 4H_2O$$

中和技术参数如下:

①每千克柠檬酸加石膏量 0.03～0.15kg,中和剂（$CaCO_3 \cdot CaO$）浆乳中固型物含量

≥22%,中和剂含 MgO≤1.5%,盐酸不溶物≤1.01%,Fe₂O₃ + Al₂O₃≤1.0%。

②中和起始温度 70~75℃,中和最终温度 85~90℃。

③中和最终 pH4.4~4.6(CaCO₃)、4.8~5.2[Ca(OH)₂]。

④洗涤柠檬酸钙水温 85~90℃,洗水量(与钙比):采用带式过滤机为 3.0~3.5 倍;采用抽滤为 4.5~5.0 倍。

⑤过滤真空度 0.025MPa~0.028MPa。

⑥柠檬酸钙和废水的质量要求:柠檬酸钙含固型物≥40%,易碳化合物(RCS)≤0.02%(以糖计),废水中柠檬酸钙含量≤300mg/L。

4)酸解 利用柠檬酸钙在酸性条件下,其解离常数随 H⁺浓度的增高而增大的特性,在强酸(硫酸)存在的溶液中产生复分解反应,生成难溶于水的石膏(CaSO₄)沉淀,而将弱酸(柠檬酸)游离出来。工业生产中,控制酸解温度为 60~70℃下,CaSO₄·2H₂O 的溶解度低于 Ca₃(C₆H₅O₇)₂·4H₂O 的溶解度的原理,加 H₂SO₄ 产生复分解反应,将柠檬酸从柠檬酸钙中分离出来,然后过滤除去硫酸钙(石膏),获得粗柠檬酸液(酸解液)。其反应如下:

$$Ca_3(C_6H_5O_7)_2 \cdot 4H_2O + 3H_2SO_4 + 4H_2O \rightarrow 2C_6H_5O_7 \cdot H_2O + 3CaSO_4 \cdot 2H_2O \downarrow$$

①酸解技术参数 酸解用的 H₂SO₄ 纯度≥93%,铁含量≤0.01%,砷含量≤0.005%;酸解开始温度 60~70℃,洗水温度 70~80℃;洗水用量(与湿柠檬酸钙比)约 1.5 倍;过滤真空度 0.025MPa~0.03MPa。

②酸解液和废弃石膏的质量要求 酸解液含柠檬酸(一水)≥22g/100mL,SO₄⁻²≤4.5g/100mL,Cl⁻≤100mg/L,石膏颗粒≤10mg/L,易碳化物(以糖计)≤0.012g/100mL;废石膏含水≤4.5%,柠檬酸(一水)≤0.5%,柠檬酸钙≤0.2%。

5)净化脱色 净化是指通过活性炭和阳、阴离子交换树脂处理,除去粗柠檬酸酸解液中的色素和离子,使粗柠檬酸液得到提纯和精制,获得净化精柠檬酸液。

(5)柠檬酸的浓缩、结晶及干燥

1)浓缩 净化了的精柠檬酸液浓度一般柠檬酸(一水)含量为 18g/100mL 以上,要使其达到 75~82g/100mL 的结晶浓度,必须通过蒸发除去溶剂,温度过高柠檬酸会分解,并易产生色素。因此,一般采用 60℃、14kPa 条件下进行减压蒸发浓缩。为了充分利用蒸发过程中产生的二次蒸汽,降低能耗,工业生产常采用二段或三段蒸发。

2)结晶 当柠檬酸净化液蒸发浓缩至过饱和状态处于介稳区时,可通过刺激结晶(如加入晶种或自然起晶的方法),使其溶液浓度达临界浓度,溶液中就可产生微细的晶粒,当过饱和度达到一定程度时,溶质分子之间的引力使溶质质点彼此靠近,碰撞机会增多,使它有规则地聚集排列在晶核上,逐渐长成一定大小和形状的晶体。

①一水柠檬酸结晶 浓缩温度 55℃时柠檬酸的饱和浓度为 73%,当继续蒸发浓缩至 81% 即为过饱和状态时,将它立即移入结晶缸中,装至 70%~85% 液位,启动搅拌器,用冷水缓慢降温至临界温度 36.6℃时开始结晶,小心控制降温速度,刺激起晶或添加晶种,从 36℃开始逐渐降温直至料温降到 10℃以下结晶结束,及时用离心机分离出晶体和母液,并用少量无离子冷水洗晶体表面吸着的母液,湿晶体送干燥工序处理。

②无水柠檬酸结晶 由于无水柠檬酸结晶的临界温度是在 36.6℃以上,因此它的体系过饱和温度要高,结晶温度要控制在 40℃以上,当浓缩温度为 60℃时,饱和浓度 73%,当继续蒸发浓缩至 83% 即为过饱和状态时,将它移入结晶缸中,启动搅拌,用水冷却至 48℃,采用刺激

起晶或添加无水柠檬酸晶种作为晶核,然后控制温度在 40~42℃养晶育晶,使体系状态由介稳区至稳定区,结晶结束,最终温度也不低于 40℃,然后用蒸汽或热水加温离心,将晶浆分离出母液,再用 40℃以上的无离子水洗净晶面黏附的母液,湿晶立即进入干燥机干燥,整个过程均需保持料温在 36.6℃以上,否则湿晶吸水结块成为一水柠檬酸。

3)干燥 湿柠檬酸晶体通过热空气对流式干燥,将晶体表面的游离水除去,又不失去一水柠檬酸的结晶水,并保持晶型和晶体表面之光洁度,进而筛分、包装,获得符合等级标准的柠檬酸产品。

二、苹果酸的发酵生产

(一)概述

L-苹果酸是生物体糖代谢过程中产生的重要有机酸,广泛存在于生物体中,在未成熟的苹果、葡萄、樱桃等的水果和蔬菜中含量较为丰富。

苹果酸的呈味作用明显,酸味持久柔和、风味别致、解渴爽口、性质稳定,是优良的酸味剂和调酸剂,于 1967 年在美国 FDA 登记,是国际上公认的安全、无毒无害的食用有机酸。在各种饮料、罐头、糖果、果冻、果酱、糕点等加工中用作酸味剂,如与柠檬酸配合使用,其果香更加浓郁。

苹果酸还具有重要的生理功能,如抗体疲劳、治疗心脏病、保护肝脏、降低药物对肾脏和骨髓细胞的毒害等,可食药两用,对加强机体健康有所裨益。此外,苹果酸也可用作饲料添加剂,能促进畜禽的生长。

苹果酸的生产方法有化学合成法、直接发酵法和酶转化法等。20 世纪 50 年代前苹果酸都是由有机合成法制成的,为 DL-苹果酸,欲获得 L-苹果酸,要用繁杂的方法将 DL 拆分。因为人体内只存在 L-苹果酸脱氢酶,只能利用 L-苹果酸,所以由化学合成法生产的 DL-苹果酸就不适宜作为食品添加剂。用发酵法生产的都是 L-苹果酸。目前一般采用以天然糖质为原料利用霉菌进行发酵生产 L-苹果酸,或者利用霉菌加细菌或酵母进行混合发酵生产 L-苹果酸。从 20 世纪 60 年代开始,日本采用酶法生产 L-苹果酸。

(二)苹果酸的发酵生产

利用微生物发酵法生产 L-苹果酸,目前主要有三种方法。

1. 一步发酵法

一步发酵法又称直接发酵法,即采用一种微生物直接发酵糖质原料或非糖质原料(如正构烷烃)生成 L-苹果酸的方法。下面是以糖类为原料,由黄曲霉、米曲霉等直接发酵生产 L-苹果酸的方法。

(1)工艺流程

试管斜面菌种→三角瓶培养→种子罐培养→发酵

(2)工艺条件与控制

1)种子培养基组成 葡萄糖 3%,豆饼粉 1%,硫酸亚铁 0.05%,磷酸氢二钾 0.02%,氯化钠 0.001%,硫酸镁 0.01%,碳酸钙 6%(单独灭菌)。

2)种子培养 将保存在麦芽汁琼脂斜面上的黄曲霉孢子用无菌水洗下并移接到装有

100mL 种子培养基的 500mL 三角瓶中,在 33℃下静置培养 2~4d,待长出大量孢子后,将其转入到种子罐扩大培养,接种量为 5%。种子罐的培养基与三角瓶培养基的组成相同,只是另外添加 0.4%(体积分数)泡敌。种子罐的装液量为 70%,罐压 100kPa,培养温度 33~34℃,通风量 0.15~0.30m^3/min,培养时间 18~24h。种子罐培养目的是使孢子发芽,以缩短在发酵罐的生产周期。

3)发酵　发酵培养基组成:葡萄糖 7%~8%,其余成分的组成及用量与种子罐培养基相同。除 CaCO$_3$ 外,发酵培养基直接在发酵罐内配制,在搅拌下直接通蒸汽加热至 100℃,保温 20min,再冷却到 40℃后加入单独灭过菌的 CaCO$_3$,发酵罐的装液量为 70%,接种量 10%,罐压 100kPa,培养温度 33~34℃,通风量 0.7m^3/min,搅拌转速 180r/min,发酵时间 40h 左右。待残糖降到 1.0g/L 时,放罐提取。发酵过程中由自动系统控制滴加泡敌,防止泡沫产生过多。当残糖在 1% 以下时,终止发酵,产苹果酸 7%。

2. 两步发酵法

两步发酵法是以糖类为原料,先由根霉菌发酵生成富马酸(延胡索酸)和苹果酸的混合物,然后接入酵母或细菌,将混合物中的富马酸转化为苹果酸。

(1)富马酸发酵

1)斜面培养

华根霉 6508 于葡萄糖马铃薯汁琼脂斜面上,30℃培养 7d,易于长出大量孢子。

2)摇瓶发酵

①培养基组成　葡萄糖 10%,硫酸铵 0.5%,磷酸氢二钾 0.1%,聚乙二醇 10%,硫酸镁 0.05%,三氯化铁 0.002%,碳酸钙 5%(单独灭菌)。

②富马酸发酵　在 500mL 三角瓶中装入 50mL 培养基,灭菌,冷却。接种华根霉孢子,置往复式摇床上,于 30℃下培养 4~5d,发酵得到含富马酸和苹果酸的混合液。

(2)转换发酵

在上述发酵混合液中接入膜醭毕赤酵母 3130,继续发酵 5d,苹果酸对糖的产率可达到 60% 以上。

两步发酵法,由于涉及到两种微生物,培养条件要求比较严格,发酵周期较长,产酸率相对较低,副产物较多。

3. 酶转化法

酶转化法是国外用来生产 L-苹果酸的主要方法。它是以富马酸盐为原料,利用微生物的富马酸酶转化成苹果酸(盐)。酶转化法可分为游离含酶细胞法、游离酶法、固定化细胞法和固定化酶法。因为游离酶法和固定化酶法都需要先获得具有高催化活力的酶,而酶的提取既费时费力,又很难做到在提取过程中酶活力不受损失,所以,一般都采用微生物游离细胞或固定化细胞进行酶法转化,工艺简单,生产成本低,酶活力较高。

(1)游离细胞酶转化法

①菌种　游离细胞酶转化法选用的菌种为文氏曲霉 WM-1。

②种子培养基制备　于 85g 玉米粉中加入 400mL 水和 0.2g α-淀粉酶,于 90℃保温 0.5h 后煮沸灭酶,定容至 1000mL,制得玉米粉液化液。0.1MPa、20min 灭菌,冷却,备用。

③产酶培养基的组成　葡萄糖 5%,硫酸铵 0.5%,磷酸氢二钾 0.25%,磷酸二氢钾 0.25%,硫酸镁 0.15%,硫酸亚铁 0.001%,富马酸 0.1%,玉米浆 2.5mL,pH7.5。

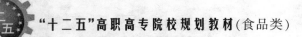

④种子培养 在500mL三角瓶中装入100mL种子培养基,于0.1MPa下灭菌20min,冷却。接种斜面种子后,于旋转式摇床上,31℃、250r/min下培养18~20h。

⑤产酶培养 在25L发酵罐中装入14L产酶培养基,于0.1MPa下灭菌20min,冷却后接入5%摇瓶种子培养液,培养36h左右。当残糖接近于零,pH开始回升时,放罐,离心收集菌体。

⑥酶转化方法 在pH7.5、含18%富马酸的溶液中接入2%湿菌体,于35℃、150r/min条件下转化24~36h。转化率达90%以上。

(2)固定化细胞酶转化法

目前,研究得最多的是以产氨短杆菌或黄色短杆菌为菌种,将化学法合成的富马酸钠作为底物,进行固定化细胞生产苹果酸。据报道,使用固定化细胞易于生成与苹果酸难以分离的琥珀酸。因此,细胞被固定以后必须经化学试剂处理,以防止这种副反应的发生。采用固定化技术必须注意以下几个问题:①细胞被固定前富马酸酶活力要高。当富马酸酶活力较高时,即使固定化细胞的酶活力有所下降,仍可以保证有较高的转化力。②使用的固定化方法对酶的损害较小,细胞被固定后能保持较高的酶活力。③细胞被固定后不应引起副反应的发生。④固定化细胞应有高度的操作稳定性。

关于采用固定化细胞酶转化法的试验介绍如下:①菌种以产氨短杆菌或黄色短杆菌作为固定化细胞酶转化法所用菌种。②种子培养基组成为葡萄糖2%,富马酸0.5%,玉米浆1.0%,尿素0.2%,磷酸二氢钾0.2%,硫酸镁0.05%,pH7.0。③种子培养:于30℃下好氧培养20~24h。④固定化细胞采用聚丙烯酰胺凝胶或卡拉胶包埋氯化钾的固定化方法。将3mm大小的固定化细胞凝块在含有1mol富马酸和0.3%胆汁的混合液(pH7.0)中,于37℃下浸泡20h。⑤酶转化方法:将固定化细胞凝块装到1000L的反应柱中,由下向上以200L/h的流速通入pH7.0、1mol/L富马酸钠溶液。转化温度为37℃。转化率可达到80%。反应柱的半衰期为55d左右。如果在固定介质中掺入聚乙烯亚胺,则可以提高富马酸酶的稳定性。在该条件下,即使在50℃下反应,半衰期也能维持到128d左右。

(三)苹果酸的提取和精制

1. 从发酵醪液中提取苹果酸

(1)原理

用硫酸酸解发酵醪中的苹果酸钙使之生成苹果酸,借此将苹果酸跟菌体、$CaSO_4$等沉淀物分开。然后往滤液中加入$CaCO_3$,苹果酸转化成苹果酸钙得以跟母液分离。再用硫酸水解苹果酸钙,得到苹果酸溶液。最后采用活性炭柱和离子交换树脂柱纯化苹果酸溶液,将纯化液浓缩结晶。

(2)工艺流程

发酵液→酸解→过滤→滤液→中和→过滤→沉淀→酸解→过滤→滤液→精制→浓缩→结晶→干燥→成品

(3)操作方法

①在发酵醪液中边搅拌边加入无砷硫酸,将pH调节至1.5左右。

②过滤除去沉淀后,在滤液中加入碳酸钙,直到不再有二氧化碳放出,此时生成苹果酸钙。接着,用石灰乳将体系的pH调至7.5,静置6~8h。

③过滤,收集苹果酸钙沉淀,并用少量冷水洗去沉淀中的残糖和其他可溶性杂质。

④在苹果酸钙盐中加入近一倍量的温水,搅拌成悬浊液,接着加入无砷硫酸,使 pH 达到 1.5 左右,继续搅拌 30min,最后静置数小时,使石膏渣沉淀充分析出。

⑤过滤,制得粗制苹果酸溶液,其中含有微量富马酸、Fe^{2+}、Ca^{2+}、Mg^{2+} 和色素。

⑥苹果酸的精制采用活性炭和离子交换联合处理的方法。该系统包括 2 根活性炭柱、1 根阴离子交换树脂柱和 2 根阳离子交换树脂柱。阳离子交换树脂为 H^+ 型,用来除去金属离子。阴离子交换树脂为 OH^- 型,用来除去富马酸。2 根炭柱分别采用 CAL 型粒状活性炭和 BPL 型粒状活性炭,用来除去不饱和脂肪酸和色素。柱的排列顺序依次为 CAL 型粒状活性炭柱、IR - 120 阳离子交换树脂柱、IR - 45 阴离子交换树脂柱、BPL 型粒状活性炭柱、IR - 120 阳离子交换树脂柱。上柱采用正上柱方式,苹果酸回收率可达 97% 左右。

⑦从联合柱流出的高纯度苹果酸溶液,在 70℃ 下减压浓缩到苹果酸含量为 65% ~ 80%,然后冷却至 20℃,添加晶种析晶。

⑧晶体于 40 ~ 50℃ 下真空干燥,得苹果酸成品。

2. 从混杂富马酸 1% 以上的发酵醪液中提取苹果酸

(1)原理

利用富马酸与苹果酸在 20 ~ 30℃ 下溶解度有较大差别的特点,通过二次结晶操作将富马酸含量降到 1% 以下,然后再在第 2 次结晶后的滤液中投入苹果酸晶种,使高纯度的苹果酸结晶析出。

(2)工艺流程

发酵醪液→浓缩→析出富马酸结晶→过滤→滤液→浓缩→析出富马酸结晶→过滤→滤液→冷却、加晶种→苹果酸结晶→干燥→成品

(3)操作方法

①将发酵醪液浓缩到苹果酸含量为 50% 并冷却至 20 ~ 30℃,使富马酸结晶析出。

②过滤除去富马酸后,母液在 70℃ 下减压浓缩到苹果酸含量为 65% ~ 80%,再冷却至 20℃ 使富马酸结晶再次析出。为了防止苹果酸与富马酸同时析出,造成苹果酸提取收率下降,析晶温度不宜低于 20℃。

③将过滤除去富马酸结晶后的苹果酸溶液冷却至 20℃,投入苹果酸晶种,缓慢搅拌 3h,使苹果酸结晶徐徐析出。

3. 从酶法转化液中提取苹果酸

从固定化细胞反应柱中流出的酶法转化液是清亮的,其中苹果酸盐含量为 12.5% 左右,富马酸盐含量为 3% 左右。在上述转化液中加入硫酸,使富马酸结晶析出,过滤后往滤液中添加碳酸钙,使苹果酸形成苹果酸钙沉淀析出。将苹果酸钙沉淀用硫酸酸解,酸解液经阴离子交换树脂处理后浓缩结晶,得苹果酸成品。游离细胞酶法转化液在除去细胞和其他不溶物后,按上述方法处理。

 本章小结

食品添加剂的生产有从植物中萃取法、化学合成法和微生物发酵法三种方法,其中发酵法

已成为食品添加剂生产的首选方法,也是今后食品添加剂研究的方向。目前,利用微生物技术发酵生产的食品添加剂主要有色素、酸味剂、维生素、甜味剂、增香剂、酶制剂和防腐剂等产品。

食用色素有化学合成色素和天然色素两大类别。由于化学合成色素的安全性存在隐患,天然色素备受人们的重视。虽然大多数天然色素可从植物中抽提生产,但由于气候、产地及运输等种种原因限制,发展不够迅速。而由微生物生产的色素既无气候和产地的影响,又能随时随地大量生产,因而有后来居上之势。

目前用微生物发酵生产色素的研究广泛开展,不少产品大有希望成功。其中红曲色素和β-胡萝卜素都已进行工业化发酵生产。

红曲色素是由红曲霉属菌种发酵生产的细胞外色素,它是我国和日本等亚洲国家所喜爱的天然色素,也是目前最廉价的纯天然食用色素。在生产实践上,主要通过固体发酵生产红曲米,然后再从红曲米中提取红曲色素。但近年来也已采用液体深层发酵法生产红曲色素。

β-胡萝卜素的制取技术有天然提取法、化学合成法和发酵法三种。由于化学合成色素市场份额的锐减和天然提取法的成本昂贵,使得微生物发酵法呈现出明显的优势。利用微生物发酵生产β-胡萝卜素具有产量高,易于大规模培养,不受气候、运输等条件限制等优势,是今后发展的方向。

目前,世界上公认的、安全的、采用微生物发酵法生产的,并在发达国家使用的主要生物防腐剂有:乳酸链球菌素、纳他霉素和ε-聚赖氨酸等。利用微生物发酵的方法获得食品生物防腐剂在生物防腐剂生产中占重要地位,它与一般微生物发酵制品的生产相同,虽然实际的工业过程要复杂得多,但是,总的可以将其分为微生物菌种与种子的制备;原料与培养基的制备;微生物发酵(包括深层发酵和固态发酵)过程与控制以及产物的提取与精制等不同阶段。

微生物酶制剂的生产方法主要可分为固态发酵法和液态发酵法两大类。固态发酵法一般采用麸皮、米糠等为主要原料,另根据需要添加豆饼、玉米粉、无机盐等辅料,再拌入适量的水,作为微生物生长和产酶用的培养基。固态法又可分为浅盘法、转鼓法和厚层机械通风法,近年来多采用厚层机械通风法。固态发酵法适用于霉菌发酵。液态发酵是利用合成的液体培养基在发酵罐内进行发酵的方法,又可分为液体表面发酵法和液体深层发酵法两种,其中后者是目前工业生产中主要的发酵方式。液体深层发酵的机械化程度高,技术条件要求也高,但产酶率高,易回收,质量好,劳动强度小。

柠檬酸是目前需求量最大的一种有机酸,被广泛用于食品饮料、医药化工、清洗、化妆品等领域。其中,60%的柠檬酸应用于食品工业,作为酸味剂、防腐剂、增溶剂、缓冲剂、抗氧化剂、除腥脱臭剂、螯合剂等应用。目前,99%的柠檬酸采用微生物发酵法生产,其基本工艺技术原理是:淀粉质原料(薯干、玉米)或糖质原料(糖蜜)等经处理后,通过霉菌的糖化和发酵作用,使淀粉分解为糖类;糖类经过糖酵解途径降解为丙酮酸;丙酮酸在丙酮酸脱羧酶和丙酮酸羧化酶的作用下分别形成乙酰CoA和草酰乙酸,二者在柠檬酸合成酶作用下合成柠檬酸;最后经过滤提取、浓缩结晶等工艺制成柠檬酸晶体(无水柠檬酸和一水柠檬酸)。

利用微生物发酵法生产L-苹果酸,目前主要有三种方法,一种是直接发酵法,一般采用糖类为原料,用霉菌直接发酵生产L-苹果酸;另一种是两步发酵法,即先用根霉菌将糖类发酵成富马酸(或富马酸与苹果酸混合物),再由酵母或细菌发酵成L-苹果酸;第三种是酶转化法,即用微生物产生的延胡索酸酶将底物富马酸转化为L-苹果酸。

思 考 题

1.食品添加剂的来源有哪几个方面？为什么说发酵法是今后食品添加剂生产的首选方法？

2.液体深层发酵法生产红曲色素时,应如何控制发酵条件？

3.什么是食品生物防腐剂？发酵法生产食品生物防腐剂可分为哪几个阶段？

4.用枯草杆菌 BF-7658 液态深层发酵法生产 α-淀粉酶时,中间补料的好处是什么？应如何进行补料？

5.发酵法生产柠檬酸的基本工艺技术原理是什么？

 阅读小知识

正确认识食品防腐剂

近几年来,我国各地相继出现了很多的食品安全问题,尽管这些事件已经暴露了我国在食品安全监督和管理上的漏洞和薄弱环节,但由这些事件所引发的消费者过分恐慌却也有些出人意料,部分消费者真有点"谈防腐剂色变"的感觉,这说明我们的政府职能部门在加强监管力度和规范管理的前提下,提高消费者对食品添加剂的认识,加强自我保护和消费意识,是正确引导消费的关键。

食品添加剂大多数为化学合成品,少数为天然物质,对于新品种的食品添加剂和新食品资源,国家有一套严格的卫生监督和评价,即经过规定的毒理学试验程序,确定食品中的加入量,在规定的食用范围内应该是安全可靠的,不产生毒性和副作用。因此食品添加剂一般在进入人体内后参加体内正常的代谢过程;或者能够被体内正常解毒过程转化后排出体外,不得与食品成分产生对人体有害的物质。所以国家对食品防腐剂的生产、使用等有严格的申报程序和管理规范,对食品防腐剂在使用到食品中之前有严格的评价和确认程序,它包括:能够提供可靠的数据证明其使用的安全性;提供的使用方法真实,不欺骗消费者;已经完成毒理作用的研究;规定了动物实验的 ADI 值等。所以在食品中添加防腐剂国际上都是允许的,只要在规定剂量内使用相对是安全的。

自 1950 年以来,国际协议认为防腐剂应该符合下列原则:①防腐剂不能损害人的健康,在严格的生物实验上确定 ADI 值,即终身每日每公斤体重摄入而无需考虑中毒危险的剂量。②防腐剂的用量要尽量少,不能大于防腐目的要求的数量。③使用防腐剂必须照顾消费者的利益,必须在包装上标明,必要时要标示有关禁忌。④食品防腐剂有严格的质量标准,即食品级的质量标准,而不是工业用品。

食品防腐剂的使用无论国际和国内都有严格的标准,对于食品加工业,可以说没有食品添加剂,就没有我们的食品工业。没有食品防腐剂,就没有目前丰富的食品市场和资源。目前的关键是一个字,即在食品中添加"量"的多少问题。有人把食品防腐剂或添加剂比成药,说"是药三分毒",说白了,不管是食品添加剂还是所谓纯天然的物质,在"量"控制不好的情况下,可以说绝大部分都有毒。如现在所谓的富贵病,其实也是长期摄入一些高脂肪类食品造成的,长嗜高盐食品可以诱发高血压,微量元素对人体生长、发育、代谢必不可少,但过量补充会造成重金属中毒。同样,对于食品防腐剂,只要在规定的 ADI 值范围内使用应该说也是相对安全的,不会对人体产生毒副作用。因此我们要辩证地看待食品工业食品防腐剂的使用问题。从对待科学严肃认真客观的角度上说,任何现成的食品都或多或少地让食物接触到食品添加剂,某些广告语中提到的"纯天然"或绝对不含食品防腐剂的提法是不科学和不负责任的。

第二章　功能性食品的生产

【知识目标】

1. 了解寡聚糖和多糖的特点、发酵工艺及其保健功能。
2. 熟悉微生态制剂的概念、意义及常用的发酵工艺。
3. 了解目前常见的几种功能性食品的发酵生产。

第一节　寡聚糖的发酵生产

一、寡聚糖的概念

寡聚糖又称低聚糖或寡糖，是指 2～10 个相同或不同的单糖经脱水缩合由糖苷键连接形成的具有直链或支链的低聚合糖类的总称。相对分子质量约 300～2000，介于单糖和多糖之间，结构上与多糖相似，甜度一般只有蔗糖的 30%～50%，一般具有耐高温、稳定、无毒等良好的理化性能。

自然界中存在的寡糖大都由吡喃己糖连接而成，有的寡糖也含有呋喃戊糖成分。游离的寡糖可溶于水，难溶或不溶于有机溶剂；有的有甜味，有的显还原性，也有无还原性的寡糖，但被水解后生成的单糖均有还原性。一些寡糖以寡糖苷的形式存在。寡糖在细胞之间的识别、相互作用、信号传递及免疫等很多重要的生理过程中都起着重要的作用。

二、寡聚糖的种类

据单糖单位组成的数目，寡聚糖可细分为二糖、三糖、四糖等。砂糖、乳糖、饴糖等是常用低聚糖，作为人类甜味和热量来源。

根据寡聚糖的保健作用还可将其分为两类，一类是低聚麦芽糖，具有易消化、低甜度、低渗透特性，可延长供能时间，增强肌体耐力，抗疲劳等功能，人体经过重（或大）体力消耗和长时间的剧烈运动后易出现脱水，能源储备，消耗血糖降低，体温高，肌肉神经传导受影响，脑功能紊乱等一系列生理变化和症状，而食用低聚麦芽糖后，不仅能保持血糖水平，减少血乳酸的产生，而且胰岛素量平衡，人体试验证明，使用低聚糖后耐力和功能力可增加 30% 以上，功效非常明显。

另一类是被称之为"双歧因子"的异麦芽低聚糖。这类寡聚糖进入大肠作为双歧杆菌的增殖因子，能有效地促进人体内有益细菌——双歧杆菌的生长繁殖，抑制腐败菌生长，长期食用可减缓衰老、通便、抑菌、防癌、抗癌、减轻肝脏负担、提高营养吸收率，特别是对钙、铁、锌离子的吸收，改善乳制品中乳糖消化性和脂质代谢，低聚糖含量越高，对人体的营养保健作用越大。

三、寡聚糖的作用机理

(一)通过唯一选择性增殖双歧杆菌等有益菌发挥作用

一般情况下,动物肠道内的有益菌与有害菌存在生理性动态平衡。动物健康个体中双歧杆菌、乳杆菌、真杆菌为有益菌,是正常生理状态中的优势菌群。大肠杆菌和某些链球菌属于腐败性细菌,而产气夹膜梭菌、韦氏球菌为病原微生物。一般幼龄动物肠道中,有益菌占绝对优势,随着日龄的增加,有害菌数量呈上升趋势。寡聚糖能改善消化道内微生物菌群,它是肠道内有益寄生菌的营养基质。肠道有益菌如双歧杆菌等能有效利用大多数功能性寡聚糖,黏液真杆菌对异麦芽糖、低聚果糖、大豆低聚糖也能较好地利用,但腐败梭菌、产气夹膜梭菌等有害菌对各种寡聚糖几乎不利用。

肠道有益菌利用寡聚糖类物质大量增殖,形成微生态竞争优势,来抑制有害菌的增殖,使动物从亚健康或疾病状态恢复到健康状态。由于致病菌和腐败菌受到抑制,它们所产生的毒素、胺、氨等有毒有害代谢产物大量减少,动物疾病的发生也随之受到控制。

(二)阻止病原菌在肠黏膜的定殖

试验研究表明,微生物致病的第一步是结合在消化道的肠黏膜表面,然后才能繁殖,进而导致动物生病。研究者认为这种结合是特异性的,其机理为细菌细胞壁表面蛋白(如植物凝血素)与动物肠黏膜上皮细胞表面糖脂或糖蛋白的糖残基结合。通过试验演示证明,用特定糖来结合细菌的植物凝血素,或用特定的植物凝血素来结合肠黏膜上皮细胞表面糖脂或糖蛋白的糖残基,都可以达到阻止细菌与肠黏膜的结合。当肠内有一定量的寡聚糖时,植物凝血素与之结合,从而减少细菌与肠黏膜结合的机会,甚至将已与植物凝血素结合的肠黏膜细胞的糖基部分置换出来。这样就使肠道致病菌不能结合到肠黏膜细胞上,从而降低或失去致病力。

(三)提高机体免疫力

寡聚糖能提高黏膜局部免疫力,这可能与寡聚糖促进肠道内双歧杆菌的增殖有关。黏膜体液免疫效应所产生的物质,对外来物尤其是病原微生物等起着免疫屏障作用,阻止其通过黏膜上皮细胞吸收而进入机体。某些寡聚糖更具有直接提高药物和抗原免疫应答的能力,增加动物体液及细胞免疫能力。有试验证明,寡聚糖不仅能连结到细菌上,而且也能与一定的毒素、病毒、真核细胞的表面结合。结合后,寡聚糖可作为这些外源抗原的佐剂,减缓抗原的吸收,增加抗原的效价,并认为这种佐剂作用有提高机体的细胞免疫和体液免疫两方面的功能。

(四)调节肠道菌群

多数的寡聚糖中含有大量的糖苷键,其中 $\alpha-1,4$ 糖苷键的比例很小,而动物对碳水化合物的消化主要限于 $\alpha-1,4$ 糖苷键,因此大部分寡聚糖进入消化道后不能被动物体内的消化酸消化,但到达肠道后作为有益微生物的底物,又不被病原微生物利用,从而促进有益微生物的繁殖,抑制有害微生物。

同时,寡聚糖作为一种有效的胃肠道调节剂,可提高动物的抗病能力与生产性能。由于其作为饲料中的天然成分,结构稳定,不存在贮藏加工过程中的失活,也不会带来有毒有害物污染与残留。作为一种新型的绿色饲料添加剂,寡聚糖有着广阔的应用前景。

四、常见的寡聚糖

寡聚糖是个大家族,根据组成单糖的不同,常见的功能性寡聚糖通常包括低聚异麦芽糖、低聚半乳糖、低聚果糖、低聚乳果糖、低聚木糖、大豆低聚糖、水苏糖、低聚壳聚糖、低聚帕拉金糖等,具体名称和用途详见表 7－2－1 常见的几种寡聚糖。

表 7－2－1　常见的几种寡聚糖

名称	主要成分与结合类型	主要用途
麦芽低聚糖	葡萄糖(α－1,4 糖苷键结合)	滋补营养性,抗菌性
低聚异麦芽糖	葡萄糖(α－1,6 糖苷键结合)	防龋齿,促进双歧杆菌增殖
环状糊精	葡萄糖(环状 α－1,4 糖苷键结合)	低热值,防止胆固醇蓄积
龙胆二糖	葡萄糖(β－1,6 糖苷键结合),苦味	能形成包装接体
偶联糖(Couplingsugar)	萄糖(α－1,4 糖苷键结合),蔗糖	防龋齿
果糖低聚糖	果糖(β－1,2 糖苷键结合),蔗糖	促进双歧杆菌增殖
葡萄糖(β－1,2 糖苷键结合)	蔗糖	促进双歧杆菌增殖
潘糖	葡萄糖(α－1,6 糖苷键结合),果糖	防龋齿
海藻糖	葡萄糖(α－1,6 糖苷键结合),果糖	防龋齿,优质甜味
蔗糖低聚糖	葡萄糖(α－1,6 糖苷键结合),蔗糖等	防龋齿,促进双歧杆菌增殖
牛乳低聚糖	半乳糖(β－1,4 糖苷键结合),葡萄糖骨架	防龋齿,促进双歧杆菌增殖
半乳糖(β－1,3 苷键结合)	乙酰氨基萄糖糖	防龋齿,促进双歧杆菌增殖
壳质低聚糖	乙酰氨基葡萄糖(β－1,4 糖苷键结合),蔗糖	抗肿瘤性
大豆低聚糖	半乳糖(α－1,6 糖苷键结合),蔗糖	促进双歧杆菌增殖
半乳糖低聚糖	半乳糖(β－1,6 糖苷键结合),蔗糖	促进双歧杆菌增殖
果糖型低聚糖	半乳糖(α－1,2′:β－1′,2 糖苷键结合)	优质甜味
木低聚糖	木糖(β－1,4 糖苷键结合)	水分活性调节

(一)异麦芽低聚糖

又称分枝低聚糖,其基本组成单位为葡萄糖,与直键型麦芽低聚糖不同之处在于异麦芽低聚糖分子中含有 α－1,6 糖苷键。动物的肠道中没有水解异麦芽低聚糖的酶解系统,因此,它们不被消化吸收,而直接进入大肠优先为双歧杆菌所利用,所以异麦芽低聚糖是双歧杆菌的增殖因子,服用一些异麦芽低聚糖能促进人体肠道内固有的双歧杆菌大量繁殖。另外,随着我国食糖结构的调整,低聚糖是有甜味,而又不被人体吸收的甜味剂,所以其推广前景十分广阔。

(二)壳聚糖寡糖

壳聚糖寡糖,也称壳低聚糖,水溶性,化学名为 2－氨基－β－1,4－葡聚糖,分子式为 $(C_6H_{11}O_4N)_n$,是甲壳素经过脱乙酰处理,平均相对分子质量控制在 2000～10000 之间的甲壳素降解产物。它具可生物降解性,安全无毒,有良好的生物相溶性和化学稳定性。

根据现有的研究,壳低聚糖对人体健康有着多种益处,如强化免疫力,无毒性抗癌效果;降低胆固醇,预防动脉硬化;抑制过量摄取食盐而导致的高血压;减少体内重金属的积蓄,清除大肠内沉积毒素;有食物纤维功能,清除体内多余脂肪,有减肥作用;促进大肠内有益菌生长,抑制有害菌生长;保持体液和淋巴液的正常值,调节体内激素的分泌,调节人体的自律神经。

同时,壳低聚糖是甲壳素或壳聚糖经化学降解或酶解生成的一类低聚糖,具有独特优越的生理活性和功能性质,用途十分广泛,在医药、保健食品、农业、化工方面都具有广阔的应用前景。

(三)大豆低聚糖

大豆低聚糖是大豆中所含可溶性碳水化合物的总称,是一种低甜度、低热量的甜味剂,其甜度为蔗糖的70%,热量低,仅是蔗糖热能的一半,而且安全无毒。大豆低聚糖主要分布在大豆胚轴中,其主要成分为水苏糖、棉子糖(或称蜜三糖)。水苏糖和棉子糖属于贮藏性糖类,在未成熟豆中几乎没有,随大豆的逐渐成熟其含量递增。但当大豆发芽、发酵,或者大豆贮藏温度低于15℃,相对湿度60%以下,水苏糖、棉子糖含量也会减少。大豆低聚糖有类似于蔗糖的甜味,其甜度为蔗糖的70%,热值为蔗糖的50%,大豆低聚糖可代替部分蔗糖作为低热量甜味剂。大豆低聚糖的保温、吸湿性比蔗糖小,但优于果葡糖浆。水分活性接近蔗糖,可用于清凉饮料和焙烤食品,也可用于降低水分活性、抑制微生物繁殖,还可达到保鲜、保湿的效果。大豆低聚糖糖浆外观为无色透明的液糖,黏度比麦芽糖低、异构糖高。在酸性条件下加热处理时,比果糖、低聚糖和蔗糖稳定,一般加热至140℃时才开始热析,可用于需要进行加热杀菌的酸性食品。

大豆低聚糖具有多种生理功能,由于人体肠胃道内没有水解水苏糖和棉子糖的酶系统,大豆低聚糖中所含的水苏糖和棉子糖很难或不会被人体消化吸收,因此,它所提供的能量值很低,可在低能量食品中发挥作用,最大限度地满足那些喜爱甜食又担心发胖者的要求,还可供糖尿病人、肥胖病人食用;活化肠道内双歧杆菌并促进其生长繁殖,双歧杆菌是人体肠道内的有益菌,其菌数会随年龄的增大而逐渐减少。肠道内双歧杆菌的多少成了衡量人体健康与否的指标之一。

五、寡聚糖发酵生产的现状

寡聚糖生产的方法包括:微生物发酵法、酶转换法、化学转换法及化学提取技术法几种,其中微生物发酵法以其产品纯度高、无毒、生产安全、成本低、产量高等特点,越来越受到人们关注。例如利用微生物产酶水解魔芋精粉来制备葡甘寡聚糖,生产工艺比较简单,所使用的仪器和试剂成本也较低,生产流程不对环境造成污染,已经成为葡甘寡聚糖制备的首选方法;利用醋酸菌的氧化发酵法制造高浓度果糖;采用液体深层发酵,将淀粉液化、糖化后转化为异麦芽低聚糖;利用酶法脱淀粉、除蛋白质制备小麦麸皮不溶性膳食纤维等。

第二节　多糖的发酵生产

一、多糖的概念

多糖是由糖苷键结合的糖链,至少要超过10个以上的单糖组成的聚合糖高分子碳水化合物,可用通式$(C_6H_{10}O_5)_n$表示。由相同单糖组成的多糖称为多糖,如淀粉、纤维素和糖原;以不同的单糖组成的多糖称为杂多糖,如阿拉伯胶是由戊糖和半乳糖等组成。多糖不是一种纯粹的化学物质,而是聚合程度不同的物质的混合物。多糖类一般不溶于水,无甜味,不能形成结晶,无还原性和变旋现象。多糖也是糖苷,所以可以水解,在水解过程中,往往产生一系列的中间产物,最终完全水解得到单糖。

二、多糖的结构

多糖(polysaccharide)是由多个单糖分子缩合、失水而成,是一类分子结构复杂且庞大的糖类物质。凡符合高分子化合物概念的碳水化合物及其衍生物均称为多糖。

多糖在自然界分布极广,亦很重要。有的是构成动植物骨架结构的组成成分,如纤维素;有的是作为动植物储藏的养分,如糖原和淀粉;有的具有特殊的生物活性,像人体中的肝素有抗凝血作用,肺炎球菌细胞壁中的多糖有抗原作用。多糖的结构单位是单糖,多糖相对分子质量从几万到几千万。结构单位之间以苷键相连接,常见的苷键有$\alpha-1,4-$、$\beta-1,4-$和$\alpha-1,6-$苷键。结构单位可以连成直链,也可以形成支链,直链一般以$\alpha-1,4-$苷键(如淀粉)和$\beta-1,4-$苷键(如纤维素)连成;支链中链与链的连接点常是$\alpha-1,6-$苷键。

由一种类型的单糖组成的有葡萄糖、甘露聚糖、半乳聚糖等,由两种以上单糖组成的杂多糖(hetero polysaccharide)有氨基糖的葡糖胺葡聚糖等,在化学结构上实属多种多样。就相对分子质量而论,有从0.5万个分子组成的到超过10^6个分子组成的多糖。比10个少的短链的称为寡糖。不过,就糖链而论即使是寡糖,在寡糖上结合了蛋白质和脂类的,就整个分子而论,如果是属于高分子,则从广义上来看也属于多糖,因此特称为复合多糖或复合糖质,如糖蛋白、糖脂类、蛋白多糖等。

三、多糖的分类

多糖的广义分类分为:均一性多糖和不均一性多糖。

(一)均一性多糖

均一性多糖是指由一种单糖分子缩合而成的多糖。自然界中最丰富的均一性多糖有淀粉、糖原和纤维素,它们都是由葡萄糖组成。淀粉和糖原分别是植物和动物中葡萄糖的贮存形式,纤维素是植物细胞主要的结构组分。

1. 淀粉

淀粉是植物营养物质的一种贮存形式,也是植物性食物中重要的营养成分,分为直链淀粉和支链淀粉两种。

直链淀粉是指由许多d-葡萄糖以$\alpha-1,4-$糖苷键依次相连成长而不分开的葡萄糖多聚物。典型情况下由数千个葡萄糖组成,相对分子质量从150000到600000。结构特点是呈现长而紧密的螺旋管形。这种紧实的结构是与其贮藏功能相适应的。直链淀粉遇碘显蓝色。

支链淀粉是指在直链的基础上每隔20~25个葡萄糖残基就形成一个$\alpha-1,6$支链。支链淀粉不能形成螺旋管,遇碘显紫色。

2. 纤维素

纤维素的结构是由许多$\beta-D-$葡萄糖分子以$\beta-1,4-$糖苷键相连而成直链。纤维素是植物细胞壁的主要结构成分,占植物体总重量的1/3左右,也是自然界最丰富的有机物,地球上每年约生产10^{11}吨纤维素。经济价值很高,可用作加工木材、纸张、纤维、棉花、亚麻等。完整的细胞壁是以纤维素为主,并粘连有半纤维素、果胶和木质素。约40条纤维素链相互间以氢键相连成纤维细丝,无数纤维细丝构成细胞壁完整的纤维骨架。降解纤维素的纤维素主要存在于微生物中,一些反刍动物可以利用其消化道内的微生物消化纤维素,产生葡萄糖供自身和微生物共同利用。虽然大多数动物,也包括人类,都不能消化纤维素,但是含有纤维素的食物对于健康是必需的,也是有益的。

3. 几丁质

几丁质又名甲壳素、甲壳质,是一种含氮的多糖,是由许多乙酰氨基葡糖形成的聚合物,为真皮细胞的分泌物。其有效成分是几丁聚糖(壳聚糖)。在自然界中,几丁质存在于低等植物菌类、藻类的细胞,节肢动物虾、蟹、昆虫外壳,高等植物的细胞壁等,是除纤维素以外的又一重要多糖。因几丁质的化学结构和植物纤维素非常相似,故几丁质又称作动物性纤维。

几丁质还可通过其带正电荷碱性氨基,帮助降低血压、血脂、血糖,具有强化肝功能、调节神经和内分泌系统、促进体内微量元素的代谢等功效。这些神奇、独特的作用正解决了现代人健康的最大问题——亚健康状态。更有专家提出,现代人尤其是从事脑力劳动的专家、学者、商务人士、企业家等人群在注意休息、适度运动的情况下,还应定时定量地长期食用几丁质,以保证健康。

4. 菊糖

菊糖又名菊忘、菊粉,它是一种生物多糖。由D-呋喃果糖以β-2,1-键连接的一种果聚糖。菊糖难以被人体消化。菊糖在口腔、胃、小肠中均不会发生消化分解,只能在结肠中被双歧杆菌等部分发酵分解产生少量热量。菊糖及低聚果糖的热值一般在8.4kj/g,与果糖的能量比值为14/40,是一个大多数人可以接受的数值,由于其热值低,所以可以作为糖尿病患者的甜味剂。

菊糖具有很好的保健作用,如菊糖可以降血脂;菊糖可以促进金属离子的吸收,如促进钙在骨骼的吸收和沉淀,防治骨质疏松;菊糖还可以改善肠道环境,减少肠道内腐败物质的产生,能改变大便性状,对便秘、腹泻均有明显作用,而且能增强肠胃蠕动,提高肠胃功能,增加消化和食欲,提高机体免疫功能。

菊糖在许多国家与地区被认为是食品和营养的增补剂而广泛应用于食品工业中。在食品配料中菊糖可以和脂肪与巧克力替换使用以增加食品的黏性,提高其水结合能力,并使口感滑腻类似冰淇淋;菊粉还可以用来制作仿制奶酪;同时由菊糖提取的菊糖糖浆具有一定的黏度,热量低,可用于制造人造黄油、咖啡伴侣和沙拉酱等,从而减少热量摄取,有利人体健康;菊芋汁作为一种配料多以浓缩汁使用,其结合了菊糖的益生素作用与乳酸菌等益生菌作用,非常适合在饮料中使用。菊糖作为一种新兴的食品配料,具有十分广阔的开发前景。

(二)不均一性多糖

不均一性多糖是指由不同单糖分子缩合而成的多糖。常见的有:透明质酸、硫酸软骨素等。有一些不均一性多糖由含糖胺的重复双糖系列组成,称为糖胺聚糖,又称粘多糖、氨基多糖等。

糖胺聚糖是蛋白聚糖的主要组分,按重复双糖单位的不同分为透明质酸、硫酸软骨素、硫酸皮肤素、肝素几大类。

四、多糖的作用

(一)医药方面

1. 免疫作用

有研究表明从双歧杆菌的细胞、紫苏、蘑菇子实体中提取出的多糖都具有免疫抑制作用，它能减少我们通常使用的免疫抑制剂诸如细胞毒性、机体抗感染能力下降、对骨髓造血细胞的繁殖抑制等副作用，此类多糖可以做成口服或注射用药物，也可制成功能性食品。

2. 抗病毒及抗癌作用

大多数多糖的抗病毒机制是抑制病毒对细胞的吸附，这可能是由于多糖大多以分子机械性或化学性结合到分子上，遮盖了病毒与细胞的结合位点，从而竞争性地封锁了病毒感染细胞。

3. 降血糖作用

从银耳中提取出的酸性多糖和海藻类植物中提取出的藻类多糖都有很好的降血糖和提高人们免疫力的作用。除此之外，多糖还具有治疗肝肾疾病，消炎镇痛等作用。

(二)工业方面

1. 乳化作用

从禾本科(Gramineae)羊茅属(*Festuca*)植物(如大麦)的体细胞壁提取得到具有乳化作用的多糖，可作为乳化剂广泛应用于工业生产，且安全、无污染。Kurane Ryuichiro 等通过培养广泛产碱菌，得到并分离出一种由海藻糖和甘露糖组成的多糖，此多糖在水中溶解性好，有良好的稳定性，可作为研磨剂、乳化剂的稳定剂和增稠剂。

2. 美容养颜作用

有研究称某些多糖可抑制黑色素的产生，具有抗炎、抗氧化作用，可用于黑变病的治疗。而且多糖还具有良好的保湿作用，可抑制延缓衰老的透明质酸的分解，减少皮肤细纹和干裂，因而可作为美容食品和化妆品的有效成分。

3. 环保试剂

通过对多种单糖、多糖及其衍生化糖类(如醛糖、粘多糖、多糖酵解后的糖)进行发酵或提取，可以得到一类稳定、安全的试剂，它可减少典型的有害物(如二氧芑、氰基化合物、多氯联苯等)对环境和人体的侵害，是极有意义的环保试剂。

五、几种常见多糖的发酵生产

多糖除了能从动、植物中提取外，也可用微生物发酵法生产。微生物发酵的多糖以其安全、无毒、理化性质独特等优良特性，越来越受到人们关注。能发酵生产多糖类的微生物包括细菌和真菌，其中大多数多糖类是作为菌体荚膜和黏液层而生成的，也有的微生物能分泌多糖类于培养液中。常见的如海藻糖、黄原胶、灵芝多糖和香菇多糖等。

(一)海藻糖的发酵生产

从酵母中提取海藻糖的生产方法成本高，收率低，大大限制了海藻糖的应用。近年来发酵

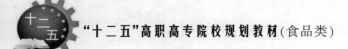

生产海藻糖的开发取得了突破性进展,其中以淀粉为原料发酵生产海藻糖技术已在多个国家使用。除此以外,还可发酵培养真菌制取海藻糖。如有人以淀粉质原料为培养基液态培养食用菌灰树花时,研究海藻糖与多糖在灰树花中积累的规律,为今后在生物反应器内,综合开发利用食用菌的海藻糖与多糖资源提供了有价值的结果。应用生物工程技术生产海藻糖也具有诱人前景,如美国、芬兰、荷兰等国正开展此方面研究。

（二）透明质酸的发酵生产

透明质酸,又称玻璃酸,是一种酸性粘多糖,广泛存在于生物的结缔组织中,早期透明质酸主要从人脐带和鸡冠中提取制备,现已发展到采用微生物发酵法制备透明质酸,为透明质酸的来源寻找了另一条途径。

发酵法生产作为透明质酸的新来源,不仅大大降低了透明质酸的生产成本,而且提高了透明质酸的产量,改善了产品质量。

（三）壳聚糖的发酵生产

目前工业生产壳聚糖以提取法为主,但由于真菌等微生物具有壳聚糖的潜在资源,近年来人们开始了其发酵法生产的研究。以黑曲霉为发酵菌株,将培养成熟的发酵液过滤、水洗、干燥,提取成品。据报道,我国首创的利用废菌丝体发酵生产壳聚糖等生化产品的技术,近期通过了鉴定和验收,该成果壳聚糖发酵水平达 15.3g/L,提取收率达 81%,壳聚糖脱乙酰度大于80%,此技术具有很好的推广应用前景。

（四）黄原胶的发酵生产

黄原胶又称汉生胶、黄胶等,是黄单孢杆菌产生的胞外杂多糖的统称。美国的 Kelco 公司早在 20 世纪 60 年代初即开始了大量商业化生产黄原胶。世界上生产黄原胶的国家和地区有10 余个。我国自 20 世纪 70 年代黄原胶工业从无到有,迅速发展起来。目前黄原胶的生产主要以淀粉、淀粉水解糖浆为底物,由黄单孢杆菌发酵制得。黄原胶广泛应用于食品、医药、日化、石油等 20 余个行业,有 30 多个品种。近 30 年来,对黄原胶的需求量年均增长 5.7%,它已成为世界上生产规模最大、用途较广的微生物多糖。

另外,还有环糊精、结冷胶、短梗霉多糖、右旋糖酐、D – 核糖、小核菌葡聚糖等微生物多糖可通过微生物直接或间接利用发酵制得。这些多糖中部分已实现工业化大量生产并广泛应用,部分仍处于试验阶段,但都展示出诱人的发展前景。综上所述,微生物多糖的发酵生产和应用有着巨大的发展潜力。

第三节　微生态制剂的发酵生产

一、微生态制剂的概念

微生态制剂,是利用正常微生物或促进微生物生长的物质制成的活的微生物制剂。也就是说,一切能促进正常微生物群生长繁殖及抑制致病菌生长繁殖的制剂都称为"微生态制剂"。由于其调节肠道之功效,快速构建肠道微生态平衡,无论对婴儿、老人、还是新生畜禽都能有效防止和治疗腹泻和便秘。

目前国际上已将其分成三个类型,即益生菌(probiotics)、益生元(prebiotics)和合生素(synbiotics)。

益生菌(probiotics)又称益生素,是指投入后通过改善宿主肠道菌群生态平衡而发挥有益作用,达到提高宿主(人和动物)健康水平和健康状态的活菌制剂及其代谢产物。近年来,国内外研制出多种益生菌活菌制剂,其基本指导思想是用人或动物正常生理菌群(normal microbiota)的成员,经过选种和人工繁殖,通过各种途径和剂型制成活菌制剂,然后再以投入方式使其回到原来环境,发挥自然的生理作用。目前应用于人体的益生菌有双歧杆菌、乳杆菌、肠球菌、大肠杆菌、枯草杆菌、蜡样芽孢杆菌、地衣芽孢杆菌、丁酸梭菌和酵母菌等。

益生元(prebiotics)是指能够选择性地促进宿主肠道内原有的一种或几种有益细菌(益生菌)生长繁殖的物质,通过有益菌的繁殖增多,抑制有害细菌生长,从而达到调整肠道菌群,促进机体健康的目的。这类物质最早发现的是双歧因子(bifidus factor)。如各种寡糖类物质(oligosaccharides)或称低聚糖。常见的有乳果糖(lactulose)、蔗糖低聚糖(oligosucrose)棉子低聚糖(oligofaffinose)、异麦芽低聚糖(oligomaltose)、玉米低聚糖(cornoligossacharides)和大豆低聚糖(soybean oligosaccha-rides)等。这些糖类既不被人体消化系统消化和吸收,亦不被肠道菌群分解和利用,只能为肠道有益菌群如双歧杆菌和乳杆菌利用,促进有益菌的生长繁殖,抑制有害菌的生长,从而达到调整肠道正常菌群的目的。其他尚有一些有机酸及其盐类,如葡萄糖酸和葡萄糖酸钙以及我国的某些中草药类,如人参、党参、黄芪等或茶叶提取物亦能起到益生元的作用。

合生素(synbiotics)是指益生菌和益生元同时并存的制剂。此类制品是以益生菌和益生元同时并用,服用后到达肠腔可使进入的益生菌在益生元的作用下,再行繁殖增多,使之更有利于发挥抗病、保健的有益作用。此类制剂已经在我国问市,并有逐渐增多的趋势,其中"希尔春多元养生素"是个典型的代表。

二、微生态制剂的国内外研究和生产概况

早在20世纪初(1907年)著名细菌学家梅切尼科夫即提出饮用酸奶可以延年益寿的假说,而微生态制剂真正用于防治疾病却是近20年的事。

日本是世界上研制开发和利用微生态制剂较早的国家之一,其产品主要是双歧杆菌活菌制剂。在20世纪70年代初,已将双歧杆菌活菌制剂用于临床治疗腹泻。至20世纪80年代中期已有26种产品,20世纪90年代已达到饱和状态。据报道至今在日本生产这类制剂年产值达200亿日元以上的企业已有10余家。其品种分3大类。即双歧杆菌食品(包括双歧酸奶、双歧杆菌乳制品、双歧杆菌面包及饼干类)。双歧杆菌保健食品(含双歧因子),以双歧杆菌促生因子为中心的特定保健食品(包括强化寡糖类食品及双歧杆菌、乳杆菌培养物的提取物等)和双歧杆菌药品(包括单菌制剂和联菌制剂),其剂型有粉剂、颗料剂、锭剂、胶囊剂和微胶囊剂等多种。

目前国际上对开发新微生态制品的主要方向已从单纯的"益生菌"或"益生元"转向结构合理、效果更加优越的"合生素"这一方面。此外,有些国家正在利用分子生物学和遗传工程技术、改造生理性细菌的遗传基因,将外源性有益基因转入生理性细菌中,构建成优良的工程菌株等的研究。

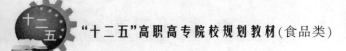

　　我国微生态制剂的研究和开发,亦获得迅速发展。国内已被批准药准字的单一菌种产品就有丽珠肠乐、回春生(双歧杆菌)、金双歧(双歧杆菌)、促菌生(蜡样芽孢杆菌)、整肠生(地衣芽孢杆菌)、降脂生(肠球菌)、抑菌生(枯草杆菌)等。多菌联合制剂有培菲康(双歧杆菌、嗜酸乳杆菌、粪链球菌)和乳康生(蜡样芽孢杆菌和干酪乳杆菌)等。还有异构化乳糖和甘露低聚糖等。而作为保健药品和保健食品的制剂就更多。

三、微生态制剂的主要作用机理

　　微生态制剂与其他药物不同,从理论上讲,它优于抗生素,克服了应用抗生素所造成的菌群失调、耐药菌株增加以及药物的毒副反应。实践证明,微生态制剂的优越性即健康人群使用它来增进健康素质,提高健康水平,达到防病治病目的,其作用机理有下列几个方面:

(一)生态平衡理论

　　微生态学认为,人体、动植物体表及体内寄居着大量的正常微生物群。宿主、正常微生物群和外环境构成一个微生态系统。在正常条件下,这个系统处于动态平衡状态。这一方面对宿主有利,能辅助宿主进行某些生理过程;另一方面对寄居的微生物有利,使之保持一定的微生物群落组合,维持其生长与繁殖。在微生态系统内微群落水平中,少数优势群对整个群落起着决定作用,而在微种群内部中优势个体对整个群落起着控制作用。一旦因种种原因而失去优势种群,则微群落就会解体。若失去优势个体,则优势种群更替,并改变了微生态平衡。例如,由于抗生素、放射治疗、手术和过敏性疾患等因素引起正常菌群变化,微生态平衡遭到破坏,即生态和菌群失调,引起一系列临床症状。如双重感染和免疫力降低等。利用宿主体内的正常微生物优势菌群成员的益生菌,制成的微生态制剂,可以调节失调的菌群,使宿主体内恢复正常的微生态平衡,达到防病治病的目的。

(二)生物屏障理论

　　生物屏障理论又称生物拮抗理论,肠道内正常菌群直接参与机体生物防御的屏障结构,包括化学屏障和生物屏障,生物屏障是指肠内主要菌群的代谢产物例如乙酸、乳酸、丙酸、过氧化氢及细菌素等活性物质,可阻止或杀灭病原微生物在体内的定殖。生物屏障是指定殖于黏膜或皮肤上皮细胞之间的正常菌群所形成的生物膜样结构,通过定植保护作用影响过路菌或外来致病的定殖、占位、生长和繁殖。微生态制剂中的益生菌就是这类正常菌群中的成员,可参与生物屏障结构,发挥生物拮抗作用。

(三)生物夺氧理论

　　根据正常微生物群的自然定殖规律,人或动物出生时是无菌的,出生后不久就被一系列微生物细菌定殖了。定殖的顺序先是需氧菌,后是兼性厌氧菌,随后是厌氧菌。厌氧菌之所以不能先定殖,是因为自然环境内有过多的氧。在需氧或兼性厌氧菌生长一段时期后,由于氧被大量消耗,从而提供了厌氧菌生长条件,厌氧菌才能生长。厌氧菌虽然不能先定殖,但是整个微生态系统中其数量上占据首位,并保持着一定的生态平衡。利用无毒、无害、非致病性微生物(如蜡杆芽孢杆菌等)暂时在肠道内定殖,使局部环境中氧分子浓度降低,氧化还原电位下降,造成适合正常肠道优势菌生长的微环境,促进厌氧菌大量繁殖生长,最终达到微生态平衡。

（四）三流循环学说

三流循环其主要内容是能量流、物质流及基因流的循环。

能量流即能源运转，正常微生物群的内部与其宿主保持着能源交换和运转的关系。现在已提出一个生态能源学的分支，它们研究人类、动植物与正常微生物之间，正常微生物与正常微生物之间所存在着能源的交换关系。近年已从电子显微镜的观察中发现，人和动物肠上皮细胞的微绒毛（microvilli）与正常细菌细胞壁上的菌毛（pili）极为贴近，并发现有物质交换的现象发生。

物质流即物质交换。正常生理菌群的能源与物质均依赖于宿主，不存在宏观生态学中的生产者、消费者和分解者的区别。但都存在着降解（catabolison）与合成（anabolism）的代谢。降解与合成是微生物代谢中的必然途径，这与宿主细胞的功能是一致的。正常生理微生物菌群与宿主细胞通过降解和合成代谢进行物质交换。裂解的细胞与细胞外酶可为微生物利用，而微生物产生的酶、维生素、刺激素以及微生物降解的细胞成分也可为宿主细胞利用，如此反复进行着物质交换。

基因流即基因交换。在正常微生物之间有着广泛的基因（即 DNA）交换，例如耐药因子（R 因子）、产毒因子等都可在正常微生物之间通过物质的传递进行交换。微生态制剂可以作为非特异性免疫调节因子，促进机体吞噬细胞的吞噬能力和促进 B 淋巴细胞产生抗体的能力。这不仅可以抑制腐败菌和致病菌的生长，还可降解肠道的有毒物质（如氨、酚、内毒素等），保证微生态系统中的能量流、物质流和基因流的正常运转。

四、微生态制剂的应用

（一）微生态制剂的作用

1. 调整微生态失调　宿主体内的正常微生物群，由种属、定位、年龄、生理状态及其与外环境的适应性具有特定的定性、定量与定位的结构关系，这个结构就是微生态平衡。如果这个平衡遭到扰乱（如抗生素及其他药物、同位素、激素和外科手术影响等），就可产生微生态失调。作为微生态制剂应具有调整微生态失调的作用。

2. 生物拮抗　微生态制剂具有定殖性、排他性及繁殖性。微生态制剂中的活菌应成为微群落中的成员，进入生物环境后能够卷入机体的微生态体系中，对非机体本身的微生物能够起到拮抗作用。

3. 代谢产物　微生态制剂所致的代谢产物如乳酸、醋酸、丙酸、过氧化氢和细菌素等活性物质，能改善机体生境的生物化学和生物物理环境。抑制外来和致病微生物的繁殖，从而有利于机体保持生态平衡。

4. 增强免疫　微生态制剂可以作为非特异性调节因子，通过细菌本身或细胞壁成分刺激机体免疫细胞，使其激活，产生促分裂因子，促进吞噬细胞活力或作为佐剂发挥作用。此外，微生态制剂中的益生菌还可发挥特异性免疫功能，促进机体 B 细胞产生抗体的能力。

5. 促进机体营养吸收　微生态制剂中的益生菌（如双歧杆菌和乳杆菌等），在机体内能够合成多种维生素，如尼克酸、叶酸、烟酸、维生素 B_1、维生素 B_2、维生素 B_6 和维生素 B_{12} 等。促进机体对蛋白质的消化、吸收和利用。促进机体对钙、锌、铁和维生素 D 的吸收，具有帮助消化

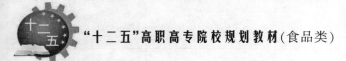

增进食欲的作用。

6.延缓衰老　微生态制剂有利于补充老年人体内双歧杆菌和乳杆菌等优势菌群的缺失,坚固肠道生物屏障结构,参与肠道菌膜的重建,通过对机体体内微生物菌群调整,激发机体本身的效应(如微生态系、免疫系和代谢系的活动),来达到调节自身,延缓衰老进程的目的。

7.防病治病　微生态制剂通过扶正祛邪,调整体内环境,已显示出对某些疾病起着预防和治疗的作用。

(二)微生态制剂的应用范围

微生态制剂应用范围包括医用微生态制剂、兽用微生态制剂和农用微生态制剂等。

兽用微生态制剂主要分两类:一是兽用,多采用乳酸杆菌、双歧杆菌、蜡状芽孢杆菌等活菌制剂,用于防治畜、禽、鱼的消化道、泌尿道疾病;二是微生物饲料添加剂,多以乳酸杆菌和蜡样芽孢杆菌为主,用于猪、牛、鸡、兔等禽畜的育肥、抗病,可代替抗生素,减少有毒物质在体内的残留量。

农用微生态制剂:已研制成的增产菌是多种蜡样芽孢杆菌构成的植物微生态制剂,通过调节微环境、寄主、正常微生物种群和病原物之间的平衡。对农作物可提高产量达10% ~30%。它的推广,已取得了巨大的经济、社会和生态效益。此外,利用多种微生物制成土壤微生态制剂也正在研制和试用中,它可以改良土壤生态结构,有利于植物生长发育,最终达到增产丰收的目的。

医用微生态制剂已广泛应用于临床上对多种疾病的防治,其使用范围还在不断扩大,现已成为人们作为有病辅治、未病防病、无病保健的重要生物武器。有研究表明微生态制剂对于多种胃肠道疾病、医源性感染疾病、肝脏疾病、便秘、高胆固醇血症、癌症等都有一定的抑制作用。

五、微生态制剂的发展与前景

医用微生态制剂,近年来已在国内外迅速崛起,方兴未艾,这是医学发展的必然,科学进步的结果。微生态制剂的出现,给医学科学带来了又一次革命。

微生态制剂与其他药物不同,它能起到"已病辅治、未病防病、无病保健"的重要作用。微生态制剂的重点是"无病保健"。这就是说,即使健康人群,也可以服用,增进健康素质,提高健康水平。当然也同时产生防病、治病作用。微生态制剂通过扶植正常微生物种群,调整生理平衡,发挥生物拮抗作用,从而可排除致病菌和条件致病菌侵袭。在抗生素和免疫抑制剂应用日益普遍的今天,人们已认识到它们在恢复人体健康的同时,也给人群带来某些菌群失调所引起疾病的阴影。人们在寻求更好的防病治病的措施时,微生态制剂便受到了人们的关注和欣赏,因为它能克服机体菌群失调的弊端。纵观现有各种药物,能够代替抗生素作用的,尚无端倪,但微生态制剂却颇有可能。随着微生态学的发展与完善,通过生物工程技术,改造微生物菌群的遗传基因,筛选各种有益的中草药,将会研制出更多更好的新型微生态制剂,用于加强和改善宿主机体的各种生理功能,起到防病治病,促进发育,增进体质,延缓衰老及预期长寿的目的。益生菌与益生元的研究,目前国内外不仅进入高潮,而且已形成强大的产业。据日本报道生产这类制品的厂家产值在100亿日元以上的就有10余家,我国生产微生态制剂的厂家(包括:医药、保健、饮料、化妆品等)已达到30 ~40 家。

第四节　其他功能性食品的发酵生产

一、功能性食品的概念

功能性食品也称保健食品,是指具有特定功能的食品,适宜于特定人群食用,可调节机体的功能,又不以治疗为目的。功能性食品必须符合下面四个要求:

(1)保健食品首先必须是食品,必须无毒、无害、符合应有的营养要求。

(2)保健食品又不同于一般食品,它具有特定保健功能。这里的"特定"是指其保健功能必须是明确的、具体的,而且经过科学验证是肯定的。同时,其特定保健功能并不能取代人体正常的膳食摄入和对各类必需营养素的需要。

(3)保健食品通常是针对需要调整某方面机体功能的特定人群而研制生产的,不存在对所在人群都有同样作用的所谓"老少皆宜"的保健食品。

(4)保健食品不以治疗为目的,不能取代药物对病人的治疗作用。

二、功能性食品的分类

功能性食品根据消费对象的不同可分为日常功能性食品和特殊功能性食品。

根据科技含量的不同可分为三代产品。第一代产品又称强化食品,一般指各类强化食品及滋补食品,如高钙奶、益智奶、鳖精、蜂产品、乌骨鸡、螺旋藻等;第二代产品又称初级产品,例如三株口服液、脑黄金、脑白金、太太口服液等;第三代产品又称高级产品,例如防感宝贝、鱼油、多糖、大豆异黄酮、辅酶Q等。

三、几种功能性食品的发酵生产

(一)γ-亚麻酸

γ-亚麻酸存在于人乳及某些种子植物、孢子植物的油中,如柳叶科月见草种子油中含本品7%~10%。紫草科玻璃苣和黑醋粟的油中亦含有γ-亚麻酸。

γ-亚麻酸是组成人体各组织生物膜的结构材料,也是合成前列腺素的前体。作为人体内必需的不饱和脂肪酸,成年人每日需要量约为36mg/kg。如摄入量不足,可导致体内机能紊乱,引起某些疾病,如糖尿病、高血脂等。

目前主要以月见草油为γ-亚麻酸的主要来源,但是月见草油种子的含量和含油量不很稳定,受气候/产地等条件影响较大,且精炼成本高,不能满足市场需求。

用微生物发酵法生产γ-亚麻酸油脂,其γ-亚麻酸含量达8%~15%,可与月见草油相媲美。能用于生产含γ-亚麻酸油脂的微生物属于真菌中的接合菌,包括被孢霉菌、根菌属、小克银汉曲霉、枝霉属和螺旋藻属的某些菌株,通过育种可得到γ-亚麻酸的高产变异菌株。

总之,微生物发酵生产γ-亚麻酸油脂是一项先进的生物技术,它不仅是寻找替代目前国际市场紧俏的月见草油替代品,而且是开发油脂新资源的一个良好开端。

(二)灵芝菌

灵芝俗称灵芝草,古称瑞草,是祖国医药学宝库中的一种珍贵的药用真菌。自古以来,一

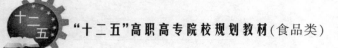

直被人们视为延年益寿的珍品。我国人民把它用作药物,已有两千余年的历史。现代临床和药理研究亦表明,灵芝具有多种生理活性与药理作用,尤其是灵芝中含有的灵芝多糖,是灵芝的主要有效成分。

传统上,灵芝是通过野外采集或人工栽培获得的。但灵芝子实体形成周期长,所需劳动强度大。随着液体深层发酵技术的发展,已可以对许多大型真菌进行大规模培养。利用液体深层发酵技术培养生产灵芝菌丝体和生产灵芝多糖具有生产量大、占地少、周期短、容易控制等优点。

(三)富硒酵母

研究发现,胶木细胞对硒具有富集作用(吸收率约为75%),利用酵母的这一特点,在特定培养环境下及不同阶段在培养基中加入硒,使它被酵母吸收利用而转化为酵母细胞内的有机硒,然后由酵母自溶制得产品。富硒酵母95%以上的硒是以有机硒的形式存在的,因此酵母是将无机硒转化为有机硒的安全有效载体。富硒酵母在国外已实现工业化进入实用阶段。

(四)富铬、锗酵母

与富硒酵母一样,也可以利用啤酒酵母将无机锗和铬转化成活性的有机锗和铬。

(五)富硒红曲

中国食品发酵研究院和航天生物技术公司利用特殊的育种方式,在富硒培养基中培养出了具有降血脂、抗衰老的富硒功能性红曲。

(六)超氧化物歧化酶(SOD)

SOD广泛存在于动植物和微生物中,但是从动物血液中提取相对困难,而微生物具有可较大规模培养的优势,故利用微生物发酵法制备SOD将具有更大的实际意义,能制备SOD的菌株有酵母、细菌及霉菌。

(七)L-肉碱

L-肉碱广泛存在于有机体组织内,是我国新批准的营养强化剂。传统的生产方法是化学合成法,如今开发了发酵法和酶法。利用根霉、毛霉、青霉进行固态发酵,在可溶性淀粉、硝酸钠、磷酸二氢钾和小麦皮组成的固体培养基中,25℃培养4~7d,L-肉碱的产量为12%~48%。

(八)微生物多不饱和脂肪酸

在许多微生物中都含有油脂,低的含油率2%~3%,高的60%~70%,且大多数微生物油脂富含多不饱和脂肪酸(polyunsaturated fat acids,PUFA),有益于人体健康。

当前,利用低等丝状真菌发酵生产多不饱和脂肪酸已成为国际发展趋势。在我国,目前已实现大规模生产富含花生四烯酸(arachidomic acid,AA)的微生物油脂。微生物油脂的应用已势不可挡,富含AA和DHA的微生物油脂已在美国、日本、英国、法国等国上市。

本章小结

本章主要介绍寡聚糖、多糖、微生态制剂和其他一些功能性食品发酵生产的相关知识,其中包括其概念、种类、保健作用、制作工艺、生产现状等内容。从这些内容的学习,可以看出发酵技术作为一种更加安全、更加高效的生物生产技术正在食品、医药、化工等各个领域被更多地使用。学会本章的内容为以后从事功能性食品相关的研究、开发、生产和销售等工作提供必要的理论基础,也使大家更明确地看到发酵工业未来的发展趋势。

思考题

1. 举例说明寡聚糖的概念。
2. 简述常见的几种多糖的发酵生产现状。
3. 根据自己的理解说明微生态制剂的概念。
4. 简述功能性食品的概念。
5. 论述发酵技术在功能性食品领域的发展前景。

阅读小知识

真菌多糖

真菌多糖是指从真菌子实体、菌丝体、发酵液中分离出的,可以控制细胞分裂、分化,调节细胞生长、衰老的一类活性多糖。真菌多糖分结构多糖和活性多糖。真菌细胞壁中往往含有几丁质,为一类聚氨基葡萄糖,属于结构多糖;另一类活性多糖是由真菌菌丝体产生的一类次生代谢产物。真菌多糖具有丰富的生物活性,且无毒副作用,是目前最有开发前途的保健食品和药物新资源。有许多真菌多糖被用作保健食品的功能添加剂。多种真菌多糖在临床上也被广泛应用,并在自身免疫性疾病、免疫功能低下症和肿瘤的治疗等方面取得了令人鼓舞的效果。

近20年来,已有大量关于真菌多糖生物活性的研究报道,主要集中在抗肿瘤、免疫调节、抗突变、抗病毒、降血脂、降血糖、抗氧化、抗辐照和抗溃疡等方面。

一、真菌多糖的抗肿瘤作用

真菌多糖的体外抗肿瘤作用:一些真菌多糖对肿瘤细胞有直接的细胞毒活性,在体外可直接杀死癌细胞,而对正常动物细胞无杀伤作用,这是真菌多糖与其他细胞毒性抗肿瘤药物相比具优势的地方之一。

二、真菌多糖的免疫调节作用

实验证明,大多数真菌多糖的抗肿瘤作用是作为生物反应调节剂,通过增强宿主免疫调节功能即宿主介导抗肿瘤活性来实现的。真菌多糖可通过多条途径、多个层面对免疫系统发挥调节作用。大量免疫实验证明,真菌多糖不仅能激活 T、B 淋巴细胞、巨噬细胞(Ma)和自然杀伤细胞(NK)等免疫细胞,还能活化补体,促进细胞因子的生成,对免疫系统发挥多方面的调节作用。

具有较强免疫调节作用的真菌多糖还有木耳多糖、虫草多糖、树舌多糖、金顶侧耳多糖、地衣多糖、红栓菌多糖、家园鬼伞多糖、鸡腿蘑多糖和羊肚菌多糖。

三、真菌多糖的抗突变作用

大量研究表明,天然产物尤其是膳食中含有多种抗突变成分,如茶叶提取物、活性多肽、姜黄色素、β_2 胡萝卜素、维生素 C、维生素 E、中药提取物、大豆皂甙、芦笋汁、共轭亚油酸和多糖等。

四、真菌多糖的降血糖作用

近年来,随着化学分析方法和药理实验技术的长足发展,对天然药物降血糖作用的研究不断深入,从中发现多种活性成分,有的已阐明有效成分的化学结构与降血糖活性之间的相关性,为开发治疗糖尿病的新药探明了方向。已知天然产物中具降血糖活性的物质有皂甙、萜类、多肽与氨基酸、多糖、黄酮、不饱和脂肪酸、生物碱、硫键化合物和苯丙素酚类等,其中多糖的品种最多,降血糖作用较强,极具开发前景。

真菌多糖的降血糖活性与其侧链的结构、支链数目和糖苷键的构型有较大关系。现已发现具有降血糖活性的真菌多糖有灵芝多糖、虫草多糖、云芝多糖、银耳多糖、毛木耳多糖、猴头多糖和木耳多糖。

五、真菌多糖的抗病毒作用

自 1983 年确定了艾滋病(AIDS)是由人免疫缺陷病毒(HIV)引起后,对抗病毒药物的研究已受到极大的重视。许多研究证明,多糖对多种病毒,如艾滋病毒(HIV21)、单纯孢疹病毒(HSV21,HSV22)、巨细胞病毒(CMV)、流感病毒、囊状胃炎病毒(VSV)、劳斯肉瘤病(RSV)、反转录病毒和鸟肉瘤病毒(ASV)等有抑制作用。

六、真菌多糖的抗氧化作用

已发现许多真菌多糖具有清除自由基、提高抗氧化酶活性和抑制脂质过氧化的活性,起到保护生物膜和延缓衰老的作用。

七、真菌多糖的其他功能

除具有上述生理功能外,真菌多糖还具有降血脂、抗辐射、抗溃疡和抗衰老等功能。具有降血脂功能的真菌多糖有香菇多糖、灰树花多糖、羊肚菌多糖、云芝多糖、木耳多糖、灵芝多糖和银耳多糖。具有抗辐射作用的真菌多糖有灵芝多糖和猴头多糖。具有抗溃疡作用的真菌多糖有猴头多糖和香菇多糖。具有抗衰老作用的真菌多糖有香菇多糖、虫草多糖、毛木耳多糖、灵芝多糖、猪苓多糖、云芝多糖和猴头菌多糖。

主 要 参 考 文 献

[1] 熊宗贵.发酵工艺原理[M].北京:中国医药科技出版社,2000.
[2] 李艳.发酵工业概论[M].北京:中国轻工业出版社,1999.
[3] 尹光琳.发酵工业大全[M].北京:中国医药科技出版社,1992.
[4] 陆兆新.现代食品生物技术[M].北京:中国农业出版社,2002.
[5] 王卫卫.发酵工程原理及应用[M].西安:陕西人民教育出版社,2002.
[6] 岳春.食品发酵技术[M].北京:化学工业出版社,2008.
[7] 何国庆.食品发酵与酿造工艺学[M].北京:中国农业出版社,2001.
[8] 朱宝镛.葡萄酒工业手册[M].北京:中国轻工业出版社,1995.
[9] 顾国贤.酿造酒工艺学[M].北京:中国轻工业出版社,1996.
[10] 刘玉田.现代葡萄酒酿造技术[M].济南:山东科技出版社,1990.
[11] 王淑欣.发酵食品生产技术[M].北京:中国轻工业出版社,2009.
[12] 程丽娟.发酵食品工艺学[M].陕西杨凌:西北农林科技大学出版社,2007.
[13] 田洪涛.现代发酵工艺原理与技术[M].北京:化学工业出版社,2007.
[14] GB/T 13662—2008.黄酒.北京:中国标准出版社,2008.
[15] 徐清萍.食醋生产技术[M].北京:化学工业出版社,2008.
[16] 董胜利.酿造调味品生产技术[M].北京:化学工业出版社,2003.
[17] 包启安.食醋科学与技术[M].北京:科学普及出版社,1999.
[18] 柏芳青,马新村,赵双梅.酱油制曲过程中的分段控制法[J].中国调味品,2007(2):33-35.
[19] 薛婉立,张成龙.优化酱油制曲设备的探讨[J].江苏调味副食品,2006(5):25-30.
[20] 施庆珊,陈仪本,欧阳友生,等.酱油酿造中的生香酵母及生香过程[J].中国酿造,2006(1):62-65.
[21] 杜双奎,于修烛,李志西,等.酱油种曲培养研究[J].中国酿造,2005(12):16-18.
[22] 翟玮玮.酱油多菌种制曲工艺条件研究[J].中国酿造,2005(10):41-43.
[23] 巩传友,孙岩.如何确保酱油种曲质量[J].中国酿造,2005(7):46-47.
[24] 王立江.不同发酵方法对酱油品质的影响[J].江苏调味副食品,2006(3):23-24.
[25] 李金红.日本酱油的特征及其酿造工艺[J].江苏调味副食品,2005(5):36-39.
[26] 陈春香.提高酱油原料利用率的措施[J].中国酿造,2007(7):99-99.
[27] 李雨苍.酱油制曲设备的改革势在必行[J].中国酿造,1988(2):42-42.
[28] 杨列俊.浅谈酱油制曲工艺[J].中国调味品,1996(3):16-17+20.
[29] 王君高.浅谈酱油制曲技术[J].中国调味品,1995(5):16+11.
[30] 冷云伟,孟凡松.酱油制曲过程中温、湿、风的调控方法[J].中国酿造,1997(6):34-36.
[31] 李建国,班睿,司马迎春,等.氮源对重组枯草芽孢杆菌核黄素发酵的影响[J].河北大学学报(自然科学版),2003(2):73-76+80.

[32] 李益民. 水分在酱油制曲过程中的重要意义[J]. 中国酿造,1985(5):8-12+19.

[33] 郝瑞霞,鲁安怀,王关玉. 枯草芽孢杆菌对原油作用的初探[J]. 石油学报,2002(5):16-22.

[34] 高珺珑,武宁,江汉湖. 外界因子对超高压杀灭枯草芽孢杆菌效果的影响[J]. 食品科学,2003(8):27-29.

[35] 朱海涛. 调味品及其应用[M]. 第一版. 济南:山东科学技术出版社,2005.

[36] 宋钢. 调味技术概论[M]. 第一版. 北京:化学工业出版社,2009.

[37] 刘明华. 食品发酵与酿造技术[M]. 武汉:武汉理工大学出版社,2011.

[38] 张惟广. 发酵食品工艺学[M]. 北京:中国轻工业出版社,2007.

[39] 吴定. 丹贝发酵食品研究进展[J]. 安徽农业技术师范学院学报,1995(1):7-12.

[40] 冯广勤,夏剑秋. 大豆活性发酵饲料粉研制报告[J]. 大豆通报,1996(4):20-21.

[41] 李婉涛,吴祖兴. 大豆营养的综合评价[J]. 河南农业科学,1996(3):16-17+21.

[42] 孔书敬,殷丽君. 对传统大豆制品中大豆异黄酮生理活性的评价[J]. 哈尔滨商业大学学报,2002(1):111-113.

[43] 蒋立文,周传云,黄香华. 纳豆菌的研究现状和应用进展[J]. 中国食物与营养,2007(6):26-28.

[44] 李宁. 纳豆的研究与应用[J]. 微生物学杂志,1996(2):43-47.

[45] 薛群. 溶栓治疗脑梗死研究进展[J]. 国外医学脑血管疾病分册,1997(4):34-38.

[46] 刘北域. 纳豆激酶的研究进展[J]. 药物生物技术,1998(4):56-59.

[47] 刘宇峰. 纳豆激酶制剂——恩开胶囊的生产工艺中试研究[J]. 生物技术,2000(4):50-51+2.

[48] 孙兴民,陈有容,齐凤兰,等. 丹贝生产及丹贝异黄酮[J]. 食品与发酵工业,1997(1):61-65.

[49] 王华,陈有容,齐凤兰. 丹贝发酵新工艺的研究[J]. 食品工业,2002(3):42-44.

[50] 金燕. 酱的发展与日本饮食文化[J]. 中国调味品,2010(3):8-10.

[51] 蒋明利. 酸奶和发酵乳饮料生产工艺和配方[M]. 北京:中国轻工业出版社,2002.

[52] 郭本恒. 酸奶[M]. 北京:化学工业出版社,2003.

[53] 张富新. 畜产品加工技术[M]. 北京:中国轻工业出版社,1999.

[54] 郭本恒. 乳制品生产工艺和配方[M]. 北京:化学工业出版社,2005.

[55] 郭本恒. 现代乳品加工学[M]. 北京:中国轻工业出版社,2006.

[56] 姜竹茂. 酸奶科学与技术[M]. 北京:中国农业出版社,1987.

[57] 张和平. 现代乳品工业手册[M]. 北京:中国轻工业出版社,2008.

[58] 郭本恒. 当代食品生产技术丛书-乳制品[M]. 北京:化学工业出版社,2002.

[59] 曾寿瀛. 现代乳与乳制品加工技术[M]. 北京:中国农业出版社,1999.

[60] 蔡长霞. 绿色乳制品加工技术[M]. 北京:中国计量出版社,2006.

[61] 顾瑞霞. 乳与乳制品工艺学[M]. 北京:中国计量出版社,2006.

[62] 赵晋府,等. 食品工艺学[M]. 北京:中国轻工业出版社,2007.

[63] 康明官. 中外著名发酵食品生产工艺手册[M]. 北京:化学工业出版社,2001.

[64] 金桥,王鑫,王刚,等. 壳寡糖在传统食品酸菜腌渍过程中的应用[J]. 大连水产学院学报,2009(s1):205-208.

[65] 邓理,陈立东,王君芳,等. 泡菜和酸菜工业化生产技术[J]. 农机化研究,2002(1):120-122.

[66] 郑朝辉,罗海希,王静,等. 酒发酵、冰箱、室温储存条件对白菜品质及储存时间影响[J].

食品工程,2008(4):43-46+50.

[67] 岳志芳,燕平梅.温度对发酵白菜中亚硝酸盐含量的影响[J].中国酿造,2009(3):148-151.

[68] 林颖,王旭太,刘仁奉.酸菜在腌渍过程中的变化及毒理学研究[J].中国食品卫生杂志,2000(5):38-39.

[69] 朱薇,赵雨云,刘芳.几种常见腌菜的风味的研究概况[J].湖南科技学院学报,2007(4):111-112.

[70] 陈静.国内外泡菜生产的研究进展[J].江苏食品与发酵,2007(1):21-24.

[71] 蔡永峰,熊涛,岳国海,等.直投式生物法快速生产泡菜工艺条件的研究[J].食品与发酵工业,2006(6):77-80.

[72] 杨瑞,张伟,徐小会.泡菜发酵过程中主要化学成分变化规律的研究[J].食品工业科技,2005(2):97-100.

[73] 李南薇,李宁,廖贵全.乳酸菌发酵泡菜的特性研究[J].陕西科技大学学报(自然科学版),2008(5):71-74+78.

[74] 吴祖芳,刘璞,翁佩芳.传统榨菜腌制加工应用乳酸菌技术的研究[J].食品工业科技,2008(2):95-97.

[75] 商军,钟方旭,王亚林,等.几种发酵蔬菜中乳酸菌的分离与筛选[J].食品科学,2007(4):197-201.

[76] 张庆芳,董硕.乳酸菌菌剂发酵腌渍酸白菜的研究[J].食品科技,2009(7):46-49.

[77] 张丽珂,周鸽鸽,孟宪刚.传统发酵食品浆水中厌氧微生物分离鉴定初探[J].食品科技,2010(4):46-48.

[78] 陈永平,林黎明,宫庆礼,等.亚硝酸盐和硝酸盐检测方法的研究进展[J].分析试验室,2008(S1):199-204.

[79] 纪淑娟,孟宪军.大白菜发酵过程中亚硝酸盐消长规律的研究[J].食品与发酵工业,2001(2):45-49.

[80] 张庆芳,迟乃玉,郑艳,等.关于蔬菜腌渍发酵亚硝酸盐问题的探讨[J].微生物学杂志,2003(4):45-48.

[81] 燕平梅,薛文通,张惠,等.蔬菜腌渍发酵中亚硝酸盐问题的研究[J].中国调味品,2005(8):42-45.

[82] 葛向阳,田焕章,梁运祥.酿造学[M].第一版.北京:高等教育出版社,2005.

[83] 周桃英,袁仲.发酵工艺[M].第一版.北京:中国农业大学出版社,2010.

[84] 王传荣.发酵食品生产技术[M].第一版.北京:科学出版社,2010.

[85] 王瑞芝.中国腐乳酿造[M].第二版.北京:中国轻工业出版社,2009.

[86] 邬敏辰.食品工业生物技术[M].第一版.北京:化学工业出版社,2005.

[87] 郑建仙.功能性食品生物技术[M].第一版.北京:中国轻工业出版社,2004.

[88] 王福源.现代食品发酵技术[M].第二版.北京:中国轻工业出版社,2004.

[89] 胡永红,欧阳平凯.苹果酸工艺学[M].北京:化学工业出版社,2009.

[90] 杨昌鹏.酶制剂生产与应用[M].北京:中国环境科学出版社,2006.

[91] 潘力.食品发酵工程[M].第一版.北京:化学工业出版社,2006.

[92] 刘应林,李宏华,张继中.寡聚糖和酶制剂组合对断奶仔猪生长性能及腹泻率的影响[J].

当代畜牧,2006(9):38-40.

[93] 刘志林,李路胜.寡聚糖在动物营养中的应用研究进展[J].山东畜牧兽医,2010(4):35-37.

[94] 马发顺.饲用寡糖的生产与应用[J].江西饲料,2008(3):20-22.

[95] 黄仁录,张振红,陈培高.大豆低聚糖对肉鸡抗氧化能力和免疫功能的影响[J].河北农业大学学报,2006(6):91-94+98.

[96] 朱路甲,贾克军,王宝军.我国功能糖产业的现状与发展前景[J].中国食品添加剂,2010(1):27-31.

[97] 魏传晚,曾和平,王晓娟,等.多糖及其研究进展简述[J].广东化工,2004(1):40-44+15.

[98] 严奉伟,罗祖友,吴季勤,等.菜籽多糖的抗氧化作用与机理研究[J].中国农业科学,2005(1):163-168.

[99] 曾献春,孟冬丽,江岩.杏多糖的提取及含量测定[J].新疆师范大学学报(自然科学版),2004(4):74-76.

[100] 张志洁.多糖的免疫调节作用及研究进展[J].山西食品工业,2003(2):10-12.

[101] 吴毅芳,周常义,苏国成,等.禽用微生态制剂的研究和应用现状[J].饲料与畜牧,2010(12):42-45.

[102] 班慧,杜雅楠.微生态制剂研究进展[J].现代农业,2010(2):104-105.

[103] 王连珠,杨亚丽,李奇民,等.影响动物微生态制剂应用效果的因素分析[J].中国动物保健,2010(3):83-85.

[104] 庄俊峰.国内动物微生态制剂市场中存在的问题浅析[J].今日畜牧兽医,2010(9):10-13.

[105] 谢文艳,郭凤英.动物微生态制剂在养殖业中的应用[J].中国动物保健,2009(7):91-93.

[106] 江连洲,王辰,李杨,等.我国营养与功能食品开发研究现状[J].中国食物与营养,2010(1):28-31.

[107] 董惠钧,姜俊云,郑立军,等.新型微生态益生菌凝结芽孢杆菌研究进展[J].食品科学,2010(1):299-301.

[108] 杨远志,李发财,杨海军,等.低聚果糖益生元酸奶的研制[J].中国乳业,2010(1):45-48.